村镇水生态规划方法与策略

王 琳 王 丽 著

科 学 出 版 社
北 京

内容简介

本书系统梳理了生态规划的技术方法，给出了面向村镇特色的水资源可持续利用的策略。利用GIS技术、低影响开发技术、绿色污水处理技术，结合村镇的特点进行了应用示范，提升了村镇的水生态韧性，实现了水环境保护与水资源可持续利用。

大量的实践案例，为规划设计人员进行村镇水生态环境规划提供了参考，也为工程技术和研究人员在水生态韧性领域的技术选择提供了参考。许多新的技术的运用，如运用GIS进行污水回用水厂的选址、利用生态网络的方法提升水生态韧性等，为行业的进步提供了技术支持。

本书适合环境工程、生态学等专业和领域的科研工作者及管理人员阅读参考。

图书在版编目(CIP)数据

村镇水生态规划方法与策略/王琳，王丽著. —北京：科学出版社，2020. 8
ISBN 978-7-03-065829-6

Ⅰ. ①村… Ⅱ. ①王… ②王… Ⅲ. ①乡镇-水环境-生态规划 Ⅳ. ①X143

中国版本图书馆CIP数据核字（2020）第151896号

责任编辑：霍志国 郑欣虹/责任校对：杜子昂
责任印制：吴兆东/封面设计：东方人华

科学出版社 出版
北京东黄城根北街16号
邮政编码：100717
http://www.sciencep.com
北京九州迅驰传媒文化有限公司 印刷
科学出版社发行 各地新华书店经销
*
2020年8月第 一 版 开本：720×1000 1/16
2020年8月第一次印刷 印张：20 1/2
字数：403 000

定价：138.00元

（如有印装质量问题，我社负责调换）

前　　言

2018年中央农村工作领导小组办公室提出《国家乡村振兴战略规划（2018—2022年）》，历史上第一次提出了乡村是生态涵养的主体，对乡村生态保护的重视达到历史最高点；表述上从“保护生态环境”晋升为“严格保护生态空间”；措施上也从“加强绿化”改为“构建两屏三带生态安全屏障”，将乡村生态保护提高到战略高度。

规划引领，规划是公共政策落实的手段，科学的规划能够引领强化村镇的生态保护，保障国家生态安全屏障的目标落地。本书就是在这样的背景下撰写的。

作者关注村镇水生态，寻求解决村镇水环境问题可以追溯到2000年。在青岛工作期间，作者带领科研团队先后完成村镇的污水处理站的设计，研究归纳了国内外生态规划的原理、方法及未来发展的趋势，结合具体项目进行了方法的运用，并逐步形成“水生态韧性”规划的技术路线。其后作者组织科研团队，完成山东营丘的水资源可持续利用的研究，以及蔡家沟村的水生态规划。

2000～2019年近20年的探索，作者形成了对村镇水环境的认识，提出了具体的策略。例如，污水分散处理，就地处理就地回用，主要回用于农田灌溉和村镇景观；村镇要充分利用地形条件，进行雨水资源化利用，充分保留现有洼地、沟渠，形成雨水湿地与生态沟渠，利用绿色基础设施，强化村镇的水生态韧性。

村镇水生态要成为国家的生态安全屏障，仅有技术和策略还不足以做到长治久安，还需要法规和管控。现行的村镇水环境标准繁杂，针对性不强。乡村振兴对乡村的生态提出了更高的要求，乡村将成为国家生态安全屏障的重要组成部分。在此背景下，希望本书的出版为致力于改善乡村生态环境的技术工作者提供参考。

作　者

2020年6月

目　录

第1章 村镇水生态规划方法

乡镇作为连接农村和大中城市的枢纽，不断地与周边生态环境进行物质流、能量流和信息流的交换以维持其正常运转，具有城市与环境系统的开放性。乡镇已逐步成为农村产业的集聚区、农村劳动力转移的承接区和农村人口的集中区。乡镇的主要功能是农业生产，主要区域是广大农村，主要居民是农民，首要任务是生产农产品，乡镇的功能定位决定了其应优先发展生态，保护生态环境也是实现农业发展目标的保证。

我国乡镇的生态实践起点低、进展慢、发展水平参差不齐，在发展过程中，大多数乡镇对自身的定位、性质和功能不够明确，缺乏科学规划，导致产业结构层次普遍较低，出现建设方式粗放低效、建设布局混乱、土地利用粗放、耕地资源浪费、人地关系不和谐等众多问题，这些地区的经济发展往往以牺牲生态环境为代价[1,2]，继续走着“先污染后治理”的老路。推动实现乡镇生态环境的有效治理，不仅是新型城镇化的题中应有之义，也是实现党的十九大报告所提出的“加快生态文明体制改革，建设美丽中国”新目标不可或缺的重要内容。

人类对生态问题的认识是一个从消极保护到积极建设、从线性到系统、从被动到自觉的过程。受认识水平的限制，乡村生态问题经历了忽视、边缘化、重视和重新认识的过程。这一过程最突出地体现在乡村生态制度建设上，乡村生态制度演进过程折射了乡村生态从繁盛走向衰落的过程。党的十六届五中全会提出扎实推进社会主义新农村建设，党的十八大提出美丽乡村建设，十九大提出乡村振兴战略，推动乡村从一维的经济繁荣走向了三维的复合生态系统的繁荣，逆转生态凋敝的趋势，恢复乡村的人文景观活力。乡村振兴战略的提出将从技术、文化、思想和体制等方面重新调整社会生产关系、生活方式、生态意识和生态秩序。

根据世界各国的经验，农业发展分为三个阶段，第一阶段是以增加生产和市场粮食供应为特征的发展阶段，政策以提高农产品的产量为主；第二阶段是以着重解决农村贫困为特征的发展阶段，政策以提高农产品价格为导向；第三阶段是以调整优化农业结构为特征的调整阶段，政策表现为促进农业结构调整。很长一段时间农村政策还停留在提高农产品产量上，从2003年开始，我国建立了农产品四项补贴和支持价格的政策体系。这一政策体系较好地保护了农民的利益，调动了农民的生产积极性，为我国粮食生产连年增收发挥了重要保障作用。

1993 年，我国第一个有关乡村规划的条例《村庄和集镇规划建设管理条例》通过并施行[3]，仅在第九条第五款提出“保护生态环境”，没有具体措施和标准；2005 年，党的十六届五中全会提出要按照“生产发展、生活富裕、乡风文明、村容整洁、管理民主”的要求扎实推进社会主义新农村建设，有村容整洁的表述，没有生态建设的内容；2006 年，建设部印发的《县域村镇体系规划编制暂行办法》第三章第十六条第一次提出“确定生态环境、土地和水资源、能源、自然和历史文化遗产等方面的保护与利用的综合目标和要求，提出县域空间管制原则和措施”，其比较笼统，没有涉及乡村的具体要求。2015 年，《美丽乡村建设指南》（GB/T 32000—2015）由国家质量监督检验检疫总局、国家标准化管理委员会发布，在生态环境保护方面，标准规定了气、声、土、水等环境质量要求，对农业、工业、生活等污染防治，森林、植被、河道等生态保护，以及村容维护、环境绿化、厕所改造等环境整治进行指导，并设定了村域内工业污染源达标排放率、生活垃圾无害化处理率、生活污水处理农户覆盖率、卫生公厕拥有率等十一项量化指标。2018 年，中央农村工作领导小组办公室提出《国家乡村振兴战略规划（2018—2022 年）》，历史上第一次提出了乡村是生态涵养的主体，对乡村生态保护的重视到了历史最高点；表述上从“保护生态环境”晋升为“严格保护生态空间”；措施上也从“加强绿化”改为“构建两屏三带生态安全屏障”，将乡村生态保护提到了战略高度。

综上所述，村镇水生态规划还处于起步阶段，适应国家乡村振兴战略规划的要求，迫切需要发现、研究、探索出符合我国发展阶段特征的乡镇水生态规划的技术方法。

1.1　遵循生态学适宜性分析的生态规划方法

1969 年，McHarg 教授的《设计结合自然》（*Design with Nature*），从生态学的外部因素去观察自然景观的多种变化，将生态学理论引入规划理论中，生态学是技术的核心，多学科合作是设计过程的独特之处，奠定了生态规划的基石。之后，他所完善的生态规划方法——千层饼模式被应用到规划实践中[4]。对于确定的地块，如果明确生物的、物理的、文化的要素之间的位置、分布和相互作用关系，就可以给出该地块的最佳用途，减少环境的影响、能量输入和运行维护费用，其主要的分析方法是生态学适宜性分析方法。1969 年，McHarg 系统地提出了千层饼模式，它包含三个部分：

（1）核心生物物理元素的场地调查与地图绘制，主要步骤如下。

第一步：确定影响因素，按照影响因素类型绘制数据分布图（图 1. 1）。

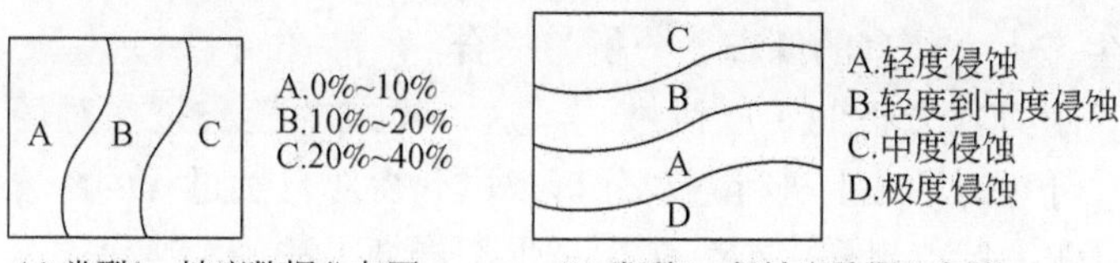

(a) 类型1：坡度数据分布图　(b) 类型2：侵蚀度数据分布图

图 1.1　不同影响因素类型的数据分布图

第二步：评估每种类型因素对土地用途的影响（图 1.2）。

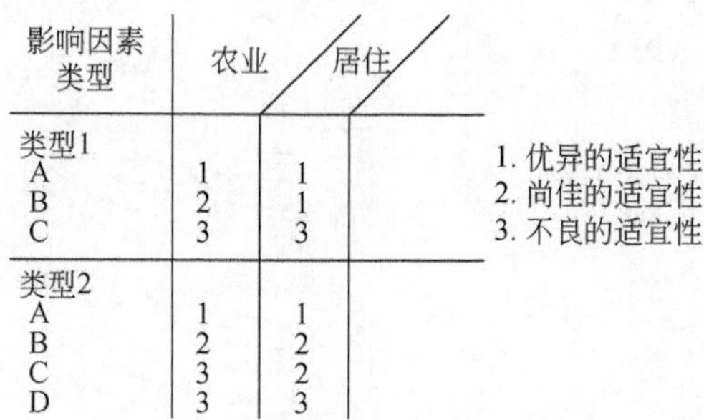

影响因素类型	农业	居住
类型1		
A	1	1
B	2	1
C	3	3
类型2		
A	1	1
B	2	2
C	3	2
D	3	3

图 1.2　不同影响因素类型的土地用途适宜性评价结果

第三步：对不同用途的各种类型影响因素的数据分布图进行编组（图 1.3）。

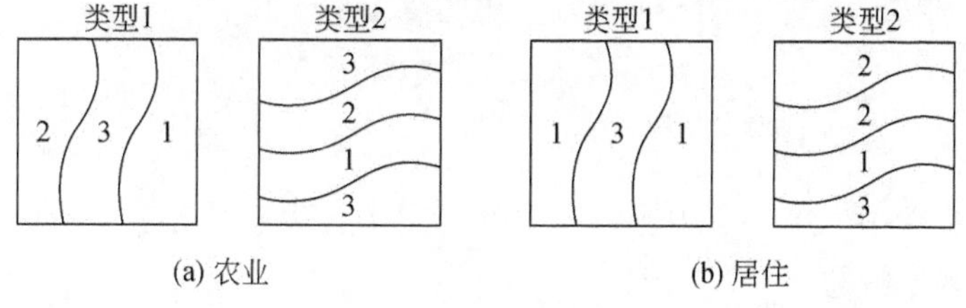

(a) 农业　(b) 居住

图 1.3　农业与居住用地两种类型影响因素分组图

第四步：叠加图，将每一类型影响因素适宜性分析图进行叠加形成组合图（图 1.4）。

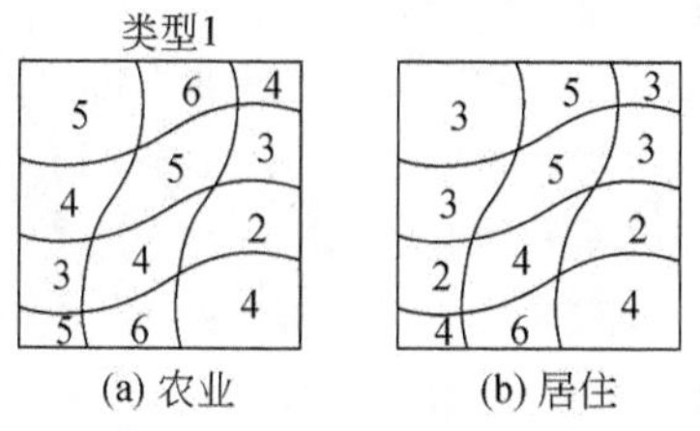

(a) 农业　(b) 居住

图 1.4　影响因素类型 1 对于不同用途的适宜性叠加结果分析图

数字越小越适合该土地利用方式；数字越大越不适合该土地利用方式

(2) 对生态人文信息的调查、分析与综合。

(3) 基于适宜性分析的千层饼模式。这一模式的核心是在对场地生物物理要素进行深入研究的基础上进行景观分析，以获得对自然过程的深入认识，它将生态学的信息融入城市规划，被公认为是生态规划方法的经典模式（图1.5）。

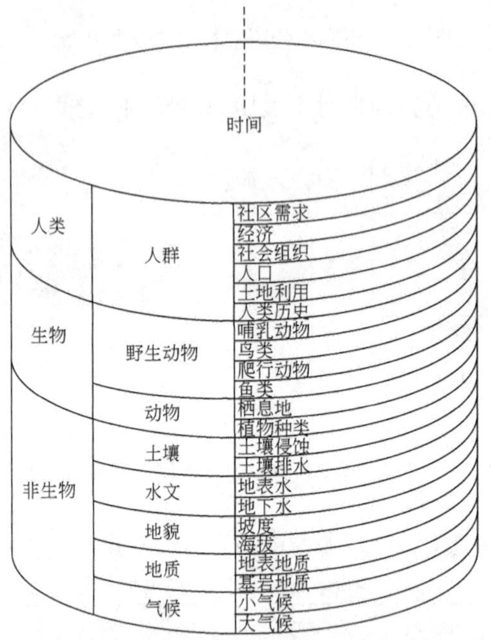

图1.5 千层饼模式的综合性土地适宜性汇总图

在上述步骤中，第一步中影响因素的确定十分重要，表1.1为场地设计中的主要的影响因素汇总。

表1.1 土地适宜性分析中主要影响因素

编号	影响因素
1	标高、坡度
2	地理基础或者地表下地质、地表沉积、地质断面
3	土系或者相、排水分级、水文土壤分组、土壤容量分组、距离季节性高水位的深度等有用的指标
4	到地下水位的水文深度、含水层产水量、地下水运动的方向、补水区、水质、地表水体（湖、小溪和湿地）、泛洪区、汇水区等
5	可识别的与植被分布相关的群落和生境、噪声重要缓冲区、野生动物食物来源、筑巢地等
6	野生动物种类和它们的生境范围、迁移的廊道等
7	通过自然地理可以确定的微气候参数（温度、湿度和风速等）、通风和日照
8	矿产资源或者其他有价值的自然资源

1.1.1　McHarg方法应用的典型的案例——华盛顿市

1791年乔治·华盛顿聘请法国籍美国军事工程师Pierre Charles L' Enfant负责美国首都华盛顿市的规划。华盛顿市位于波多马克河与阿纳卡斯蒂亚河交汇处，通过开挖和复垦，河岸两侧的岸线固定并且硬化。1902年McMillan委员会终止了L' Enfant无限延伸的轴线，并形成如图1.6所示的城市规划[5]。

图1.6　1902年McMillan委员会规划的华盛顿市鸟瞰图

直至20世纪60年代中期，McHarg来到华盛顿，用实例证实了环境意识在城市规划与设计中实现的路径。他采用生态学的方法指导了城市和区域的规划与设计。他不仅规划设计了波多马克河流域和华盛顿，而且其工作还是一个历史性的突破。

华盛顿也成为McHarg设计的一个长期运行的案例，通过一系列小型项目而不是综合的项目，实现了他当初的设想。

1.1.2　McHarg方法应用的典型案例——伍德兰市

得克萨斯州休斯敦以北的一个新城伍德兰市，森林广袤，适合居住，但是施工建设十分困难；地形十分平缓，坡度小于5%，地形和降水量决定这个地区的三分之一位于百年一遇的泛洪区；排水条件差，平原区的土壤的渗透性差。确定此地居住区的选址和建设密度，就采用了生态适宜性分析方法。

应用生态适宜性分析方法，给出以下五条新城建设的原则：

（1）充分利用自然排水系统排除小降水事件径流，对介于小降水和强降水之间的降水，尽可能采用回灌的方式使其进入地下含水层，减少对水文的干扰；

（2）保护伍德兰市的环境；

（3）保护野生动物生境和迁移廊道的植被；

（4）减少开发费用；

（5）避免对生活和健康造成危害。

调查的目的是充分了解景观特点。例如，土壤地质、水文、植被和野生动物，它们之间通过自然过程互动和联系。这些理解有助于明确具体开发类型对整个生态系统的影响。景观的某一要素因此可能成为规划土地用途格局的决定因素，为了减少对景观的负面影响，在伍德兰市案例的居民区规划中，植被、土壤、场地的自然水文条件成为了最重要的决定因素。在其他地区，其他自然特点是重要的决定规划场地使用格局的因素。例如，某些地区下面有岩石层、断裂带等不利于建设的因素，保护生活、财产和自然资源进行优化设计，采用生态规划不仅是概念，而且更具现实意义，伍德兰市生态规划为该市的建设节省了大量成本[6]。

1.1.3 McHarg 方法应用的典型案例——上海世界博览会区域

上海世界博览会区域自 19 世纪下半叶就是重工业基地，2010 年被确定为上海世界博览会区域，主题是“城市，让生活更美好”[7]。为给后期的生态规划与建设提供理论支撑，开展了基于生态学调查和规划领域的千层饼模式，对上海世界博览会区域建设用地进行了生态要素调查。

利用 McHarg 原理，针对上海世界博览会区域问题，提出了环境污染与动植物生态安全、人体舒适度及资源可持续利用的理念。筛选的调查项目如图 1.7 所示，包括生态安全性、舒适度和自然资源合理配置与可持续利用等[8]。

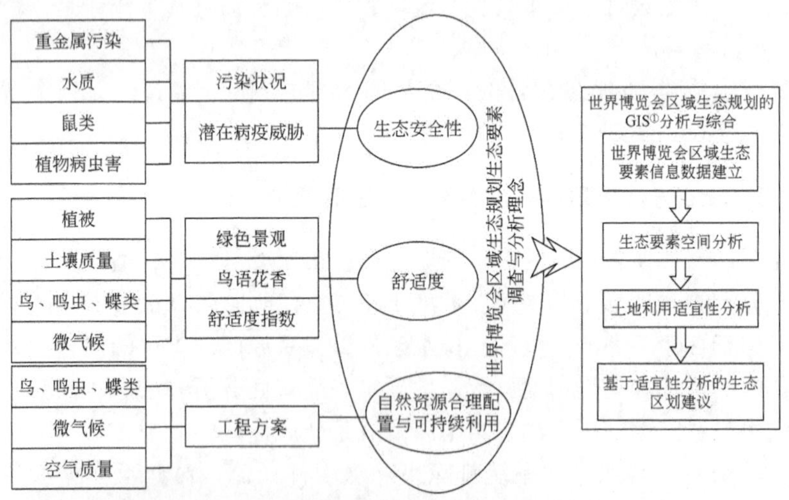

图 1.7 上海世界博览会区域生态要素调查示意图

① GIS：地理信息系统（geographic information system）。

上海世界博览会区域原有的植被群落与老工业区的老厂房具有独特的历史景观风貌，有原地原貌保护价值；老工业区工厂绿化包含十分丰富的大型植被资源和本地物种资源，有生态保护价值；区域尺度的植被景观结构在维持场地生物多样性中有重要作用。

1.2　遵循景观生态学原理的生态规划法

Turner 等将景观生态学定义为：研究空间格局和生态过程相互关系，或不同尺度上空间异质性的原因和后果的生态学分支学科[9]。景观生态学将地理学中的空间分析方法与生态学中生态系统运行的功能方法结合起来，主要关注生物物理过程与人类文化过程相互作用而引起的空间变化。景观生态学与生态规划都关注于自然主导或者人类主导的景观的时空格局及过程。生态规划从空间直观预测在自然或人为影响下的功能变化，景观生态学则为空间预测提供科学基础。景观生态学是研究景观单元的类型组成、空间配置及其与生态学过程相互作用的综合性学科，强调空间格局、生态学过程与尺度之间的相互作用[10]，如图 1.8 所示。

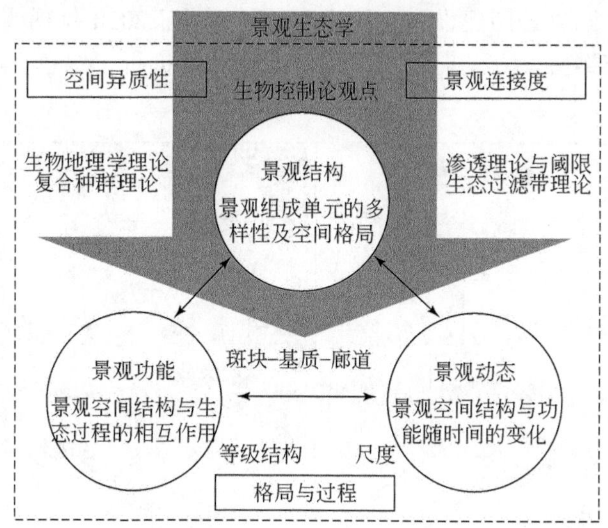

图 1.8　景观结构、功能和动态的相互关系及景观生态学中的基本概念和理论[11]

景观生态学应用原理：Forman 和 Godron 于 1986 年提出了七条景观生态学原理[12]，1995 年 Forman 将其扩展归纳为四类十二条[13]，主要核心内容如下：

（1）景观和区域：景观和区域性的原理，景观是某一地理区域的综合地形特征，而反映气候、地理、生物、经济、社会和文化综合特征的景观复合体为区域。

（2）斑块和廊道：斑块泛指与周围环境在外貌或者性质上不同，并具有一定内部均质性的空间单元。廊道是指景观中与相邻两边环境不同的线性或带状结构。斑块内大面积自然植被斑块，斑块形状，生态系统间相互作用和复合种群动态原理，生境斑块消失会减少复合种群，加剧斑块内部物种的灭绝概率，减缓再定居过程，导致复合种群稳定性减低。

（3）镶嵌体：景观抵抗性原理，粒度粗细原理，景观变化原理和镶嵌体序列原理。

（4）应用：聚集-零散格局原理，关键性格局原理。

（5）景观总体性与异质性原理：景观是一个相互影响的整体，但景观内部又有着不同的组成部分，不同部分之间相互影响与作用，这构成了景观系统。景观异质性是景观结构中的基本特征，景观空间的异质性导致了景观功能和结构的异质性。

1.2.1 北京绿色空间的景观生态概念规划

北京绿色空间规划中研究的空间尺度有三个，一是区域范围，面积为 16807.8km^2，包括附近的天津在内；二是城市范围，1040km^2，包括郊区和城市边缘地区；三是街区范围，包括四环范围以内的典型地区。时间范围是 2008 年绿色奥运，奥林匹克公园建设和与奥运有关的绿化；2020 年现代国际城市，未来生态城市。依据斑块-廊道-基质理论对北京城区进行了绿色空间概念规划[14]（图 1.9）。

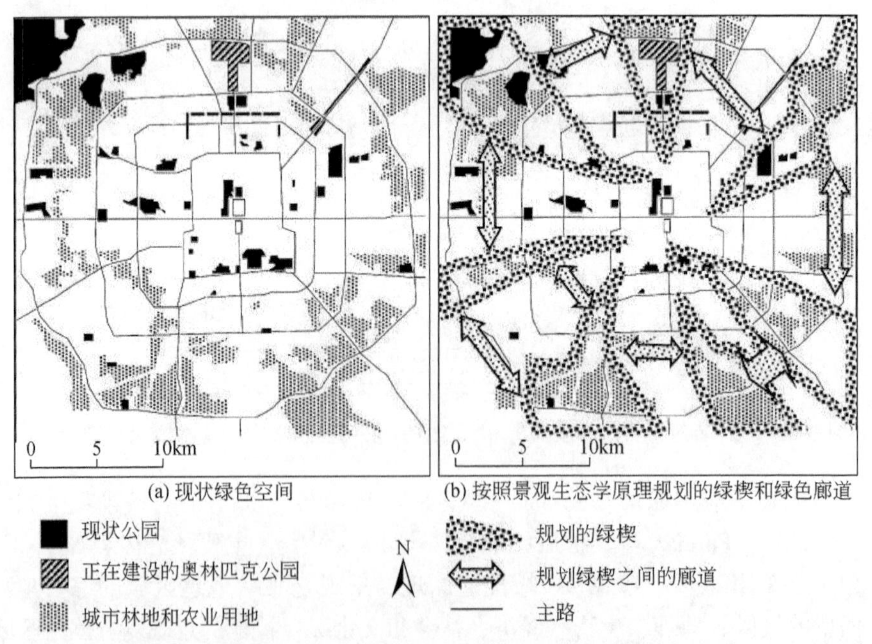

图 1.9 城市和城区范围的现状城市绿色空间和规划绿色空间

1.2.2　量化的景观生态规划方法

景观的空间特征、景观组成单元的多样性和空间配置构成了景观格局（landscape patten），景观格局影响生态过程，如种群的动态、动物行为、生物多样性、生态生理和生态系统过程等，格局与过程相互联系，研究景观格局可以更好地理解生态学过程。而且结构较功能容易研究，在实际应用中景观格局特征可以用来推测过程特征。

景观格局一般指景观的空间格局（spatial pattern），是大小、形状、属性不一的景观空间单元（斑块）在空间上的分布与组合规律。景观格局特征可通过一系列景观格局指数方法和空间统计学方法进行研究。景观指数是能够高度浓缩景观格局信息，反映其结构组成和空间配置某些方面特征的简单定量指标，主要用于非连续的类型变量数据，其特征可以在单一斑块、斑块类型和整个景观镶嵌体三个层次上分析，包括斑块面积、数量、密度、形状、多样性、丰富度、均匀度、优势度、聚集度和分维数等指数，详见表1.2[15]。

表1.2　常用景观格局指数概况

级别	指数名称（缩写）	描述	公式	注释
斑块度量级别	斑块密度（PD）	单位面积中某一景观类型的斑块数目	$PD=N/C_a$	N为类型斑块中斑块个数；C_a为类型斑块总面积
	边界密度（ED）	单位面积中某一斑块的周长	$ED=E/C_a$	E为类型斑块边界总长度；C_a为类型斑块总面积
	平均斑块面积（AREA-MN）	斑块面积的平均值，用来描述斑块规模	$AREA\text{-}MN=C_a/N$	C_a为斑块总面积；N为斑块总个数
	最大斑块指数（LPI）	某一斑块类型中最大斑块面积	$LPI=\frac{\max\limits_{j=1}^{n}(a_{ij})}{A}\times100$	a_{ij}为斑块ij的面积；A为景观内部背景在内的景观总面积
	分维数（FRAC）	斑块格局间的复杂程度，值越大表示形状越复杂	$FRAC=\frac{2\ln(0.25\times c)}{\ln a}$	FRAC为分维数；c为湿地斑块周长；a为湿地斑块面积
景观度量级别	景观形状指数（LSI）	对景观总边缘长度或边缘密度的度量，也可描述板块的聚集或离散程度	$LSI=0.25\times E/(\sqrt{C_a})$	E为类型斑块边界总长度；C_a为类型斑块总面积
	景观破碎化指数（CI）	判定景观板块类型简单或复杂的指标	$CI=N_i/A_i$	A_i为研究地景观类型i的景观总面积；N_i为研究地景观类型斑块个数

续表

级别	指数名称（缩写）	描述	公式	注释
景观度量级别	景观分离度指数（NI）	某一景观不同斑块个体空间分布的离散（或聚集）程度	$NI=D_i/S_i$	D_i 为景观类型 i 的距离指数；S_i 为景观类型 i 的面积指数
	景观均匀度指数（E）	景观中各斑块在面积上分布的不均匀程度	$E=H/H_{max}$ $H_{max}=\ln m$	m 为景观类型总数；H_{max} 为给定丰富度条件下景观最大的可能多样性指数
	香农多样性指数（SHDI）	景观中各斑块的复杂性和均匀性描述	$SHDI=-\sum_{i=1}^{m}(p_i\times\ln p_i)$	p_i 为类型 i 在整个景观中所占的比例

研究区位于北京延庆区和昌平区内（北京西北部地区）[16]，面积3344.5km²，如图1.10所示，西北高东南低，海拔为250～2250m。

图1.10 研究区位置图

选择与景观格局有关的平均邻近指数（CONTIG-MN）、斑块密度（PD）、平均斑块面积（AREA-MN）、平均形状指数（SHAPE-MN）、斑块数（NP）、景观破碎度（F）、香农多样性指数（SHDI）、香农均匀度指数（SHEI）、连接度（C）和优势度指数（D）分析研究区景观格局的变化趋势。为了清晰反映景观格局的变化，进行了类别水平上的景观指标的比较和景观水平上的景观指标的比较，结果如表1.3和表1.4所示。从类别水平上可以看出，1989～2005年，城市建设用地类型平均邻近指数增加，而林地和耕地类型的平均邻近指数减少；林地、耕地、园地、城市建设用地的斑块密度显著增加，沙质荒地和未利用土地的斑块密度连续下降，由于治沙和修复，沙质荒地斑块数减少明显，但平均斑块面积在增加，尽管水体斑块数在增加，但平均斑块面积持续减少。从景观水平上，研究区总景观斑块数为1482，破碎度指数从1989年的6.727增加到2005年的7.172，多样性指数也同步增加，表明由于格局改善和区域建设，研究区的斑块的大小趋于中等规模，这种变化也可以在优势度指数中得到佐证，该指数从1989年的1.174减少为2005年1.156，该区域景观以几种景观类型为主；景观连接度较低，并呈现先增加再降低的趋势。

表1.3　类别水平上1989～2005年景观格局指数变化

年份	指数	耕地	林地	园地	沙质荒地	水体	建设用地	未利用地
2005	CONTIG-MN	0.524	0.507	0.482	0.480	0.517	0.529	0.485
	PD	1.544	0.821	0.175	1.594	0.064	0.961	1.568
	AREA-MN	8.093	95.99	1.179	1.377	6.405	3.64	1.499
	SHAPE-MN	1.333	1.348	1.199	1.226	1.281	1.311	1.249
1996	CONTIG-MN	0.453	0.462	0.416	0.413	0.452	0.424	0.447
	PD	1.731	1.211	0.159	0.701	0.124	1.825	1.122
	AREA-MN	6.453	63.933	0.958	1.153	6.96	4.23	1.642
	SHAPE-MN	1.275	1.33	1.156	1.176	1.246	1.262	1.222
1989	CONTIG-MN	0.423	0.444	0.392	0.460	0.471	0.448	0.403
	PD	1.656	1.390	0.562	0.761	0.324	1.621	0.858
	AREA-MN	4.447	56.601	0.882	1.811	3.614	6.234	0.973
	SHAPE-MN	1.244	1.326	1.16	1.216	1.264	1.28	1.163

表1.4　景观水平上1989～2005年景观格局指数变化

年份	NP	F	SHDI	SHEI	D	C
2005	23922	7.172	0.790	0.406	1.156	0.0082
1996	22922	6.872	0.804	0.413	1.142	0.0065
1989	22440	6.727	0.772	0.397	1.174	0.0090

通过对两个重要生态源斑块之间的耗费阻力路径分析，选择最低耗费阻力作为生态规划的优化路径或者生态廊道。连接生态廊道的节点就是生态节点，在生态功能连接薄弱的位置，可利用生态节点强化生态廊道，增强生态流。在两个生态廊道之间有大量空间，利用生态节点可以增加生态系统的稳定性和连续度。通过在连续的节点和廊道建设形成生态网络，增强了生态健康，优化后的生态廊道和生态节点的位置如图1.11所示。

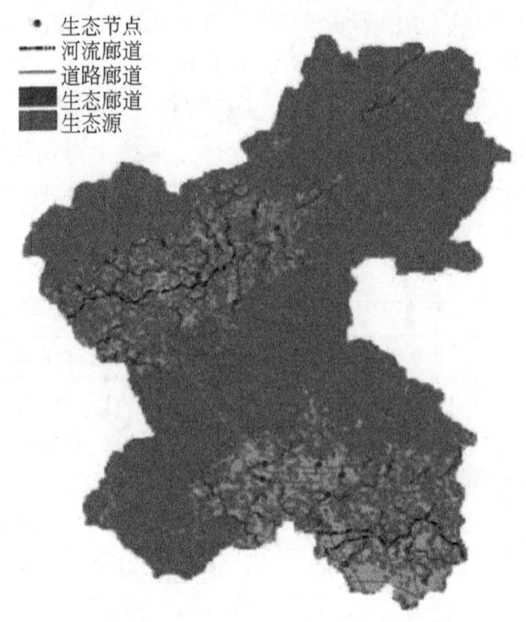

图 1.11　优化后的景观格局的生态廊道和生态节点位置图

1.2.3　生态网络与景观生态规划

生态网络是指景观生态系统中的廊道相互交叉形成的网络，生态网络有一些独特的结构特征，如表 1.5 所示。这些网络维持了景观嵌体中持续的营养流、能量流和物种流。梅里亚姆提出了连接度概念，认为网络增强了物种之间的联系，形成了个体间互动丰富的复合种群。许多案例被收入库克和范利尔的著作《景观规划与生态网络》中。

表 1.5　生态网络空间结构特征

特征指数	定义	度量公式	注释
连通性（γ）	廊道在空间上的连续度量，是确定通道功能效率的重要指标	$\gamma=L/L_{max}=L/3\ (V-2)$	L 为连接线数；L_{max} 为最大可能连接线数；V 为结点数
点线率（β）	网络中廊道与节点间的关系，是衡量网络的通达程度的指标	$\beta=L/V$	L 为连接线数；V 为结点数；
网络环度（α）	现有的环路数与最大可能环路数的比值，是描述网络复杂程度的指标	$\alpha=(L-V+1)/(2V-5)$	L 为连接线数；V 为结点数；$L-V+1$ 为实际环路数

在生态网络规划方法出现之前，斑块–廊道–基质的分析方法一直是景观规划的主要方法，该方法也强调廊道的作用，但没有具体的技术方法可以提取和研究廊

道的形态与格局，就像斑块的量化指标一样。20世纪90年代以来，Urban及其团队率先利用图形理论和方法描述了景观中网络结构的特性，重点强调廊道的格局和景观的连接度，就此成为景观规划的一个新的方法[17-19]。利用该方法可以提取城市绿色面积和重构城市绿色系统，重建与城市区域之外的重要自然资源的联系[20]。

在自然状态下，河流系统就是最重要的生态廊道，通过连接侵蚀和沉积过程，河流系统是多时空范围中地面景观演变的主要驱动力[21]。在人类主导的景观中，交通网络，如公路和铁路、船运航线和空运航线都是人类社会和现代景观的主要网络[22]。廊道网络的主要功能就是强化水平流动和跨景观的连接[23]。

1. 德黑兰市基于生态网络的生态优化

利用生态网络理论研究了德黑兰市区的生态网络的现状，提出优化方案。利用卫星影像、航拍照片、过往研究结果、报告和城市规划，利用斑块-廊道-基质和网络的提取技术，提取了城市现状生态格局和生态网络。通过对现状生态网络的环境潜力和限制因素研究，将城市的生态分成两类，即自然网络和人工网络。自然网络如河道，如图1.12所示，人工网络如公路、高速路和主要街道，如图1.13所示；主要城市生态斑块的分布如图1.14所示，主要位于城市中心的山区和东西两侧的人工林。

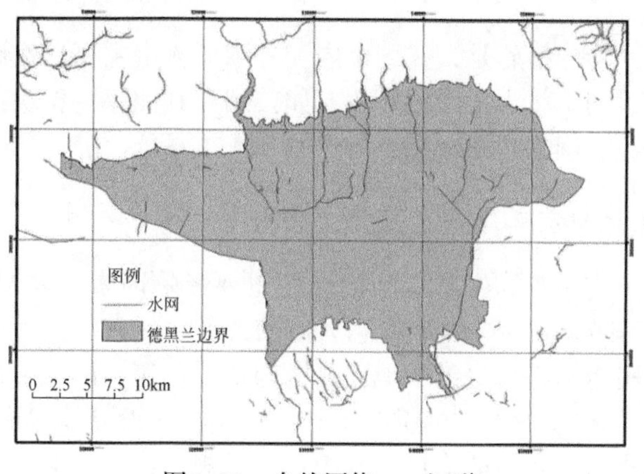

图1.12　自然网络——河道

利用上述提取的城市现状肌底下人工和自然斑块与廊道，综合形成网络与斑块的位置，如图1.15所示。利用该图分析城市生态现状发现：城市发展不断侵蚀剩余自然斑块，自然河道被破坏或者被阻断，造成城市基质与绿色空间隔离。例如，大型自然生态斑块在中心，大型人工林在东部或者西部，七条南北向的自然廊道河流被交通廊道碎片化，或者城市建设和其他用途的土地利用受到干扰。城市化导致城市生态网络联系自然斑块和河流廊道的能力被持续破坏，进入城市后水利网络被人为改道，阻碍或者破坏水文格局适宜的层级。

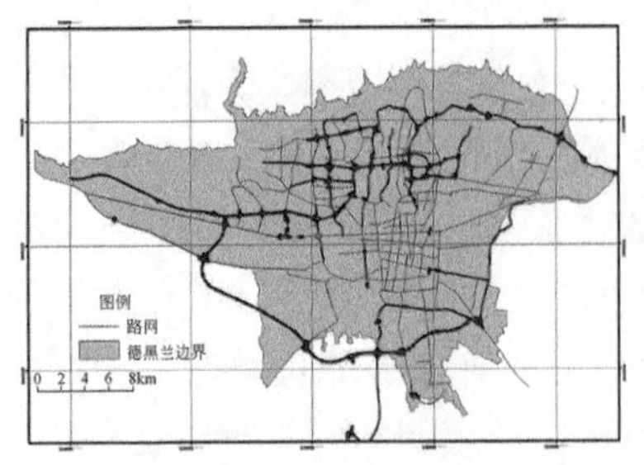

图 1.13　人工网络——公路、高速路和主要街道

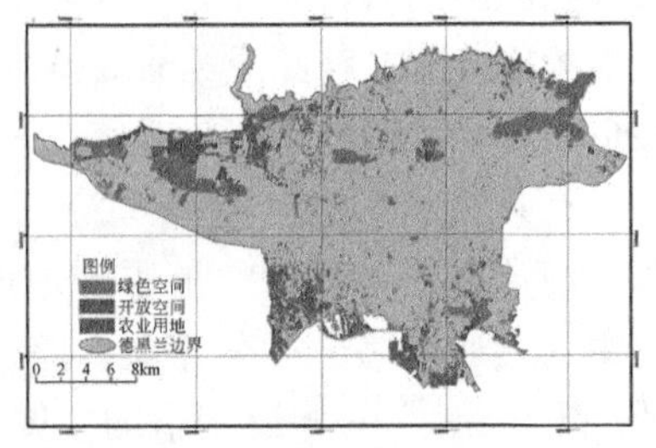

图 1.14　主要城市生态斑块的分布

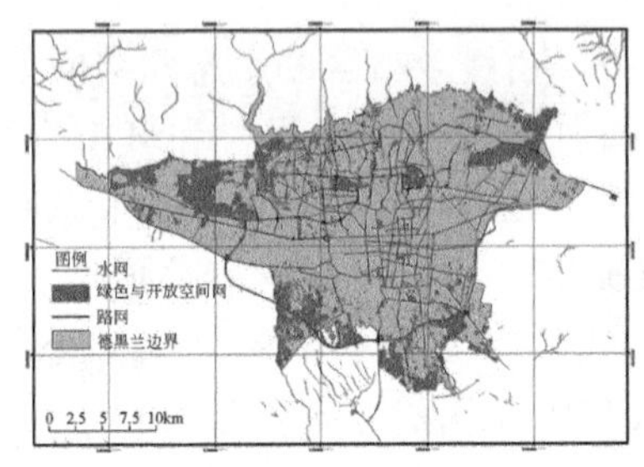

图 1.15　城市现状肌底下人工和自然斑块与廊道构成的生态格局

提出的主要完善的措施是，在城市内和外围形成由主要自然廊道和斑块构成的完整的网络，该网络将人工绿色斑块，如公园和其他绿色斑块连接起来，利用改善的城市范围生态网络建立起完整的自然和人工系统。

2. 流域、水系与景观生态规划——日本各务原市案例

水文长期以来都被视为生态规划设计的重要影响因素，以 1963 年托特提出的地下水径流（groundwater flow）概念为依据，荷兰瓦赫宁根大学的米凯尔·范布伦与克拉斯·科克斯特拉提出了地表径流与地下径流，即水文过程造就了特定景观格局[24]。但如何发挥水文的重要基础性作用，还没有技术措施和理论创新。此间各国学者都进行了各自的尝试，其中日本的规划第一次提出了基于流域的景观规划与设计的技术方案。

日本在 1923 年关岛地震灾后重建中引进了景观规划与设计，这是对第一次世界大战后重建的重要补充。其采取的技术路线主要是公园体系，目的是通过林荫路、沟渠、河道和公园阻止火灾蔓延。除公园体系外，日本受德国柏林 Grungurtel 计划的影响，在东京市引入开放空间和绿环计划。20 世纪 60 年代，日本经济快速增长，经济泡沫崩溃后，出现了景观规划设计的新趋势，就是所谓的“人与自然共生系统”，在技术路线上是基于流域管理，构筑人与自然共生系统。

其步骤是：①指定流域作为规划的基础；②分析流域内的生态框架；③实施与居民合作的景观设计[25]。案例为东京市郊的各务原市，该市的位置如图 1.16 所示[25]。

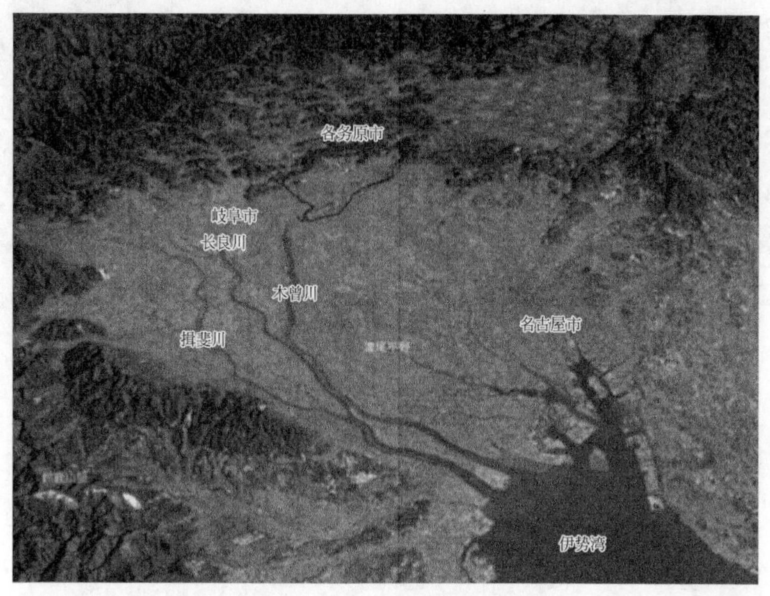

图 1.16　各务原市位置

各务原市位于名古屋市区范围内，已经发展成为一个沿着中曾道的历史悠久的城市，是连接京都和江户（东京的前身）的主要干线，2013 年的人口为 14.8 万人。20 世纪 30 年代，在各务原市的高原地区建设了军事基地，发展形成了飞机制造业；60 年代，城市快速发展，邻近的山丘变成了住宅区。森林荒芜，森林火灾、非法倾倒垃圾等问题频发，如图 1.17 所示。

20 世纪 80 年代经济泡沫破灭之后，城市运动开始寻求人与自然共生系统的方式。该区域的饮用水是来自里山的地下水，该地区过去是烧火用木材的产地。90 年代在地下水回灌区，私人开发公司将这个地区用于工业垃圾倾倒场，各务原市及时阻止了项目建设，拟改建为公园，如图 1.18 所示。

各务原市成立了绿色与河道委员会，依据《绿色保护法 2000》进行总体设计。该委员会进行了水体、植被、景观和野生动物的现状调查，分析流域的汇水区，全面城市绿色设计引入了小流域管理的方法的基本策略，各务原市的流域如图 1.19 所示。人与自然共生策略为在城市与河道的节点建设森林或者公园，加强节点保护与生态的营造。

图 1.17　荒芜的森林

图 1.18　城市志愿者在里山种树

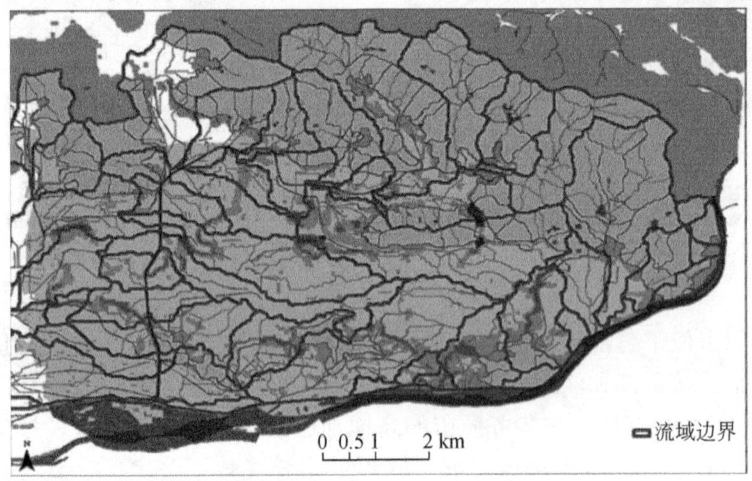

图 1.19　各务原市的流域分区图

图 1.20（a）为城市节点公园分布图，由森林廊道、城市廊道和河道廊道组成，在三个廊道节点规划了七个核心公园。主要的节点公园有学习森林公园、国家遗产森林公园、冥想森林公园、老河道公园、空中森林公园（城市廊道）、Kakamino 森林公园（城市河道节点）、城堡公园。

在城市与河道的节点，原本是一所大学的校区，这个校区计划出售作为居民区开发，风起云涌的城市运动开始了，根据绿色与河道委员会的建议，这个地区由政府收购用于建设各务原市中心公园，公园被称为学习森林，图 1.20（b）为学习森林的景观规划图。

在水源地里山建设国家遗产森林公园，图 1.21 是国家遗产森林公园的景观规划图，该规划的突出特点是生态岸线，采取各种增加物种丰度的设计，在国家

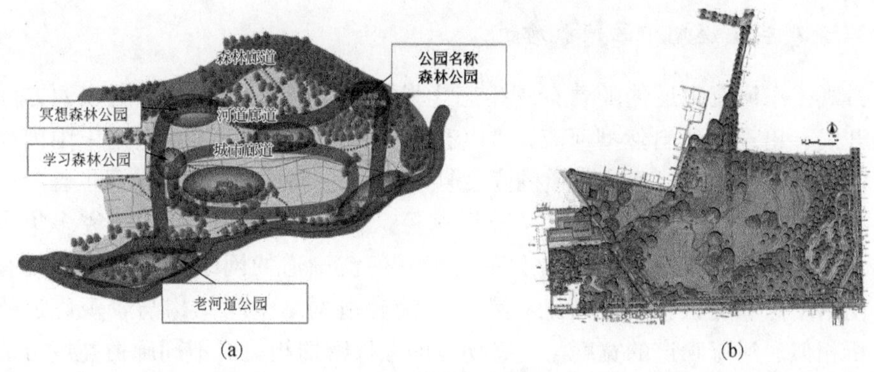

图 1.20　(a) 各务原市河道节点公园体系和廊道体系规划图；(b) 学习森林景观规划图

遗产森林公园中心建了国家遗产学校，公园中心有水库和小型水道。城市的南部是 Kiso 河，20 世纪 60 年代进行了岸线建设，但是由于经常发洪水，形成了多条河道，图 1.22 为修复前的老河道公园，长期被遗弃。人与自然共生运动后建成老河道公园，如图 1.23 所示。

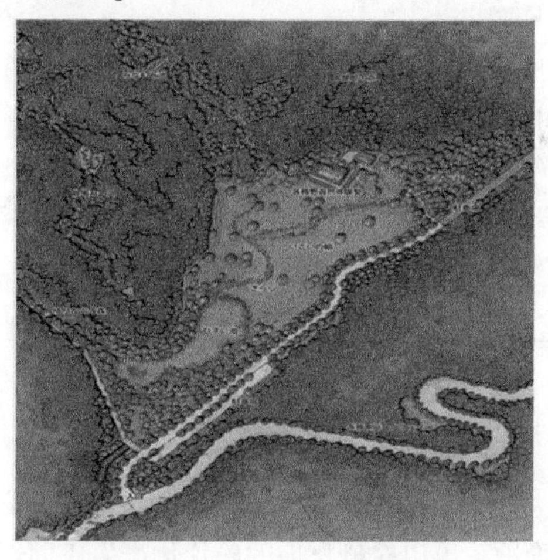

图 1.21　国家遗产森林公园

图 1.22　修复前的老河道公园

图 1.23　修复后的老河道公园

3. 景观生态规划中的河流廊道

景观生态河流廊道伴随着景观生态学发展而兴起，20 世纪中期在西方国家蓬勃开展，出现了“自然型河流”“生态护岸”等概念[26]。20 世纪末国内也出现了河流廊道的研究。河流廊道的高度复杂性及完整性不仅符合景观生态学的观点，也为流域的可持续发展提供了建设途径[27]。目前河流廊道的研究多集中于廊道宽度、连通性及河流健康评价等方面。河流廊道的网络空间结构还具有环度、网络结点和网状格局等特征[28,29]。河流廊道网络空间结构与景观廊道的结构分析相似。河流廊道的宽度与生态功能的发挥密切相关，不同廊道宽度可适应不同生态功能的需要[30]，关键性因素如廊道宽度、功能定位和生态效益详见表 1.6。河流廊道的连通性通常以纵向、横向和垂直维度来表示。受河流廊道空间和时间异质性的影响，不同类型的河流廊道连通性对河流所承受的抗逆性不同[31]。

表 1.6　河流生态廊道适宜宽度值[32-39]

廊道宽度/m	功能定位	生态效益
3 ~ 12	与物种多样性相关性接近于零	仅能满足无脊椎动物生存需要
15	河流廊道的最小设计宽度	有效控制河流浑浊度，维持水质清澈
30	固土护坡，稳固河岸的最低设计宽度	可调节周围环境的温度，控制河流营养元素的流失
60 ~ 100	生物多样性保护的最低设计宽度	有效减少河流沉积物，满足高等植物种群生存需求
100 ~ 200	保护鸟类种群的最佳设计宽度	维持鸟类生物多样性，可组建较为丰富的物种群落
≥400	自然丰富的景观结构最佳设计宽度	可创造自然生境，满足高等动物基本生存需求

4. 景观生态规划中的生态廊道

生态廊道被定义为连接栖息地，有利于物种迁移与基因交换的空间元素，生态廊道规划建设与科学管护，可以对栖息地的碎片化产生正面影响，减少人类活动导致的农业产量下降、水污染和物种灭绝。Baudry 等和 Jordán[40,41] 分析了景观要素之间连通的理论，定义并讨论了连通性和连通度，连通性被 Battisti[42] 定义为生态系统或者物种之间的物理连接，关注的是物理和地域元素，如生态系统空间分布、自然和人工元素的类型和大小，以及与生态系统内部固有的功能组分和物种行为特性。因此改变结构，可以影响一些物种的活动，野生物种的移动性受生态系统功能影响。D’Ambrogi 等[43,44] 从景观要素和生态过程的角度看，廊道的连通性可分为结构连通性和功能连通性；常用研究方法包括整体连通性指数（IIC）、可能连通性指数（PC）和斑块重要值指数（DI）[45,46]，其中 IIC 和 PC 不仅对各斑块的生态连接度进行了识别，还综合考虑了景观因素对生态过程的影响[47]。

自然景观比人类改造后的景观具有更好的连接性，廊道是切实可行的保持或者强化这种自然连接度的方法[48]，但是需要对廊道在它所在的基质上进行评估，理论上的思考不足以用来指导实践，于是发展了通过栖息地实际路径（path）分析方法，用于在复杂的现实景观找到潜在的廊道。利用该分析工具可以得出三种结果：对于图中每一种分类的两个斑块之间最可能的潜在运动通道；正方形转移基质量化动物从一个斑块到每一个其他斑块成功流动的数量；在地图上每一个斑块建立一套量化数值定量评估栖息地斑块对于动物在地图上穿越的贡献。动物在两个栖息地斑块之间的运动速度是不对称的，选择转移基质是正方形的而不是矩形的。在上述分析中对于每一个斑块都有的一个重要的指标就是连接度。廊道规划更多地关注功能连接度而不是结构连接度，定量评价廊道分布的方法是最小耗费阻力模型[49,50]。此外决策支持系统（decision support system，DSS）[51]，基于GIS和多指标分析，被称为空间多指标评价，该方法更有效。地理系统与多指标评价进行组合，实现了两种技术的互补。

5. 景观生态规划中生态廊道规划案例——意大利卡利亚里市[52]

Cannas以生态廊道作为重要手段，结合绿色基础设施，对意大利的卡利亚里市进行了景观生态优化。在进行该市景观规划的过程中，提出了多功能的绿色基础设施和生态廊道组合的方法，遵循以下原则确定需要连接的生态斑块、保护价值、自然价值、景观价值和人类遗产。依据栖息地适宜性和生态的完整性，确定生态廊道位置，对2000个自然场地进行了连接，然后对连接的有价值的斑块和生态廊道进行评估。

研究区的位置如图1.24所示，面积约1800km^2，包括卡利亚里市区、3个沿海景观单元（这3个单元与市区重叠）和20个自然景观场地（包括7个特别保护区和13个重要社区，这20个自然景观场地与市区和沿海景观单元重叠）。利用地理信息系统（GIS）和4类重要斑块的价值计算公式，进行计算后在GIS系统中进行综合，输出各斑块综合评价值的取值范围图，如图1.25所示，值越大越具有保护价值。

确定生态廊道的空间位置，依据的主要原则是：保护生物多样性的作用；长期保护生物多样性。生态廊道优先考虑可以最大化现有的生态系统的功能，同时保证物种的活动。为了确定生态廊道的位置，采用了最小耗费路径（最小耗费阻力）方法，最小耗费路径或者最小耗费阻力，是指物种迁移过程中消耗的费用，或者遇到的阻力、迁移需要的能量、遇到的风险或者可能对未来繁殖的负面影响。采用了以下步骤确定生态廊道位置，第一步是评估斑块，主要是位于20个自然景观场地之外，可以用作栖息地的斑块，输出适宜栖息地分布图。栖息地适

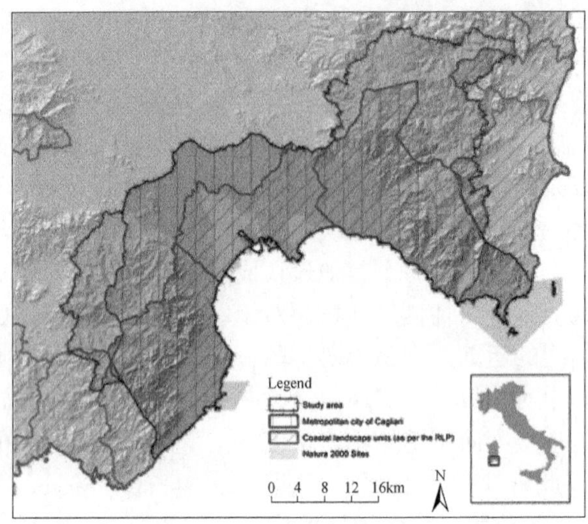

图 1.24　研究区位置

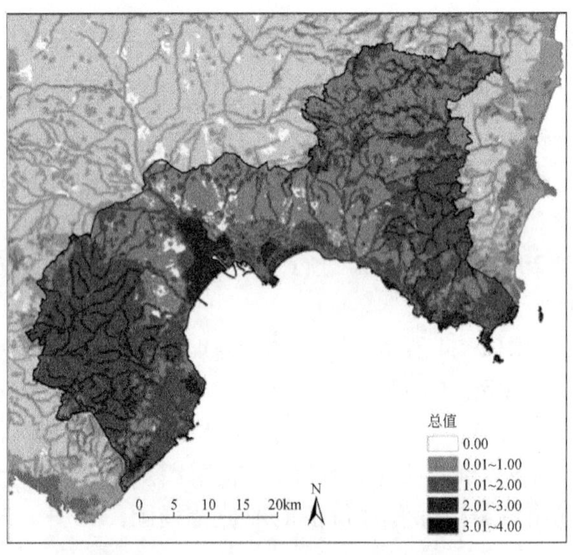

图 1.25　研究区所有斑块的综合赋值图

宜性表示给定的栖息地对于给定的物种有用。Boitani 等和 Wang 等[53,54]对指定栖息地根据 Sardinian 地区土地覆盖分类给出栖息地适宜性值。第二步是 Burkhard 等[55]将生态完整值表达在研究图上，生态完整性是指维持生态系统自身的结构与过程的自我组织能力。此处假设斑块在适合物种活动方面展示了较高的生态完整性值。第三步是给出阻力图，这些阻力由于环境本底的物理性质阻碍了物种运行。共生成两个阻力图，栖息地适宜值的倒数和生态完整性值的倒数，其值为

0～100，100代表阻力最大，将两个阻力图合并形成物种运动阻力图，阻力涵盖了景观形态、环境背景下的物种利用性。第四步是在栖息地适宜性核心区图上，利用阻力图确定最小耗费路径，输出结果如图1.26所示，即最小耗费路径生态廊道位置图。

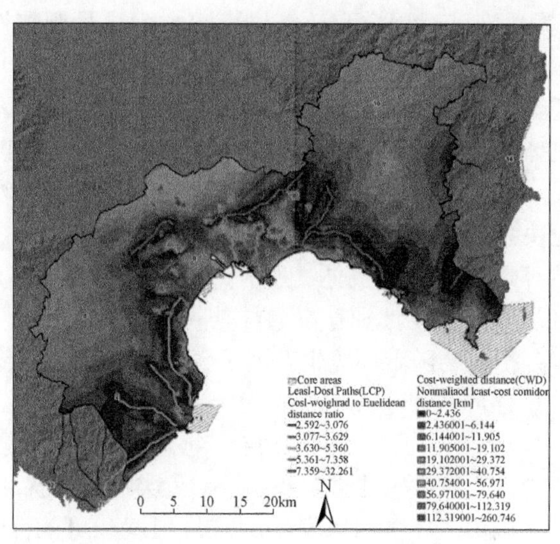

图1.26　最小耗费路径生态廊道位置图

利用最小耗费路径方法规划了生态廊道，连接了36.24%的农业面积和林地，连接了61.07%的半自然地区。

1.3　基于生态评价的景观生态规划方法

利用生态评价、空间定性分析，可以对规划区的生态现状有一个全面的了解，为保护资源、有效利用土地、科学规划奠定了基础。各类生态评价框架或者方法被不断推出，其中，著名的生态风险评价（评价物理或者化学的刺激引起的有害的环境影响）由美国环境保护署于1992年批准，同时其发布了生态风险评价框架。生态风险评价就是利用毒理学和生态学知识去评价一种不希望发生的生态事件发生的可能性[56]。生态风险评价采用定量化技术方法评价明确的结论的影响，评价不确定性的影响，分离出最关心的问题或者选择的风险，采取措施适当减少风险[57]。生态风险评价可以清晰识别潜在的不确定的环境影响。

景观特性评价，该评价来源于视觉评价方法，结合生态和环境的数据，形成了以人类经验为基础的评价[58]。该方法20世纪90年代在英国和法国开发，广泛应用于英格兰120个有均质景观特性的自然地区的制图[59,60]。景观特性评价方法是基于人类用途，同时结合生态因素，如地质、土壤和适合的单元进行景观规划，但这个评价方法是主观的。为了克服这些不足，近期的景观特性评价结合了历史景观评价的内容，还将进一步与景观生态和景观规划结合，这种结合的方法正在研究中，主要关注生物物理维度、景观整体问题、社会-经济-技术维度、历史维度、人类-美学维度及用户和政策维度等方面。景观特性方法不断丰富，1990 年后发表的文章数量激增[61]。

生态适应性评价，劳伦斯·亨德尔森（Lawrence Henderson）提出“适应”的理念，认为有机体与环境是相互作用的，具有双向互动的特点，与整体存在着协调关系。劳伦斯·亨德尔森进一步发展了生态适应观，认为物质的演化是生命适应及其进化的先决条件，这为自然选择和适者生存的思想作了补充，阐明有机体适应自然，自然环境也适应有机体。所著的《环境适应论》深入阐述了“适应”为有机体与环境双向互动性和存在整体协调关系特征[62]。适应性是生物界普遍存在的现象，是指生物随着环境生态因子变化而改变自身形态、结构和生理生化特性，以便于与环境相适应的过程，还是在长期自然选择过程中形成的[63,64]。

生态敏感性评价，生态敏感性指生态系统对人类活动干扰和自然环境变化的反应程度，表明了区域生态环境问题发生的难易程度和可能性[65]。国外关于生态环境敏感区研究起步较早，在规划模型方面，其代表人物斯泰[66]在总结其他学者经验的基础上，于 2000 年对生态敏感区的范围、对象及生态因子进行了归纳总结，其提出的环境敏感区是指对土壤因子、生物多样性、水资源及其他自然资源起关键作用的区域。将控制或禁止人类居住和开发的土地分成 4 类，即自然灾害敏感区、生态敏感区、视觉和文化敏感区、自然资源敏感区。其中，生态敏感区又包括野生生物栖息地、自然生态区、珍稀濒危物种区、科学研究区等 4 类 23 个敏感区域。

生态敏感性高低与评价区域开发强度成反比，生态敏感性程度越高，则对于外界干扰越敏感，生态系统越容易被破坏，且破坏后的修复难度越大[67]。因此，针对敏感性高的区域，应着重进行环境保护和恢复性建设，还应限制或禁止人类活动，生态敏感性评价已成为重点生态建设和保育区域的重要手段。

空间多指标评价法，GIS 与多指标评价结合形成了空间多指标分析法，其特性为，GIS 可以储存、管理和分析地理空间数据[68]，多指标分析可以集成过程、技术和运算，构成独具空间特性的决策系统，多指标分析综合多种实际信息，如土壤类型、坡度、基础设施，与众多基础信息，如专家意见、质量标准、现场调查等[69]。空间多指标评价与传统的多指标评价最大的区别在于，清晰地加入了空间要素，数据的来源是数据化地理位置或者地理数据[70,71]。同时在决策阶段通过利益相关方的加入，空间多指标分析为形成不同的方案和对比提供了强大支撑。在背景中，加入环境评价程序也可以成为有用的评价工具，如加入环境影响评价和环境战略评价等。

评价工作的目的是建立一种简单易用、可接受的、透明的评估方法[72]，该方法可以迅速高效地为区域环境管理服务，这就要求准确把握区域最主要的生态问题。其中生态敏感性评价是唯一在国内出版了技术规程的评价方法，以下重点介绍生态敏感性评价及其在生态规划中的运用。

1. 生态敏感性评价方法

生态敏感性评价通过选定生态环境因子、评定权重、评价生态环境质量等步骤建立生态敏感性指标体系[73,74]，以此作为预防和治理生态环境退化的科学依据[75]。经过10余年的发展，生态敏感性评价已经广泛应用于土地生态敏感性评价[76,77]、生态功能区生态敏感性评价[78]、生态敏感区划定[79]、流域生态敏感性评价[80,81]等方面。

现有的应用程序是GIS与多指标分析技术的结合，也被称为网络分析法（analytic network process，ANP），是层次分析法（analytic hierarchy process，AHP）演变而来的。网络分析法用于确定潜在生态廊道，将层次分析法嵌入IDRISI 3.2软件，可以轻松地解决空间问题。

根据生态系统敏感性研究对象的不同，可将生态敏感性分析大致分为三类：一是针对某一单一的生态环境问题的敏感性分析；二是场地的景观生态敏感性分析；三是城市生态的敏感性分析。

根据2002年国家环境保护总局（现生态环境部）发布的《生态功能区划暂行规程》，生态环境敏感性的定义为：生态系统对人类活动反应的敏感程度，用来反映产生生态失衡与生态环境问题的可能性大小。可以以此确定生态环境影响最敏感的地区和最具有保护价值的地区，为生态功能区划提供依据。

生态环境敏感性评价的要求：明确区域可能发生的生态环境问题类型与可能性大小；根据主要问题形成机制，分析生态环境敏感性的区域分异规律，明确特定生态环境问题可能发生的地区范围与可能程度；首先针对特定生态环境问题进行评价，然后对多种生态环境问题的敏感性进行综合分析，明确区域生态环境敏感性的分布特征。

生态环境敏感性评价主要包括：水土流失的敏感性、酸雨的敏感性、沙漠化的敏感性、土壤和生态系统对酸沉降的敏感性、盐渍化的动态敏感性、地质环境的敏感性及流域生态的敏感性等。

生态敏感性评价的步骤为：在GIS软件支持下得到各影响因子的单因子分布图，通过综合各影响因子分布图，采用GIS空间分析方法，得出各生态环境问题的敏感性分布图，通过GIS软件进行综合，得出研究区生态环境敏感性分布图，进而对研究区进行生态敏感性评价[82-84]。

生态敏感性指数计算公式为

$$SS_j = \sum_{i=1}^{n} C_{(i,j)} W_i \tag{1.1}$$

式中，SS_j 为生态敏感性指数；$C_{(i,j)}$ 为 j 空间单元 i 因子敏感性等级值；W_i 为 i 因子影响该生态环境问题的权重；n 为因子个数。

生态系统敏感性综合指数计算公式为

$$S_j = \max(SS_{j1}, SS_{j2}, SS_{j3}, \cdots) \tag{1.2}$$

式中，S_j 为空间单元生态系统敏感性综合指数；SS_{j1} 为 j 空间单元生态环境问题 1 敏感性指数；SS_{j2} 为 j 空间单元生态环境问题 2 敏感性指数；SS_{j3} 为 j 空间单元生态环境问题 3 敏感性指数。

2. 生态敏感性评价在规划中的运用

应用生态因子评分方法和 GIS 技术对城市生态系统进行敏感性区划，能为区域生态环境保护提供科学依据，为了便于对城市区域进行评价，2002 年国家环境保护总局制定了《生态功能区划暂行规程》，选择合理的评价指标和方法，将各类敏感性因子划分为 5 级，敏感度从高到低依次为极高敏感、高度敏感、中度敏感、轻度敏感和不敏感，如表 1.7 所示。

表 1.7 生态敏感性评价指标及其分级

敏感因子	影响指标	不敏感	轻度敏感	中度敏感	高度敏感	极高敏感
水土流失	土壤质地	石砾、砂	粗砂土、细砂土、黏土	面砂土、壤土	砂壤土、粉黏土、壤黏土	砂粉土、黏土
土地盐渍化	地表覆盖类型	水体、湿地、建筑用地	林地、园地	耕地	荒地	—
	地下水矿化度/(g/L)	其他地方	<1	1 ~ 3	>3	—
洪涝灾害	河流、湖泊等级及缓冲区	其他地方	主干河道 100m 缓冲区以及湖泊 200m 缓冲区	主干河道 100 ~ 200m 缓冲区以及湖泊 200 ~ 400m 缓冲区	主干河道 200 ~ 300m 缓冲区以及湖泊 400 ~ 800m 缓冲区	—
生境敏感性	物种丰富度	其他地方	—	—	—	国家和省级保护物种
土地利用	土地利用方式	建筑用地、其他用地	耕地	林地、园地、设施农用地	—	水域、湿地

3. 应用案例——粤港澳大湾区生态敏感性分析[85]

甘琳等[85]采用层次分析法对粤港澳大湾区 1997 ~ 2017 年长时间序列的生态敏感性进行研究，分析了研究区近 20 年的敏感性空间格局变化和生态时空演变机制。

粤港澳大湾区位于广东省，是世界第四大湾区，包括广州、佛山、肇庆等 9 市和中国香港、中国澳门两个特别行政区，总面积为 65010. 5km^2。

根据粤港澳大湾区的自然、社会和经济条件，采用高程、坡度、土地利用、归一化植被指数（normalized differential vegetation index，NDVI）、一级河流缓冲区、一级道路缓冲区、生物多样性保护重要性这七个敏感因子作为研究区的敏感性指标，构建等级指标体系，对单个因子进行生态敏感性评价。利用层次分析法确定权重因子，基于 GIS 的平台技术，根据综合生态敏感性评价结果，将研究区生态敏感性分成Ⅰ、Ⅱ、Ⅲ、Ⅳ、Ⅴ（不敏感区、轻度敏感区、中度敏感区、高度敏感区、极高敏感区）五个敏感性等级，得出区域综合生态敏感性分析图，如图 1. 27 所示。

(a) 1997年综合生态敏感性 (b) 2007年综合生态敏感性 (c) 2017年综合生态敏感性

图 1. 27 1997 ~ 2017 年综合生态敏感性分布图

作者采用层次分析法和 GIS 技术，将评价指标分成自然生态、城市扩张、生态服务这三个方面，并结合时空变化过程，有效地把多要素、多层次的复杂问题简单化，得到研究区单因子和综合生态敏感性分布结果。

近 20 年研究区整体生态敏感性呈现下降的趋势。城市化快速建设，城市道路和建设用地增长迅速，绿化面积减少，植被覆盖率低，城市内生态系统结构趋向单一化。

1. 4 景观生态规划的新趋势——水生态韧性规划

根据 Alberti 等最新的研究成果，韧性是指系统吸纳风险和再组织的过程，据此，韧性是吸纳干扰获得平衡、组合、自组织、增加学习和适应能力[86]。Carpenter 等给出了类似于 Alberti 等的定义，即韧性指在一定数量的干扰下，系统能吸纳、保持同样的结构、连接度和原有的状态，其与缺乏组织力和在外部力量作用下的组织相反，是指系统自组织的能力[87]。Adger 认为在生态领域，韧性是生态系统吸纳干扰，维持固有反馈，过程和结构的能力[88]。

韧性是指具有恢复能力“回到从前”，或者从一个变化或压力因子恢复到初始状态，韧性良好的系统能迅速恢复到初始状态，而韧性较差的系统则需要较长的时间。韧性系统具备如下特性：吸纳压力或者破坏力，维持基本的结构和功能；事件发生后，具有恢复到初始状态的能力[87]。

1.4.1 泛洪区水生态韧性修复案例

泛洪区的生态修复通常根据植被的种类、水文[89]、地貌过程[90]或者泛洪区动态变化进行[91]，这些方法更多地关注河流的生物和物理要素，较少地关注人类的活动，人类的活动影响生态恢复的能力，形成修复河流生态的未来压力，沿河两侧土地上的人口的分布密度格局和发展结构、经济价值和生产率，对于当地修复形成了约束。

在泛洪区水生态韧性修复过程中，关注了生物物理和社会经济，形成了概念框架，在空间上确定生态、人口统计，经济趋势，确定可能影响修复的政策格局。本节按照图 1.28 所示的标准选择了重点河段，重点研究修复区为美国俄勒冈州尤金市威拉米特河流下游。

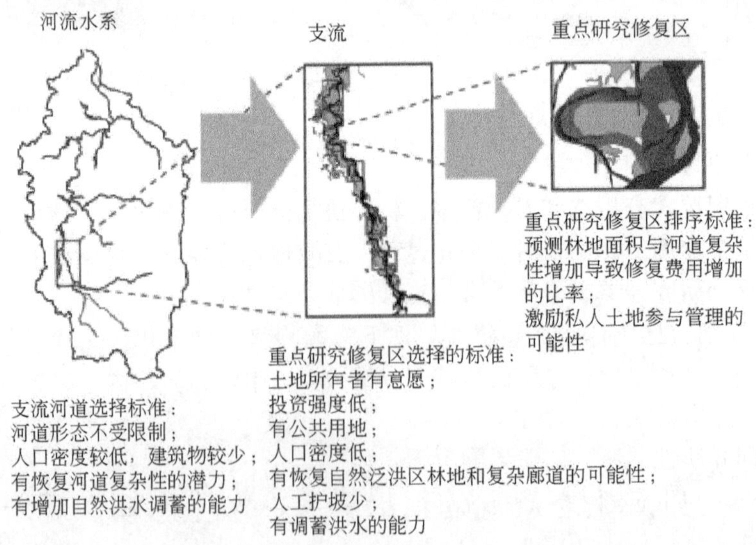

图 1.28 按照概念框架选定的重点研究修复区的标准和位置

水生态韧性修复的技术措施是：增加河道的复杂性；增加自然泛洪区林地的面积；增加非建筑用地调蓄洪水的能力。

1.4.2　优化水生态韧性原理与路径

生态系统，尤其是植被生态系统的稳定性受诸多因素影响，其中比较关键的因素有营养物质的循环与水循环。水循环与生态的关系可以简单概括为：水循环提供的水分条件支撑和维持着生态系统的生存和发展。植被生长季，土壤水分流失很快，假如长时间没有降水补充，土壤水分流失完后，水分成为植被光合作用的限制因子，导致植被总初级生产力（gross primary productivity，GPP）的骤然下降，进而导致净生态系统生产力（net ecosystem productivity，NEP）的急剧下降[92]。典型的负面案例为：水资源开发利用使潜流场发生改变，导致生态圈层结构发生改变，一般是过渡带消亡、荒漠扩张，生态圈层结构变得更脆弱。水分条件改变是生态系统状态变化的驱动因素[93]。

如图1.29所示，通常降水–入渗–蒸发，以垂向运动为主的水文模式循环。在降水量不足以满足生态需水的要求时，也可以通过人工干预形成外部水循环，以修复水循环系统。在水分充足的条件下，当地下水埋深较浅时，降水与地下水是植被吸收水分的来源，植被类型以非地带性草甸植被为主，当地下水下降不足以维持湿生环境，但仍可供给地表乔木、灌木半灌木植被根系吸水时，植被类型以非地带性乔木、灌木半灌木植被为主，当地下水埋深较深，地表植被仅依靠降雨补给时，植被类型以典型草原植被为主，图1.30为生态需水量与植被生态系统的关系图。

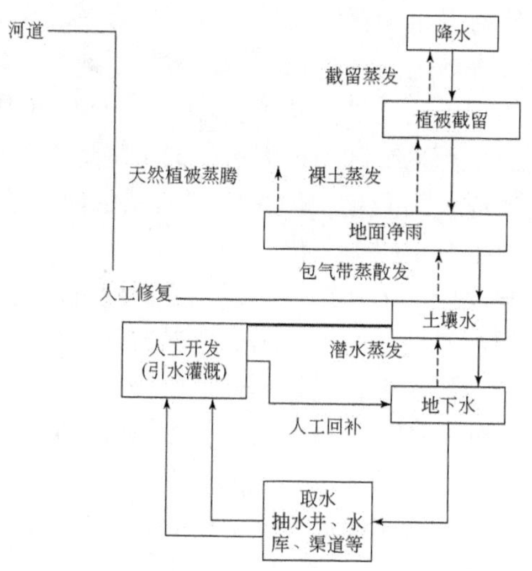

图1.29　水循环的常规系统和人工干预系统

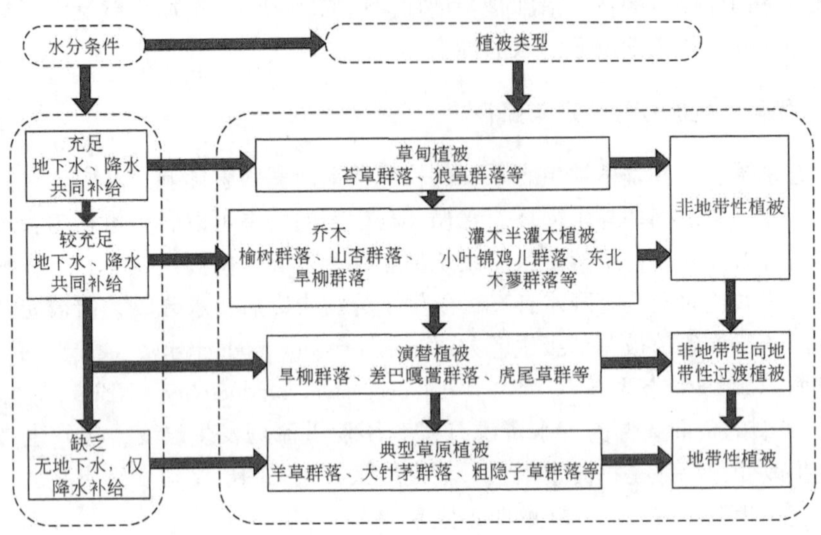

图 1.30　生态需水量与植被生态系统的关系图

图 1.29 和图 1.30 证明，人工干预生态需水量是十分重要的维持生态系统稳定的措施之一。

1. 修复营养源循环通道保障营养源供给

生态学原理：自然生态系统是由复杂排列的通道组成的，这些通道收集和传递营养，如能量流到更高营养级则可进而贯穿微生物链[94]。正是自然生态系统的复杂性使它们具有应对严重干扰的韧性和保持生态系统完整性的能力[95,96]。

人类开发形成景观中的生态系统在结构上发生了改变，这种改变导致生态系统健康程度下降、废物积累及物种多样性减少[97]，同时也使能量和营养物质通道简单化，高度复杂的生态系统试图扩大潜在的生物地理化学的通道，就像物种的数量曾经无限大时的通道的数量，但是物种的减少限制了生物地理化学通道，也直接或者间接地导致生态系统单一化。

综上，依据生态学原理，生态系统修复就是回到可以高效利用营养物质和能量，也就是修复营养物和能量的通道，为此要确定陆地单一或者多重营养盐的通道性质，修复有效的营养盐在生态系统的代谢路径[98]。

前人的研究证明，陆地环境经历一次生物多样性的减少，就同步建立一次营养物质截留和代谢的通道[99]，生态系统修复就是修复通道，增加营养物质截留和代谢的路径，典型的案例就是河滨带作为营养物质的截留缓冲区，截留陆地环境的营养物质进入水环境。

保持生物多样性十分重要，可以保护巨大的基因池，提供多种多样的营养利用的通道，增加生态系统的韧性，如果其中某个通道出现问题了，或者季节性的机能失调，导致生态系统下降被减缓。其他的通道仍然可以发挥作用，提供营养源，生态系统失调生态系统下降被减缓，这种系统内部有效备用通道的存在可以增加系统的韧性。如图 1.31 所示，对比在全自然状态下的河流形态，植被分布于营养源传递通道，以及经过人类开发后，植被丰富的地区被住宅和农业用地取代，河流裁弯曲直，导致河流失去了缓解脉动的能力和有效传递、降解和形成高能量级物质的能力，仅形成寿命周期短的浮游植物，水质下降。

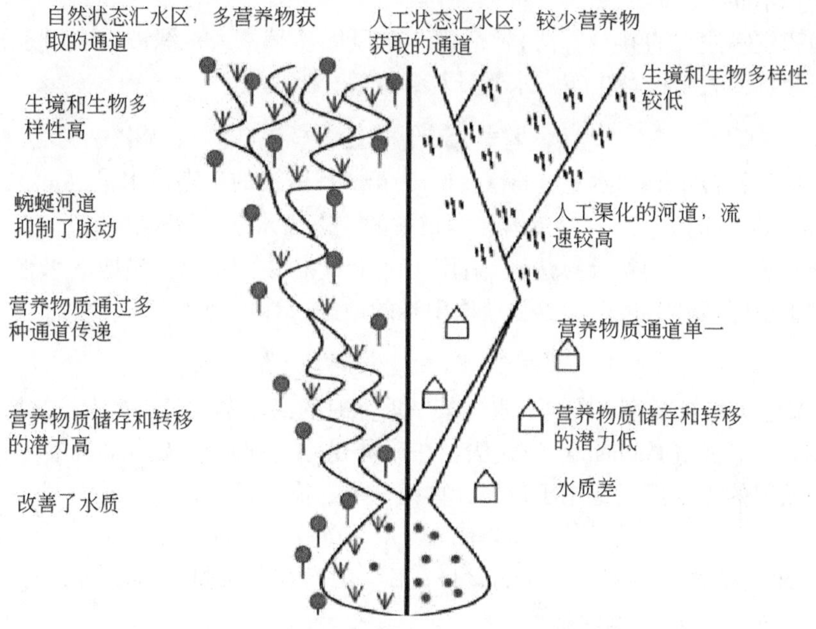

图 1.31　人类活动对自然生态系统的影响

利用生态过程与水文过程耦合对生态通道进行修复。生态系统中的重要的组成部分就是连接系统，通过连接系统连接种、群和生态系统；通过连接系统在多营养级之间进行营养源分配；连接良好的生态系统也具有储存营养源的能力，生态系统不同组成部分在处理营养源中承担了不同的角色。而水生态系统具备联系大气与陆地的能力，在水生态系统和陆地生态系统之间形成动态联系，这种联系可以在两种生态系统之间形成转运营养源的通道[100]。例如，鸟类可以水生态系统中浮游动物为生，鱼类的粪便可以借助水与土地的交换进入陆地系统；水-陆连接推动了能量和物质的交换，形成更多的通道。

2. 修复水循环的通道保障生态需水

修复水循环的前提是明确需要提供的生态需水量，根据生态需水量，采用人工、自然或者组合系统进行水循环通道的修复。

Gleick[101]认为保证生态系统基本功能运转所需的物能平衡关系是生态环境需水量的基本。Covich[102]、Falkenmark[103]认为生态需水量是指保证生态环境健康发展需求的水量。何永涛等[104]认为生态需水量是指为了确保生态服务功能正常发挥，生态系统健康维持的部分水量。黄奕龙等[105]认为生态需水量是在特定的环境标准下，维持植被正常生长所需要的水量。

植被类型不同，所处的气象、水文地质条件不同，不同的植被生态需水量计算方法也不同[106,107]。

面积定额法（直接计算法）：适用于防风固沙林、人工绿洲、农田系统等容易获得数据的人工植被生态需水量计算。计算公式为

$$W = \sum W_i = \sum A_i r_i \tag{1.3}$$

式中，W 为植被生态需水量（m^3）；W_i 为第 i 类植被的生态需水量（m^3）；A_i 为第 i 类植被的面积（m^2）；r_i 为第 i 类植被的生态需水定额（m^3/m^2）。

潜水蒸发法（间接计算法）：适用于降水量稀少、完全依赖地下水维持植被生长的干旱区域和蒸散模型参数获取困难的地区。计算公式[108-110]为

$$W = \sum W_i = \sum A_i \mathrm{Wg}_i \cdot K \tag{1.4}$$

式中，Wg_i 为植被类型 i 在地下水位某一埋深时的潜水蒸发量；K 为植被系数。

改进的彭曼（Penman）公式法：在充分供水、供肥、无病虫害等理想条件下植物获得的需水量，适用于近似计算植被生态需水量，计算公式[111]为

$$\mathrm{ET} = \mathrm{ET}_0 \cdot K_c \cdot f(s) \tag{1.5}$$

式中，ET 为植物实际需水量（mm/d）；ET_0 为潜在蒸发量（mm/d）；K_c 为植物系数；$f(s)$ 为土壤影响因素。

沈立昌公式法：没有极限地下水埋深的约束，干旱区潜水蒸发是随着地下水埋深增加而减小的，当地下水埋深达到 5m 时，几乎不存在潜水蒸发，计算公式[112]为

$$E = K\mu(1+H)-b \times E_0 a \tag{1.6}$$

式中，E 为潜水蒸发量（mm）；H 为地下水埋深（m）；μ 为给水度；E_0 为水面蒸发（mm）；a、b 为与植物有关的待定系数；K 为标志土质、植被、水文地质条件及其他因素的综合系数。

水量平衡法：适用于中小闭合流域生态需水量的计算，该法易于操作[113]，公式简单，计算公式[114,115]为

$$W_{t+1} = W_{t-1} + P - R - E \tag{1.7}$$

式中，W_{t+1} 为 $t+1$ 时段初期土壤含水量（mm）；W_{t-1} 为 $t-1$ 时段末期土壤含水量（mm）；P 为降水量（mm）；R 为径流量（mm）；E 为蒸发蒸腾量（mm）。

植被耗水模式法：被广泛用于干旱内陆地区域的生态需水量估算[116]。

土壤湿度法：适用于对同一地区或土壤质地、降水量相近区域的植被需水量进行估算，土壤湿度法受地域条件及土壤质地的限制，但适合在我国西北干旱半干旱地区使用[111]。

基于生物量的生态需水估算法，计算公式为

$$E = \sum A_i \times \mathrm{QNPP}_i \times \mu_i \tag{1.8}$$

式中，A_i 为 i 类植被利用面积（m^2）；QNPP_i 为 i 类植被的净第一性生产力，即单位面积、单位时间内干物质的重量［$g/(m^2 \cdot a)$］；μ_i 为 i 类植物水分利用系数，表示单位土地面积上生产的干物质与蒸散耗水之比（g/kg）[117]。

水量均衡法：草地生态环境需水量可采用水平衡公式进行计算[118,119]，公式为

$$Q=1000(P-R)F+\Delta W \tag{1.9}$$

式中，Q 为草地需水量（m^3）；P 为多年平均降水量（mm）；R 为多年平均径流深（mm）；F 为草地面积（km^2）；ΔW 为土壤水变化量（m^3）。

基于遥感（remote sensing，RS）和 GIS 的生态需水计算方法：利用水资源分区的水量收支平衡控制对生态需水量进行估算，计算公式[111]为

$$Q = \sum Q_i = \sum (Q_{i1} + Q_{i2}) \tag{1.10}$$

式中，Q 为区域总需水量（mm）；Q_i 为植被类型 i 的生态需水量（mm）；Q_{i1} 为植被类型 i 的植株蒸腾量（mm）；Q_{i2} 为植被类型 i 的棵间潜水蒸发量（mm）。

人工灌渠主要用于农业灌溉，国家出台了灌渠的设计规范，这对于景观生态需水量的补充方式是一种启示；在城市，城市景观绿化灌溉基本上是人工灌溉、滴灌或者漫灌等方式；随着低影响开发技术的推广应用，人们开始研究利用下沉式绿地、雨水花园等措施管理城市生态景观，但是如何大范围综合修复水循环通道还是一个全新的课题，本书将在后面实践案例中，介绍采用 GIS 方法，通过修复水网和调蓄塘方式修复。

1.5　本章小结

为了满足社会发展的需求，景观生态规划的方法经历了遵循生物学原理、景观生态学原理和以综合因素，包括自然、人文和社会多因素的综合评价为支撑的发展过程，在景观生态规划过程中，倾向于运用单一技术，如上海世界博览会运用了景观生态学原理及其技术措施；北京绿色空间规划主要采用了景观生态学中的斑块理论，日本各务原市采用以流域为基础的生态网络规划的方法，而粤港澳大湾区则采用了生态敏感性评价进行分区管控。

增加流域的水生态韧性是景观生态规划的新趋势，通过强化流域内的河流和景观斑块之间的通道，强化营养源和水循环的传递，可以增强流域的水生态韧性。

景观生态问题是人类与自然共同形成界面上的问题，单一技术解决方案无法满足复杂的综合问题。如何综合运行以往的经验和技术方法，更加全面地反映景观生态问题，推动可持续发展，随着技术的进步，人们将持续探索和发展。

参考文献

[1] 夏荣静. 当前我国小城镇发展的研究综述. 经济研究参考，2010，(48)：30-36.

[2] 张世政，张德操，周敏. 小城镇发展中的自然生态景观规划. 山西建筑，2009，(24)：37-38.

[3] 中华人民共和国国务院. 村庄和集镇规划建设管理条例. 1993.

[4] McHarg I L. Ecology and design//Steiner F. The Essential Ian McHarg：Writings on Design and Nature. Washington，D. C：Island Press，2006，122-130.

[5] Heavers N. Ian McHarg's enduring influence on the ecological planning and design of Washington's waterfront. New York：Springer Nature Singapore Pte Ltd，2019.

[6] Johnson A H，Berger J，McHarg I L. A case study in ecological planning：the Woodlands，Texas. A Series of Monographs-American Society of Agronomy，1979，(21)：935-955.

[7] 韩正. Report on the Green Expo International Environment Protection Conference. (2004-09-30). http://www. sh. xinhua. net. com/2004-09/30/content2965035. htm[2008-08-03].

[8] 徐曦，王小明，王天厚，等. "千层饼"模式在上海世界博览会区域生态规划前期研究中的应用. 应用生态学报，2009，20(5)：1132-1139.

[9] Turner M G，Gardner R H，O'Neill R V. Landscape ecology in theory and practice：pattern and process. New York：Springer-Verlag，2001.

[10] 孙永萍. 景观生态规划：架起人与自然的桥梁. 经济与社会发展研究，2006，12：89-92.

[11] 邬建国. 景观生态学：概念与理论. 生态学杂志，2000，19(1)：43.

[12] Forman R T T，Godron M. Landscape Ecology. New York：John Wiley & Sons，1986.

[13] Forman R T T. Some general principles of landscape and regional ecology. Landscape Ecology，1995，10：133-142.

[14] Li F，Wang R S，Paulussen J，et al. Comprehensive concept planning of urban greening based on ecological principles：A case study in Beijing，China. Landscape and Urban Planning，2005，(72)：325-336.

[15] Wu J G，Jelinski D E，Luck M，et al. Multiscale analysis of landscape heterogeneity：Scale variance and pattern metrics. Geographic Information Sciences，2000，6：6-19.

[16] Yue D P，Wang J P，Liu Y B，et al. Ecologically based landscape pattern optimization in northwest of Beijing. Journal of Geographical Sciences，2009，19：359-372.

[17] Keitt T H，Urban D L，Milne B T. Managing fragmented landscapes：A macroscopic ap-

proach. Conservation Ecology, 1997, 1 (1): 4.

[18] Bunn A G, Urban D L, Keitt T H. Landscape connectivity: a conservation application of graph theory. Journal of Environmental Management, 2000, 59: 265-278.

[19] Urban D, Keitt T. Landscape connectivity: A graph- theoretic perspective. Ecology, 2001, 82 (5): 1205-1218.

[20] Ignatieva M, Stewart G, Meurk C. Planning and design of ecological networks in urban areas. Landscape Ecol Eng, 2017, (1): 17-25.

[21] Poole G C. Fluvial landscape ecology: Addressing uniqueness within the river discontinuous. Freshwater Biology, 2002, 47 (4): 64-660.

[22] Abry P, Baraniuk R, Flandrin P, et al. The multiscale nature of network traffic: discovery, analysis, and modeling. IEEE Signal Processing Magazine, 2002, 19 (3): 28-46.

[23] Bennett A F. Linkages in the Landscape: The role of corridors and connectivity in wildlife conservation. Switzerland and Cambridge, U. K.: IUCN, 2003.

[24] Toth R. The Contribution of Landscape Planning to Environmental Protection: An Overview of Activities in the United States. Hanover: Paper Presented as the International Conference on Landscape Planning, 6-8 June 1990, University of Hanover, Germany, 1990.

[25] Shimizu H, Murayama A. Basic and clinical environmental approaches in landscape planning. Urban and Landscape Perspectives, 2014.

[26] 吴丽萍．景观一致性的城市河流生态修复设计．科技创新导报，2007，(36)：77-78.

[27] Ward J V, Malard F, Tockner K. Landscape ecology: a framework for integrating pattern and process in river corridors. Landscape Ecology, 2002, 17 (1 Supplement): 35-45.

[28] 赵羿，李月辉．实用景观生态学．北京：科学出版社，2001.

[29] 付飞．以生态为导向的河流景观规划研究．成都：西南交通大学，2011.

[30] Fu F, Chen Y W. Research on ecological space planning oriented urban river landscape planning. Journal of Landscape Research, 2014, (z5): 31-39, 42.

[31] Wohl E. Connectivity in rivers. Progress in Physical Geography, 2017, 41 (3): 345-362.

[32] 徐晓龙，王新军，朱新萍，等．1996—2015 年巴音布鲁克天鹅湖高寒湿地景观格局演变分析．自然资源学报，2018，33（11）：1897-1911.

[33] 栾庆祖，李波，叶彩华，等．北京市三维景观格局的局地气象环境影响初探．生态环境学报，2019，28（3）：514-522.

[34] Tagil S, Gormus S, Cengiz S. The relationship of urban expansion, landscape patterns and ecological processes in Denizli, Turkey. Journal of the Indian Society of Remote Sensing, 2018, 46 (8): 1285-1296.

[35] Li H L, Peng J, Liu Y X, et al. Urbanization impact on landscape patterns in Beijing City, China: a spatial heterogeneity perspective. Ecological Indicators, 2017, 82: 50-60.

[36] Tanner E P, Fuhlendorf S D. Impact of an agri- environmental scheme on landscape patterns. Ecological Indicators, 2018, 85: 956-965.

[37] Ptru-Stupariu I, Stupariu M S, Stoicescu I, et al. Integrating geo- biodiversity features in the

analysis of landscape patterns. Ecological Indicators, 2017, 80: 363-375.

[38] Feng Y, Liu Y, Tong X. Spatiotemporal variation of landscape patterns and their spatial determinants in Shanghai, China. Ecological Indicators, 2018, 87: 22-32.

[39] Yin C H, Liu Y F, Wei X J, et al. Road centrality and urban landscape patterns in Wuhan City, China. Journal of Urban Planning and Development, 2018, 144 (2): 511-522.

[40] Baudry J, Merriam H G. Connectivity and connectedness: functional versus structural patterns in landscapes//Schreiber K F. Connectivity in Landscape Ecology. Munster, Germany: Proceedings of the 2nd International Seminar of the International Association for landscape Ecology (IALE), 1987: 23-28.

[41] Jordán F. A reliability- theory approach to corridor design. Ecol Model, 2000, 128 (2/3): 211-220.

[42] Battisti C. Frammentazione ambientale, connettività, reti ecologiche. Un contributo teorico emetodologico con particolare riferimento alla fauna selvatica [Environmental fragmentation, connectivity, ecological networks. A theoretical and methodological contribution with particular reference to wild fauna]. Provincia di Roma, Dipartimento V, Servizio. [Province of Rome, 5th Department, 1st Office], Rome, Italy, 2004.

[43] D'Ambrogi S, Gori M, Guccione M, et al. Implementazione della connettività ecologica sul territorio: il monitoraggio [Implementation of ecological connectivity at the spatial level: the monitoring process], 2015.

[44] D'Ambrogi S, Nazzini L. La rete ecologica nella pianifi-cazione territoriale. [ISPRA Monitoring 2012. The ecological network in spatial planning]. Accessed 05 Oct 2017.

[45] 吴健生，刘洪萌，黄秀兰，等．深圳市生态用地景观连通性动态评价．应用生态学报，2012，23（9）：2543-2549.

[46] 黄辉．长沙市河流廊道景观格局及连通性动态变化研究．长沙：湖南师范大学，2016.

[47] 谢慧玮，周年兴，关健．江苏省自然遗产地生态网络的构建与优化．生态学报，2014，34（22）：6692-6700.

[48] Noss R F. Corridors in real landscapes: a reply to Simber off and Cox. Conserv Biol, 1987, 1 (2): 159-164.

[49] Belisle M. Measuring landscape connectivity, the challenge of behavioral landscape ecology. Ecology, 2005, 86 (6): 1988-1995.

[50] Vogt P, Ferrari J R, Lookingbill T R, et al. Mapping functional connectivity. Ecological Indicator, 2009, 9 (1): 64-71.

[51] Carver S J. Integrating multi- criteria evaluation with geographical information systems. International Journal of Geographical Information Systems, 1991, 5 (3): 321-339.

[52] Cannas I, Lai S, Leone F, et al. Integrating green infrastructure and ecological corridors: a study concerning the metropolitan area of Cagliari (Italy). New York: Springer International Publishing, 2018.

[53] Boitani L, Corsi F, Falcucci A, et al. Rete Ecologica Nazionale. Un approccio alla conservazione

deivertebrati italiani. Relazione Finale [National Ecological Network. An approach to conservation of Italian vertebrates. Final report], 2002.

[54] Wang Y H, Yang K C, Bridgman C L, et al. Habitat suitability modelling to correlate gene flow with landscape connectivity. Landscape Ecol, 2008, 23 (8): 989-1000.

[55] Burkhard B, Kroll F, Müller F, et al. Landscapes'capacities to provide ecosystem services- a concept for land-cover based assessments. Landscape Online, 2009, 15: 1-22.

[56] Wilson R, Crouch E A C. Risk assessment and comparisons: an introduction. Science, 1987, 236: 267-270.

[57] Suter G W, Efroymson R A. Controversies in ecological risk assessment: assessment scientists respond. Environmental Management, 1997, 21 (6): 819-822.

[58] Swanwick C. Guidance for England and Scotland. The Countryside Agency/Scottish National Heritage, Cheltenham/Edinburgh, 2002.

[59] Van Eetvelde V, Antrop M. A stepwise multiscaled landscape typology and characterization for trans-regional integration, applied on the federal state of Belgium. Landsc Urban Plann, 2009, 91 (3): 160-170.

[60] Butler A, Berglund U. Landscape character assessment as an approach to understanding public interests within the European Landscape Convention. Landsc Res, 2014, 39 (3): 219-236.

[61] Groom G. Methodological review of existing classifications//Wascher D M. European Landscape Character Areas-Typology, Cartography and Indicators for the Assessment of Sustainable Landscapes, Final ELCAI Project Report. Landscape Europe, 2005: 32-45.

[62] 劳伦斯·亨德尔森．环境的适应．纽约：麦克米伦公司，1913.

[63] 徐坚，周鸿．论滇西纵谷区人聚环境的生态适应性．华中建筑，2005，(12)：4-8.

[64] 周俭，张恺．建筑、城镇、自然风景：关于城市历史文化遗产保护规划的目标、对象与措施．城市规划汇刊，2001，(4)：58-59.

[65] 闫德洋，王琳，卫宝立，等．鲁西北农业小镇生态敏感性评价研究．中国海洋大学学报(自然科学版)，2018，48 (5)：102-110.

[66] Steiner F, Blair J, Mcsherry L. A watershed: the potential for environmentally sensitive area protection in the uppe. San Pedro Drainage Basin (Mexico and USA), 2000, 49: 129-149.

[67] 李益敏，管成文，朱军．基于GIS的星云湖流域生态敏感性评价．水土保持研究，2017，24 (5)：266-271，278.

[68] Malczewski J. GIS and Multicriteria Decision Analysis. New York: Wiley, 1999.

[69] Geneletti D. Combining stakeholder analysis and spatial multicriteria evaluation to select and rank inert landfill sites. Waste Management, 2010, 30 (2): 328-337.

[70] Cambino Roberto. La Conservazione del paesaggionella pianificazione d'area vasta. In: Proceedings of the National Conference W. W. F. ITALIA ONLUS, Ecoregioniereti ecologiche. Rome, 27-28 May 2004.

[71] Sharifi M A, Retsios V. Site selection for waste disposal through spatial multiple criteria decision analysis. Journal of Telecommunications and Information Technology, 2004, 3: 28-38.

[72] Wickwire T W, Menzie C. A new approaches in ecological risk assessment: expanding scales, increasing realism, and enhancing causal analysis. Human and Ecological Risk Assessment, 2003, 19 (6): 1411-1414.

[73] Al-Chokhachy R, Ray A M, Roper B B, et al. Exotic plant colonization and occupancy within riparian areas of the interior columbia river and upper missouri river basins, USA Wetlands, 2013, 33 (3): 409-420.

[74] 张建春，彭补拙．河岸带研究及其退化生态系统的恢复与重建．生态学报，2003，(1)：56-63.

[75] Dahshan H, Megahed A M, Abd-Elall A M M, et al. Monitoring of pesticides water pollution-The Egyptian River Nile. Journal of Environmental Health Science and Engineering, 2016, 14 (1): 15.

[76] Duodu G O, Goonetilleke A, Ayoko G A. Factors influencing organo- chlorine pesticides distribution in the Brisbane River Estuarine sediment, Australia. Marine Pollution Bulletin, 2017, 123 (1/2): 349-356.

[77] Tang X Y, Yang Y, Tam F Y, et al. Pesticides in three rural rivers in Guangzhou, China: spatiotemporal distribution and ecological risk. Environ Sci Pollut Res Int, 2019, 26 (4): 3569-3577.

[78] Foley J A, Defries R, Asner G P, et al. Global consequences of land use. Science, 2005, 309 (5734): 570-574.

[79] Wan R, Yang G. Influence of land use/cover change on storm runoff- a case study of xitiaoxi river basin in upstream of Taihu Lake Watershed. Chinese Geographical Science, 2007, 17 (4): 349-356.

[80] Li X, Cheng G, Ge Y, et al. Hydrological cycle in the Heihe river basin and its implication for water resource management in endorheic basins. Journal of Geophysical Research: Atmospheres, 2018, 123 (2): 890-914.

[81] Cheng G, Li X, Zhao W, et al. Integrated study of the water-ecosystem-economy in the Heihe river basin. National Science Review, 2014, 1 (3): 413-428.

[82] 万忠成，王冶江，董丽新，等．辽宁省生态系统敏感性评价．生态学杂志，2006，25 (6)：67-681.

[83] 尹海伟，徐建刚，陈昌勇，等．基于 GIS 的吴江东部地区生态敏感性分析．地理科学，2006，26 (1)：64-69.

[84] 靳英华，赵东升，杨青山．吉林省生态环境敏感性分区研究．东北师范大学学报：自然科学版，2004，36 (2)：68-70.

[85] 甘琳，陈颖彪，吴志峰，等．近 20 年粤港澳大湾区生态敏感性变化．生态学杂志，2018，37 (8)：2453-2462.

[86] Alberti M, Marzluff J, Shulenberger G, et al. Integration humans into ecology: opportunities and challenges for studying urban ecosystems. BioSience, 2003, 53 (12): 1169-1179.

[87] Carpenter S R, Folke C, Schefer M, et al. Resilience: accounting for the non-

computable. Ecol Soc, 2009, 14: 140-154.

[88] Adger W. Building Resilience to Promote Sustainability. Germany: IHDP- International Human Dimensions Programme, 2003.

[89] Russell G D, Hawkins C P, O'Neill M P. The role of GIS in selecting sites for riparian restoration based on hydrology and land use. Restoration Ecology, 1997, 5: 56-68.

[90] Petts G E. The role of ecotones in aquatic landscape management//Naiman R J, D'ecamps H. The Ecology and Management of Aquatic- Terrestrial Ecotones. Carnforth, UK: UNESCO, Paris and Parthenon, 1990: 227-261.

[91] Olson C, Harris R. Applying a two-stage system to prioritize riparian restoration at the San Luis Rey River, San Diego County, California. Restoration Ecology, 1997, 5 (4): 43-55.

[92] 张廷龙，孙睿，胡波，等. 改进 Biome-BGC 模型模拟哈佛森林地区水、碳通量. 生态学杂志，2011，30（9）：2099-2106.

[93] 陈敏建，王浩，王芳. 内陆干旱区水分驱动的生态演变机理. 生态学报，2004，24（10）：2108-2114.

[94] Levin S A. Ecosystems and the biosphere as complex adaptive systems. Ecosystems, 1998, 1: 431-436.

[95] Walker B. Conserving biological diversity through ecosystem resilience. Conservation Biology, 1995, 9: 747-752.

[96] Folke C S, Carpenter B, Walker M, et al. Regime shifts, resilience, and biodiversity in ecosystem management. Annual Review of Ecology and Systematics, 2004, 35: 557-581.

[97] Luck M A, Jenerette G D, Wu J, et al. The urban funnel model and the spatially heterogeneous ecological footprint. Ecosystems, 2001, 4: 782-796.

[98] Brookes J D, Aldridge K, Wallace T, et al. Multiple interception pathways for resource utilization and increased ecosystem resilience. Hydrobiologia, 2005, 552: 135-146.

[99] Yachi S, Loreau M. Biodiversity and ecosystem productivity in a fluctuating environment: the insurance hypothesis. Proceedings of the National Academy of Science, USA, 1999, 96: 1463-1468.

[100] Lunderg J, Moberg F. Mobile link organisms and ecosystem functioning: implications for ecosystem resilience and management. Ecosystems, 2003, 6: 870-898.

[101] Gleick P H. Water in crisis: path to sustainable water use. Ecological Application, 1998, 8 (3): 571-579.

[102] Covich A. Water and ecosystems. New York: Oxford University Press, 1993.

[103] Falkenmark M. Coping with water scarcity under rapid population growth. Pretoia: Conference of SADC Minsters, 1995.

[104] 何永涛，闵庆文，李文华. 植被生态需水研究进展及展望. 资源科学，2005，27（4）：8-13.

[105] 黄奕龙，陈利顶，傅伯杰，等. 黄土丘陵小流域植被生态用水评价. 水土保持学报，2005，19（2）：152-155.

[106] 王启朝，胡广录，陈海牛．干旱区植被生态需水量计算方法评析．甘肃水利水电技术，2008，44（2）：93-95.

[107] Yang Z F，Cuib S，Liu J L. Estimation methods of eco- environmental water requirements：case study. Science in China Series D：Earth Sciences，2005，48（8）：1280-1292.

[108] 满苏尔·沙比提，李艳红，阿里木·卡斯木．新疆渭干河-库车河三角洲绿洲生态需水研究．干旱区资源与环境，2008，22（6）：51-55.

[109] Su X L，Kang S Z. Study on ecological water requirement of Shiyang River Basin. Beijing：Qinghua University Press，2005：309-317.

[110] 王让会，宋郁东，樊自立．塔里木流域“四源一干”生态需水量的估算．水土保持学报，2001，15（1）：19-22.

[111] 张丽，董增川，赵斌．干旱区天然植被生态需水量计算方法．水科学进展，2003，14（6）：745-748.

[112] 王礼先．植被生态建设与生态用水：以西北地区为例．水土保持研究，2000，7（3）：5-7.

[113] 胡广录，赵文智，谢国勋．干旱区植被生态需水理论研究进展．地球科学进展，2008，2（23）：193-198.

[114] 刘蕾，夏军，丰华丽．陆地系统生态需水量计算方法初探．中国农村水利水电，2005，（2）：32-34.

[115] 胡广录，赵文智．干旱半干旱区植被生态需水量计算方法评述．生态学报，2008，28（12）：6282-6291.

[116] 刘桂民，王根绪．我国干旱区生态需水若干问题评述．冰川冻土，2004，26（5）：650-655.

[117] 王芳，王浩，陈敏建．中国西北地区生态需水研究（2）——基于遥感和地理信息系统技术的区域生态需水计算及分析．自然资源学报，2002，17（2）：129-137.

[118] 董增川，刘凌．西部地区水资源配置研究．水利水电技术，2001，（32）：1-4.

[119] 王珊琳，丛沛桐．生态环境需水量研究进展与理论探析．生态学杂志，2004，23（6）：111-115.

第2章 杜郎口镇水生态规划研究

杜郎口镇地处济南、聊城、邯郸经济走廊中段、济南城市群经济圈西部及两市三县交界处，受区域发展影响带动。借助对外交通条件改善、交通枢纽建设机遇，区域内要素流动将更加频繁，区域经济将更加融合。杜郎口水生态规划研究将为杜郎口全面融入区域经济整合，参与区域协调发展提供有力支撑。

杜郎口水生态背景评估显示，该镇大的生态斑块以耕地为主，耕地之间生态连接不畅通，没有足够的生态韧性；水滨岸线不清晰，没有足够的岸线缓冲带，没有完整的营养盐的通道；河流水系与生态斑块之间连通性不足，没有形成稳定的水文连通过程；苦咸水的分布区限制了水资源的有效利用，水资源的科学规划与利用是该地区水生态规划的重点。

2.1 研究区背景

2.1.1 区域位置

杜郎口镇位于山东省聊城市茌平县东部，36°30′N～36°37′N、116°16′E～116°24′E，是茌平县与聊城市的东大门（图2.1）。东与德州市齐河县交界，毗邻齐河县仁里集镇，东南邻东阿县高集镇，属两市三县交会处。西与茌平县振兴街道相邻，北与冯官屯镇相邻，南与乐平铺镇相邻，东与仁里集镇相邻（图2.2）。西距茌平县城12.7km、距聊城市45km，东距济南市70km。

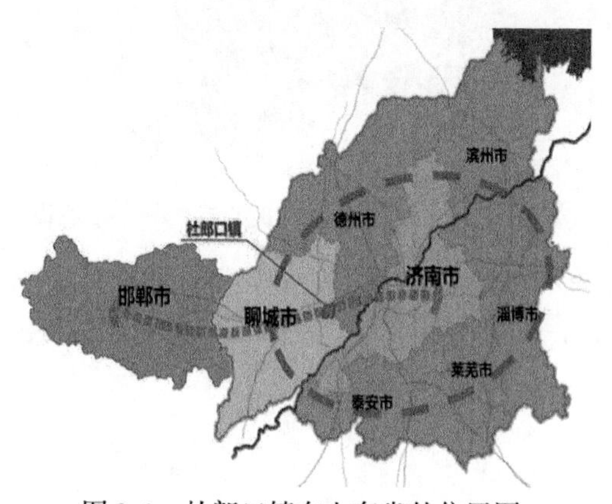

图2.1 杜郎口镇在山东省的位置图

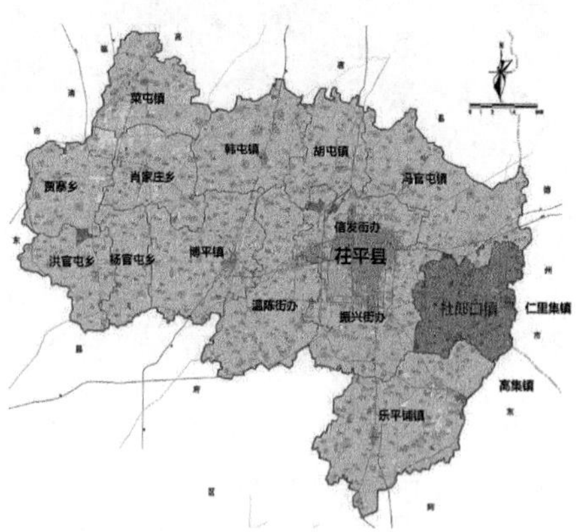

图2.2 杜郎口镇在茌平县的位置图

2.1.2　自然条件

杜郎口镇是典型的黄河冲积平原，全镇地形平坦，地势依黄河流向，自西南向东北倾斜，平均海拔为 32.5m。杜郎口镇属暖温带大陆性季风气候，四季分明，年均气温为 13.1℃，年均降水量为 580.8mm，降水分配不均衡，夏季降水量最为集中，约占全年降水量的 55%。河流水系密布，历史上，黄河曾多次在境内改道、决口。普济河、管氏河、冯氏河、赵牛河和广平分干渠等是杜郎口镇的主要河流，总流经长度约为 30km，其余河道、沟渠多属农田水利设施，排灌两用，如表 2.1 和图 2.3 所示。杜郎口镇西北部分布有苦咸水区，地下水不可直接饮用和灌溉，如图 2.4 所示。

表 2.1　杜郎口境内河流基本情况表

河流名称	源头	汇止点	宽度/m
普济河	杜郎口后赵村	冯官屯镇大吕村	20～40
管氏河	广平乡周庄	高唐县	20～50
冯氏河	茌平县城南关	东二十里铺	15～30
广平分干渠	广平乡王楼村	冯官屯镇刘集	10～30
赵牛河	东阿县顾官屯镇黄河崖村	齐河县	

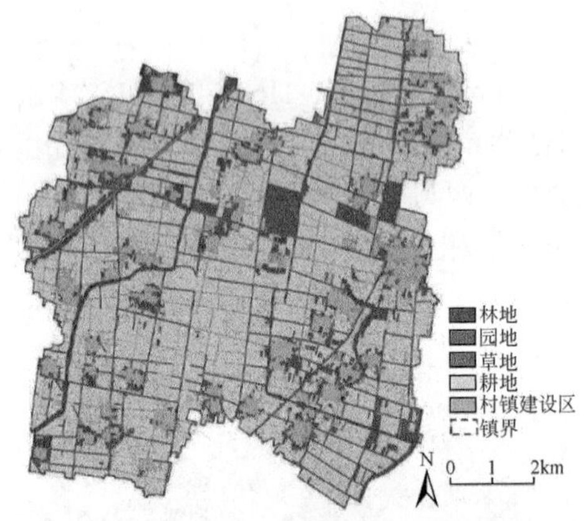

图 2.3　杜郎口镇现状生态系统分析图

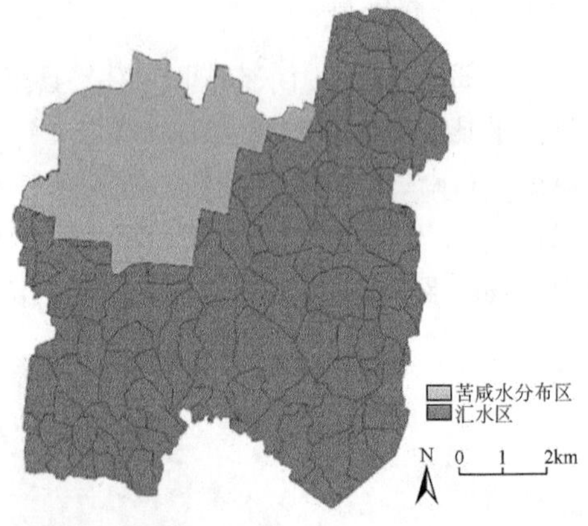

图 2.4　杜郎口镇现状苦咸水分布示意图

全镇拥有丰富的耕地、林地、水域等生态资源，是鲁西典型的农业型小城镇。据统计，2014 年全镇有耕地 51.69km²、林地 5.64km²、水域 4.20km²，约占全镇总用地的 84%，生态本底优越。

2.1.3　人口与村镇体系

2014 年末全镇户籍人口 3.3 万人、常住人口不足 2 万人。全镇人口规模偏小，是茌平县人口密度最小的城镇[1]。人口增长方式主要为自然增长，存在明显的农村劳动力流失现象，近5年共计增长约3000人，增速缓慢。2014年末镇区人口5146人，辖东街、西街、南街、北街4个村庄。其中，有45人[2]为周边乡镇暂住人口，从事工商谋生[3]。杜郎口镇下辖六大管区、51个行政村，镇区和各管区的面积如表2.2所示。

表2.2　杜郎口各管区面积统计表（2014年）

序号	管区	面积/hm^2	序号	管区	面积/hm^2
1	镇区	629.85	5	袁庄管区	1148.33
2	南陈管区	1324.99	6	丁刘管区	813.45
3	丁楼管区	1496.71	7	周集管区	1069.44
4	二十里铺管区	870.19	合计		7352.96

杜郎口镇村体系包括镇区-管区-村庄三级聚落，辖六大管区、51个行政村。其中，镇政府坐落于中心街北、刘杜路东，是城镇中心。全镇城乡用地总面积为73.53km^2，总人口为3.3万人。镇区发展较好、人气较旺，辖东街、西街、南街和北街4个村庄，建设规模约为1.65km^2、人口规模为5146人，小城镇发展初具规模，是杜郎口镇的行政中心、商贸和居住中心。其他村庄则沿河流和道路散布于镇域范围内。其中，丁楼村、纸坊头村、翟庄村、腰庄村、崔河村、武庄村、后赵村、东大刘村、前孙村、辛代张村、李寨村等11个村庄发展规模较大，人口均在950人以上，现状居住生活条件较好。南陈村、南董村、台子高村和八仙庙村是具有历史文化遗迹的村庄，如图2.5所示。

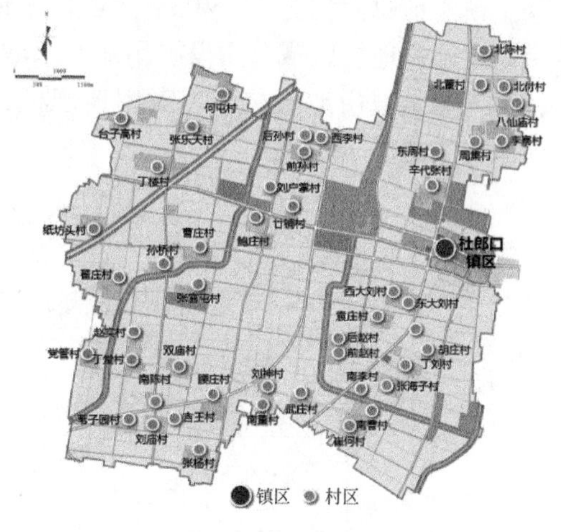

图2.5　杜郎口镇村镇体系示意图

2.1.4　杜郎口镇现状空间结构与形态

杜郎口基本形成以镇区为核心，沿河流、交通线发展的格局。版图主要由管氏河、普济河、广平分干渠3条河流和杜郝路、刘杜路、高郝路与济聊高速4条主要道路支撑而成，镇村居民点主要围绕河、路等主要交通线路轴向拓展，形成依河沿路的“串珠状”空间形态，形成沿刘杜路—杜郝路（广平分干渠）、济聊高速—高郝路（管氏河）的发展格局，如图2.6所示。

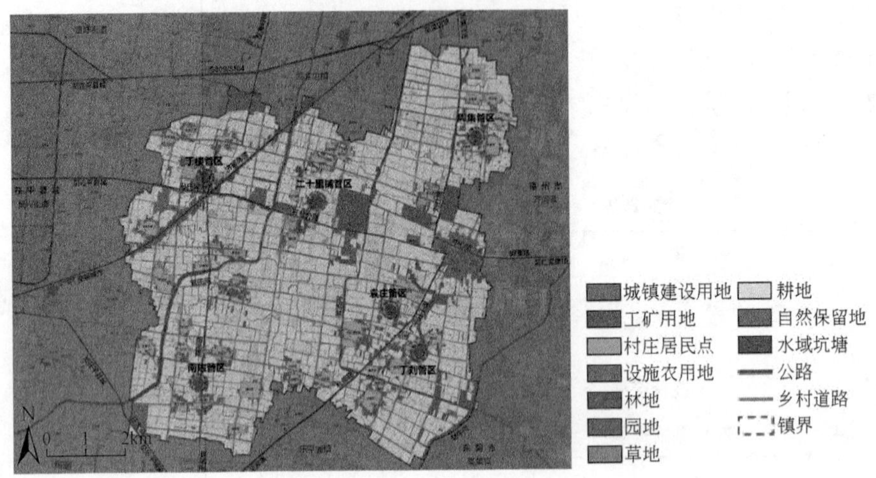

图2.6　杜郎口镇现状空间结构与形态图

2.1.5　土地利用现状

全镇土地总面积为73.53km²，现状土地利用包括城乡居民点建设用地、区域交通设施用地、区域公用设施用地、水域和农林用地等。其中，以耕地规模最大，林地和水域用地次之，三者用地规模分别为51.69km²、5.64km²、4.2km²，分别占总用地的70.7%、7.7%、5.7%，如表2.3所示。

表2.3　2014年杜郎口现状土地利用现状指标

<table>
<tr><th colspan="2">用地类别及代码</th><th colspan="2">用地规模/hm²</th></tr>
<tr><td rowspan="11">农用地</td><td colspan="3">5744.64</td></tr>
<tr><td rowspan="2">耕地（01）</td><td colspan="2">5169.18</td></tr>
<tr><td>水浇地（012）</td><td>5169.18</td></tr>
<tr><td rowspan="2">园地（02）</td><td colspan="2">4.61</td></tr>
<tr><td>果园（021）</td><td>4.61</td></tr>
<tr><td rowspan="3">林地（03）</td><td colspan="2">563.65</td></tr>
<tr><td>有林地（031）</td><td>511.18</td></tr>
<tr><td>其他林地（033）</td><td>52.47</td></tr>
<tr><td rowspan="2">草地（04）</td><td colspan="2">7.2</td></tr>
<tr><td>其他草地（043）</td><td>7.2</td></tr>
</table>

续表

用地类别及代码			用地规模/hm^2
建设用地			1091.17
	城镇村及工矿用地（20）		816.57
		建制镇（202）	85.47
		村庄（203）	606.86
		采矿用地（204）	123.1
		风景名胜及特殊用地（205）	1.14
	交通运输用地（10）		274.6
		公路用地（102）	24.06
		农村道路（104）	250.54
其他土地			517.16
	水域及水利设施用地（11）		420.08
		河流水面（111）	4.89
		坑塘水面（114）	47.89
		沟渠（117）	367.3
	其他土地（12）		97.08
		设施农用地（122）	77.12
		盐碱地（124）	19.96
合计			7352.97

数据来源：杜郎口镇政府提供。

现状主要存在的问题：主要的水体空间均为人工河岸，河道两侧存在局部绿化用地，但总体来看两侧缺失连续生态林地廊道；全镇范围内无大型水体斑块，水体连通性处于中等水平。城镇整体规模偏小，功能相对单一，特别是自发的小规模建设和未来发展缺乏统一规划定位。杜郎口镇域内城镇与农村地区联系不紧密。镇村建筑布局部分沿道路南北向布置，沿街建筑的里侧多为自发建设的居住建筑，布局零散。依据 Brookes 等[4]的研究成果，上述景观水生态背景表明缺乏水生态通道，无法进行营养源的利用，生态韧性不足；改善、提升、修复这种水生态问题的有效措施就是修复营养源利用的通道，提升生态韧性。

2.2　生态敏感性分析确定镇域生态分区

生态敏感性分析是对生态环境进行基础性分析评价，合理划定生态敏感区范围和级别，从而为后期土地利用规划提供科学的依据[5]。按照 2002 年国家环保部（现生态环境部）发布的《生态功能区划技术暂行规程》中定义的敏感性分析的三类对象，此次杜郎口镇域的生态敏感性分析属于场地的景观生态敏感性分析。场地的景观生态敏感性分析按照生态敏感度一般将研究区划分为非敏感区、低敏感区、中敏感区、高敏感区和极高敏感区 5 级[6]。非敏感区和低敏感区为对生态环境影响不大的区域，可做强度较大的开发；中敏感区为生态环境比较脆弱的用地区，容易遭到人为活动的干扰，可能造成生态系统的扰动与不稳定；高敏感区和极高敏感区主要指湿地、水域等生态环境脆弱区和自然保护区，该用地极易受到人为活动破坏，而且一旦被破坏很难在短期内恢复，此类用地不宜开展生产建设活动，应该设为生态保护区加以保护[7]。

通过生态敏感性分析，对杜郎口镇进行科学规划，保护镇域内的敏感区域，合理开发敏感性弱的区域，既满足发展所需，又能将生态环境的破坏降低到最小。

2.2.1　生态敏感性分析因子选择

选择某一区域生态敏感性分析因子时，需考虑当地的自然现状和研究区域尺度。对于省域范围，一般选用气候、地形、土壤、植被覆盖度等评价因子，以针对不同省域的地质地貌和自然环境进行有针对性的敏感度分析[8,9]。对于县市级研究区域，通常选择土地利用现状、面积、坡度、自然保护区和物种多样性等评价因子，以保证敏感度划分的精确和细化[10,11]。此外，生态因子选择应遵循数据可获取、代表性和全面性的原则。综合考虑人类活动和自然环境两个方面，结合现场调研，如表 2.3 所示，该镇域地形平坦，主要用地类型为水域、农业用地和其他土地类型，选取对杜郎口镇域生态环境和发展影响较大的水域、植被和耕地三个生态因子作为生态敏感性分析因子。其中，水域又可分为河流、水库、池塘和沟渠；植被包括林地、果园和中草药基地。

选择水域，为下一步的生态韧性的技术措施的选择提供依据。水域中的河流在营养源通道修复中的作用十分重要[12]，河流可以提升区域景观质量，改善区域空间环境，维持正常水循环，在提供水源等方面有重要作用，但也是易被污染的环境因子。河流缓冲区敏感带的选择以不同宽度缓冲带对河流的影响和对物种的保护作用确定[13]。研究者指出，当缓冲带宽度为 30 ~ 60m 时，廊道内有较多草本植物和鸟类边缘种，但多样性较低；基本满足动植物迁移和传播及生物多样性保护的要求；能起到保护鱼类、小型哺乳、爬行和两栖类动物的作用，可以截获从周围土地流向河流的 50% 以上沉积物，控制氮、磷和养分的流失；为鱼类提供有机碎屑，为鱼类繁殖创造多样化的生境。综合考虑杜郎口镇的用地类型，河流缓冲区敏感带以 30m 和 60m 作为分界线[14,15]。

陆地植被可以吸收和降解有机污染物，例如，在有森林流域内，径流中所含的氮主要是溶解有机氮（dissolved organic nitrogen，DON），而在没有森林的流域内，径流中所含的氮主要是非溶解态的无机氮。植被在保持流域内的水环境质量方面有重要作用[16]；植被恢复是治理土地退化、提高土壤质量的有效途径[17]。在其恢复过程中，植被通过根系对土壤进行挤压、穿插所产生的裂隙和死亡根系腐解后形成的孔道改善土壤结构，通过凋落物和根系分泌物向土壤输入更多的有机质，增加土壤肥力。

耕地是复杂的景观特征，耕地系统是陆地生态系统的重要组成部分，是人类社会主导下的半自然生态系统。耕地具有多种功能，除了提供粮食衣物外，耕地还具有生态保护、提高就业水平、平衡地域经济、传承文化等一系列非生产性功能[18]。耕地作为高度耦合的经济社会自然综合体，其景观生态特征显著[19]。耕地保护、开发措施不当，也会导致耕地功能下降，例如，不适当的坑塘填埋使土地滞洪能力下降，土地利用结构调整使生物多样性减少，低洼地淤泥覆土使农田污染，机械化填埋使土壤板结并使表土熟化层被破坏，农田中分布的坑塘对于滞洪，保持生态多样性有重要作用[20]。

生态敏感度是生态因子的敏感性程度，是指在不损失或不降低环境质量的情况下，生态因子对外界压力或变化的适应能力[21]。查阅文献（表2.4）与《生态功能区划技术暂行规程》有关内容，并结合杜郎口镇实际条件，对各生态因子的生态敏感度进行等级划分，结果如表2.5所示。

表2.4　文献中各类因子的敏感度分级方法[22,23]

生态因子	类别	等级值	生态敏感度
水域	面积大于25hm^{2}的湿地；主干河道	9	极高敏感
	湿地与主干河道的一级缓冲区；面积为5～25hm^{2}的湿地	7	高敏感
	面积小于5hm^{2}的湿地；湿地与主干河道二级缓冲区	5	中敏感
	湿地与主干河道二级缓冲区；小型湿地一级缓冲区；非水域	1	非敏感
植被	林地覆盖率>35%，有林地比例大，有原生林；林地植被中有特殊或者稀有植物群落和野生动物栖息地，林内层次丰富，林相丰富	9	极高敏感
	林地覆盖率>35%，有林地比例大，有原生林	7	高敏感
	林地覆盖率>35%，灌木林疏林和未成林旱林地比例较大；以人工林为主	5	中敏感
	林地覆盖率<35%，林貌差或无林；植被单调，林相单一	1	非敏感
耕地	表层土壤质地：轻壤、中壤、重壤	7	高敏感
	表层土壤质地：砂壤、黏土	5	中敏感
	表层土壤质地：砂土、砾质土	1	非敏感

表 2.5　生态因子敏感度分级

编号	生态因子	类别	等级值	生态敏感度
1	水域	普济河、管氏河、冯氏河、赵牛河	9	极高敏感
		水库	7	高敏感
		池塘、沟渠	5	中敏感
		其他	1	非敏感
2	植被	林地	7	高敏感
		果园和中草药基地	5	中敏感
		其他	1	非敏感
3	耕地	耕地	5	高敏感
		其他	1	非敏感

2.2.2　生态敏感性分析方法与分析结果

生态敏感性分析所用数据主要来源于 RS、规划和统计三大类，包括，分辨率为 30m 的 Landsat 5 TM 影像、分辨率为 30m 的数字高程模型（digital elevation model，DEM）数据、杜郎口镇 2014 年总体规划中的土地利用现状图及其他相关地理信息数据，还包括 2014 年茌平县统计年鉴等社会经济数据。由于这些数据来源和类型不同，运用 GIS 软件对相关基础数据和图像进行矢量化处理，使其为 shapefile 格式数据。

选取水域、植被和耕地三项生态敏感因子，对杜郎口镇进行生态敏感性单因子评价。区域生态环境问题的形成和发展是多个因子综合作用的结果，各影响因子相互联系、相互制约，形成多样的结构和复杂的生态过程，需要建立区域生态综合评价方法。

生态环境敏感性分析基于 GIS 技术的多因子加权叠加法。城镇景观生态敏感性分析涉及大量信息，对图像信息进行管理与分析。ArcGIS 拥有强大的数据处理和空间分析功能，能够有效地支持生态敏感性等多因素分析。基于 GIS 的加权叠加空间分析模型将数值计算和图形处理有机地融合起来，极大地提高了评价的效率、准确性和科学性，目前广泛应用于生态敏感性评价中。

采用层次分析法[24]建立评价层次结构图，邀请 5 位环境科学、地理科学、城市规划科学等领域的专家，两两比较单因子对生态环境的重要性，对各敏感性因子按照 5 分制进行打分。绝对重要：赋值 5，相反赋值 1/5；十分重要：赋值 4，相反赋值 1/4；比较重要：赋值 3，相反赋值 1/3；稍微重要：赋值 2，相反赋值 1/2；同等重要：赋值 1。构建判断矩阵，计算得到各评价因子的权重，并经检验确定其满足作为评价的权重使用的要求。

通过计算得出判断矩阵最大特征根 λ_{max}，对矩阵进行一致性检验，一致性指标 $CI=(\lambda_{max}-n)/(n-1)$，通过查表得到矩阵的平均随机一致性指标（RI）；计算一致性比率 CR=CI/RI，当 CR<0.1 时，矩阵一致性是可以接受，求出最大特征根对应的特征向量，归一化处理后得到单因子的权重值 W。

生态敏感因子多为限制性因子[21]，选用因子叠加求取最大值法，利用 GIS 软件将各因子叠加，得到杜郎口镇生态环境敏感性分析结果，分为非敏感区、中敏感区、高敏感区和极高敏感区四个等级，如图 2.7 所示。

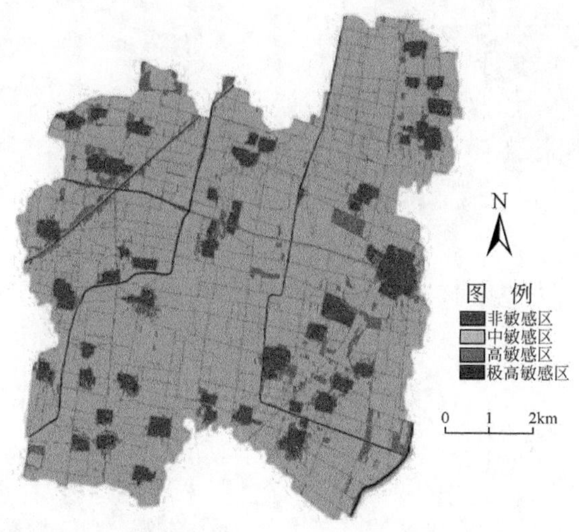

图 2.7　杜郎口镇综合生态敏感性分析结果

杜郎口镇总体上生态敏感性较高，中敏感区及以上敏感区占杜郎口总面积的 88.07%。高敏感区和极高敏感区占总面积的 7.11%，主要是河流和林地，林地分散在高速公路两侧和居民区周围。中敏感区占比为 80.96%，以耕地为主。由居住区、交通用地构成的非敏感区占总面积的 11.93%。结果如图 2.7 和表 2.6 所示。

表 2.6　综合生态敏感性

生态敏感性类别	生态敏感等级	面积/hm^2	占比/%
非敏感区	1	880.88	11.93
中敏感区	5	5977.90	80.96
高敏感区	7	459.24	6.22
极高敏感区	9	65.72	0.89

根据规划区实际情况和生态敏感性分析结果，综合考虑生态环境的脆弱程度，提取杜郎口镇生态框架，在生态框架下对杜郎口镇进行分区保护或开发，将

镇域空间划分为禁建区、限建区和适建区三大类型，结果如图 2. 8 ~ 图 2. 11 和表 2. 7 所示。

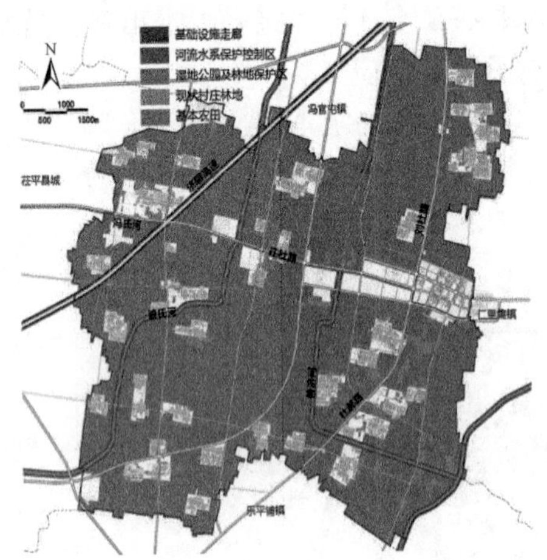

图 2. 8　杜郎口镇空间管制分区（禁建区）

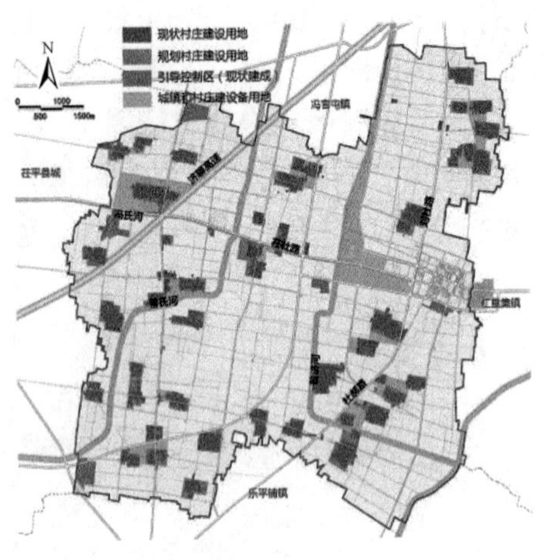

图 2. 9　杜郎口镇空间管制分区（限建区）

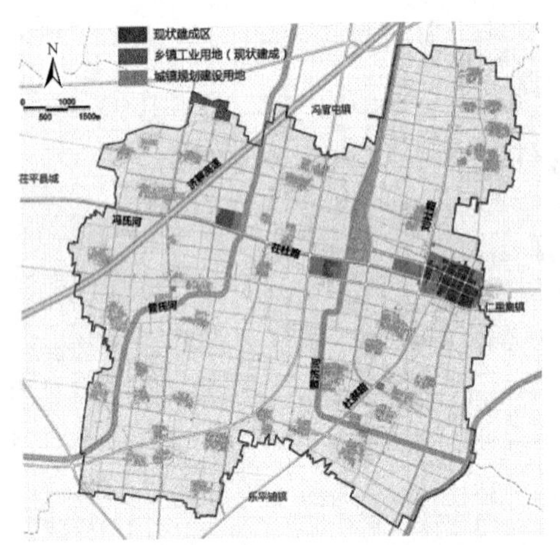

图 2. 10　杜郎口镇空间管制分区（适建区）

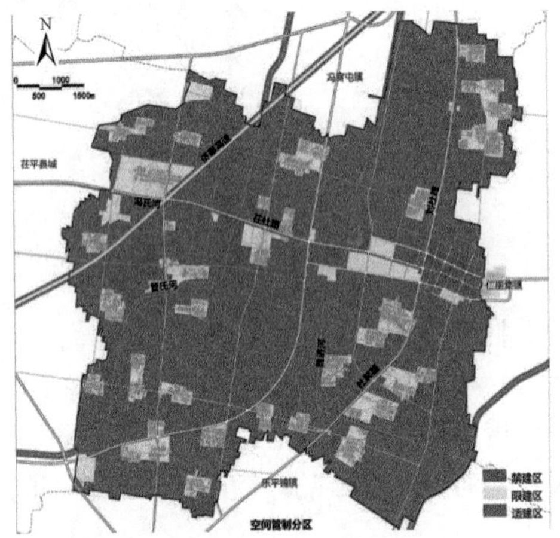

图 2. 11　杜郎口镇空间管制分区图

表 2. 7　杜郎口镇生态分区面积统计

分区类别	面积/km^2	占比/%
禁建区	64. 11	87
限建区	7. 51	10
适建区	1. 91	3

将极高敏感区和高敏感区划分为生态保护区，包括河流、水库、林地和园林，面积为524.96hm^2，占总面积的7.11%，如表2.6所示。中敏感区主要是耕地，保证基本农田不变也属于禁止建设区。建设区由非敏感区构成，包括居住区和交通用地。为保证规划区自然生态和社会经济的可持续发展，使生态资源保护与开发建设相协调，实现杜郎口镇生态文明建设的目标，对各分区采取不同的措施进行保护与开发。

禁建区：极高敏感区和高敏感区属脆弱生态环境区，极易受到人为破坏，而且一旦破坏很难在短时期恢复，此类可作为生态保护区，实施重点保护。以底线控制思维为导向，严格划定各类生态保护红线与基本农田保护红线，保障生态用地与基本农田用地不减少，面积约为64.11km^2，占全镇总用地的87%。范围划定：包括基础设施走廊、河流水域及保护控制区、生态湿地及林地保护区和基本农田保护区，如图2.8所示。

管制要求：规划期内必须保持土地的原有用途，除国家和省级重点建设项目需要外，严格禁止与生态保护和修复无关的任何建设行为。禁止在基本农田建房或擅自挖沙、取土等，国家能源、交通、水利、军事设施等重点项目选址应避开基本农田保护区，确需占用基本农田保护区的，应按照《基本农田保护条例》规定的审批权限与程序报批。未经批准不得在流域性河流内进行填河活动，禁止在河床、河滩内修建建筑物和进行开垦活动，已围垦的应按照国家规定的防洪标准进行治理，逐步退还为河湖。

限建区：限建区主要是指资源环境承载力较弱，在生态安全允许条件下可进行适当建设、发展产业的区域，以集约发展为导向，为杜郎口镇远期发展划定城镇建设增长边界，预留弹性建设空间。限建区总面积约为7.51km^2，占全镇总用地的10%，如图2.9所示。范围划定：包括城镇发展备用地、村庄规划用地及发展备用地、村庄现状用地和部分引导控制区。

管制要求：在保护和尊重人文、自然、生态环境资源的前提下，对各类开发建设活动严格控制，必须开发建设的项目需通过特定审批程序对其性质、规模和开发强度进行严格控制。

适建区：适建区的划定应遵循存量优先、控制增量的原则，在保障建设用地不增加的前提下满足城镇发展的需要。主要指资源环境承载力较强，适宜进行较大规模集聚人口、发展产业、城镇建设的区域，总面积约为1.91km^2，占全镇总用地的3%，如图2.10所示。范围划定：包括城镇建设用地、乡镇工业用地，涵盖部分现状建成区。

管制要求：通过规划先行对城镇建设进行指导，遵循合理的开发强度，秉承集约发展理念，有计划、按时序进行开发建设。

2.3 增强生态韧性规划研究

景观生态格局是大小或形状不同的斑块，在景观空间上的排列方式或空间分布的总体样式，是生态系统或系统属性空间变异程度的具体表现，是景观过程的产物。斑块的大小、形状、走向和空间配置决定了斑块之间的连通性与连接度、对比度与相似度、聚集度与分散度、隔离度与相邻度。同类斑块的空间分布方式有随机、聚集或分散，空间关联程度分为正相关或负相关。对景观斑块的研究是对景观的生态过程和功能的全面解读，揭示了隐藏在内部的相互作用，明确了景观中的能量流、物质流和物种流，从而有效地指导斑块的规划[25]，修补缺失的连通性。

斑块的结构特征对生态系统的生产力、养分循环和水土流失的过程都有影响，斑块越小，越容易受到外围环境或者基底中各种干扰的影响，这些影响的大小与斑块的面积有关，也与斑块的形状和边界特征有关[26]。通常物种的丰度（或种数）=f（生境多样性，干扰，斑块面积，演替规律，基底特征，斑块隔离度）。

随着经济社会发展，自然斑块消失，斑块密度和边界密度持续增加，景观生态的破碎化程度加大，平均斑块面积和最大斑块指数迅速减少；景观集聚度指数随着生境的破碎化度增加呈下降趋势，可见经济社会的发展，体现了景观生态结构与形态的重要变化，也成为研究景观变化特征的方法。

关于杜郎口镇的景观格局分析，将采用定量的分析方法，分析空间结构特征和空间配置关系，定性与定量分析景观生态特征，为修复与改善提供基础信息。

2.3.1 基于定量分析的景观生态格局研究

1. 景观分类

对于景观的分类，有依据人类干扰强度的景观分类、按照生态流的景观分类、参考生态功能价值的景观分类、基于土地利用方式的景观分类等方法。本节采用基于土地利用方式的景观分类方法[27,28]。利用 GIS 技术平台，从“2014 年土地利用现状图”提取杜郎口镇各土地利用类型，构建土地利用数据库，土地利用分类如表 2.3 所示。根据各土地利用类型的特征和生态效用，对景观斑块类型进行重新分类，主要分为耕地、建筑用地、水体、林地和园地，提取各土地利用类型，结果如图 2.12 所示。

2. 景观生态格局量化分析

运用 GIS 等软件对土地利用现状图进行矢量化处理，将重新分类制成的景观格局图栅格化，转换为像元大小为 30m×30m 的栅格数据，然后应用 Fragstats 软

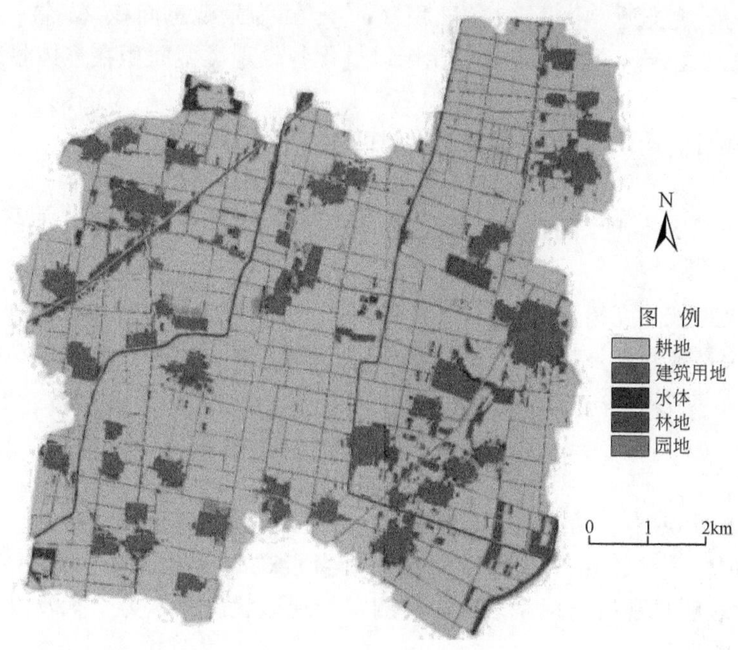

图2.12　土地利用分类

件计算相应的斑块水平指数、景观类型水平指数和景观水平指数，根据量化数据分析镇域的景观格局特征。

指标选择。本节选用的指标包括景观类型面积（CA）、景观面积百分比（PLAND）、斑块数目（NP）、景观类型破碎度指数（LTFI）、面积加权分维数（FRAC_AM）、聚集度指数（CLUMPY）、散布与并列指数（IJI）、凝聚度指数（COHESION）等8个指标。借助以上指标可以从面积、形状、分布状态和连通性等方面探讨景观格局特点和演变规律。

景观类型面积（CA）是指某种景观类型的面积总和。

$$CA = \sum_{j=1}^{n} a_{ij} \tag{2.1}$$

式中，CA为用以统计景观中各个景观类型的总面积（hm^2）；a_{ij}为景观类型i中斑块j的面积（hm^2）。物种的多样性随斑块面积的增加而增加。

景观面积百分比（PLAND）用以量化各景观类型面积在整体景观中所占的比例。

$$PLAND = \frac{\sum_{j=1}^{n} a_{ij}}{A} \tag{2.2}$$

式中，a_{ij}为景观类型 i 中斑块 j 的面积（m^2）；A 为景观总面积（m^2）；n 为景观类型 i 的斑块总数。景观面积百分比用以量化各景观类型面积在整体景观中所占的比例。

斑块数目（NP）是表征各景观类型斑块个数多少的量化指标。

$$\mathrm{NP}=n_i \tag{2.3}$$

式中，n_i 为景观类型 i 的斑块总数；NP 为表征各景观类型斑块个数多少的量化指标。

景观类型破碎度指数（LTFI）以单位面积上的斑块数目表示各景观类型破碎度。景观类型破碎度是指景观要素被分割的破碎程度，反映景观空间结构的复杂性和人类活动对景观结构的影响程度。

$$\mathrm{LTFI}=\frac{n_i}{A_i} \tag{2.4}$$

式中，A_i 为景观类型 i 的总面积（hm^2）；n_i 为景观格局 i 的斑块数。

面积加权分维数（FRAC_AM）用来衡量景观形状复杂度，取值范围是 1～2，值越大表明景观格局越复杂，通过测定景观形状研究人为干扰及其对斑块内部生态过程的影响。

$$\mathrm{FRAC\_AM}=\sum_{j=1}^{n}\left\{\left[\frac{2\ln(0.25p_{ij})}{\ln a_{ij}}\right]\left(\frac{a_{ij}}{\sum_{j=1}^{n}a_{ij}}\right)\right\} \tag{2.5}$$

式中，p_{ij}为景观类型 i 中斑块 j 的周长（m）。FRAC_AM 用来衡量景观形状复杂度，取值范围是 1～2，值越大表明景观格局越复杂，通过测定景观形状研究人为干扰及其对斑块内部生态过程的影响。

聚集度指数（CLUMPY）是反映斑块在景观中聚集与分散状态的指数，其值为-1～1，越接近 1 说明聚集程度越高。

$$G_i=\left[\frac{g_{ik}}{\left(\sum_{k=1}^{m}g_{ik}\right)-\mathrm{min}e_i}\right] \tag{2.6}$$

$$\mathrm{CLUMPY}=\left[\begin{array}{l}\frac{G_i-P_i}{P_i}\mathrm{for}G_i<P_i<5\\ G_i-P_i\end{array}\right] \tag{2.7}$$

式中，g_{ik}为景观类型 i 和景观类型 k 之间相邻的像元数目；$\mathrm{min}e_i$ 为景观类型 i 在最大聚集程度下的最小周长；P_i 为景观类型 i 所占景观总面积的比例；m 为景观类型的总数。聚集度指数是反映斑块在景观中聚集与分散状态的指数，其值为-1～1，越接近 1 说明聚集程度越高。

散布与并列指数（IJI）反映了景观类型 i 周边出现其他类型景观的混置情

况，其取值为0～100，当某景观类型 i 周边出现单一景观时，值接近于0，随着周边出现其他景观增多，指数值也会增大。

$$\mathrm{IJI}=\frac{-\sum_{k=1}^{m}\left[\left(\frac{e_{ik}}{\sum_{k=1}^{m}e_{ik}}\right)\ln\left(\frac{e_{ik}}{\sum_{k=1}^{m}e_{ik}}\right)\right]}{\ln(m-1)} \tag{2.8}$$

式中，e_{ik}为在景观类型 i 和景观类型 k 之间共同边界的总长（m）；m 为景观类型的总数。分布与并列指数反映了景观类型 i 周边出现其他类型景观的混置情况，其取值为0～100，当某景观类型 i 周边出现单一景观时，值接近于0，随着周边出现其他景观增多，指数值也会增大。

凝聚度指数（COHESION）可衡量相应景观类型自然连接性程度，其值所处范围为0～100。当斑块类型分布聚集时，其值增加。景观类型占景观的比例减少并分割成不连接的斑块，值趋近于0，关键类型占景观的比例增加，分布变得聚集，指数值增加。

$$\mathrm{COHESION}=\left[1-\frac{\sum_{j=1}^{n}P_{ij}}{\sum_{j=1}^{n}P_{ij}\sqrt{a_{ij}}}\right]\left[1-\frac{1}{\sqrt{A}}\right]^{-1} \tag{2.9}$$

式中，P_{ij}为景观类型 i 中斑块 j 的周长上的像元数；a_{ij}为景观类型中 i 中斑块 j 的像元数；A 为景观中像元的总数量。凝聚度指数可衡量相应景观类型自然连接性程度，其值所处范围为0～100。当斑块类型分布聚集，其值增加。景观类型占景观的比例减少并分割成不连接的斑块，值趋近于0，关键类型占景观的比例增加，分布变得聚集，指数值增加。

景观指数计算。利用 Fragstats 软件计算得到各土地类型的景观指数。

3. 景观指数计算结果

利用 Fragstats 软件分析杜郎口镇 2014 年耕地、建筑用地、林地、水体和园地的景观指数，结果如表 2.8 所示。

表 2.8　杜郎口镇 2014 年景观指数

景观类型	CA	PLAND	NP	LTFI	FRAC_AM	CLUMPY	IJI	COHESION
耕地	5826.6	78.98	441	0.09	1.207	0.923	15.49	99.02
建筑用地	928.83	12.59	1948	3.99	1.238	0.749	38.60	94.62
林地	379.72	5.15	730	1.79	1.149	0.822	44.94	92.30
水体	207.33	2.81	304	2.43	1.228	0.761	37.68	93.66
园地	34.86	0.47	200	5.30	1.153	0.731	37.91	86.87

2014 年杜郎口镇耕地面积占总面积的 78. 98%，建筑用地面积居第二位，为 12. 59%，林地、水体和园地生态价值较高的土地利用类型面积仅占总面积的 8. 43%。

耕地较为集中，景观类型破碎度指数低，仅为 0. 09；建筑用地包括居住区和道路用地，由于居住区被道路分割，建筑用地破碎化程度高，达到 3. 99；园地、水体和林地被其他用地类型分割，具有较高的景观类型破碎度指数，分别达到了 5. 30、2. 43 和 1. 79。

面积加权分维数反映景观形状的复杂程度，面积加权分维数最高的是建筑用地，为 1. 238，其次是水体，说明建筑用地和水体形状复杂；林地面积加权分维数仅为 1. 149，林地形状规则，从图 2. 12 可以看出，林地多分布在道路两侧或居民区周围，自然林地较少。

耕地聚集程度最高，聚集度指数达到了 0. 923，园地聚集程度最低，聚集度指数仅为 0. 731。耕地的分布与并列指数为 15. 49，远低于林地、建筑用地、园地和水体，耕地周围其他景观的分布比较单一；林地的分布与并列指数最高，林地周围景观组成复杂。

耕地凝聚度指数达到了 99. 02，说明耕地自然连通性好；水体凝聚度指数低于建筑用地，居于第三位。

2. 3. 2 景观生态格局特征分析

从景观异质性与多样性、景观破碎化程度和景观聚散性三个方面分析杜郎口镇的现状景观格局特征。

1. 景观异质性与多样性

杜郎口镇主要有五种景观，其中占主导地位的土地利用类型是耕地，其次是建筑用地，如图 2. 13 所示；生态价值较高的林地和水体分列第三、第四位，区域没有大型林地和水体斑块。自然过程形成斑块缺失，如农田、居民区和人工林地，都表现出规则的几何形状，限制了斑块内部与外围环境相互作用的能力，尤其是限制了能量、物质和生物方面的交换，限制了区域维持物种多样性和保持水生态韧性的能力[29]。杜郎口镇景观多样性低、异质性差。

通过面积和周长的关系计算出面积加权分维数（FRAC_AM），面积加权分维数用来衡量景观形状复杂性。

如图 2. 14 所示，建筑用地、水体面积加权分维数较大，表明建筑用地和水体在人类活动影响下形状较为复杂，建筑用地缺乏合理规划，在一定程度上会造成建设用地的浪费。从指数水平上分析，区域内景观的面积加权分维数较高，斑块形状复杂。

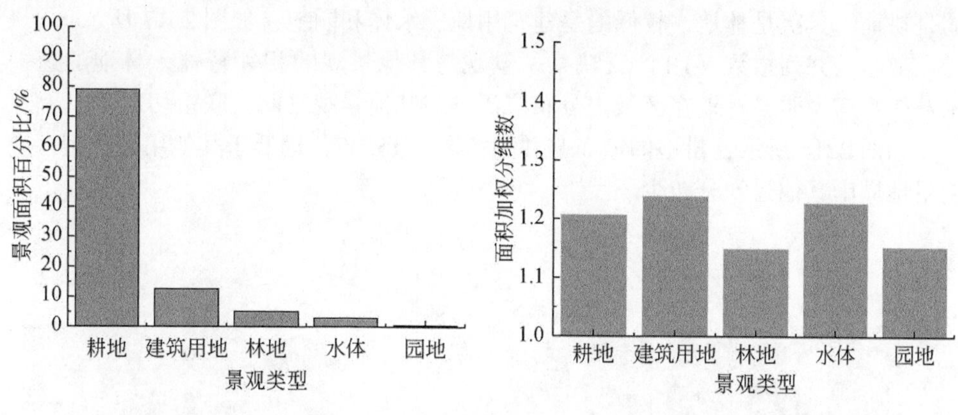

图2.13 景观面积百分比（PLAND）指数

图2.14 面积加权分维数（FRAC_AM）

2. 景观破碎化程度

从斑块数目来看，如图2.15所示，建筑用地和林地斑块较多，耕地和水体斑块数量接近，园地的斑块数量最少。斑块个数不能完全说明景观破碎化程度，斑块面积同样影响景观破碎化程度。

景观类型破碎化指数（LTFI）由斑块数目（NP）和斑块面积计算得到，如图2.16所示。景观破碎化程度差别明显，耕地以大片聚集的状态存在，破碎化程度低；园地、建筑用地和水体被其他景观严重分割，破碎化程度高，林地破碎化程度与水体接近，林地和水体两种生态价值较大的景观破碎化程度高，不利用景观的稳定性和生物栖息、繁衍。

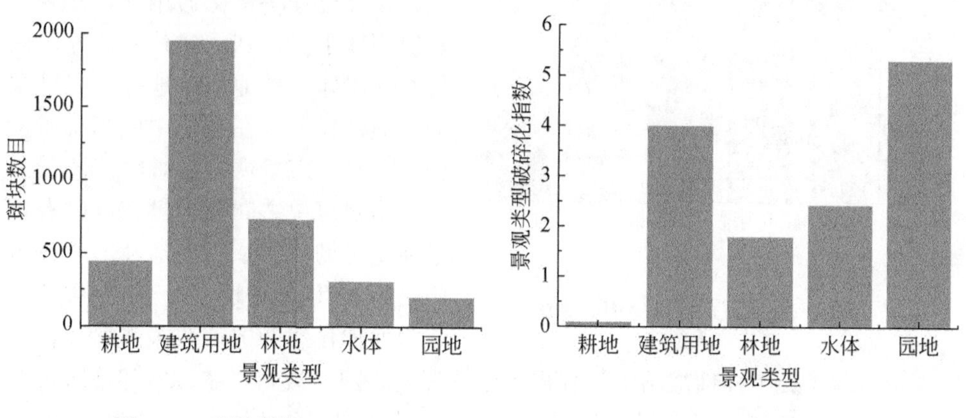

图2.15 斑块数目（NP）

图2.16 景观类型破碎化指数（LTFI）

3. 景观聚散性

聚集度指数（CLUMPY）反映斑块在景观中的聚集与分散状态。聚集度最高的是耕地，其次是林地，较低的是建筑用地、水体和园地，如图 2. 17 所示。

散布与并列指数（IJI）反映某一景观与其他景观的相邻特征，林地的这一指数较高，说明了林地在区域内分布广泛，与其他景观之间关联密切。

如图 2. 18 所示，耕地的散布与并列指数为 15. 49，远低于其他用地类型，说明耕地周围其他景观分布少。

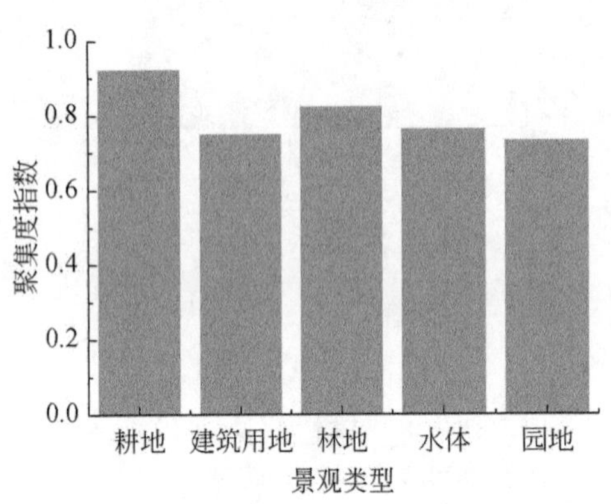

图 2. 17　聚集度指数（CLUMPY）

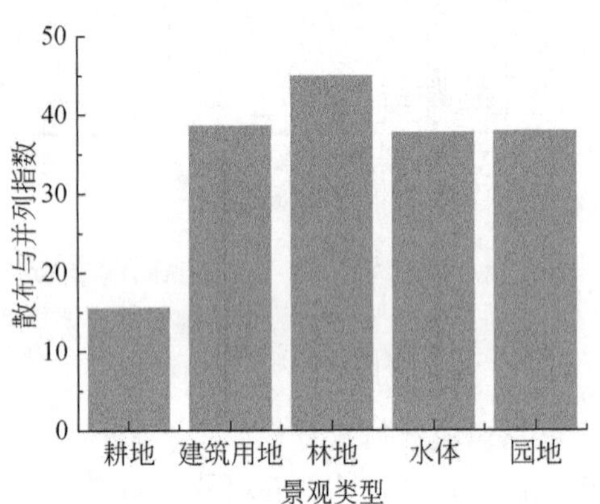

图 2. 18　散布与并列指数（IJI）

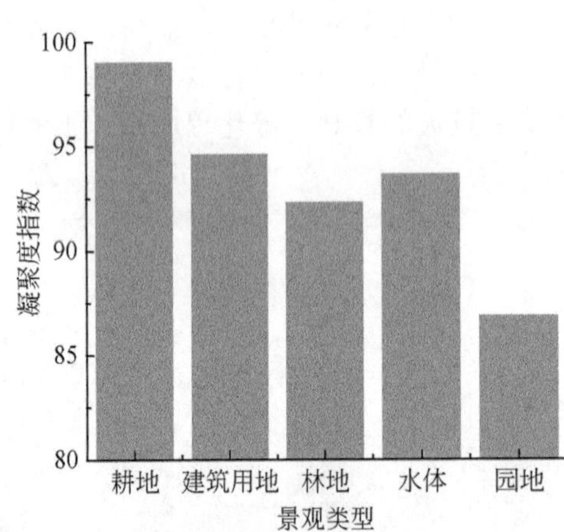

图 2. 19　凝聚度指数（COHESION）

凝聚度指数（COHESION）反映景观的自然连通情况。如图 2. 19 所示，耕地的凝聚度指数达到 99. 02，表明耕地的连通性好。其次是建筑用地，计算过程中将交通用地合并到了建筑用地中，得到的建筑用地连通性较好。水体、林地和园地等生态景观的连通性较差，在规划中应当有所考虑，提高生态景观的连通性。

增强斑块之间连通性，可以有效增强生态韧性，增加连通性的有效措施是增加生态廊道[30]。生态网已经成为保护自然的关键政策概念，在泛欧洲生态和景观多样性战略中，提出了泛欧洲生态网的概念；在《联邦德国自然保护法》中规定德国联邦州要与周边的州合作建立生态网[31]。生态网是由核心区、缓冲区和生态廊道构成的[32]。

廊道是特殊的斑块，是周围基质不同的线型斑块，可以改善两个斑块之间的有机物流通，尤其是扩散能力低的[33]。建立地方和区域型的廊道形成生态网，可以减少斑块破碎引起的生物多样性降低[34]。在景观中廊道是斑块间的纽带与桥梁，是物质、能量、物种传输迁移的通道。廊道的功能与其结构和曲度、宽度、形状、组成内容、连接度、连通性、内环境及与周围斑块或基质空间关系的结构特征密切相关，同斑块类似，也对景观的生态过程和功能有所影响。廊道的曲度对于景观来说具有重要的生态意义，较直的廊道可加快物质、能量、物流、能流的传送；弯曲的廊道可提高景观的异质性与丰富度。廊道的边缘效应体现在其宽度上，廊道越窄，其受到边缘环境的影响越严重；廊道越宽，其内部环境越丰富。廊道对于景观而言是一个可提高连接度和整体性，具有屏障功能的过滤器，其周边物种组成的丰富度呈梯度变化。基质通常作为斑块与廊道的镶嵌背景出现在景观中，是面积最大，连通性最好，支配性最强的景观组分，决定着景观的性质，在某些景观中对景观动态和功能的影响多于斑块与廊道[35]。根据廊道组成内容分为森林廊道、河流廊道和道路廊道等。廊道的重要特征包括宽度、组成、形状、连续性及与周围斑块的关系[36]。

2.3.3　增强景观生态韧性规划重点

1993年，保罗·塞尔曼提出了应用于村镇景观生态规划的原则：减少破碎化，发展可持续的农业景观[37]。景观生态规划的目标是寻求生态方面最优的景观利用方式，为了保证景观利用方式的合理性，需要对景观生态进行全面分析，对特定生态斑块进行评价，综合各部分的分析结果提出最优化的方案[38]。

1. 景观生态现状

杜郎口镇土地利用以耕地为主，耕地占总面积78.98%；镇域内没有公共绿地，水体、林地和园地等生态用地面积占比小，生态用地仅占总面积的8.43%，景观异质性差，生态效用低。

水体和林地没有大型斑块，降低区域维持物种多样性的作用，区域雨水收集利用能力不高，过度依赖河道取水和地下取水。

水体、林地和园地破碎化程度高，生态用地景观效果差；破碎化程度高不利于景观的稳定和物种的栖息、繁衍，按照物种面积理论，生物多样性低。

林地面积加权分维数最低，仅为1.149，多分布在道路两侧和居民区周围，自然林地少，形状规则，景观效果不明显。

耕地的散布与并列指数为15.49，远低于其他用地类型，说明耕地周围其他景观分布少，不利于不同景观之间物质和能量的交换，景观生境异质性小，增加种内和种间竞争，增加疾病、干扰影响，不利于边缘种的生存。

水体连通性为93.66，低于耕地和建筑用地，处于中等水平，连通性是维持水体景观稳定的重要因素；杜郎口镇的水体连通性不高；林地和园地的连通性较差。

2. 增强景观生态韧性规划的重点

综合生态分区和景观格局研究结果，并与茌平县新型城镇化规划和杜郎口镇总体规划衔接，提出以下建议：增加大型林地斑块和水体斑块建设；完善斑块之间的连接性，加强节点建设，形成生态网络。沿河流两侧建设生态廊道，在高速公路、主要公路两侧建设绿化带；发展现代农业、观光农业、果园、经济林以改善区域生态并增加生态多样性基质；完善建成区内绿地系统。生态体系规划如图 2.20 所示。

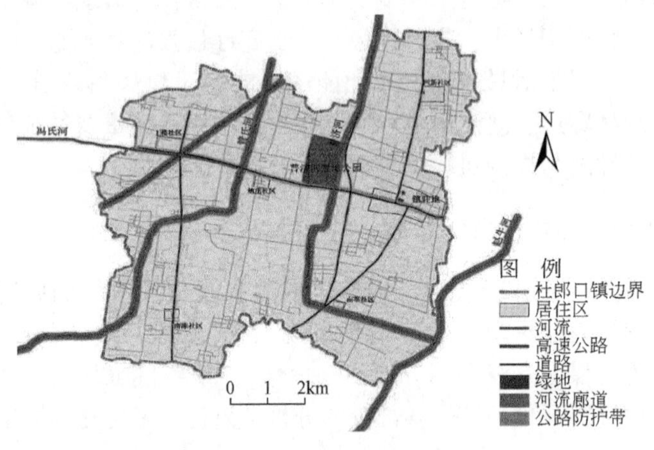

图 2.20　生态体系规划图

（1）强化大型林地斑块。大型林地斑块对地下水蓄水层水质有保护作用，有利于生境敏感物种的生存，为景观中的其他组成部分提供种源，能维持近乎自然的生态干扰体系（增强生态韧性）[33]。大型林地斑块建设依托现有林地资源，通过对已有林地的改造、升级构建林地斑块。依托普济河西岸园林，建成普济河湿地公园，并将湿地公园与普济河生态廊道、管氏河生态廊道连接成生态网络，使普济河湿地公园成为两条廊道连接的纽带，便于物种在栖息地之间迁移。大型生态斑块的建设可提高林地景观百分比指数，增加景观异质性。大型斑块-耕地的连通性较好，保护好耕地内部现有的洼地，保证营养源的流通性。识别洼地，建立洼地之间的连通性是规划的重点。

（2）增加水体斑块。塘是较小的静止水体，面积在 $1m^2$ 到 $2\sim5hm^2$，可以是永久性的，也可以是季节性的；可以是人工的，也可以是半人工的[39-42]，水体斑块布局应从以下几个方面考虑：地势低洼区，有较大的汇水面积，沟渠系统发达，便于收集雨水；靠近河道，连通性好，方便从河道取水或排水；与绿地、林地结合，构成湿地景观，河滨带湿地可去除雨水中的污染物，将水体与绿地、林地结合还具有景观效果，湿地选址与水体斑块的选址将在2.4.2小节重点研究与规划。

(3) 增加河流生态廊道。河流生态廊道具有多种生态功能。河岸缓冲带能够通过吸附、滞留、分解等方式过滤地表营养元素，防止营养元素污染河流水体，同时缓冲带具有强大的水土保持功能。河流生态廊道依据区域特点而定，普济河、管氏河和赵牛河流经区域以耕地为主，需水量大，河流两侧人口稀少，河流两侧以水源涵养林为主。管氏河、普济河两侧规划生态廊道各100m，赵牛河为界河，杜郎口镇一侧规划生态廊道100m。河流生态廊道的建设要将两侧的林地纳入其中，提高廊道的分维数，避免河流廊道形状过于单一；河流两侧的林地通过生态廊道连接起来，可降低林地的破碎化程度，提高林地连通性。

(4) 增加公路防护带。交通廊道物种丰富，在英国道路两侧拥有870个物种[43,44]。一旦某一物种进入交通廊道系统，这个物种会沿着交通廊道遍布整个生态系统。用生态术语表达，就是交通廊道是边缘生境[43]。植物利用交通廊道进行扩散，交通廊道不仅是该物种的生境[45]。以道路为骨架的大规模网状或格状土地利用空间结构构成了乡镇景观的网格化，这往往是造成乡镇用地斑块化及破碎化的原因。在杜郎口镇主要道路两侧建设绿化带，降低公路本身对区域景观带来的负面影响。济聊高速公路穿过杜郎口镇，规划防护带100m，茌杜路为连接茌平县城与杜郎口镇驻地的干道，规划防护带60m，杜郝路、刘杜路、高郝路和玉皇庙路是杜郎口镇干道，规划防护带30m。公路防护带可以有效改善公路附近的空气质量、降低噪声；公路防护带相互交织，可将区域内各种景观斑块连接起来，传递生物流和信息流。

(5) 生改善态基质。基质是景观要素中面积最大、连通性最好的要素类型。基质通常比其他景观单元的连续性更高，面积上的优势、空间上的高度连续性和对景观总体的动态支配性[33]表明，基质对于生态的作用是支配性的，占统治地位。由上述景观格局分析可知杜郎口镇的基质是耕地。耕地或者农业用地作为生态景观改善的目标是发展环境友好的、可持续的农业[46]。改善耕地基质，提高耕地基质的韧性，从管理上就是减少农田化学肥料的使用，减少对周围环境的负面影响；从技术手段上，应对气候变化，尽可能减少水资源的消耗，除使用节水技术外，更重要的是如何充分利用雨水资源，实现农业气候适应性[47]。杜郎口镇农业以园林苗木、中草药种植、有机蔬菜种植和果园等特色农业为重点。可依托普济河湿地公园规划集苗木种植、农业观光功能的生态林业景观区，扩大生态观光农业面积，用生态友好型技术取代传统技术，以生态林业景观区带动杜郎口镇林业发展；规划中草药和有机蔬菜种植区。通过生态林业景观区、中草药种植区和有机蔬菜种植区提高农业景观多样性。完善耕地防护林网，加强耕地基质的结合度与可达性，充分利用防护林截留田间营养物的生态功能，提高耕地基质稳定性。通过以上措施，最终达到改善杜郎口镇生态基质的目的。

(6) 完善与修复生态结点。解决生境破碎的有效措施就是提高生境连续性[36,48,49]。通过组成单元的结构和空间形态，如斑块和廊道强化连续度[49-51]。图形理论，利用数学运算的方法评价连续度，提供优化的路径[52,53]。图形理论在地形学上应用较早，很快就用于生态学。图形学将生态网络抽象成为节点与连线[54]，其中节点就是生境、斑块，连线就是廊道，连接生境或者斑块。利用最小耗费阻力模型，计算各连线节点之间的阻力，给出最优节点和连线位置。由此形成的生态网络具有优化生态韧性，所用节点是最适宜节点位置。

根据村镇现状调查，村庄周围散布着一些林地斑块，这些林地斑块破碎化程度高，连通性差，难以充分发挥景观与生态功能。依托原有林地规划和生态防护林基础，将村庄周围破碎化程度高的林地利用河道与公路两侧绿带连接起来。另外，在人口聚集的镇驻地、丁楼、四新、鲍庄、南董和南李规划公园绿地，将村庄生态防护林和公园绿地通过公路防护带与河流生态廊道连接形成生态网。

2.4 改善水文过程规划研究

水文过程韧性规划的目标是，增加和修复水体斑块；众多的水体斑块增加景观生态的异质性，降低物种内和物种间的竞争，减少疾病和干扰的影响，给边缘种提供更多的生境[36]，小的水体斑块对于生态多样性十分重要[55-57]；修复人工渠，增强农田的水文连通性，Hunter 等研究表明，通过表面水文学恢复来连接低洼硬木湿地和周围水域，去除营养物质与沉积物是非常有必要的[58]，人工渠主要用于农业灌溉、农田排水，在外形上为线型、沿着农田的边界，转弯处为直角，与自然景观有所不同。在英国人工渠通常宽为 1 ~ 3m[59]。在英格兰有 74 处人工渠被政府指定为重要的自然保护目标[60]。河滨带湿地作为陆域和水域生态系统的交错地带，是河流生态系统和陆地生态系统进行物质、能量和信息交换的重要过渡带，有维护河岸稳定、截留污染物、保护河流水质、保护物种多样性及景观功能等多种生态功能[61]，丹麦在 10 个河滨带湿地，研究 35 个地块中植物群落特征，发现引进物种可以提高物种多样性[62]；修复生态节点，生态节点是中心保护地、外围保护地、缓冲区的总称，是在生态网络中保护野生动植物的源与汇，是生态网构成并发挥生态功能的基础，也是生态规划内容[63]。

增加和修复水体斑块的措施，是在研究区范围内利用 GIS 的水文分析技术，寻找小型的洼地分布；利用降雨模型，分析小型洼地可以用作小型水体的可能性，与当地的土地利用类型进行叠加，最终确定用作水体斑块的洼地。

2.4.1 识别潜在洼地（水体斑块）位置

洼地位于所在汇水区的最低点，汇水区域，又称为集水区域，是指地表径流或汇聚到一共同的出水口的过程中所流经的地表区域，它是一个封闭的区域。出水口是指水流离开汇水区的点，这个点是汇水区边界上的最低点，就是洼地所在位置的选址。

1. 汇水区划分

由1∶10000比例尺高程点提取分辨率为5m的DEM高程数据，借助GIS软件的水文分析功能，划分杜郎口镇汇水区，共划分得到137个汇水区，如图2.21所示。提取研究区杜郎口镇域的地形图中只有杜郎口镇域范围内的高程点，划分汇水区时，处于边界位置的汇水区以行政边界为边界。在洼地布局分析中，边界位置不是重点区域，但为了杜郎口镇域范围的完整性，仍对边界处的汇水区进行统计、计算。

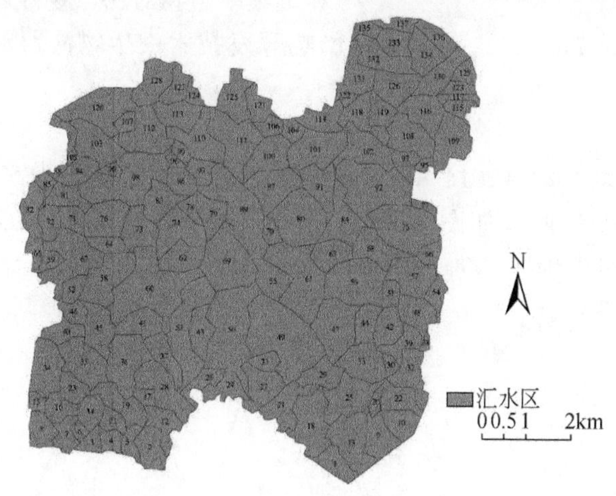

图2.21　杜郎口镇汇水区划分

2. 各汇水区洼地识别

小水体斑块或者洼地是指近似封闭的比周围地面低洼的地形，洼地因排水不良，中心部分常积水形成小型水体。洼地要有一定的积水量，需要依据降水强度，综合考虑地质和建设用地进行选取。

1）采用低影响开发技术确定可利用雨水资源量

1990年，美国马里兰州的环境资源署首次提出了LID。2004年，美国国防部把LID定义为“一种维持与恢复场地自然水文功能，达到自然资源保护目标，履行环境管制要求的雨洪管理战略”[64,65]。

低影响开发中的技术之一，生物滞留设施，通过植被截留作用、土壤下渗，降低雨水径流流速、延缓洪峰出现时间、削减洪峰流量及径流总量、减少洪涝灾

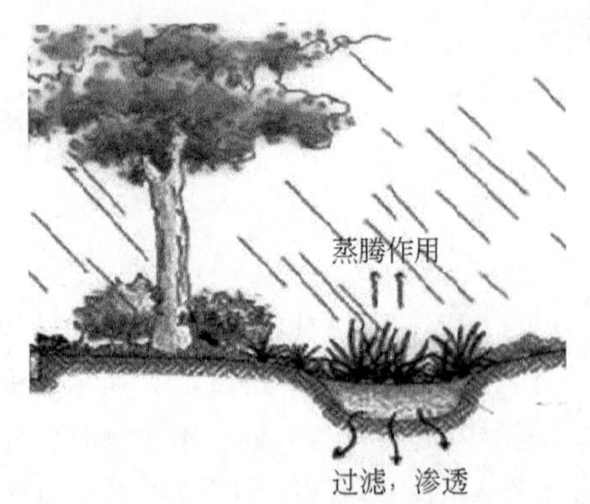

图 2.22　生物滞留池示意图

害的发生。生物滞留设施是在低洼地区种植灌木、花草及树木等植物的一种工程性措施，通过土壤和植被的过滤作用来达到收集和净化雨水的目的，雨水暂时滞留后慢慢渗入土壤中，既减少降水径流量，也为周围植被提供必要的生态需水[66]。生物滞留设施能通过植物、土壤、微生物的物理、化学及生物联合作用来处理雨水，处理过程主要是依靠土壤颗粒的过滤作用、表面吸附作用、离子交换、植物根系和土壤中生物对污染物吸收分解。生物滞留设施的具体构造如图 2.22 所示。低影响开发技术中生物滞留池类似洼地或小型水体。

A. 年降水量

分析杜郎口镇 1984 ~ 2014 年降水资料，多年平均降水量为 575.41mm；杜郎口镇年际降水量变化曲线如图 2.23 所示。降水量最小值出现在 1989 年，仅为 308.5mm，降水量出现在 1990 年，最大值为 851.4mm。

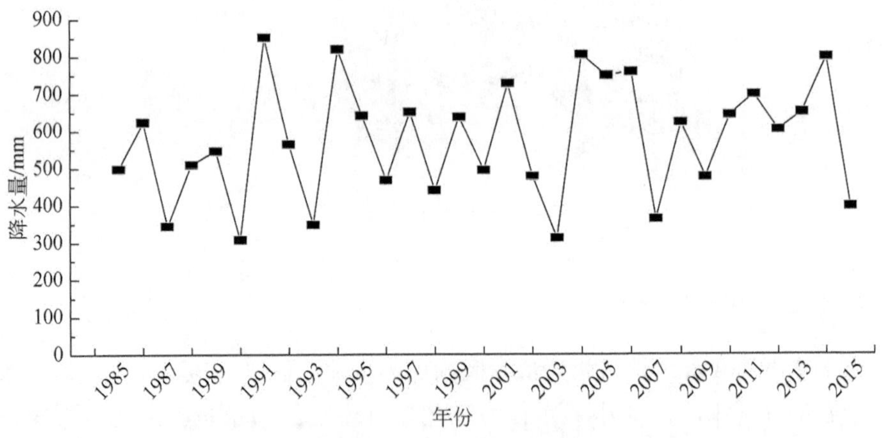

图 2.23　年降水量变化曲线

B. 月降水量

分析 1984 ~ 2014 年各月平均降水量分布特征，如图 2.24 所示。降水分布呈单峰型，降水量最大值出现在 7 月，达到 170.26mm；降水量最小值出现在 1 月，仅为 3.7mm。汛期（6 ~ 9 月）降水量为 416.45mm，占全年降水量的 72.37%。降水量分季节统计，春季（3 ~ 5 月）降水量为 9.13mm，占全年平均降水量的

16.88%；夏季（6～8 月）降水量为 361.08mm，占全年平均降水量的 62.75%；秋季（9～11 月）降水量为 100.0mm，占全年平均降水量的 17.38%；冬季（12 月，次年 1、2 月）降水量为 17.20mm，占全年平均降水量的 2.99%。

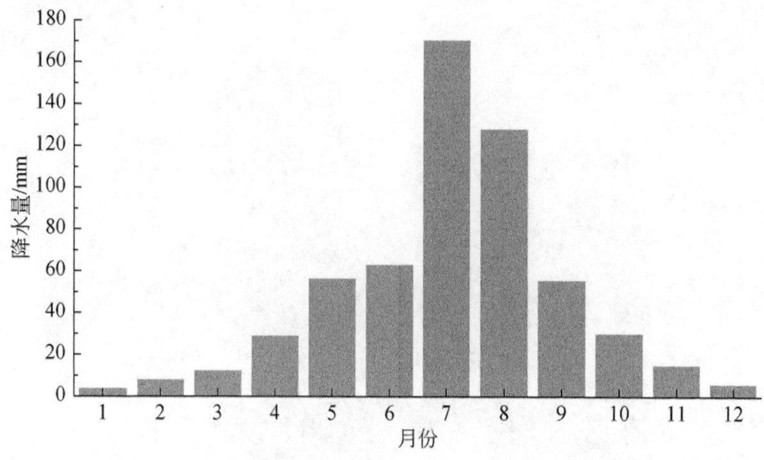

图 2.24　杜郎口各月平均降水量

C. 可利用雨水资源量分析

可利用雨水资源量是降雨形成的径流量，可利用雨水资源量用径流系数法计算，公式为

$$R=\psi\times A\times H\times 10^{-3} \tag{2.10}$$

式中，R 为年径流量（m^3）；ψ 为径流系数；A 为用地类型面积（m^2）；H 为年降雨量（mm）。参照《海绵城市建设技术指南》确定各种用地类型的径流系数。各用地类型径流系数如表 2.9 所示[67]。

表 2.9　不同用地类型面积及径流系数

用地类型	面积/m^2	径流系数
居民区	4278899	0.9
道路	5009444	0.9
耕地	58266530	0.1
林地	3797166	0.1
水体	2073298	1
园地	348632	0.1

将各用地类型的面积和径流系数代入公式，计算得到杜郎口镇可利用的降水资源量为 959.44 万 m^3。

利用降水量和径流系数计算各用地类型单位面积可利用水资源量，结果如图 2. 25 所示。耕地、林地和园地单位面积可利用水资源量为 0. 0575m^3/m^2；居民区和道路单位面积可利用水资源量为 0. 518m^3/m^2；水体单位面积可利用水资源量为 0. 575m^3/m^2。

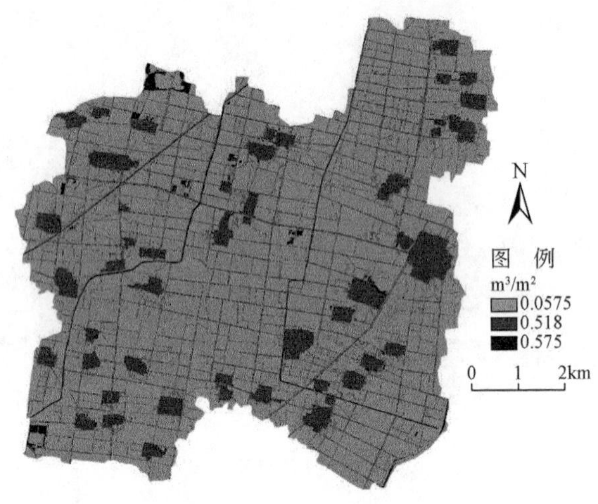

图 2. 25 单位面积可利用降水资源量

2）洼地选址可行性分析

根据《海绵城市建设技术指南》确定各汇水区汇水量。杜郎口镇位于年径流总量控制率分区的Ⅳ区，年径流总量控制率最低和最高限值分别为 70% 和 85%。年径流总量控制率越高，则径流控制设施的建设费用越高，考虑杜郎口镇当前及未来发展情况，将年径流总量控制率选为 70%。杜郎口镇距离济南仅 40km，以济南设计降水量值作为杜郎口设计降水量，济南 70% 年径流总量控制率对应的设计降水量为 23. 2mm。计算日降水强度为 23. 2mm 时，杜郎口镇各汇水区汇水量，结果如表 2. 10 所示。

表 2. 10 日降水强度为 23. 2mm 时各汇水区汇水量

汇水区编号	汇水量/m^3	汇水区编号	汇水量/m^3
1	932. 45	8	3023. 38
2	3742. 58	9	1725. 57
3	602. 78	10	1605. 53
4	715. 02	11	1862. 68
5	641. 25	12	1356. 32
6	284. 99	13	2840. 33
7	1243. 24	14	3190. 23

续表

汇水区编号	汇水量/m^3	汇水区编号	汇水量/m^3
15	603.57	51	623.24
16	1363.93	52	2345.84
17	571.00	53	3756.17
18	7575.96	54	753.86
19	4179.57	55	1923.00
20	498.71	56	10323.40
21	2091.25	57	6414.10
22	1453.48	58	4807.50
23	1373.72	59	660.64
24	2001.05	60	9213.60
25	3548.21	61	4648.68
26	2360.51	62	1709.28
27	4248.62	63	1478.81
28	6030.19	64	1223.75
29	4420.67	65	780.45
30	441.26	66	3030.76
31	849.68	67	6623.14
32	1859.25	68	3296.16
33	5644.84	69	4790.99
34	4969.72	70	577.22
35	4477.00	71	1614.91
36	5583.78	72	4573.14
37	1586.93	73	3642.86
38	139.62	74	3267.12
39	1526.42	75	12154.16
40	1344.02	76	2270.68
41	1371.91	77	284.71
42	2602.44	78	829.31
43	1394.88	79	4134.75
44	1411.40	80	4645.15
45	3614.93	81	1494.27
46	842.58	82	1459.51
47	5549.86	83	1690.07
48	1546.00	84	2118.76
49	13113.20	85	567.10
50	6404.04	86	1957.99

续表

汇水区编号	汇水量/m³	汇水区编号	汇水量/m³
87	2479.20	113	1989.59
88	138.32	114	1785.84
89	8103.30	115	1462.30
90	428.60	116	3942.61
91	2105.12	117	1706.50
92	8789.37	118	1798.19
93	1076.48	119	1297.07
94	1789.65	120	7051.87
95	224.16	121	943.13
96	290.97	122	552.44
97	607.75	123	1520.11
98	7286.19	124	303.78
99	477.36	125	2433.45
100	4113.22	126	2171.29
101	3214.96	127	2199.08
102	2868.96	128	4271.63
103	6791.43	129	1057.08
104	939.23	130	3367.71
105	875.20	131	2160.24
106	2416.84	132	1814.75
107	1047.85	133	1013.00
108	2810.82	134	3831.06
109	5409.27	135	615.77
110	2849.10	136	2144.98
111	6215.56	137	612.67
112	5105.67	总计	378546.35

按照区域地形地势，选择可以收集雨水的洼地系统，使雨水控制系统分布在地势低洼区，可有效提高系统的安全性并降低工程建造成本。利用 GIS 的空间分析功能分析各汇水区在表 2.10 中设计的降水量条件下，各汇水区汇水量的淹没范围，如图 2.26 所示，该淹没范围即为汇水区地势低洼区，在地势低洼区内选择雨水控制设施，对生态滞留池或渗塘等小型水体斑块进行小型水体规划。各小型水体控制设施的容量根据表 2.10 确定。杜郎口镇多年平均降水量为 575.41mm，汛期降水量占全年降水量的 72.37%。汛期降水集中，易形成降水径流，可通过提高区域截留、储存雨水能力，实现降水径流的收集利用。杜郎口镇每年可利用的降水资源量为 959.44 万 m³，可作为雨水收集利用的水源。

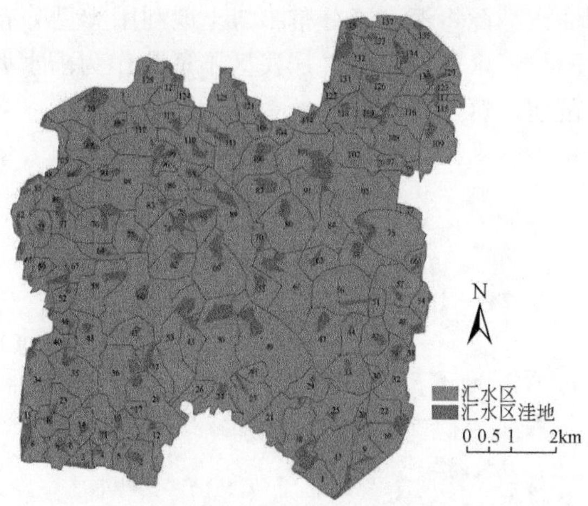

图 2.26　各汇水区地势低洼区淹没范围

3）洼地水体斑块的连接性分析

杜郎口镇以耕地为主要用地类型，沟渠密布，散布于耕地中，当径流量累积到一定值时，就会产生地表径流，汇流量大于临界数值的栅格就是潜在水流路径，这些水流路径构成水网。利用汇流累积量分布图，设定阈值提取数字水网和流域。利用 Stream link 计算每一条水网弧段的起始点和终止点。利用 Watershed 工具生成每一条水网弧段对应的汇水区。形成如图 2. 27 所示的水网分布图。从水网可以看出沟渠与汇水区洼地的连通性。

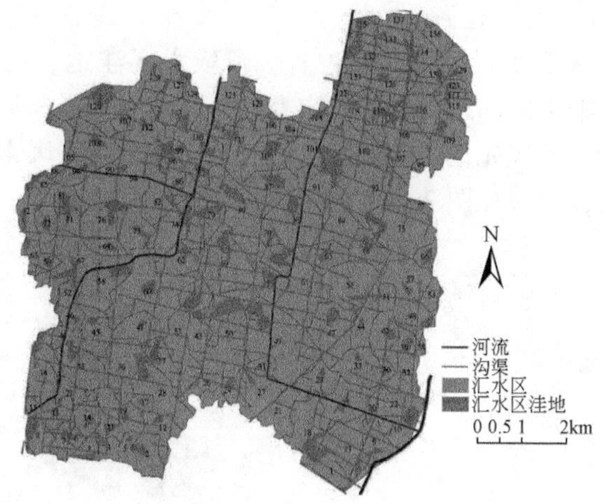

图 2. 27　各汇水区洼地连通

4）洼地水体斑块与建设用地叠加分析

在汇水区洼地与土地利用类型分析的基础上，确定哪些洼地可以用作雨水收集塘或者渗塘的选址，为此将汇水区分布图与土地利用类型分布图进行叠加，重点叠加居民区分布图与汇水区分布图（居民区不适合作为雨水塘用地或者渗塘用地），形成图 2. 28 的居民区与汇水区洼地叠加图。

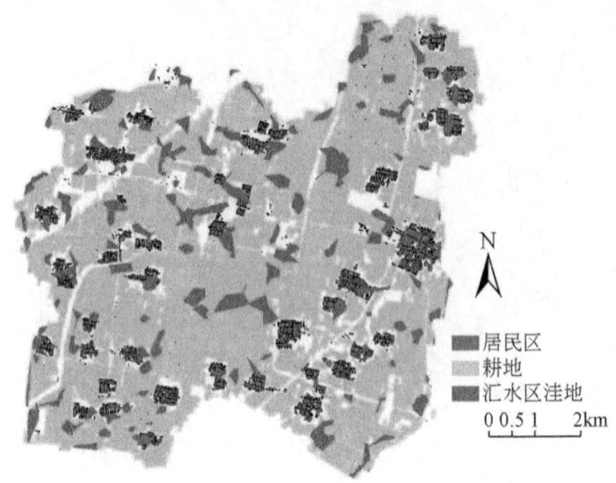

图 2. 28　汇水区洼地位置与土地利用类型居民区用地叠加图

5）苦咸水区洼地分布分析

杜郎口镇西北部分布有苦咸水区（图 2. 28）。苦咸水区地下水不能用于饮用和灌溉，灌溉用水主要靠沟渠从管氏河引水。缓解苦咸水区农业灌溉压力的有效途径是雨水的收集利用。图 2. 29 为苦咸水区潜在洼地分布图。

6）可用的汇水区洼地位置

综合考虑汇水区汇水量，汇水区位置，苦咸水区洼地、汇水区洼地与居民区、耕地的关系，汇水区洼地与周边的沟渠的连通性。选择邻近的洼地，便于连通；选择大型的洼地；优先选择苦咸水区的洼地。综合上述因素，选择雨水收集汇水区洼地的位置，结果如图 2. 30 所示。

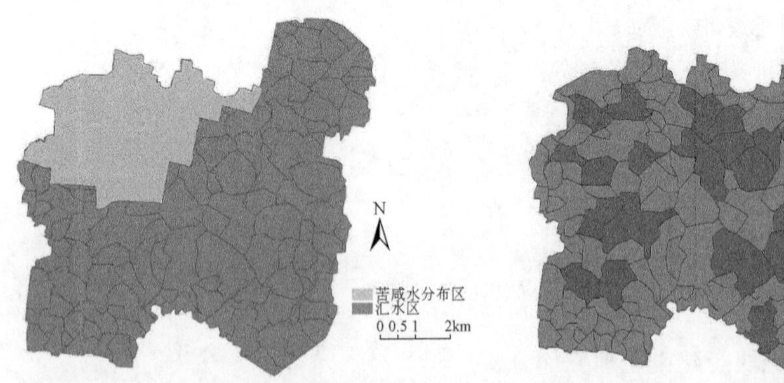

图 2. 29　苦咸水区潜在洼地分布图　　图 2. 30　可用汇水区洼地分布图

汇水区洼地可以用作雨水塘，收集雨水用于农业灌溉用水；可以做渗塘，渗入地下，补充地下水；或者做成景观湿地，形成湿地景观增强景观异质性；海绵城市建设技术措施用于汇水区，实现汇水区的雨水自然积存、自然渗透、自然净化，缓解杜郎口镇用水压力。经过上述规划，可实现雨水资源的可持续利用。

2.4.2　水文规划方案

景观格局研究发现杜郎口镇水面面积较小，没有大型水体斑块，区域维持物种多样性的能力较低；研究区属于水资源短缺地区，地下水局部为苦咸水，没有雨水收集与利用系统，区域储存利用雨水资源能力不足；结合景观格局研究结果、洼地分析和沟渠分布的分析结果，利用低影响开发技术，确定雨水收集利用原则。

1. 镇驻地景观塘布局原则

景观塘是水文管理的重要措施，镇驻地和各个村庄没有雨污收集系统，充分利用现有的洼地和农灌渠、现有的河道，形成连接水体斑块的网络系统。景观塘布局的原则遵循以下几个方面：

（1）满足用地要求；

（2）处于地势低洼区，有较大汇水面积，沟渠系统发达，便于收集雨水；

（3）水体斑块与绿地、林地结合营造景观效果；

（4）水体斑块靠近河流，连通性好，从河流取水或排水方便；

（5）水体斑块与旅游、人文景观结合，提升杜郎口镇旅游价值；

（6）水体斑块与绿地、林地结合，构建景观湿地，可有效去除雨水中的污染物；

（7）水体斑块靠近居民区，便于收集储存居民区降水径流；方便景观塘向居民区供水，有利于实现雨水利用；方便居民到景观塘附近休闲。

2. 景观塘布局

（1）在镇驻地中心广场和慈济院规划湿塘和雨水湿地，湿塘和雨水湿地用于储存镇驻地的降水径流，降低镇驻地径流峰值，缓解镇驻地排水管道排水压力；采用简易型生物滞留池和植草沟用于道路径流的收集，收集后的径流汇集进入湿塘。

（2）镇驻地以外区域选用湿塘和雨水湿地，辅助植草沟和植被缓冲带，植草沟可作为景观塘与河流连接的通道，通过植草沟和植被缓冲带收集雨水，对雨水进行预处理。

（3）镇驻地以外具有较大容积的洼地规划为湿塘，作为景观塘，用于储存降水径流。

（4）以景观塘为核心构建杜郎口镇雨水收集、处理和利用网络系统。

3. 镇驻地外景观塘可建设区分析

利用图层叠加法确定景观塘的布局，所需的图层包括土地适度开发区图、DEM 数据、主要公路及高速公路分布图、主要河流分布图、林地分布图、居民区分布图（图 2. 31）。

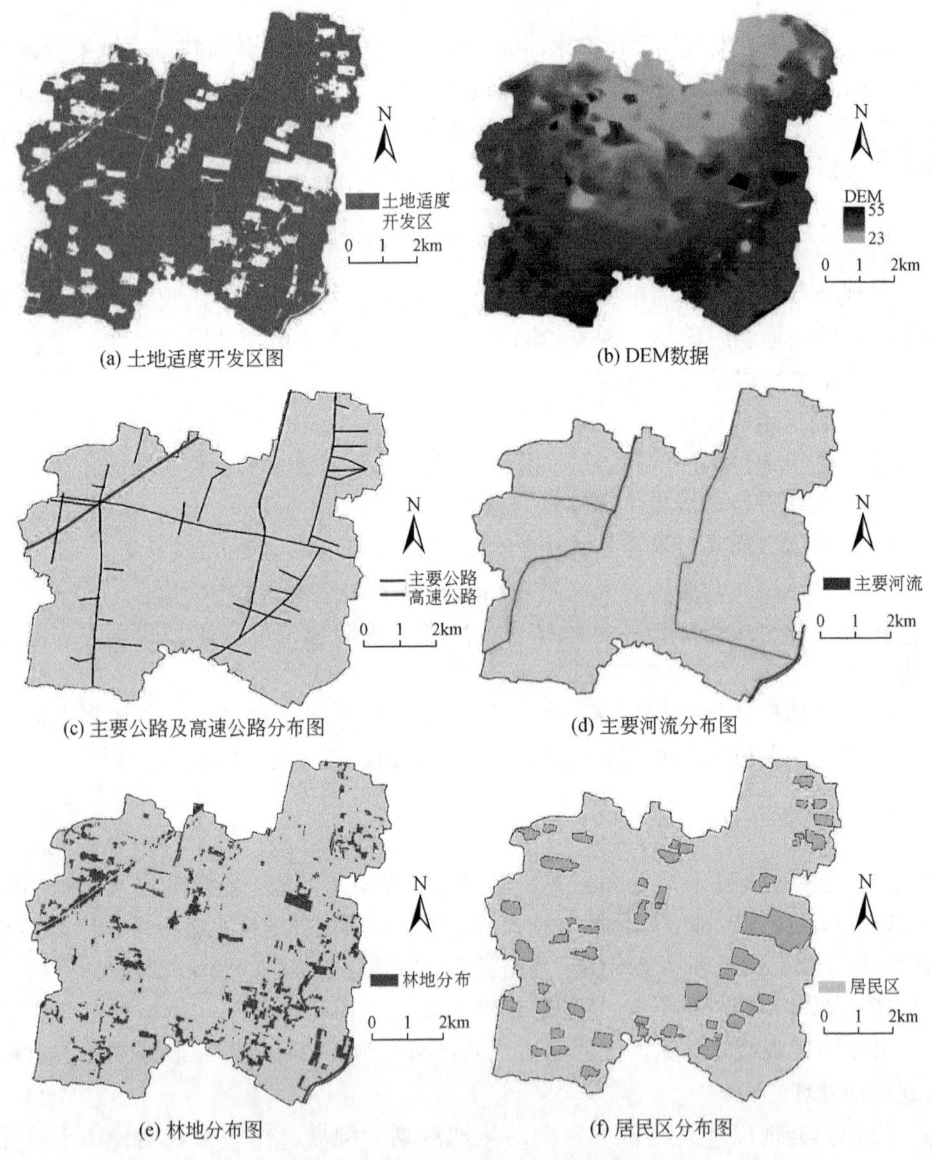

图 2. 31 图层叠加法所需的图层

土地适度开发区图是在生态敏感性分析基础上通过 GIS 技术将总规中的居民区用地、工业用地移除得到的；统计 DEM 数据累积比，由高程累积比确定地势低洼区；根据不同用地类型特点，分别设置主要公路及高速公路、林地、河流和居民区的缓冲区。

为了增加景观塘的可选择范围，综合主要公路、高速公路、林地、河流和居民区缓冲区，对区域进行分等定级，分等定级后再与土地适度开发区和地势低洼区进行“相交”运算，结果如图 2.32 所示。

如图 2.32 所示，将满足景观塘选址要求的区域划分为三个等级。三个等级均满足用地和处于地势低洼区的基本要求。其中，第一等级满足处于林地、河流、居民区缓冲区三个条件，面积为 144hm²；第二等级满足上述条件中的两个，面积为 394.6hm²；第三等级满足上述条件中的一个，面积为 486.5hm²。

景观塘建设位置首先从满足最多设定条件的区域中选择，即先从第一等级区域中选择，若第一等级没有满足建设景观塘的大面积区域，再从下一等级中选择。茌杜路以北，普济河两岸有一片属于第一等级的区域，如图 2.33 所示，面积为 126.89hm²，占第一等级总面积的 88.12%，是现有池塘面积的 2.65 倍，该区域面积满足景观塘建设要求。

根据满足最多设定条件的选择原则，初步确定茌杜路以北，普济河两岸的区域作为景观塘可建设区，如图 2.33 所示。在可建设区中，结合景观、经济和工程等方面要求设计景观塘形状。

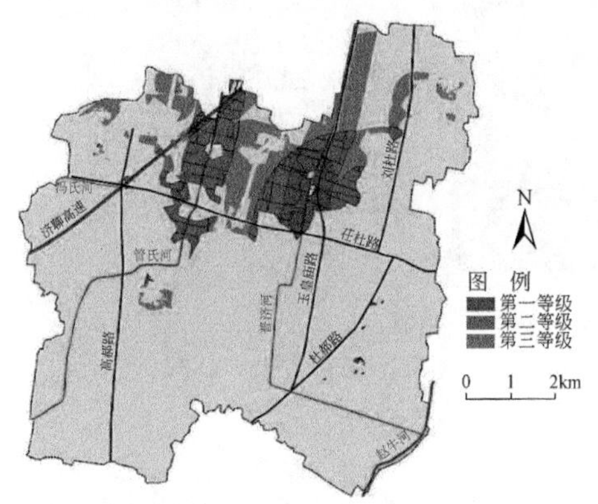

图 2.32　景观塘位置布局分等级划分

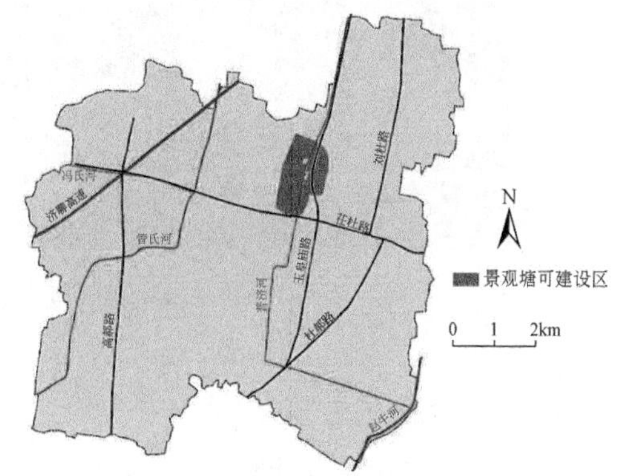

图 2.33　镇驻地外景观塘可建设区

2.5　水生态韧性规划

生态框架是确保区域生态功能的基础，生态环境可持续发展应保护生态框架的完整性。在生态敏感性分析的基础上提取生态框架，在生态框架下，增加生态系统多样性，建设大型林地斑块：扩大恒胜园林为代表的园林苗木基地，提高林地空间连通性；建设水体斑块，规划普济河生态湿地及景观水塘；构建依托普济河、管氏河、赵牛河、冯氏河及农田水渠为主的水体生态廊道；管氏河、普济河、赵牛河两侧生态廊道宽为50m；济聊高速两侧绿化防护带宽为60m；保护居民点周围林地，并根据实际情况适当扩大林地规模。建设茌杜路、杜郝路、刘杜路、高郝路、玉皇庙路等道路两侧绿化带；在镇驻地、丁楼、八仙庙、鲍庄、南董规划公园，建设生态节点，如图 2. 34 所示。增加池塘生态需水量，提高区域内雨水收集、储存和利用能力，主要措施为建设水库、开挖池塘、雨水下渗补给地下水；涵养水源，建立河流两侧生态屏障。镇域层面，重点落实雨水收集与储存，主要建设两处湿地、一处湿塘。茌杜公路沟湿地功能定位为雨洪管理型湿地；冯氏河管氏河交汇处湿塘功能定位为微污染净化型湿塘，如图 2. 34 所示。

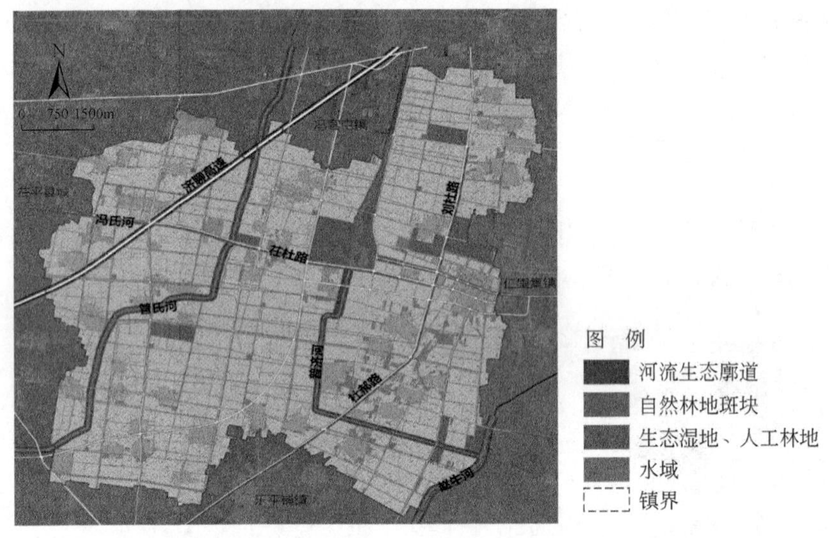

图 2. 34　杜郎口镇水生态韧性规划图

2. 5. 1　水生态韧性规划

景观格局优化从大型林地斑块、水体斑块、河流生态廊道、公路防护带、生态基质改善和生态结点建设等方面实现，最终构成杜郎口镇景观格局体系。

1. 大型林地斑块

大型林地斑块建设依托现有林地资源，通过对已有林地的改造、升级构建林地斑块。依托普济河西岸园林，建成普济河湿地公园，并将湿地公园与普济河生态廊道、管氏河生态廊道融合，成为两条河流廊道连接的纽带，便于物种的栖息与迁移。大型生态斑块的建设可提高林地景观指数，增加景观异质性。

2. 大型水体斑块

水体可为雨水提供存储空间，成为雨水收集利用系统的重要组成部分。水体可为生物提供栖息场所，维持物种多样性。大型水体斑块选址从以下几个方面考虑：地势低洼区，有较大汇水面积，沟渠系统发达，便于收集雨水；靠近河道，连通性好，从河道取水或排水方便；与绿地、林地结合，构成湿地，湿地可去除雨水中的污染物。将水体与绿地、林地结合，并考虑景观效果，经分析最终确定23个水体斑块，作为收集储存雨水的设施。

3. 河流生态廊道

河流生态廊道依据不同区域而定，普济河、管氏河和赵牛河流经区域以耕地为主，需水量大，河流两侧人口稀少，河流两侧以水源涵养林为主。管氏河、普济河两侧规划生态廊道宽为100m，赵牛河为界河，杜郎口镇一侧规划生态廊道宽为100m。将河流两侧林地纳入河流生态廊道建设中，提高廊道的分维数，避免河流廊道形状过于单一；河流两侧的林地通过河流生态廊道连接起来，可降低林地的破碎化程度，提高林地连通性，如图2.35所示。

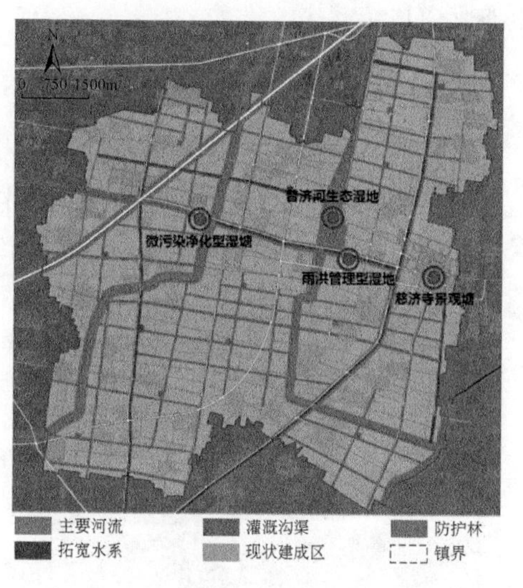

图2.35　杜郎口镇域水系规划图

4. 公路防护带

济聊高速公路从杜郎口镇穿过，规划防护带宽为100m。茌杜路为连接茌平县城与杜郎口镇驻地的干道，规划防护带宽为60m。杜郝路、刘杜路、高郝路和玉皇庙路是杜郎口镇干道，规划防护带宽为30m。公路防护带可以有效改善公路附近的空气质量、降低噪声强度；并且公路防护带相互交织，可将区域内各种景观斑块连接起来，传递生物流和信息流。

5. 生态基质改善

结合区域当前发展情况，根据当地政府发展导向改善耕地基质。目前，杜郎口镇农业以发展园林、中草药种植、有机蔬菜种植和果树种植等特色农业为重点。因此，可依托普济河湿地公园规划集苗木种植、农业观光功能的生态林业景观区，以生态林业景观区带动杜郎口镇林业发展；规划中草药种植区、有机蔬菜种植区和果园。通过生态林业景观区、中草药种植区、有机蔬菜种植区和果园提高农业景观多样性。完善耕地防护林网，加强耕地基质的结合度与可达性，充分利用防护林截留田间营养物的生态功能，提高耕地基质稳定性。

6. 生态结点

村庄周围散布着一些林地斑块，这些林地斑块破碎化程度高，连通性差，难以充分发挥景观与生态功能。在村庄周围依托原有林地规划建设生态防护林，将村庄周围破碎化程度高的林地连接起来。在人口聚集的镇驻地、丁楼、四新、鲍庄、南董和南李规划建设公园。将村庄生态防护林和公园通过公路防护带与河流生态廊道连接起来。

2.5.2　水生态节点规划

普济河生态湿地公园：茌杜路以北、玉皇庙路以西，东二十里铺村以东，占地面积约为 98.6hm^2。依托普济河和恒胜园林苗木基地两大有利条件，将水资源保护利用、苗木展示与休闲旅游度假相结合，建设一处大型生态湿地公园，如图 2.36、图 2.37 所示。

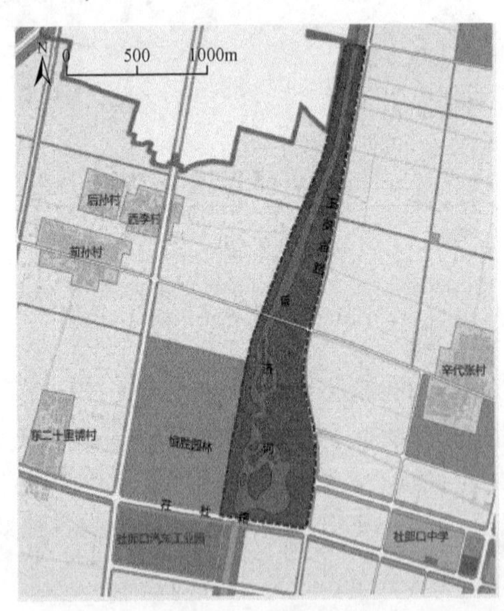

图 2.36　普济河生态湿地公园范围

图 2.37　普济河生态湿地公园总平面图

2.6　水资源可持续利用规划

韦氏词典将持续性定义为补给营养，维持发展，保持生存，支持或者补给。持续性这个词语来源于拉丁词语，解释为：保持、支持或者坚持。20世纪80年代，持续性被解释为人类在地球上的可持续发展。1987年3月20日联合国布伦特兰委员会提出：可持续发展就是既满足当代人的需求，又不损坏后代人满足其需求的能力。

2.6.1　水资源承载力

水资源承载力研究是保证水资源可持续利用，寻求区域可持续发展的依据。水资源承载力是在一定区域内，在一定生活水平和一定环境质量下，天然水资源可利用量能够支持人口、环境与经济协调发展的能力或限度[68]。

水资源是基础性自然资源，是维持生态环境良性循环的必要载体，目前已成为我国社会经济可持续发展的重要制约因素。水资源承载力研究，能够为规划提供依据，是杜郎口镇可持续发展的重要保障。

杜郎口镇多年平均水资源总量为1191万m^3，其中地表水资源量为299万m^3，地下水资源量为1032万m^3，重复量140万m^3。杜郎口镇总人口33322人，耕地面积7.75万亩，人均水资源量为357m^3，耕地亩均水资源量为154m^3，人均水资源量略高于茌平县人均水平[69]，耕地亩均水资源量与茌平县持平；远低于全国平均水平（图2.38、图2.39），人均水资源量仅为全国人均的16.23%，耕地亩均水资源量仅为全国的11.0%，属于重度缺水区。

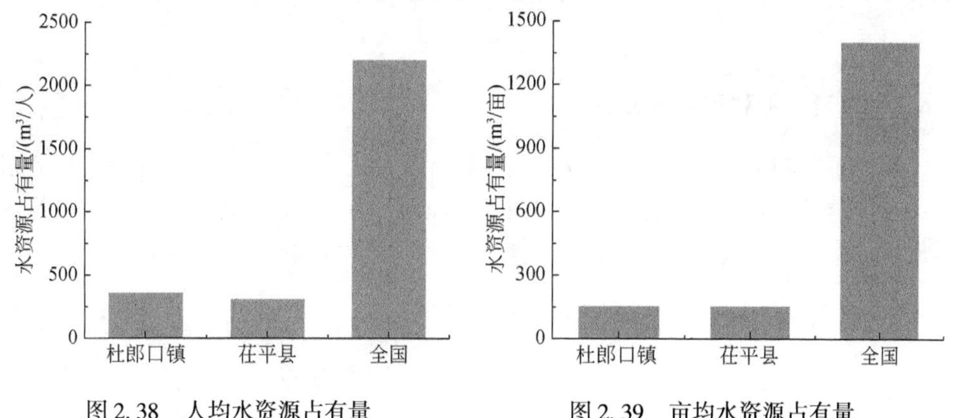

图2.38　人均水资源占有量

图2.39　亩均水资源占有量

2.6.2 水资源开发利用现状

1. 供水量分析

杜郎口镇年均总供水量为1273万m^3，其中地表水年均供水量为630万m^3，地下水年均供水量为631万m^3，杜郎口镇（东阿）调水量为12万m^3。供水量统计如表2.11所示。

表2.11 不同水源供水量统计表 （单位：万m^3）

供水类型	地表水	地下水	境外调水	合计
供水量	630	631	12	1273

2. 用水量分析

杜郎口镇用水主要包括生活用水和生产用水。生活用水分为城镇生活用水和农村生活用水，生产用水包括农业用水和工业用水。年平均用水量统计结果如表2.12所示。

表2.12 年均用水量统计表 （单位：万m^3）

用途	生活用水	农业用水	工业用水	合计
用水量	43	1080	150	1273

杜郎口镇年均用水总量1273万m^3，其中生活用水43万m^3，占用水总量3.38%；农业用水1080万m^3，占用水总量84.84%；工业用水150万m^3，占用水总量11.78%。

2.6.3 水资源可利用水量分析

水资源可利用量是指在可预见期内，统筹考虑区域内生活、生产和生态环境用水，在协调区域内外用水的基础上，在其管理权限内，通过经济合理、技术可行的措施可供本区域一次性利用的最大水量（不包括本区域回归重复利用量）[70]。

1. 水资源可利用量计算方法

水资源可利用量是由地表水可利用量和地下水资源量之和扣除生态需水量和重复统计量计算得到的，计算公式为

$$W_{水资源可利用量}=W_{地表水可利用量}+W_{地下水资源量}-W_{生态需水量}-W_{重复统计量} \tag{2.11}$$

式中，地表水可利用量又分为多年平均地表水资源量、境外调水和过境河流分配量[70]：

$$W_{地表水可利用量}=W_{多年平均地表水资源量}+W_{境外调水}+W_{过境河流分配量} \tag{2.12}$$

生态需水量无法直接统计，需要经过分析计算后得到。

2. 生态需水量

生态需水量是指为维护生态环境不再恶化，并使其逐渐改善所需的最小水资源量[71]。生态需水量分为植被生态需水量和河道水域生态需水量两部分，分别采用不同的方法计算[72]。

1）生态需水量计算方法

杜郎口镇植被生态需水量包括林地需水量和草地需水量。

林地生态需水量采用土壤含水量定额法，即认为林地生态需水量由林地最小蒸发量与土壤含水量组成。计算公式为

$$W_{林地}=\sum_{j=1}^{12}(\mathrm{ET_{min}})_j A\times 10^{-3} \tag{2.13}$$

式中，$W_{林地}$为林地月最小生态需水量（m^3）；$(\mathrm{ET_{min}})_j$为第j月林地最小蒸散定额（mm）；A为林地面积（m^2）。

草地生态需水量计算采用需水定额法，确定各种草地的生态需水量之后，乘以相应的面积，就可以得到草地生态需水量。计算公式为

$$W_{草地}=A_i\times W_i \tag{2.14}$$

式中，$W_{草地}$为草地生态需水量（m^3）；A_i为某一植被类型面积（m^2）；W_i为该植被在自然条件下的生态需水量（m^3）。

河道水域需水量包括河道内生态需水量和水库、池塘生态需水量，杜郎口镇河流均为过境河流，管氏河、赵牛河过境流域面积占总流域面积比例较小，普济河由赵牛河引水而来，因此忽略管氏河、赵牛河和普济河的生态需水量。

水库、池塘生态需水量利用水量平衡法计算，计算公式为

$$W=\sum A_i\times E_i \tag{2.15}$$

式中，W为水库、池塘生态需水量（m^3）；A_i为水库、池塘水面面积（m^2）；E_i为水面蒸发量。

2）生态需水量计算结果

林地生态需水量。杜郎口镇所在区域属于海河流域，林地最小蒸散量所需的最小月蒸散量定额参照张远和杨志峰[73]对海河流域林地各月最小蒸散定额统计结果，如表2.13所示。

表2.13　林地最小月蒸散定额　（单位：mm）

月份	1	2	3	4	5	6	7	8	9	10	11	12
定额	12.5	18.9	41.4	67.8	91.7	94.8	84.8	75.5	56.2	35.3	17.0	11.0

杜郎口镇林地面积为563.65hm²。利用以上数据计算林地生态需水量，结果如表2.14所示。杜郎口镇林地年生态需水量为342.11万m³。

表2.14　林地生态需水量　　（单位：万m³）

月份	1	2	3	4	5	6	7	8	9	10	11	12
生态需水量	7.03	10.7	23.3	38.2	51.7	53.4	47.8	42.6	31.7	19.9	9.58	6.20

草地生态需水量。草地生态需水量定额与草地覆盖度、自然条件等有密切关系。根据同一流域自然地理环境相似的原则，选取李丽娟和李海滨[74]对海河流域植被需水量的研究成果，取草地用水定额为220mm，杜郎口镇草地面积为7.2hm²，草地生态需水量为1.58万m³。

水库、池塘生态需水量。杜郎口镇池塘水面面积为47.89hm²，茌平县多年平均蒸发量为1782mm[75]，水面蒸发量折算系数取0.622[76]，则池塘生态需水量为53.08万m³。

3）生态需水量与降水量平衡分析

汇总杜郎口镇林地生态需水量、草地生态需水量和池塘生态需水量，可得到区域生态总需水量；杜郎口镇年均降水量为575.41mm，降落在林地、草地、池塘的雨水折算为水资源量，结果如表2.15所示。杜郎口总生态需水量为396.77万m³，降水量折算后水资源量为356.03万m³。降水量补充了部分生态需水量，扣除这一部分降水量，生态需水量缺水43.30m³，这一部分水量即水资源可利用量计算所需数据。

表2.15　生态需水量与降水量平衡分析　　（单位：万m³）

土地利用类型		生态需水量	降水量折算	与降水量相比缺水量
植被生态需水量	林地	342.11	324.33	17.78
	草地	1.58	4.14	−2.56
水域生态需水量	池塘	53.08	27.56	25.52
合计		396.77	356.03	40.74

3. 水资源可利用量计算结果

杜郎口镇生活用水主要是来自东阿的自来水，年供水量为12万m³。流经杜郎口镇的河流有管氏河、普济河和赵牛河，沟渠主要有广平分干；管氏河、普济河、赵牛河和广平分干的年均水资源量分别为582万m³、168万m³、340万m³和120万m³，其中普济河的水来自赵牛河和降水径流。管氏河、赵牛河和广平分干给杜郎口镇用水配额分别为40%、40%和20%。管氏河、赵牛河和广平分干在杜郎口镇的水资源分配量为 392.8 万 m^3。杜郎口镇地表水资源可利用量为 703.8 万 m^3，地下水资源量 1032 万 m^3，重复量 140 万 m^3；扣除降水补给后的生态需水量为 43.30 万 m^3。将以上数据代入水资源可利用量计算公式，结果如表 2.16 所示。

表 2.16　水资源可利用量　（单位：万 m^3）

项目		水量
地表水可利用量	地表水资源量	299.0
	生活供水量	12.0
	过境河流分配	392.8
地下水资源量		1032.0
重复统计量		140.0
生态需水量		43.3
合计		1552.5

2.6.4　可供水量

可供水量是指在一定来水条件和工程措施下，把供水与用户需求联系起来，可提供给用户利用的最大供水量[77]。

综合可供水量与需水量可判断区域现有工程是否能满足用水要求。若供水小于需求，说明需要新建供水工程满足用水要求；若供水大于需求，说明区域目前不需要新建供水工程。

杜郎口镇主要的水利工程有引水渠、池塘和机电井。分别计算引水渠、池塘和机电井的可供水量，计算结果之和为当前水利工程的可供水量。

引水渠和池塘为地表水利工程，引水渠从河流引水用于农业生产，池塘蓄积雨水用于农业生产。受统计数据限制，引水渠和池塘的可供水量无法单独计算，可通过分析地表水供水量与地表水可利用量关系确定。地表水可供水量小于地表水可利用量，需要抽取地下水用于灌溉，地表水利工程发挥了最大供水能力，即现状地表供水量即为地表水利工程可供水量，地表水利工程可供水量为 630 万 m^3。

杜郎口镇现有农用机电井 1060 眼，设计供水量为 40m^3/h，年供水能力为 1032 万 m^3。

杜郎口镇地表水利工程可供水量为 630 万 m^3，地下水利工程可供水量为 1032 万 m^3，扣除重复统计量，可供水总量为 1522 万 m^3。

2.6.5　不同发展模式下水资源承载力分析

调整农业产业结构、发展高效生态农业是杜郎口镇转型发展的重要策略，农业是用水大户，产业结构调整将改变农业用水量，从而对区域水资源利用带来一定影响。通过设定不同农业产业构成，分析杜郎口镇不同发展模式的水资源承载能力，为区域转型发展提供支撑。

以2015年为现状年，2020年和2030年为预测水平年，从城镇化发展速度、经济增长、生态环境保护等方面，设定杜郎口镇发展模式并进行对比分析。

1. 发展模式

苗木种植、中草药种植、蔬菜种植和果树种植是杜郎口镇调整农业产业结构、发展高效生态农业的途径。四种作物耗水量不同，带来的环境和经济效益也有所不同，依据用水量、环境和经济效益设定四种发展模式：第一种为用水量最大模式，粮食种植用地以外的耕地全部种植用水量最大的作物；第二种为环境效益最高模式，粮食用地以外的耕地全部用于苗木种植；第三种为经济效益最高模式，选择亩收益最高的作物为种植对象；第四种为平衡发展模式，苗木、中草药、蔬菜和果树种植面积分别占可种植面积的四分之一。

2020年和2030年杜郎口镇社会经济发展的主要指标如表2.17所示。人口用综合增长率法预测[78]；城镇化率用联合国法预测；从总规镇域综合规划图中提取各用地类型，经计算得到2020年和2030年耕地面积。杜郎口镇农业规划中指出粮食基本产量应稳定在1.3亿斤（1斤=500g）以上，粮食平均亩产为1040kg[79]，由此计算杜郎口镇最低粮食种植面积为62500亩，将62500亩作为2020年和2030年粮食种植面积。

表2.17　杜郎口镇社会经济发展指标

指标	2020年	2030年
人口/人	36431	43546
城镇化率/%	23.1	41.0
耕地面积/亩	78500	77200
粮食种植面积/亩	62500	62500

2. 用水量预测

用水量分为生活用水、生产用水和生态需水。生活用水包括城镇居民生活用水和农村居民生活用水。生产用水主要包括第一产业的农业用水和畜牧业用水、第二产业的工业用水和第三产业用水，其中农业用水分为四种发展模式分别计算。

1）生活用水

城镇居民用水定额为85L/d，农村居民为50L/d，2020年和2030年杜郎口镇人口分别为36431人和43546人，城镇化率分别为23.1%和41.0%，如表2.17所示，计算2020年和2030年生活用水量，结果如表2.18所示。

表 2.18　杜郎口镇生活用水量　（单位：万 m^3）

用水量	2020 年	2030 年
城镇居民	26	55
农村居民	87	80
合计	113	135

2）农业用水和畜牧业用水

将农田分为粮食农田和苗木、中草药、果蔬农田。粮食农田保证粮食生产安全，面积不变，苗木、中草药、果蔬农田用作农业产业调整，设定了四种发展模式，分别计算各发展模式下的用水量。

A. 粮食农田用水量

粮食农田用水定额为 120m^3/亩，则粮食农田用水量为 750 万 m^3。

B. 苗木、中草药和果蔬农田用水量

a. 用水量最大模式

用水量最大模式是指在四种产业中选择亩均用水量最多的产业作为发展对象，在此种发展方式下，农业用水量最大。根据用水定额和现状用水量，果园用水定额为 375m^3/亩，在四种产业中用水量最大，因此选择蔬菜作为该模式下的发展产业，计算用水量。由表 2.17 计算 2020 年和 2030 年果园种植面积分别为 1.6 万亩和 1.47 万亩，用水量分别为 600 万 m^3 和 551 万 m^3。

b. 环境效益最高模式

环境效益最高模式是指通过调整后的农业产业具有最高的环境效益。苗木产业具有美化环境、净化空气、调节小气候等环境效应，因此在环境效益最高模式下，将苗木作为种植对象，计算用水量。苗木种植用水定额为 300m^3/亩。2020 年、2030 年苗木用水量分别为 480 万 m^3 和 441 万 m^3。

c. 经济效益最高模式

经济效益最高是指通过产业调整可以带来最高经济效益的发展模式。经济效益以亩收益作为衡量指标，根据现状分析四种产业中亩收益最高的是果园，收益为 1 万元左右。2020 年、2030 年果园用水量分别为 600 万 m^3 和 551 万 m^3。

d. 平衡发展模式

平衡发展模式介于以上四种发展模式之间，各农业产业发展协调。取各产业用地占产业调整用地的四分之一。2020 年和 2030 年用水量分别为 502 万 m^3 和 461 万 m^3。

C. 畜牧业用水量

杜郎口镇养殖的牲畜和家禽有牛、猪、羊和鸡、鸭、鹅，由用水定额计算得畜牧业现状用水量为 79 万 m^3，畜牧业年均增长率为 3.5%，2020 年和 2030 年畜牧业用水量分别为 94 万 m^3 和 132 万 m^3。

3）工业用水

随着社会、经济的发展，区域用水量构成趋于稳定。山东省近 10 年工业用水量占总用水量比例平均值为 12%。用杜郎口镇 2020 年和 2030 年总用水量乘以 12% 作为杜郎口镇工业用水量。

4）生态需水

杜郎口镇生态需水量主要包括植被生态需水量和池塘生态需水量两部分。

根据省级和国家级生态乡镇建设指标，如表 2.19 所示。确定 2020 年和 2030 年植被面积。2020 年杜郎口镇绿地面积和林地面积分别为 40.07hm^2 和 1095hm^2。2030 年绿地和林地面积分别为 52.26hm^2 和 1314hm^2。

表 2.19　生态乡镇建设指标

指标	人均绿地面积/(m^2/人)	森林覆盖率/%
省级生态乡镇	11	15
国家级生态乡镇	12	18

利用生态需水量计算方法计算 2020 年和 2030 年植被生态需水量，2020 年和 2030 年分别为 34.54 万 m^3 和 41.45 万 m^3。

池塘生态需水量保持不变，2020 年和 2030 年生态需水量为 25.52 万 m^3。

植被生态需水量与池塘生态需水量相加得到生态需水量，2020 年和 2030 年杜郎口镇生态需水量分别为 60 万 m^3 和 67 万 m^3。

分四种发展模式统计杜郎口镇总用水量，结果如表 2.20 所示。

表 2.20　不同发展模式下总用水量预测　（单位：万 m^3）

用水量		2020 年	2030 年
生活用水	城镇居民用水	26	55
	农村居民用水	87	80
农业用水	用水量最大	1350	1301
	环境效益最高	1230	1191
	经济效益最高	1350	1301
	平衡发展	1252	1211
畜牧业用水		94	132
工业用水		213	216
生态需水		60	67
用水量合计	用水量最大	1830	1851
	环境效益最高	1710	1741
	经济效益最高	1830	1851
	平衡发展	1732	1761

2030 年城镇居民用水、畜牧业需水、工业用水和生态用水比 2020 年有所增加。各种发展模式下，2030 年用水量合计均高于 2020 年用水量合计。

用水量最大模式和经济效益最高模式用水量相同。这两种模式下，粮食用地以外的耕地全部用来种植果树，2020 年和 2030 年用水量合计分别为 1830 万 m^3 和 1851 万 m^3，这是农业产业结构调整最大需水量。

环境效益最高模式用水量合计最低，2020 年和 2030 年用水量分别为 1710 万 m^3 和 1741 万 m^3。

平衡发展模式用水量与环境效益最高模式接近，2020 年和 2030 年前者分别比后者高 22 万 m^3 和 20 万 m^3。

杜郎口镇农业产业结构调整后，2020 年和 2030 年区域用水量分布在 1710 万～1830 万 m^3 和 1741 万～1851 万 m^3 之间。

3. 水资源承载力分析

选用水资源承载力平衡指数法对杜郎口镇水资源承载力进行分析，得到水资源对杜郎口镇未来经济、社会发展的支撑能力。平衡指数法计算水资源承载力平衡指数（IWSD）如下：

$$\mathrm{IWSD}=1-\frac{W_{\mathrm{D}}}{W_{\mathrm{S}}} \tag{2.16}$$

式中，W_{D} 为区域水资源总需求量（m^3）；W_{S} 为水资源可利用量（m^3）。平衡指数计算结果如表 2.21 所示。

表 2.21　水资源承载力计算表

水平年		2020 年	2030 年
水资源可利用量/万 m^3		1536	1529
可供水量/万 m^3		1522	1525
总需水量/万 m^3	用水量最大	1830	1851
	环境效益最高	1710	1741
	经济效益最高	1830	1851
	平衡发展	1732	1761
水资源承载力平衡指数（IWSD）	用水量最大	−0.19	−0.21
	环境效益最高	−0.11	−0.14
	经济效益最高	−0.19	−0.21
	平衡发展	−0.13	−0.15

水平年：水利规划特定目标的年份。

2020 年和 2030 年水资源可利用量与可供水量差值分别为 14 万 m^3 和 4 万 m^3，两者差距较小，说明目前水利工程对区域水资源的开发利用能力较强。

不同发展模式下，2020 年和 2030 年水资源承载力平衡指数均为负值，表明区域现有水资源可利用量无法满足未来用水量要求。2020 年和 2030 年最大缺水量分别为 294 万 m^3 和 322 万 m^3；最小缺水量分别为 174 万 m^3 和 212 万 m^3。

2.6.6　结论与建议

1. 结论

（1）杜郎口镇多年平均水资源总量为 1191 万 m^3，人均水资源量为 357m^3，耕地亩均水资源量为 154m^3，分别占全国平均水平的 16.23% 和 11.0%，属于重度缺水区。

（2）现状年平均供水量为 1273 万 m^3，地表供水量、地下水量和调水量分别为 630 万 m^3、631 万 m^3 和 12 万 m^3。

（3）杜郎口镇用水主要包括生活用水、农业用水和工业用水，现状总用水量为 1273 万 m^3，生活用水、农业用水和工业用水分别占总用水量的 3.38%、84.84% 和 11.78%。

（4）现状林地生态需水量 17.78 万 m^3，池塘生态需水量为 25.52 万 m^3，生态需水总量为 43.30 万 m^3。

（5）区域多年平均水资源总量为 1191 万 m^3，境外生活供水调水 12 万 m^3，过境河流分配 392.8 万 m^3，现状生态需水量为 43.3 万 m^3，现状水资源可利用量为 1552.5 万 m^3。

（6）地表水利工程可供水量 630 万 m^3，地下水利工程可供水量为 1032 万 m^3，减去重复统计量，现有水利工程可供水量为 1522 万 m^3。现有水利工程对水资源具有较强的开发利用能力。

（7）四种发展模式下，2020 年和 2030 年水资源承载力平衡指数均为负值，说明区域水资源可利用量不能满足未来发展的要求。2020 年和 2030 年最大缺水量为 294 万 m^3 和 322 万 m^3；最小缺水量为 174 万 m^3 和 212 万 m^3。

2. 建议

（1）杜郎口镇人均和亩均水资源量与茌平县接近，属于重度缺水区，水资源是制约区域社会经济发展的重要因素，区域的可持续发展应建立在水资源承载力基础上。

（2）杜郎口镇农业用水占总量比例最大，农业产业结构调整、发展生态农业过程中，应大力发展节水灌溉。

（3）工业用水量占总用水量较高比例，应发展附加值高、低耗水量的产业。

产业园规划要充分考虑工业废水处理和回用，为废水收集、处理设施预留空间。

（4）增加池塘生态需水量，并通过工程措施补给池塘水量。

（5）区域水资源可利用量不能满足未来发展的要求。管氏河、赵牛河和广平分干用水配额分别达到了40%、40%和20%，三条过境河流水量有限，在此基础上增加用水配额弥补用水缺口难以实现。提高区域收集、储存和利用雨水的能力是一种有效措施，如建设大型水库、开挖池塘。另外，农业灌溉和工业生产对地下水依赖较大，利用技术措施使雨水下渗补给地下水也是增加区域水资源可利用量的途径。

（6）在过境河流管氏河、普济河和赵牛河两侧建立起生态屏障，如生态廊道，以水源涵养为主。

参考文献

[1] 茌平县地方史志编纂委员会．茌平县志（1986—2005）．北京：中华书局．

[2]《山东省茌平县城市总体规划（2015—2030年）》．

[3] 杜郎口概念规划（2015—2030）．

[4] Brookes J D，Aldridge K，Wallace T A，et al. Multiple interception pathways for resource utilization and increased ecosystem resilience. Hydrobiologia，2005，552：135-146.

[5] 生态功能区划暂行规程．环境保护部，2002.

[6] 尹海伟，徐建刚，陈昌勇，等．基于GIS的吴江东部地区生态敏感性分析．地理科学，2006，26（1）：64-69.

[7] 朱光明，王世君，贾建生，等．基于生态敏感性评价的城市土地利用模式研究．人文地理，2011，5（121）：71-75.

[8] 李德旺，李红清，雷晓琴，等．基于GIS技术及层次分析法的长江上游生态敏感性研究．长江流域资源与环境，2013，22（5）：633-639.

[9] 梅堂军．基于GIS技术的生态敏感度分区研究——以恩施州清江流域为例．中外建筑，2014，（1）：69-72.

[10] 许榕，王童远，曹广林，等．环境影响评价因子的筛选．环境科学与技术，2003，26（1）：29-30.

[11] 刘琦，任志远，李晶．区域土地利用变化图谱分析及其生态效应评价——以太原市城区及近郊区为例．中国农业科学，2007，40（10）：2259-2266.

[12] Cardinale B J，Palmer M A，Swan C M，et al. The influence of substrate heterogeneity on biofilm metabolism in a stream ecosystem. Ecology，2002，83：412-422.

[13] Parkyn S M，Davies- Colley R J，Costley J J，et al. Planted riparian buffer zones in New Zealand：do they live up to expectation？. Restoration Ecology，2003，11：436-447.

[14] Tagil S，Gormus S，Cengiz S. The relationship of urban expansion，landscape patterns and ecological processes in Denizli，Turkey. Journal of the Indian Society of Remote Sensing，2018，46（8）：1285-1296.

[15] Li H L，Peng J，Liu Y X，et al. Urbanization impact on landscape patterns in Beijing City，China：a spatial heterogeneity perspective. Ecological Indicators，2017，82：50-60.

[16] Aerts R，Chapin F S. The mineral nutrition of wild plant revisited：a re-evaluation of processes and patterns. Advances in Ecological Research，2000，30：1-67.

[17] 周文华，王如松．基于熵权的北京城市生态系统健康模糊综合评价．生态学报，2005，25（12）：3244-3251.

[18] 宋小青，欧阳竹．中国耕地多功能管理的实践路径探讨．自然资源学报，2012，4：540-551.

[19] 肖笃宁．景观生态学研究进展．长沙：湖南科学技术出版社，1999.

[20] 叶艳妹，吴次芳，黄鸿鸿．农地整理工程对农田生态的影响及其生态环境保育型模式设计．农业工程学报，2001，17（5）：167-171.

[21] 杨志峰，徐俏，何孟常，等．城市生态敏感性分析．中国环境科学，2002，22（4）：360-364.

[22] 郭羽，俞皓．生态敏感度评价指标体系在规划中的应用研究．环境科学与管理，2016，41（9）：23-27.

[23] 赵小娟，叶云，周晋皓，等．珠三角丘陵区耕地质量综合评价及指标权重敏感性分析．农业工程学报，2017，3（8）：226-236.

[24] 郭金玉，张忠彬，孙庆云．层次分析法的研究与应用．中国安全科学学报，2008，18（5）：148-153.

[25] 傅伯杰，陈利顶，马克明，等．景观生态学原理及应用．北京：科学出版社，2001.

[26] Didham R K，Hammond P M. Beetle species responses to tropical forest fragmentation. Ecological Monograps，1998，68：295-323.

[27] 傅伯杰，刘国华，陈利顶，等．中国生态区划方案．生态学报，2001，21（1）：1-6.

[28] 肖笃宁，钟林生．景观分类与评价的生态原则．应用生态学报，1998，9（2）：217-221.

[29] 邬建国．景观生态学——格局、过程、尺度与等级．北京：高等教育出版社，2001.

[30] Battisti C. Frammentazione ambientale，connettività，reti ecologiche. Un contributo teorico e metodologico con particolare riferimento alla fauna selvatica [Environmental fragmentation，connectivity，ecological networks. A theoretical and methodological contribution with particular reference to wild fauna]. Provincia di Roma，Dipartimento V，Servizio. [Province of Rome，5th Department，1st Office]，Rome，Italy. 2004.

[31] Bouwma I，Jongman R H G，van Doorn A M. The indicative map of the pan- European ecological network in Western Europe：technical background report. Wageningen：Wageningen University and Researchcenter Publications，2006.

[32] Kettunen M，Terry A，Tucker G，et al. Guidance on the Maintenance of Landscape Connectivity Features of major Importance for wild Flora and Fauna-Guidance on the Implementation of Article 3 of the Birds Directive（79/409/EEC）and Article 10 of the Habitats Directive（92/43/EEC），Brussels，IEEP，2007.

[33] Forman R T T. Land mosaics：the ecology of landscapes and regions. Cambridge：Cambridge

University Press, 1995.

[34] Clergeau P, Croci S, Jokimäki J, et al. Avifauna homogenization by urbanization: analysis at different European latitudes. Biol Conserv, 2006, 127: 336-344.

[35] Leit O A B, Ahern J. Applying landscape ecological concepts and metrics in sustainable landscape planning. Landscape and Urban Plann, 2002, (59): 65-93.

[36] Forman R T T, Godron M. Patches and structural components for landscape ecology. BioScience, 1981, 31: 733-740.

[37] Selman P. Landscape ecology and countryside planning: vision, theory and practice. Journal of Rural Studies, 1993, 9 (1): 1-21.

[38] Naveh Z, Lieberman A S. Landscape ecology. Journal of Ecology, 1994, 3: 21.

[39] Pond Conservation Group. A future for britain's ponds: an agenda for action. Oxford: Pond Conservation Group, 1993.

[40] Collinson N H, Biggs J, Corfield A, et al. Temporary and permanent ponds-an assessment of the effects of drying out on the conservation value of aquatic macro invertebrate communities. Biological Conservation, 1995, 74: 125-134.

[41] Biggs J, Williams P, Whitfield M, et al. The freshwater biota of British agricultural landscapes and their sensitivity to pesticides. Agriculture Ecosystems & Environment, 2007, 122: 137-148.

[42] Cereghino R, Biggs J, Oertli B, et al. The ecology of European ponds: defining the characteristics of a neglected freshwater habitat. Hydrobiologia, 2008, 597: 1-6.

[43] Way J M. Roadside verges and conservation in Britain: a review. Biol Conserv, 1977, 12: 65-74.

[44] Preston C D, Pearman D A, Dines T D. New Atlas of the British and Irish Flora: an Atlas of the Vascular Plants of Britain, Ireland, the Isle of Man and the Channel Islands. Oxford: Oxford University Press, 2002.

[45] Angold P G, Sadler J P, Hill M O, et al. Biodiversity in urban habitat patches. Science of the Total Environment. 2005, 360 (1/3): 196-204.

[46] Wezel A, Bellon S, Doré T, et al. Agroecology as a science, a movement and a practice. A review. Agron Sustain Dev, 2009, 29: 503-515.

[47] Speranza C I. Buffer capacity: capturing a dimension of resilience to climate change in African smallholder agriculture. Regional Environ Change, 2013, 13: 521-535.

[48] Kong F, Yin H, Nakagoshi N, et al. Urban green space network development for biodiversity conservation: identification based on graph theory and gravity modeling. Landsc Urban Plan, 2010, 95: 16-27.

[49] Zetterberg A. Connecting the dots: network analysis, landscape ecology, and practical application. Stockholm: Dissertation, Royal Institute of Technology, 2011.

[50] Merriam G. Connectivity: a fundamental ecological characteristic of landscape pattern//Brandt J, Agger P. Methodology in Landscape Ecological Research and Planning. Proceedings of the 1st International Seminar of the International Association for Landscape Ecology, 15-19 October

1984, vol I. Roskilde Universitätsforlag Georuc, Roskilde, 1984: 5-15.

[51] Taylor P D, Fahrig L, Henein K, et al. Connectivity is a vital element of landscape structure. Oikos, 1993, 68 (3): 571-573.

[52] Bunn A G, Urban D L, Keitt T. Landscape connectivity: a conservation application of graph theory. Journal of Environmental Management, 2000, 59: 265-278.

[53] Urban D, Keitt T. Landscape connectivity: a graph-theoretic perspective. Ecology, 2001, 82: 1205-1218.

[54] Aldous J M, Wilson R J. Graphs and applications: an introductory approach. Nottingham: Athenaeum Press, 2000.

[55] Williams P, Whitfield M, Biggs J, et al. Comparative biodiversity of rivers, streams, ditches and ponds in an agricultural landscape in Southern England. Biological Conservation, 2004, 115: 329-341.

[56] Bartout P, Touchart L, Terasmaa J, et al. A new approach to inventorying bodies of water, from local to global scale. Journal of the Geographical Society of Berlin, 2015, 146: 245-258.

[57] US EPA. Connectivity of streams and wetlands to downstream waters: a review and synthesis of the scientific evidence. EPA/600/R- 14/475F. Office of Research and Development, U. S. Environmental Protection Agency, Washington, DC, EPA/600/R-14/475F, 2015.

[58] Hunter R G, Faulkner S P, Gibson K A. The importance of hydrology in restoration of Bottom land hardwood wetland functions. Wetlands, 2008, 28 (3): 605-615.

[59] Brown C D, Turner N L, Hollis J M, et al. Morphological and physico-chemical properties of British aquatic habitats potentially exposed to pesticides. Agriculture, Ecosystems and Environment, 2006, 113: 307-319.

[60] Clarke S J. Conserving freshwater biodiversity: the value, status and management of high quality ditch systems. Journal for Nature Conservation, 2015, 24: 93-100.

[61] 陆晓怡, 何池全. 中国湿地现状及其生态修复. 科学, 2004, 56 (3): 29-32.

[62] Audet J, Baattrup-pedersen A, Anderson H E, et al. Environmental controls of plant species richness in riparian wetlands: implications for restoration. Basic & Applied Ecology, 2015, 16 (6): 480-489.

[63] 赵振斌. 城市绿地生态网络建设的理论与实践研究——以江阴市为例. 南京: 南京大学, 2001.

[64] 王建龙, 车伍, 易红星. 基于低影响开发的城市雨洪控制与利用方法. 中国给水排水, 2009, 5 (14): 6-9.

[65] Dietz M E. Low impact development practices: a review of current research and recommendations for future directions. Water Air and Soil Pollution, 2007, 186 (1/4): 351-363.

[66] 赵丽华. 低影响开发生物滞留设施概述. 中国资源综合利用, 2017, 35 (1): 29-32.

[67] 宋进喜, 宋令勇, 何艳芬, 等. 基于 GIS 的西安市雨水收集利用潜力估算. 干旱区地理, 2009, 32 (6): 874-879.

[68] 麻素挺. 吉林西部生态环境需水量与水资源承载力研究. 长春: 吉林大学, 2004: 59.

[69] 山东省水利勘测设计院．茌平县现代水网建设规划．2012.

[70] 王建生，钟华平，耿雷华，等．水资源可利用量计算．水科学进展，2006，17（4）：549-553.

[71] 钱正英，张光斗．中国可持续发展水资源战略研究综合报告．北京：中国水利水电出版社，2001.

[72] 田英，杨志峰，刘静玲，等．城市生态环境需水量研究．环境科学学报，2003，23（1）：100-107.

[73] 张远，杨志峰．黄淮海地区林地最小生态需水量研究．水土保持学报，2002，16（2）：72-75.

[74] 李丽娟，李海滨．海河流域河道外生态需水研究．海河水利，2002，4：9-16.

[75] 盛琼，申双和，顾泽．小型蒸发器的水面蒸发量折算系数．南京气象学院学报，2007，30（3）：561-565.

[76] 张子贤．关于可供水量定义及计算方法的讨论．人民长江，2002，33（7）：27-29.

[77] 王争艳，潘元庆，皇甫光宇，等．城市规划中的人口预测方法综述．资源开发与市场，2009，25（3）：237-240.

[78] 杜郎口镇政府．杜郎口镇农业规划．2014.

[79] 罗遵兰，李俊生，高吉喜，等．水资源承载力分析在生态区规划中的应用探讨．干旱区资源与环境，2008，22（7）：105-108.

第3章　绿色基础设施

在国际上，绿色基础设施的概念越来越重要[1]，不同的学科给出了不同的绿色基础设施的概念[2,3]。欧盟2013年的文件中定义：绿色基础设施增强欧盟的自然资本。在该文件中，欧盟提出了一个新的视角，认为绿色基础设施相对于灰色基础设施是有益于社会、经济和生态的工具，是多重功能的自然基础上的解决方案，在经济和社会领域更加可持续。

村镇水环境主要影响因素是未经处理的生活污水进入水环境导致的水环境污染。村镇污水处理的规模较小，村子的规模从几百户到几千户不等，极端情况有独栋建筑的污水处理；受地形影响，农村居住比较分散，没有下水道系统，不利于安装常规的污水处理设施，即便安装了也很难获得满意的处理效果。简单、有效、稳定和造价节省的解决方案，是农村污水处理的出路。1986年美国田纳西州流域管理局提出湿地是替代常规污水处理技术的有效措施，经过机械物理处理后的污水进入湿地系统可以用于人口规模小的住区。

湿地处理设施可以用于牧场、学校、营地等，甚至独栋建筑，这些系统简单有效，造价低，有较好的美学效果，与乡村的景观协调，还有教育意义。田纳西州流域管理局发布了设计导则[4]。从世界范围的运行经验来看，即便是在冬季，人工湿地也可以维持较好的运行效率。捷克利用潜流人工湿地处理化粪池出水，水温为2℃，进水五日生化需氧量（biological oxygen demand 5，BOD_5）为251mg/L，出水BOD_5为34mg/L，进水总磷（total phosphorus，TP）为12mg/L，出水TP为9mg/L，进水总氮（total nitrogen，TN）为86mg/L，出水TN为64mg/L[5]。

塘处理是一种历史悠久、不断发展完善和行之有效的污水处理技术。氧化塘在国外应用广泛，例如，德国有污水处理塘3000余座，法国有2000余座，美国用于处理城市污水和工业废水的塘系统共有11000多个。塘系统基建投资小，运行维护费低，运行效果稳定[6,7]。

塘系统是以太阳能为初始能源，通过在塘中的水生物，形成人工生态系统，在太阳能（日光辐射提供能量）作为初始能源的推动下，通过生态塘中多条食物链的物质迁移、转化和能量的逐级传递、转化，将进入塘中污水的有机污染物进行降解和转化，不仅去除了污染物，而且以水生作物的形式作为资源回收，是近自然的绿色污水治理技术[8]。

3.1　人工湿地-村镇污水管理的生态基础设施

人工湿地是利用自然湿地植被、土壤和微生物群落的功能，处理地表水、地下水或废水中污染物的工程系统[9]。人工湿地处理污水可追溯到1903年，在英国约克郡建立的世界上第一个用于处理污水的人工湿地一直运行到1992年[10]。1952年德国的Seidel博士在德国的Max Planck学院进行人工湿地第一次用于污水处理的试验[11]，Seidel发现芦苇能大量去除无机物和有机物，污水中的细菌在湿地中也会消失。1967年荷兰根据Seidel的设计理念建造了一种名为Lelysttad Process污水处理系统。至20世纪60年代中期，Seidel与Kickuth开发了根区理论，指污水流经芦苇床时，有机物被降解，N被硝化与反硝化，P则被吸收和沉淀[11]，70年代Reinhold Kickuth的人工湿地处理污水的试验取得成功[12]。1974年，基于根区理论，世界上第一个完整的人工湿地在德国建成[13]。人工湿地主要用于生活污水和市政污水的处理[14]。90年代用于处理不同类型污水的人工湿地数量迅速增加。模拟自然湿地的人工湿地被认为是绿色处理技术，并广泛用于各类污水的处理[15]。近40年，有别于传统工艺的人工湿地应用更加普遍，它们费用低、运行稳定、设计操作简单，是一种环境友好、可持续的污水处理技术[16]。到1998年，德国已经有40年人工湿地的运行经验，有精准的导则用于湿地设施的设计与运行。Borner等估计，在德国乡村有几千座人工湿地处理设施；仅在Lower Saxony，就有大约3000座设施，这些设施主要是潜流水平流人工湿地污水处理系统，用于处理5～1000当量人口的污水。这些污水处理系统按照Kickuth的导则进行设计，这个导则也称Kickuth系统[17]；按照Seidel导则建造的芦苇湿地系统称为Seidel系统。从1965年在德国建造第一座Seidel人工湿地系统以来，研究人员针对不同的池形、不同的预处理单元进行了大量的研究工作。

人工湿地利用生态过程进行污水处理和污染物质的降解，人工湿地生态可以增强生物多样性，形成景观增强美感，这些特点都是其他处理工艺所不具备的，是人工湿地生态系统独有的特性。

人工湿地被称为生态基础设施，这个设施通过恰当的设计，可以具有自组织、自设计、自管理的能力，与经济社会有较强的一致性，是强大的、可持续的多效能系统[18]。

人工湿地能够弥补和抵消一部分由农业开发和城市化导致的自然湿地的消失；能改善水质、防洪；水生植物纤维可以用作经济作物[19]。

人工湿地作为一种生态工程，可以有效去除多种污染物，如有机化合物、悬浮物、大肠杆菌、营养物和突发的污染物。利用自然湿地的优点，可以更有效地控制环境，在生活污水处理领域更富有成效[20,21]。

人工湿地适用于分散的小规模的污水处理。例如，波兰现在运行的人工湿地的设施接受的污水处理户小于 50 户，甚至农场中的一户居民，多于 1000 户的设施很少[22,23]。2008 年，在波兰科学与高等教育部的支持下，进行了农村地区污水管理革新措施的研究，面向的对象是独立住宅的人工湿地污水处理。研究区位于波美拉尼亚区，斯特兹卡市波鲁辛卡河，研究目的是利用人工湿地处理单独住户的污水为农村地区的社区提供可实施的方案。处理的工艺流程如图 3.1 所示。

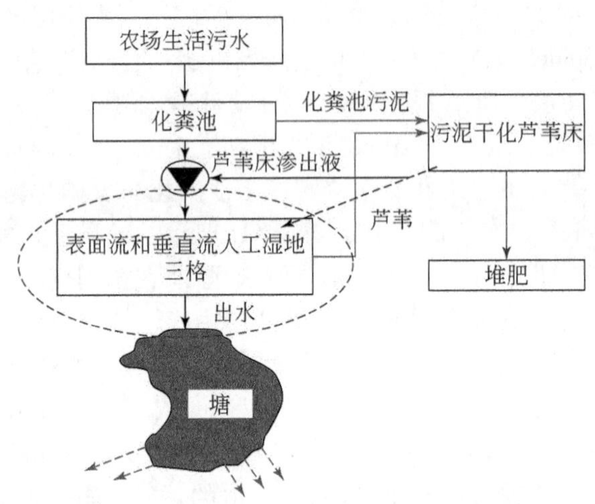

图 3.1　独立住户的污水与污泥管理概念图

该工艺运行期间产生的剩余污泥少，预处理采用化粪池，化粪池出水进三格的人工湿地，化粪池产生的污泥运到污泥干化芦苇床进行干化，干化床产生的渗滤液回到湿地系统，与进水一同处理。脱水稳定后的污泥可以用作化肥。

人工湿地的运行结果显示，在进水浓度远高于欧洲和美国的人工湿地的进水的条件下，处理效果优良，BOD 69% ~93%，TN 49% ~79%，TP 29% ~69%。人工湿地对于农村地区单独住户的解决方案是可行的。在技术人员的指导下，独立运行的人工湿地处理设施可以保障运行。

3.1.1　人工湿地的特点

人工湿地作为生态处理工艺具有以下优势及特点：

(1) 人工湿地是环境友好型处理工艺。人工湿地可通过沉淀、填料过滤截留、植物根系吸附、微生物降解共同作用有效去除污水中的有机物及 N、P 等，其中悬浮物（suspend solid，SS）主要通过物理沉降、填料过滤及吸附、微生物代谢等去除，对 TSS 的去除率可达 90%；化学需氧量（chemical oxygen demand，COD）的去除主要通过化学吸附分解、微生物代谢和植物吸收实现，去除效率在

80%以上[24]；BOD_5主要通过填料过滤和微生物代谢去除，其去除率可达80%～95%[25]；污水中的N、P可被植物作为养料吸收，通过植物收割去除，N也可通过微生物硝化反硝化作用去除，同时P可通过填料吸附、微生物积累去除，总之，人工湿地对氨氮（NH_3-N）、TP具有较好的去除效果，并优于传统的污水处理工艺[26]；污水中的重金属则可通过植物吸收、共沉淀和化学吸附等方式去除。经处理后，有机物等通过植物、填料和微生物共同作用转化降解，没有大量的剩余污泥产生。

（2）人工湿地生态系统具有一定的环境价值及经济效益。有学者[27]通过一些科学的评价方法（旅游费用法、条件评价法、生态价值法）对人工湿地系统进行价值评价，发现人工湿地环境经济效益显著，在工程总投资138万元的条件下，核算该人工湿地系统总价值达749.46万元，总经济效益可达342.06万元。在投资及运行费用上，因人工湿地不需要复杂的设备，也不会产生大量污泥，无需专业技术人员维护管理[28]，与一般的污水处理工艺相比较，人工湿地具有投资小的特点[29]，并且运行成本较低[30]。

（3）人工湿地有景观价值。在土地资源紧缺的城区较难得到建设推广，在远离城区、土地广阔、土地较易获得的地区比较适合建设推广。人工湿地通过合理规划设计，易与周围的绿化及景观相结合，具有一定的景观价值和艺术价值。

（4）人工湿地对大气污染有一定的净化功能[31]，主要通过体表吸附、叶内积累、代谢降解、植物转化和固化[32]等作用达到对大气污染的缓解。

3.1.2　人工湿地的类型与应用范围

人工湿地按照水的流动方式，分为表面流（FWS）湿地和潜流（SSF）湿地，如图3.2所示，潜流湿地的水面低于滤床表面。不同类型的人工湿地可以组合运用，形成复合式系统，充分利用不同系统的独特优势。在潜流湿地中采用粗砂作为滤床填料，为微生物的生长提供载体，还起到吸附和过滤的作用。潜流湿地占地面积小，单位面积处理效率高。在欧洲，潜流湿地是主要的工艺形式。

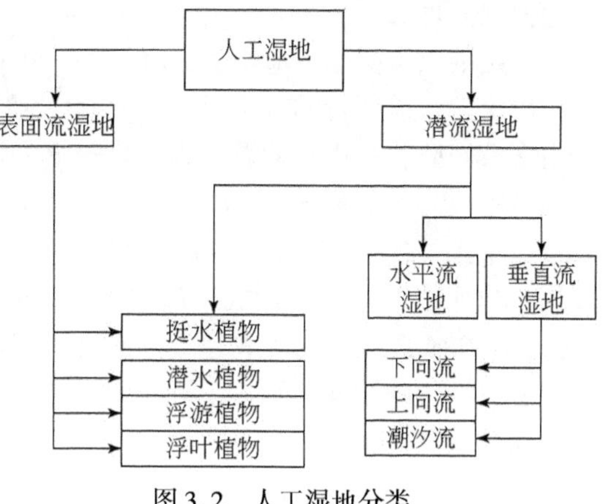

图3.2　人工湿地分类

组合人工湿地系统，包括VF-HF系统、多级VF-HF系统、VF

组合系统。组合系统的目的是增强去除营养物的能力，尤其是去除总氮的能力，通过调整操作条件，在 VF 和 HF 系统实现硝化和反硝化[33]。VF-HF 系统去除氨氮的能力比其他组合系统更有优势。

人工湿地处理效能如表 3.1 所示，来自不同国家的数据显示，人工湿地去除有机污染的能力较强。这些国家的研究数据表明，即便是在冬季，人工湿地仍然表现出较强的去除能力。

表 3.1 人工湿地的处理效能

项目	水量/(m^3/d)	湿地类型	BOD/(mg/L)		SS/(mg/L)		去除率/%		水力表面负荷率/[m^3/(hm^2·d)]
			进水	出水	进水	出水	BOD	SS	
Listowel，多伦多	17	FWS[a]	56	10	111	7.7	82	93	
Sidney，澳大利亚	240	SFS[b]	33	4.6	57	4.5	86	92	
Arcata，加拿大	11350	FWS	36	13	43	31	64	28	907
Emmitshurg，美国	132	SFS	62	18	30	8.3	71	73	1534
Gustine，加拿大	3785	FWS	150	24	140	19	64	86	412

a：自由水面系统；b：潜流湿地系统。

人工湿地应用范围较广泛，主要用于：①市政污水处理；②住宅污水或者洗浴等废水；③三级处理常规污水处理厂出水；④工业废水，如垃圾渗滤液、炼化废水、采矿排水、纺织厂废水；⑤污泥脱水；⑥雨水处理和临时储存；⑦未加氯的泳池水处理。

英国的人工湿地的应用从 20 世纪 80 年代就开始了，是推广使用人工湿地较早的国家，目前运行的人工湿地有 1200 多处。1999 年成立了人工湿地协会，协会由富有经验、有声望的设计师、建造师、学者、植物种植和运维专家组成，协会提供解决问题的最佳路径，从好的设计系统中获取设计和运行数据，示范好的系统对常规处理的要求。人工湿地协会获取全英国范围的 1000 多座湿地的运行数据，建立数据库，负责数据库更新；数据库包括不同类型的湿地，除生活污水，还有采矿废水、污泥、垃圾渗漏液、工业废水处理后的出水、地表径流、道路径流，运行的不同类型人工湿地的工艺形式与数量如表 3.2 所示。处理污水的类型和数量如表 3.3 所示[34]。

表3.2　运行的人工湿地的工艺形式与应用数量

类型	数量/个
在案的人工湿地数量	1012
二级污水处理	107
水平流人工湿地，用于三级处理	698
垂直流人工湿地	70
紧凑型垂直流人工湿地	21
复合系统	19
雨水溢流处理	46
独立雨污水处理系统	6
组合式雨污水处理与三级处理	40

表3.3　处理污水的类型和数量

污水类型	数量/个
下水道污水	874
矿井水	50
渗滤液	24
工业废水	19
地表径流	16
农业径流	13
道路径流	16

1. 用于农田径流污染治理的人工湿地[35]

将表面流人工湿地作为生态处理技术和景观单元，在英国的爱尔兰有较长的历史，表面流人工湿地的陆水界面形成了景观环境和生态结构的组成部分，形成了干旱和泛洪区的过渡带，储存水分和营养物质[36]。

在爱尔兰，人工湿地作为处理生活污水和强化景观多样性的措施，进行了大量的工程实践，其中用于农田径流处理的人工湿地位于Annestown河流汇水区，爱尔兰沃特福德市。汇水区的面积为25km^2，地理条件复杂，农业是汇水区主要的土地利用方式，75%的农场废水由人工湿地进行处理。人工湿地建于2000年，由5个处理单元组成，如图3.3所示。

污水进入第一个湿地单元，流速较慢，第一个湿地的有效水深小于20cm，种植大量的挺水植物，强化污染物的处理。后续的湿地单元中的挺水植物的种植密度小于第一个湿地单元，水深大于20cm。

运行后的湿地系统进一步强化生物多样性，总的生物的种类达到151种，其中24种为特有的物种。最后处理单元的生物多样性最多，为116种，天然湿地系统中为129种，串联系统是保障系统多样性的基础，建立宽范围的水体系统，强化了流域中的生物多样性。

2. 用于生活污水处理的人工湿地系统

人工湿地具有低能耗、低投资、低运行费用和低机械技术需要（运行维护简单易行）的优点，尤其适合小区、郊区和农村地区使用[37-39]。

典型的处理生活污水的案例是位于爱尔兰Monaghan镇的人工湿地，该地区

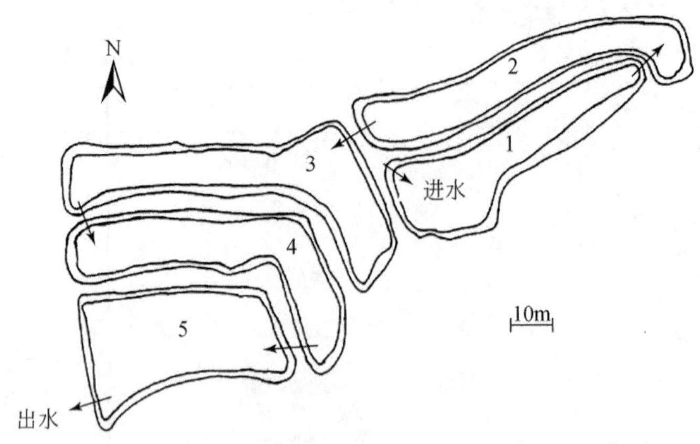

图 3.3　爱尔兰用于农田径流处理的人工湿地系统平面布置图

的年降水量为 1256mm，人工湿地 2007 年建成，用于处理生活污水，改善受纳水体的水质。处理场的处理水量为 85m^3/d，受蒸发和下渗的影响，出水量仅为 1 ~ 50m^3/d，降水稀释 35% ~65%，日进水量的波动主要受降水的影响，Glaslough 处理厂设计能力为 1750 当量人口，占地面积为 6.74hm^2，水面面积为 3.25hm^2。如图 3.4 所示。

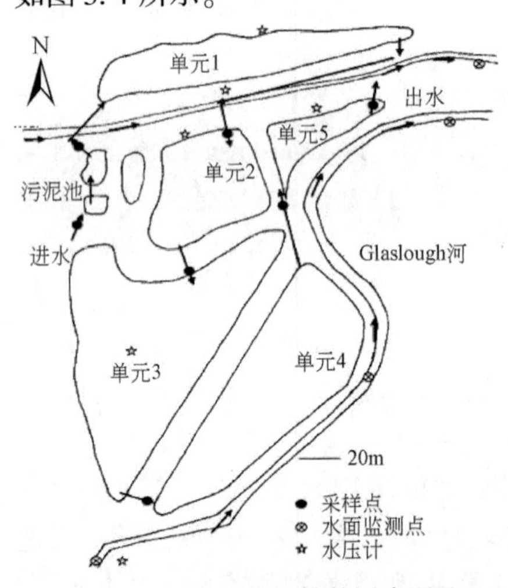

图 3.4　Glaslough 镇的污水湿地处理系统

该镇的人工湿地处理系统由一个小型泵站、两个污泥池、五个植物池组成，来自村庄的生活污水经泵站进入污泥池，进行污水脱泥，这两个污泥池可以交替运行。从污泥池出水利用重力流进入五个植物池，出水直接排入附近的山区河流。植物池中主要种植了湿生苔草、芦苇、蒲草等湿地植物。

该镇的进水污染浓度为 BOD（768 ± 451.0）mg/L；COD（1279 ± 697.8）mg/L；SS（2184 ± 1844.8）mg/L；NH_3-N（32 ± 11.1）mg/L；NO_3-N（5 ± 3.8）mg/L；MRP（4 ± 2.0）mg/L；pH（7 ± 0.4）。从进水水质的变化范围可以看出该镇污染物浓度变化范围较大，但是系统展现了良好的处理能力，污染物的去除率为 BOD 99%；COD 97%；SS 100%；NH_3-N 99%；NO_3-N 94%；MRP 99%。如此高的去除率，得益于湿地面积较大，污水的停留时间长，并且随着运行时间的延长有机污染物的去除能力增强[40]。

3. 人工湿地设计重点考虑的因素

人工湿地表面要平坦和水平，防止进水不均匀分布或者形成表面径流（潜流人工湿地不希望形成径流）。

进水区的配水管要保证进水均匀分布，不能出现短流问题。

防渗，采用 PVC 防渗，或者其他防渗的措施，尤其是在地下水位较高的地区，或者地下水是饮用水水源的地区，防渗是防止对地下水的污染。

湿地填料，德国有近 40 年人工湿地运行的经验，细颗粒填料，如砂子，对微生物的生长更有利，细颗粒砂子在冬季能够维持微生物的活性[41]。

水流方式，依据对 107 座人工湿地处理设施的分析，24 座垂直流潜流湿地去除污染物的能力优于 83 座水平流潜流湿地[41]。

如图 3.5 所示，垂直流人工湿地的排水管位于底部，覆盖碎石，在碎石层上部是砂层，砂层厚度为 40～80cm，砂层上面是碎石层，厚度为 10cm，能够防止进水在湿地表面积累。潜流人工湿地池底坡度为 1%。

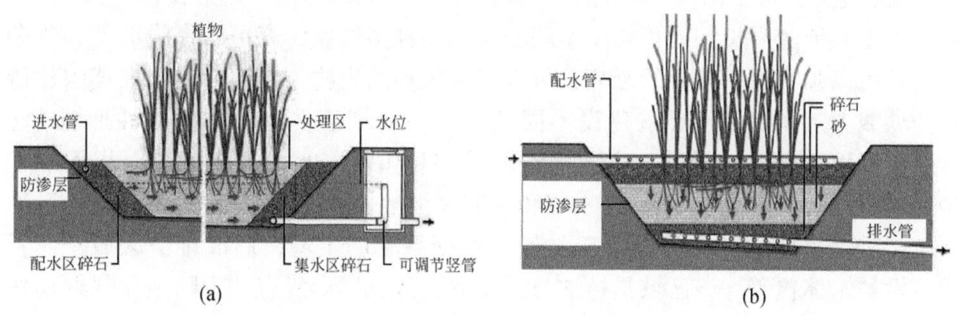

图 3.5　水平流和垂直流人工湿地剖面图

（a）水平流；（b）垂直流

植物作为湿地重要的组成部分，与基底和微生物发挥作用，植物种类十分重要。植物的种植密度为 400～4000 株植物/英亩（1 英亩＝4046.86 平方米），所用植物应该是本地种[42,43]。植物在湿地中的重要作用是稳定滤床、提供良好的物理过滤条件、防止垂直流系统阻塞、保温、防止冬季结冰和为微生物生长提供吸附表面。

人工湿地池底的坡度为 0.5%～1%，池底坡度保障潜流湿地有足够的水力梯度形成潜流的流动，平缓的上表面可以形成临时积水，可以阻止杂草生长，为此应设计可调整出水口高度，以维持湿地中理想水位[44]。

湿地的结构、湿地单元划分影响长宽比，长宽比影响水力条件，为防止在进水口和出水口之间出现短流现象，应选择适宜的水深，确保湿地发挥最优功能。

人工湿地进水范围为化粪池-二级处理出水，原则上人工湿地不接受原生污水。

3.1.3 构建维持生物多样性人工湿地系统的条件

（1）连续性：在所有环境因素中，连续性被认为是决定水生物种优势种的关键因素[45]，水深较浅，表面积较大，岸线复杂是表面流湿地保持生物多样性的环境因素。岸线的复杂性主要影响大型水生植物的物种多样性，对于鸟类和水底无脊椎动物没有影响。水底无脊椎动物主要受湿地面积和运行时间的影响。连续性较高的湿地水系统提供了连续的生境，连续性还指人工湿地靠近静止的水体，水体和人工湿地成为保护生态策略的核心，也是人工湿地选址需要考虑的重点要素，人工湿地可以与周围静止的水体形成网络。在静止水体周围，湿地可以自动校正 13km 范围内的物种构成[46]。自由水面的人工湿地将孤立的水面连起来，分散在孤立水面的优势种随着植被沉积迅速繁殖[47,48]。

（2）长宽比：人工湿地的长宽比是需要重点考虑的因素，长宽比小于 2.2，尽可能接近 1，对于出口处磷的浓度小于 1mg/L 有益处[49]。但是长宽比为 1，会减少人工湿地的周长，周长减少不利于强化物种多样性，充足的岸线坡度和复杂的生境可以弥补周长减少的影响，可以保持较高的生物多样性。为此在英国建造新的塘或者人工湿地，要求建设不同的生境，以利于水生生物多样性形成[45]。自人工湿地周围采用缓坡、变化水深形成多种生境，水面占湿地总面积不小于 80%，有效水深不小于 0.5m，水草和香蒲大量生长[45]。

（3）岸边种树：树可以营造类似自然塘系统的生境，形成排空区域，或者季节性被水体覆盖，该区域是植被与泥土混合区域，形成有利于陆地无脊椎动物和水生无脊椎动物的生境。浮岛，形成岸边生境。

（4）湿地内部水体深度：水体的深度要在 0.1～1.5m 之间，其中小于 0.2m 深度的水体要有一定的比例，靠近出水口的较清洁，较深的水体中的物种数量最多[50]。

（5）人工湿地单元的数量：最少 4～5 个湿地单元，一系列小型湿地比单一湿地产生更多物种，最后的湿地水体面积要大，形成较大的湿地水面，有利于形成更多适宜的、清洁的生境，提高大型无脊椎动物的物种多样性[51]，如图 3.6 所示，推荐的湿地内部水体深度变化。

（6）人工湿地选址：地形、地质、土壤、底土、水文地质、水文、植物区系和动物区系、考古和建筑特性等。气候条件、降水量、蒸发量，决定了表面流湿地需要处理的水量，以及水在湿地中的停留时间。考虑降水周期的影响，湿地的底部要适当倾斜，保证排水。对于坡度较大的地形，湿地面积要增加，湿地土层的厚度、底土的厚度也要增加。

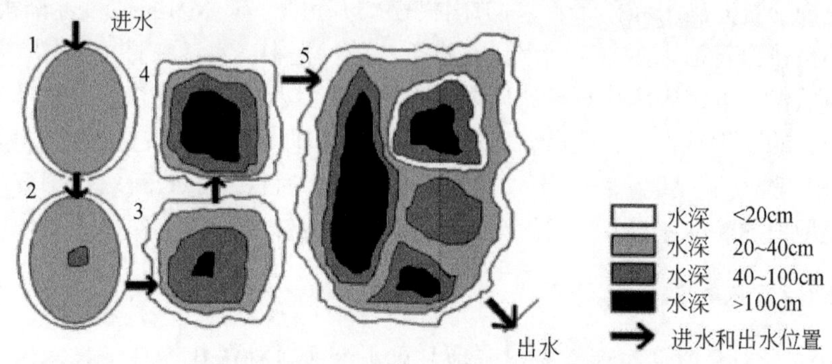

图3.6　提高大型无脊椎动物的物种多样性的湿地设计推荐方案

（7）人工湿地的形状：传统的人工湿地的形状都是矩形的，其他不规则形状的人工湿地很少，借鉴景观生态学的斑块理论，可以重新审视人工湿地斑块的形状。

斑块形状与生态功能：紧凑的圆形的斑块边缘小，内部面积大，维持内部微气候的能力强，维持内部独特物种的能力强；相反，狭长的斑块边缘长，如果还有若干分支斑块，可以形成较强的内部基因差异，在不同的分支斑块中存在不同的基因，形成独立的群落。复杂的斑块形状具有抵御害虫和防止火灾的能力。两个分支斑块中间邻近的斑块的植被优势种形成的速度快。斑块由复杂边缘和多个分支斑块构成，这个斑块与邻近斑块之间的物质和生物交流会增加，斑块也比较容易受外来种入侵。

例如，沿河流流向设计狭长的湿地斑块，毋庸置疑，湿地将沿着河流方向迅速蔓延，蔓延将进一步强化边缘的复杂性，增强生物的多样性[52]。

3.1.4　潮汐流人工湿地

潜流人工湿地水力负荷较大，可利用的基质类型较多，占地面积小，成为污水处理时首选的工艺，但潜流人工湿地在应用中也有问题和局限性。潜流人工湿地系统的植物根际泌氧作用和大气自然复氧作用对湿地氧环境的改善不足，在潜流人工湿地中，水面一般低于床表层5～10cm，系统处于饱和状态，芦苇床的传氧能力有限[53]，除低负荷运行的湿地外，大部分潜流人工湿地内氧环境较差，硝化菌活性不高，抑制系统内硝化的进程。国外研究者Platzer发现[58]，基质上层0～15cm处最容易出现堵塞问题，过高的有机负荷容易导致人工湿地系统的堵塞；在连续进水情况下，系统内生物量不断累积也容易加快堵塞；厌氧条件也容易导致堵塞。

为解决人工湿地氧气供应量不足，提高湿地系统的脱氮效果，伯明翰大学研究学者提出潜流人工湿地潮汐流形式[55]，潮汐流人工湿地（tidal flow constructed wetland，TFCW）是一种新型的人工湿地。伯明翰大学研究学者利用芦苇床进行实验，床体内交替充满水和排干水，向床体充水过程中，床体内的填料逐渐被淹没，空气逐渐被挤出直至床体内充满水，在排干水的过程中，水逐渐排出床体，空气在大气压自然作用下进入床体直至床体内水被排干，这种交替的充满水与排干水的过程类似海水的潮汐过程，因此命名为潮汐流人工湿地，潮汐流人工湿地也被形象地称为“SBR 型人工湿地”。采用间歇式进水方式，通过一定的间歇，干湿交替运行，恢复湿地的渗透速率，可缓解湿地堵塞问题，提高湿地的污染物去除能力。

1. 潮汐流人工湿地的特点

潮汐流人工湿地是在潜流人工湿地基础上的改进和优化设计，具有潜流人工湿地共有的特点：①处理效果稳定；②占地面积相对较小；③水体在基质下方流动，具有一定保温效果，受气候变化影响相对较小；④基建费用较高。此外，潮汐流人工湿地针对潜流人工湿地复氧能力有限、易堵塞的缺点，在进水方式上进行了改进，使其具有独特的特点：①具有较高的氧传输量和氧利用率，潮汐流人工湿地比其他类型的人工湿地具有更大的有机负荷率及总氮和氨氮等负荷率，为垂直流人工湿地的 2 ~ 3 倍，可大幅度地节省占地面积，其有机（COD 和 BOD）负荷率大致与活性污泥法处理系统相当[56]；②通过适当的干湿交替方式运行，可恢复湿地的渗透速率，不易堵塞。

2. 潮汐流人工湿地的研究与应用

潮汐流人工湿地作为一种独特的新型水处理技术，首先在发达国家得到推广与应用。美国 Living Machine Systems 公司设计和改进污水处理系统，在旧金山市公用事业委员会办公大厦一层大厅中设计了景观人工湿地，利用垂直流人工湿地和潮汐流人工湿地多级串联处理大厦中的生活污水，并通过消毒灭菌后回用，该办公大楼减少用水量 70%，大约每年节约用水 $2835m^3$。勃兰特港口的两座办公大楼内设计运行了 4 座潮汐流人工湿地，另有 2 座潮汐流人工湿地和作为二级深度处理的 4 座潮汐流人工湿地建在建筑群外，构成特色景观。从 2010 ~ 2011 年运行效果来看，TSS、总凯氏氮（TKN）、COD 和浊度等主要水质参数一直保持稳定的低值，处理效果良好[57]。Sun 等[59]、Zhao 等[60]研究发现，潮汐流人工湿地能显著提高湿地对氧的利用率，湿地去除能力得到显著提高，污染物去除率较高；王振等[61]设计潮汐流人工湿地，并通过实验发现，在水力负荷为 $0.91m^3/(m^2 \cdot d)$ 及接触时间为 18h/d 的条件下，50% 的 NH_3-N 和 40% 的 PO_4^{3-}-P 可被湿地去除。

国内对潮汐流人工湿地的研究相对较少，陈建勇[62]以生活污水为处理对象，研究了潮汐流人工湿地的处理能力，探索湿地运行的最佳条件，发现 4h 的反应时间下，大部分污染物被降解去除，空床闲置 8h 的条件下处理效果最佳，并安装通气管设备研究其对系统中溶解氧（dissolved oxygen，DO）的影响，研究发现通气管可提高水中DO含量，但效果并不明显。叶捷等[54]通过试验研究对比了潮汐流人工湿地和连续流人工湿地的处理效果，发现在低温情况下，潮汐流人工湿地出水DO值为0.6mg/L，连续流人工湿地的DO值仅为0.22mg/L，NH_4^+-N、COD及PO_4^{3-}-P的去除率分别比连续流人工湿地高出约30%、20%及20%；并且研究了微生物活性，发现潮汐流人工湿地中的微生物呼吸作用更强，脱氢酶活性更高。吴树彪等[63]以实验室内无植物种植的潮汐流人工湿地反应柱为研究对象，设计5种不同的试验运行条件，研究湿地的污染物去除效果和湿地复氧能力，试验数据表明在淹水时间3h的条件下，人工湿地对TP、NH_3-N和有机物的去除能力达到最高。

3.2 生态塘系统–村镇污水管理的生态基础设施

生态塘，又称为生物稳定塘（biological stabilization pond），俗称氧化塘（oxidation pond），是污水在塘内通过长时间的停留，利用天然水体中的好氧、厌氧微生物的新陈代谢作用和藻类物质的光合作用，对废水中的有机物进行好氧、厌氧生物处理的人工或天然池塘的总称。生态塘污水处理方法简单，应用范围广。

世界上第一个有记录的生态塘系统于1901年修建于美国得克萨斯州的圣安东尼奥市。1920年，欧洲最早的生态塘修建于德国巴伐利亚州的慕尼黑市[64]。其后的一段时间，该项技术的发展几乎处于停滞状态，主要原因在于生态塘占地面积较大。但是，相对于其他污水处理技术，生态塘的最大优势在于建设费用和运行成本很低，受全球能源危机的影响，近几十年，能耗较低且运行稳定的生态塘技术得到较快发展。在欧洲，生态塘主要用于农村污水处理，如人口在2000人左右的村庄。仅在法国、西班牙和葡萄牙就有3000座生态塘系统[65]；在德国有1000多座生态塘[66]；在北非、亚洲和南美，生态塘则用于处理人口众多的污水；在澳大利亚，生态塘用于人口为1000～2500的偏远社区[67]，最大的生态塘服务人口为60万[68]。在美国用生态塘进行生活污水处理的处理厂数量超过50%，达到8000多座，在加拿大北部生态塘是偏远社区首选的处理工艺[69]。采用这个工艺的原因是投资小，维护运行费低，操作简单可靠，去除效率高；适于中小型农村地区的重要原因之一，是技术型人力资源困乏，无需配备运行常规污水处理厂的技术人员；另外，生态塘出水还可以回用做农田灌溉。在俄罗斯，生态塘已成为小城镇污水处理的主要方法。

我国于20世纪50年代开始对生态塘污水处理技术的研究，至1990年已建成113座。20世纪80年代，国家环保局主持了被列为国家“七五”和“八五”

科技攻关项目的氧化塘技术研究，在生态塘的生物强化处理机理、设施运行规律、设计运行参数等方面，取得了许多有价值的研究成果。目前，我国规模较大的生态塘有：日处理20万m^3城市污水的齐齐哈尔生态塘、日处理17万m^3城市污水的西安漕运河生态塘、日处理3万m^3城市污水的山东胶州生态塘和日处理8万m^3化工废水的湖北鸭儿湖生态塘等[66]。

生态塘具有良好的净化效果，操作技术简单，建设运行费较低，是城镇污水处理的重要方法之一，其净化机理在20世纪50～60年代就有深入研究，后来陆续提出各种设计方法，并得到广泛应用。

3.2.1 生态塘的特点

生态塘是自给自足型处理单元，系统的处理效能取决于系统维持的总的生物量，包括细菌、病毒、真菌和原生动物[70]与有机物、光、溶解氧、营养物、存在的藻类的数量和温度之间的平衡[71]。由于塘系统是自给自足的系统，需要的管理很少，运行费用低。

塘系统的用途广泛，可以用作最后的净化塘，或者作为传统工艺的补充处理方法[72]，在此方面进行的研究很多，如厌氧硝化、上向流厌氧污泥床、与膜工艺和反渗透工艺进行组合等[73]。

塘系统处理工艺简单，无需复杂附加处理单元，尤其适合温带气候。在许多国家，从塘系统的出水回用于农业灌溉，例如，在澳大利亚墨尔本，1890年末就开始进行污水的农田灌溉；又如，联合国开发计划署和泛美卫生组织合作，研究利用塘进行养鱼的试验[74]。

生态塘作为一种处理效果稳定可靠的污水自然生物处理设施。处理工艺存在以下优缺点。

生态塘的优点：

(1) 基建投资低。当有旧河道、沼泽地、谷地可作为生态塘利用时，生态塘系统的基建投资低；

(2) 运行管理简单经济，生态塘运行管理简单，动力消耗低，运行费用较低，约为传统二级处理厂的1/3～1/5；

(3) 运行较平稳，出水水质波动小；

(4) 生态塘的构造简单，运行和维护管理的技术要求不高；

(5) 可进行综合利用。实现污水资源化，例如，将出水用于农业灌溉，充分利用污水的水肥资源；或养殖水生动物和植物，组成多级食物链的复合生态系统。

生态塘的缺点：

(1) 占地面积大，没有空闲地时不宜采用；

(2) 处理效果受气候影响，如季节、气温、光照、降水等自然因素都影响生态塘的处理效果；

(3) 污染物去除率偏低；

(4) 设计运行不当时，可能形成二次污染，如污染地下水、产生臭气和滋生蚊蝇等。

(5) 在同等条件下，夏秋季节水温高，代谢活动强烈，处理效果较好；冬春季节水温低，代谢活动减弱或停止，处理效果较差。

3.2.2　生态塘分类

传统的生态塘通常由四种不同类型的塘构成，耗氧塘、厌氧塘、兼性塘和熟化塘[75-79]。耗氧塘，即高效藻类塘，通过藻类的光合作用，在深度为30～45cm塘深内，维持溶解氧的浓度。光合作用在白天提供氧气，在夜间由于水深较浅，利用风进行曝气[80]。耗氧塘的去除生物需氧量的能力很强，是土地资源丰沛地区的理想选择。水力停留时间为2～6d，BOD的负荷为112～225kg/(1000m^3·d)，BOD的去除率为95%。各种类型塘的主要功能如表3.4所示。

表3.4　各种类型塘的特性与功能[78]

特性	耗氧塘	厌氧塘	兼性塘	熟化塘
深度/m	0.3～0.5	3～5	1.5～3	1～2
水力停留时间/d	2～6	10～50	5～20	5～10
有机负荷/[kg/(1000m^3·d)]	112～225	>300	100～300	<100
降解BOD微生物	好氧菌	厌氧菌	兼性菌和藻类	好氧菌
主要功能	降解BOD	降解BOD和预处理	降解BOD和营养物	净化SS，大肠杆菌和营养物
形成的副产物	无	生物气、甲烷、二氧化碳	藻类SS、菌细胞和二氧化碳	无

厌氧塘，在产甲烷条件下，无溶解氧运行，主要产物是二氧化碳和甲烷[81]。厌氧塘设计有效水深为2～5m，水力停留时间为1～1.5d，运行的最佳pH小于6.2，温度大于15℃[82]。有机负荷为3000kg/（hm^2·d）[81]，厌氧塘可以去除60%的BOD，但是该去除率受气候影响。去除的主要驱动力是沉淀，寄生虫、细菌和病毒吸附到沉淀在塘地的污泥上去除。一般厌氧塘后面是兼性塘[83]。

兼性塘是在厌氧和耗氧条件下运行的处理单元。典型的兼性塘分为耗氧的表层区域（由细菌和藻类组成），厌氧的底层区域（由厌氧菌组成），在厌氧和耗氧层之间的区域的细菌在两种条件下都能存活[82]。兼性塘有机负荷率为100～

400kg BOD/（hm^2 · d），去除率为95%。兼性塘利用藻类作为分解者，水力停留时间为2～3 周，处理系统内光合作用是主要的驱动力。兼性塘的有效水深为1～2m[84]。

熟化塘，与兼性塘类似，利用藻类作为主要驱动力进行有机污染的去除，但是兼性塘主要去除 BOD，而熟化塘则主要去除粪便大肠杆菌、病原菌和营养物[86]。与其他类型的塘相比，熟化塘的水深为1～1.15m，相较于厌氧塘和兼性塘都浅，通常熟化塘也要保持一定的厌氧条件[83]。

这些单元塘的几何尺寸、水力流量、有机负荷和生物化学过程都不同，降解有机碳、营养盐、去除大肠杆菌的效能也不一样，去除效能随着塘的数量的增加而增加[85]。去除效能也受进水水质的营养、污水的类型、有机负荷、塘系统的物理几何结构和水力条件的影响[75,79]。生态塘还受运行过程中的物理、化学和生物过程的影响（如沉降、吸附和生物降解），这些又受环境因素影响，如藻类存在、光照强度、pH 和温度。

3.2.3 生态塘布置

污水生态塘处理采用单塘处理或者多塘处理系统，图 3.7 是位于得克萨斯州惠灵顿的多塘系统，该系统用于处理镇域污水，处理后的出水用于农田灌溉。这个多塘系统可以并联运行，也可以串联运行。

图 3.7 生态塘的布置方式

数字表示进水的顺序

串联运行，污水依次在各单元塘中进行处理，在最后的塘中进行最后净化；相反如果平行运行，污水平均分配到平行的系统中。

多塘系统的不同的组合运行方式各有优点，运行人员可以依据情况调整运行方式。例如，在冬季采用平行运行方式，塘中的微生物的活性较低，容易形成厌氧条件；同时平行运行减少周期性低溶解氧浓度带来的不利影响，尤其是在早晨。Mara 与 Pearson 在人口为1万的城市也推荐这种布置方式。多塘系统串联运行在夏季和低有机负荷条件下十分理想，运行方式的灵活性使多塘系统比单塘系统更具优势。

在英国运行的19座生态塘的联塘数量、设计流量和出水水质，如表3.5所示。

表3.5 英国19座生态塘设计运行情况

位置	投产时间/年	联塘数量/座	设计流量/（m^3/d）	出水水质/（mg/L）
Sturts Farm，Dorset	1989	3	11	BOD 20；SS 30；NH_3-N 20
Tigh Mor Trossachs，Perthshire	1992	3	100	BOD 20；SS 30；TP 3
Larchfield/1，Teesside	1993	3	15	BOD 40；SS 60；
Hapstead House，Devon	1993	3	20	BOD 40；SS 60；
Dulo Manor，Cornwall	1994	3	50	冬季：BOD 10；SS 10；NH_3-N 5 夏季：BOD 5；SS 5；NH_3-N 2
Scolton Manor，Pembrokeshire	1994	3	10	排到地下水，没有出水要求
Nature's World，Teesside	1994	3	4	准许排入量
Acklam Grange School，Teesside	1994	3	2	准许排入量
Larchfield/2，Teesside	1995	3	11	BOD 40；SS 60
Combermere，Shropshire	1995	3	10	排入植被渗滤场
Corfe castle，Dorset	1996	3	6	排入地下水
Drummuir Castle，Banffshire	1995	3	35	BOD 10；SS 10
Barnardiston School，Essex	1995	2	50	BOD 20；SS 30
Gordonstoun School，Morayshire	1995	2	100	BOD 10；SS 10；NH_3-N 10
Burwarton estate，Shropshire	1995	3	27	BOD 25；SS 45；NH_3-N 10
Botton Village，North Yorkshire	1997	3	40	BOD 40；SS 30
Thormage Hall，Norfolk	1997	3	13	BOD 40；SS 60；NH_3-N 10
Earch Balance，Northumberland	1997	3	19	BOD 40；SS 60；
Newnhm，Gloucestershire	1997	2	10	BOD 40；SS 60；

从英国生态塘建设运行情况可以看出，建设集中在 20 世纪 90 年代中期。联塘数量以 3 座为最多，主要用于村庄、学校等生活污水处理，出水水质总体要求不高。

3.2.4 生态塘几何尺寸

通过分析两种不同类型的塘深度和外形尺寸的变化，Pearson 认为塘的几何尺寸与运行效能没有直接的相关性。在有效水深较浅、几何尺寸比较低的情况下，也可以达到较好的运行效果；这样的尺寸有利于减少造价。Hamdan 和 Mara 比较了水平流和垂直流塘处理总凯氏氮的效能，发现垂直流塘的处理能力好于水平流塘的处理能力[87]。

2006 年，Abbas 等证实生态塘的几何尺寸影响 BOD_5 的去除率，发现当塘系统中有两个折流挡板时，BOD_5 的去除率增加；当折流挡板增加到 4 个时，BOD_5 的去除率最高，并且与尺寸无关，最高去除率为 98.5%，长宽比为 4∶1。没有折流挡板时，BOD_5 的去除率最低为 16.1%～21.6%。当两个折流挡板一个在 1/3 处，一个在 1/5 处时，水动力学条件最好，BOD_5 处理效率最高[88]。

3.2.5 生态塘选址

生态塘选址，需要考虑环境因素、设计标准、地形、可用土地、地质构造、主要河流或者湖泊的距离、距现状城市或者村庄的距离、月平均温度、环境保护区的范围、服务的人口、出水水质的要求。生态塘的大小按照有关的原理确定[89]。通常生态塘系统由一座厌氧塘、一座兼性塘和数座熟化塘构成，熟化塘的数量由敏感性分析确定。

近期有学者利用 GIS 研究垃圾填埋的选址、流域或者地下水。Gemitzi 等利用 GIS 进行自然污水处理系统的选址，如生态塘系统，依据是处理工艺；综合考虑环境、设计标准、地形、可利用土地、地质等因素；距离主要河流或者湖泊，现有的国家环境保护区的距离；服务的人口、需要处理的污水的性质、出水的水质标准等。污水处理生态塘的大小由 Mara 和 Pearson[90,91] 的理论确定。

GIS 选址技术应用于希腊以北的 Thrace 地区。研究区面积为 8500 km^2，属于乡村地区，地中海气候，夏季炎热干旱；这个地区的小村庄没有污水处理设施。如图 3.8 所示，利用 GIS 确定村庄的位置（a），地下水的位置和地下水保护区（b），河流和湖泊的位置（c），国家公园的位置和范围（d），草地和非林地的位置和范围（e），确定生态塘可用地选址（f）。依据上述步骤计算出生态系统的占地面积和现状可用地的面积，最终确定可用地的选址[92]。

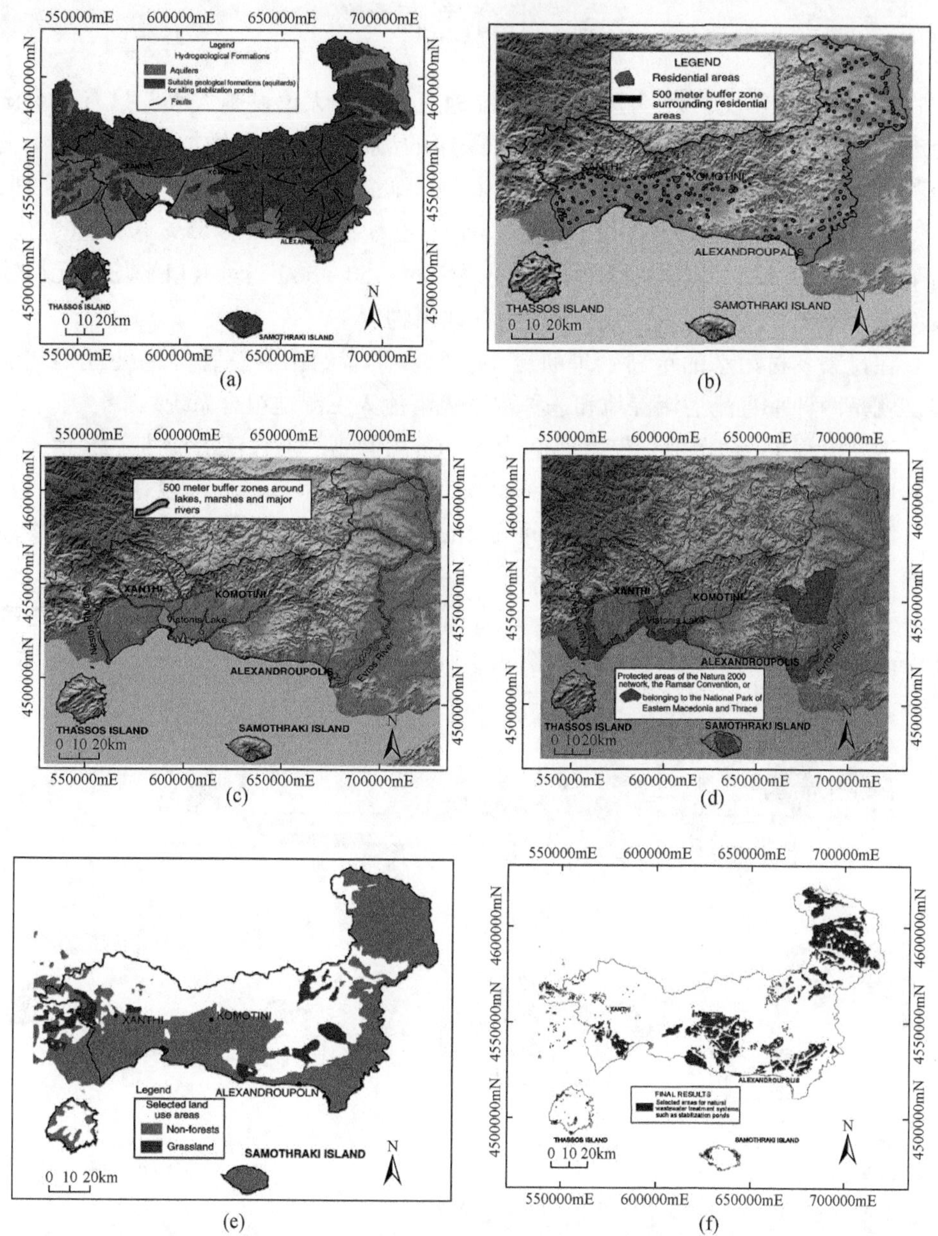

图 3.8　利用地理信息系统 GIS 进行生态系统选址的步骤图

3.3 组合生态系统

20 世纪 80 年代，第一座潜流人工湿地应用时，无论设施大小，只有一个湿地床。现在，考虑连续流和处理水量，采用的湿地床的数量增加。在 1998 年奥地利运行的 23 座湿地处理设施中，57% 是一级湿地处理，29% 二级湿地处理，14% 多级湿地处理。75% 间歇负荷，25% 是连续流系统[93]。55% 采用重力流，对于 50 当量人口的平均单元植物表面积为 $7m^2$，50 ~ 500 当量人口平均单元植物表面积为 $4.2m^2$，所有系统用芦苇作为湿地植物。

在过去乡村污水的革新管理研究中，欧洲学者给出了三种湿地处理工艺流程，就是两种垂直流潜流湿地和一种水平流潜流人工湿地组合系统。

工艺流程 1：初沉池，停留时间为 5 ~ 6d，单池，垂直流潜流人工湿地，当量人口的湿地面积为 $4m^2/pe$，最终净化塘。

工艺流程 2：初沉池，停留时间为 2d，两级垂直流潜流人工湿地，最终净化塘。

工艺流程 3：初沉池，预过滤，或者前处理，水平流潜流人工湿地，最终净化塘。三种不同的工艺组合系统如图 3.9 所示。

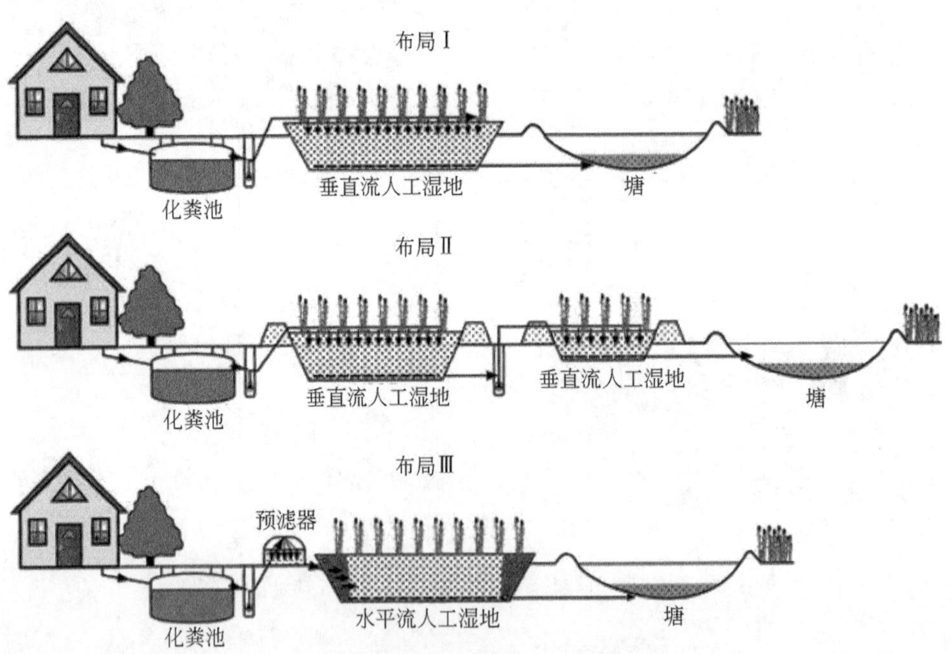

图 3.9 三种不同工艺组合系统

上述流程中全部采用了化粪池、提升泵、芦苇床（种植密度为4棵/m^2）和最后的净化塘组合系统，该组合系统缓冲能力、抗冲击负荷的能力显著增强。

3.4　化粪池-生态基础设施的预处理

在多数国家，化粪池是主要的生活污水的预处理设施。在农村地区，用于污水处置的设施有限，污水和污泥的处置是重要的挑战[94]。化粪池是简单实用的处理单元，在美国和世界其他发达国家应用的历史长，可以达到较高和稳定的预处理水平。通常是一个或者多个化粪池联合施用，作为分散处理系统的第一个处理单元。化粪池是一种利用沉淀和厌氧发酵的原理，去除生活污水中悬浮性有机物的处理设施，属于初级的过渡性生活处理构筑物。生活污水中含有大量粪便、纸屑、病原虫……悬浮物固体浓度为100～350mg/L，有机物浓度COD_{Cr}为100～400mg/L，其中悬浮性的有机物浓度BOD_5为50～200mg/L。污水进入化粪池经过12～24h的沉淀，可去除50%～60%的悬浮物。沉淀下来的污泥经过3个月以上的厌氧发酵分解，污泥中的有机物分解成稳定的无机物，易腐败的生污泥转化为稳定的熟污泥，改变了污泥的结构，降低了污泥的含水率。定期将污泥清掏外运，填埋或用作肥料。化粪池的沉淀部分和腐化部分的计算容积，应按《建筑给水排水设计标准》（GB 50015—2019）第4.8.4～第4.8.7条确定。污水在化粪池中停留时间宜采用12～36h。对于无污泥处置的污水处理系统，化粪池容积还应包括储存污泥的容积。对可溶性有机物和胶体有机物的总去除率只有20%左右。池中污泥经过三个月的酸性发酵后作为肥料进行清掏，清掏周期取决于气候和进水温度。每年1～2次作为污泥完全硝化分解的设计参数，保持池中有20%的熟化污泥作为新污泥硝化的种子。

化粪池中发生物理、化学和生物过程。可沉淀的污泥通过沉淀，在化粪池的底部形成污泥层。油脂通过悬浮在化粪池的液体的上部形成浮渣层；一部分颗粒和可溶解的物质通过较长的水力停留时间，利用化学和生物反应去除。HRTs典型的设计值为24～48h。但实际运行时，进水量远小于设计水量，水力停留时间会更长。

固体停留时间取决于固体积累和固体清掏周期之间的比，对于住宅污泥，停留时间为3～10年或者更多（如高速路休息区），污泥停留时间也可以少于1年或者更少。

在污泥层和浮渣层之间的上清液作为化粪池出水排出，典型化粪池可以去除悬浮污泥中60%～80%的BOD_5。有机氮被转化为氨氮，以营养物形式被去除。但是去除能力不高，出水中仍然含有大量的营养物和病原体。

最早的化粪池出现在1895年的英国和法国，那时化粪池是由进水、出水和进行泥水分离的池体组成，也可以发生硝化作用，如图 3. 10 所示。

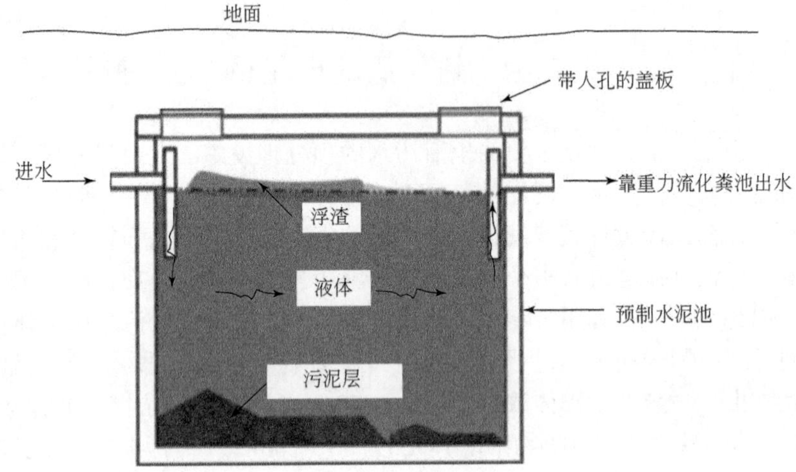

图 3. 10　早期法国和英国的化粪池示意图

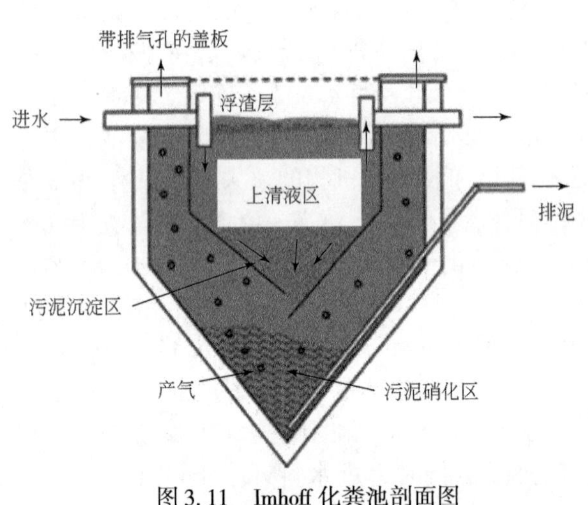

图 3. 11　Imhoff 化粪池剖面图

对最早的法国和英国化粪池进行革新，形成了 Imhoff 化粪池，1906 年在德国发明，Imhoff 化粪池包括两部分沉淀和厌氧硝化，如图 3. 11 所示。

直到 20 世纪 50 年代之后，作为预处理单元和独立的硝化设备才大规模使用。

现代版的化粪池更加注重泥水分离，强化厌氧发酵，在设备内增加现代工业器件，如图 3. 12 所示。

化粪池的典型结构为两室或三室，如图 3. 12 所示，每室顶部有一个检修的人孔，在第一个隔室有进水口，在最后一个隔室有出水口，第一间隔室通常比其他隔室大，主要用于悬浮固体的沉淀和下部悬浮固体或污泥硝化/稳定。两间隔室之间的隔离墙上安装有连接管，用于将前一隔室的废水和污泥输送到下一隔室，对废水和污泥进一步处理。

由于化粪池设计简单，上部污水处理区与下部污泥硝化区不分离，且污泥硝化条件差，如温度较低（一般小于 20℃），污泥混合不均匀，化粪池系统运行性能一般较差，污泥硝化仅限于酸性发酵，过程中产生 VFA、H_2、CO_2、H_2S，使化粪池出水呈酸性，pH 为 5~6，且有刺激性气味，不能直接排放到环境中，需要进一步处理。

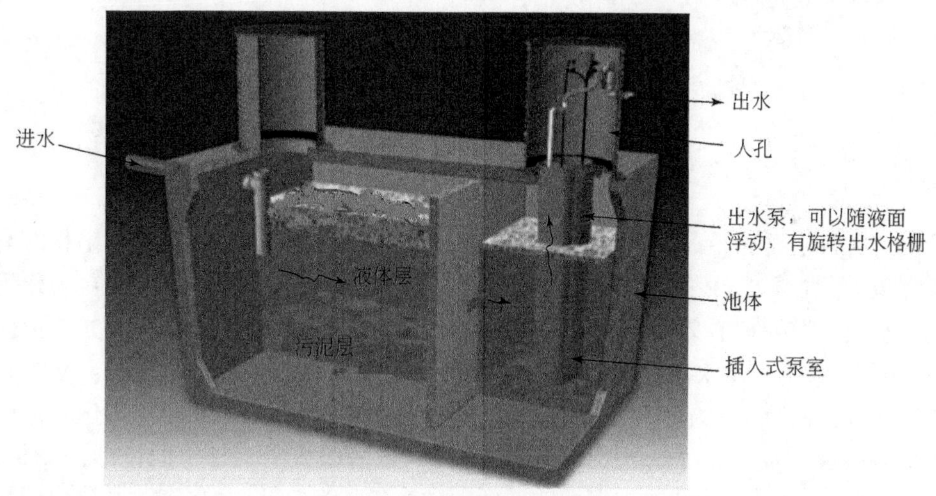

图 3.12　现代设备增强化粪池

过去，化粪池的出水以渗井的方式进入地下渗漏系统，这是 19 世纪中国哈尔滨在无水源地区的一种常见做法，而美国的小型无水源社区则常用渗漏管道。然而，渗漏系统往往会对地下含水层造成污染，导致地下水恶化，如地下水硬度增加、化粪池系统出水造成的酸性和还原性条件使得铁和锰从地下含水层土壤中滤出。因此，大多数此类渗漏系统已被弃用。

化粪池设置条件：根据住房和城乡建设部颁布的新规定，居住区的化粪池的设置要因地制宜，因为城市有污水处理系统和污水处理厂，不需要在该区设置化粪池。但在小城镇，没有污水处理系统或污水处理设施，应该建立化粪池预处理单元作为临时处理方式。

3.4.1　化粪池设计

根据化粪池内固体废物的沉降条件和储存量，对化粪池进行水力条件计算，确定了化粪池的深度、宽度和长度。化粪池深度应大于 1.3m，宽度应大于 0.75m，长度应大于 1.0m，若选用圆形池，则化粪池直径应不小于 1.0m。

对于两室化粪池，第一间隔室的容量应等于化粪池总容量的 75%。对于三室化粪池而言，第一间隔室的容量应等于化粪池总容量的 50%，第二间隔室和第三间隔室的容量应分别等于化粪池总容量的 25%。

隔室间存在气孔，便于进行气体交换。化粪池入口需要定向流动设施，化粪池出口需要防浮渣屏障。化粪池的顶部有一个检修人孔，检修人孔的盖子是密封的。

化粪池容积计算：化粪池总容积取决于服务人口、污水水力停留时间和污泥量，容积计算公式为

$$V = V_1+V_2+V_3$$
$$V_1 = N \cdot q \cdot t / 24 \cdot 1000$$
$$V_2 = 1.2\times[\ a\ N\ T\ (1.0-b)\ K]\ /\ (1.0-c) \cdot 1000 = 0.000336N \cdot T$$
$$V_3 = [\ (V_1+V_2)/H]\times h_{\mathrm{f.b}} \tag{3.1}$$

式中，V_1为化粪池污水沉淀有效容积，m^3；V_2为化粪池沉积污泥收集与硝化的有效容积，m^3；（V_1+V_2）为化粪池污水及其污泥处理总有效容积，m^3；H为化粪池污水及污泥处理有效深度，一般设计为1.5～2.0m；V_3为自由水面上挡板体积，m^3；$h_{\mathrm{f.b}}$为自由水面上挡板高度，一般设计为水面以上0.3～0.5m；N为化粪池服务人口数；q为每人每天设计排放的污水量，L/（人·d）；t为化粪池废水水力停留时间，h；T为污泥清理周期，d；a为每人每天排出的设计污泥量，0.7L/（人·d）；b为化粪池沉淀的原污泥含水量，95%；c为化粪池发酵后硝化污泥含水量，90%；K为硝化后体积折减系数；1.2为清掏后的成熟污泥体积系数。

清理周期为1年时，不同类型化粪池的最大服务人口如表3.6所示。

表3.6 不同类型化粪池清理周期为1年时的最大服务人口

类型	有效容积/m^3	污水来源和排放标准														
		医院、托儿所					宿舍居住区				教学楼			电影院、活动场所		
		50	100	200	300	400	100	150	200	250	50	100	200	10	30	50
1	2.0	12 12	12 9	9 6	7 5	6 4	17 12	14 10	12 8	11 7	30 30	30 22	22 15	120 120	120 120	120 120
2	4.0	23 23	23 18	18 12	15 10	12 8	32 25	28 21	25 17	22 15	57 57	57 45	45 30	230 230	230 230	230 230
3	6.0	35 35	35 27	29 19	22 14	19 12	50 38	44 31	38 27	34 22	87 87	87 67	67 47	350 350	350 350	350 350
4	9.0	52 52	52 41	41 28	33 21	28 17	74 58	65 47	58 40	52 34	130 130	130 102	102 70	520 520	520 520	520 520

续表

类型	有效容积/m³	污水来源和排放标准														
		医院、托儿所					宿舍居住区				教学楼			电影院、活动场所		
		50	100	200	300	400	100	150	200	250	50	100	200	10	30	50
5	12.0	69	69	54	44	37	98	87	77	70	172	172	77	690	690	690
		69	54	37	29	25	77	62	52	45	172	135	92	690	690	690
6	16.0	93	93	72	59	50	132	117	102	92	232	232	180	930	930	930
		93	72	50	38	31	102	84	71	61	232	180	125	930	930	930
7	20.0	116	116	91	74	62	165	145	130	115	290	290	227	1160	1160	1160
		116	91	62	48	38	130	105	88	77	290	227	155	1160	1160	1160
8	25.0	145	145	113	92	78	207	182	161	145	362	362	282	1450	1450	1450
		145	113	78	59	48	161	131	111	95	362	282	195	1450	1450	1450
9	30.0	198	175	136	111	93	250	218	194	174	495	437	340	1980	1980	1980
		175	136	93	71	58	194	158	132	115	437	340	232	1980	1980	1980
10	40.0	265	234	181	148	125	334	291	258	232	662	585	452	2650	2650	2650
		234	181	125	95	77	258	211	178	154	585	452	312	2650	2650	2650
11	50.0	331	292	226	185	156	417	364	322	290	827	730	565	3310	3310	3310
		292	226	156	119	96	322	264	222	192	730	565	390	3310	3260	2920
12	75.0	496	437	339	277	234	627	547	484	435	1240	1097	847	4960	4960	4960
		439	339	234	178	144	484	395	334	288	1097	847	585	4960	4880	4390
13	100.0	661	585	453	369	312	835	728	647	581	1652	1462	1132	6610	4960	6610
		585	453	312	238	192	647	527	445	385	1462	1132	780	6610	4880	5850

清理周期为 6 个月时，不同类型化粪池的最大服务人口如表 3.7 所示。

表 3.7　不同类型化粪池清理周期为 6 个月时的最大服务人口

类型	有效容积/m³	污水来源和排放标准														
		医院、托儿所					宿舍居住区				教学楼			电影院、活动场所		
		50	100	200	300	400	100	150	200	250	50	100	200	10	30	50
1	2.0	23	18	12	10	8	25	21	17	15	57	45	30	230	230	120
		18	12	8	6	4	17	14	11	8	45	30	20	230	230	120
2	4.0	46	36	25	19	15	51	42	35	31	115	90	62	460	460	230
		36	25	15	11	9	35	27	21	18	90	62	37	460	460	230

续表

类型	有效容积/m^3	污水来源和排放标准																
		医院、托儿所					宿舍居住区				教学楼			电影院、活动场所		
		50	100	200	300	400	100	150	200	250	50	100	200	10	30	50
3	6.0	69	54	37	29	23	77	62	52	45	172	135	92	690	690	350
		54	37	23	17	13	52	41	52	27	135	92	57	690	690	350
4	9.0	104	81	56	43	35	115	94	80	70	260	202	140	1040	1040	520
		81	56	35	25	20	80	61	50	41	202	140	87	1040	1040	520
5	12.0	139	109	75	57	46	155	127	107	92	347	272	187	1390	1390	690
		109	75	46	33	26	107	81	65	55	272	187	65	1390	1320	690
6	16.0	185	145	100	76	61	207	168	142	122	264	362	250	1850	1850	930
		145	100	61	44	35	142	108	87	74	362	250	152	1850	1760	930
7	20.0	231	181	125	95	77	258	211	178	154	577	425	312	2310	2310	1160
		181	125	77	55	43	178	135	110	91	452	312	192	2310	2200	1160
8	25.0	289	226	156	119	96	322	264	222	192	722	565	390	2890	2890	1450
		226	156	96	69	54	222	170	137	115	656	390	240	2890	2750	1450
9	30.0	351	272	187	143	115	388	315	267	231	877	680	467	3970	3190	1980
		272	187	115	83	65	267	204	164	138	680	467	287	3970	3320	1980
10	40.0	468	362	249	190	154	517	421	355	308	1170	905	622	5290	5210	2650
		362	249	154	111	87	355	271	220	184	905	622	385	5290	4430	2650
11	50.0	585	453	312	238	192	647	527	445	385	1462	1132	780	6610	6510	3310
		453	312	192	139	109	445	340	274	230	1132	780	480	6610	5540	2920
12	75.0	877	679	467	356	288	970	791	667	577	2192	1697	1167	9920	9770	4960
		679	467	288	208	163	667	508	411	345	1697	1167	720	9920	8310	4390
13	100.0	1170	905	623	475	384	1292	1054	890	770	2925	2262	1557	13230	13026	6610
		905	623	384	277	217	890	678	548	460	2262	1557	960	13230	11080	5850

3.4.2 化粪池施工要求

化粪池外墙距建筑物外墙大于5m，给水设施外墙距化粪池外墙大于30m。当通过化粪池的污水量不超过10m^3时，采用两室化粪池。当通过化粪池的废水超过10m^3时，采用三室化粪池。化粪池的处理取决于污水排放情况和地理位置。

材料要求：化粪池施工中普遍采用砖、石、混凝土等材料，化粪池池底、池壁需做防水铺设。

3.4.3　化粪池系统革新

无供水源位置的单个住宅或小型社区最常用的污水管理系统包括用于部分处理废水的化粪池以及用于深度处理和最终处理系统。在过去20年中，分散式废水管理（DWM）系统的实施发生了最显著的变化，即新技术的发展和旧技术的改进。许多新技术和革新技术都有利于废水的再生利用。以下介绍一些应用较广泛的技术。

1. 带出水过滤装置的防水化粪池

预处理有两个显著的改进，包括防水结构良好的化粪池和出水过滤装置，如图3.13所示。采用了被不锈钢筛网覆盖的不锈钢渗滤管制成的污水过滤装置，消除了未经处理固体的排放，化粪池出水水质明显改善，如表3.8所示。

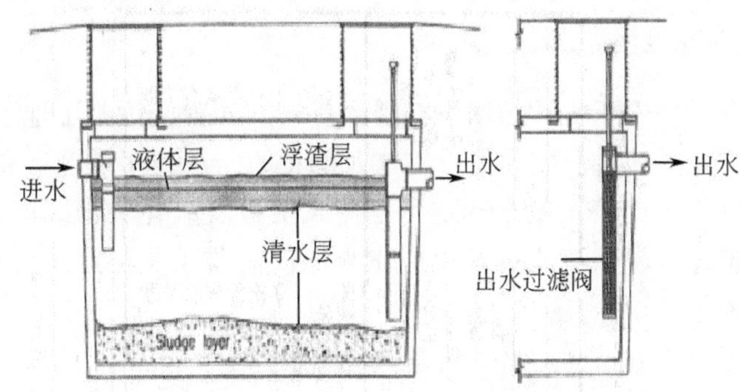

图3.13　带出水过滤装置的防水化粪池

表3.8　居住区化粪池预期出水水质的典型数据

参数	进水浓度[b]/（mg/L）	出水浓度/（mg/L）					
		无出水过滤装置			有出水过滤装置		
		范围[a]	厨房废弃物虚拟值	厨房废弃物真实值	范围	厨房废弃物虚拟值	厨房废弃物真实值
BOD_5	450	150～250	180	190	100～140	130	140
COD	1050	250～500	345	400	160～300	250	300
TSS	503	40～140	80	85	20～55	30	30
NH_3-N	41.2	30～50	40	44	30～50	40	44
有机N-N	29.1	20～40	28	31	20～40	28	31
TKN-N	70.4	50～90	68	75	50～90	68	75

续表

参数	进水浓度[b]/（mg/L）	出水浓度/（mg/L）					
		无出水过滤装置			有出水过滤装置		
		范围[a]	厨房废弃物虚拟值	厨房废弃物真实值	范围	厨房废弃物虚拟值	厨房废弃物真实值
有机 P-P	6.5	4～8	6	6	4～8	6	6
无机 P-P	10.8	8～12	10	10	8～12	10	10
TP-P	17.3	12～20	16	16	12～20	16	16
油脂	164	20～50	25	30	10～20	15	20

a：数据来自 Crites 和 Tchobanoglous，1998；b：假设废物成分完全混合后的浓度。

2. 上流式折板反应化粪池[95]

在埃及的乡村，由于生活污水没有得到有效的处置，污染了地下水，为此进行了不同处置方式的比选，主要是针对埃及的小镇，从技术的建造费用、运行维护费用等方面进行了比较。最终选定了上流式折板反应化粪池。综合考虑占地、建造费用、维护运行，上流式折板反应化粪池仅需要 4.5 美元/m^3，建设费用为 440～730 美元/m^3。

上流式折板反应化粪池，由两个隔室构成，第一个隔室用于污泥沉淀和硝化，第二个隔室用于最后的净化，系统的结构如图 3.14 所示。上流式运行模式主要发生在第一个隔室中，利用重力沉淀和捕获的机制提高悬浮固体的去除，当污泥床形成后，第二隔室起到深度净化的作用，剩余的挥发性脂肪酸和悬浮 BOD 进一步转化为生物气。利用垂直的隔板，将第二隔室分成几个部分，形成推流反应，有利于微生物降解残留的有机物，尽可能地降低出水有机物的浓度。在第一隔室的上部低于出水口的位置还安装了斜板沉淀器，进行固液分离，尽最大可能减少污泥进入第二隔室，斜板的安装角度为 60°。

经过连续一年的运行，COD、BOD 和 TSS 的去除率分别为 84%、81% 和 89%，尤其是第二隔室折板反应室，对污染物质的去除起到了重要的作用。

3. 化粪池改造为混合厌氧反应器[96]

为了改变化粪池池底沉积污泥的静止状态，将进水立管伸入发酵池底部，将进水引向发酵池，与厌氧污泥接触，然后进行酸化和产甲烷发酵，产生各种气体，如 H_2、CO_2、H_2S、N_2 和 CH_4，这些气体以气泡的形式带着污泥絮体向上移动。在气泡向水面移动的过程中，气泡体积不断增大，使向上移动的污泥絮体密度比水大，

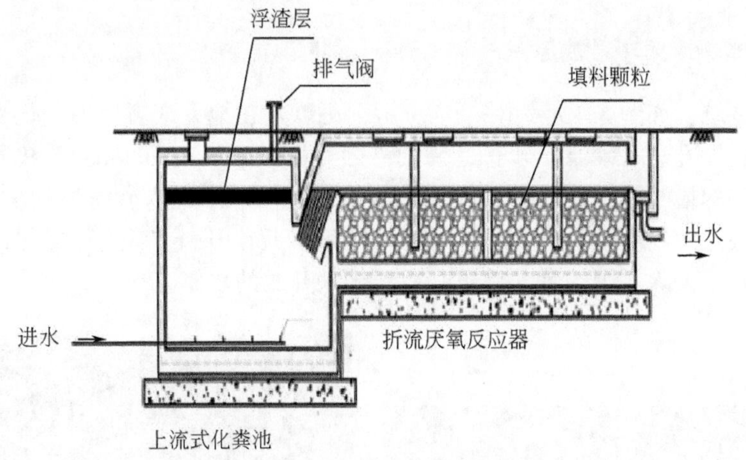

图3.14　上流式折板反应化粪池

最终破裂，然后沉淀下来，这个过程与上流式进水接触，进行厌氧氧化。在某些情况下，在化粪池上部形成固定式或移动式生物膜。改进后化粪池的生物量增加并且均匀分布，以此强化厌氧过程。改进后的化粪池用作厌氧反应器的示意图如图3.15所示。

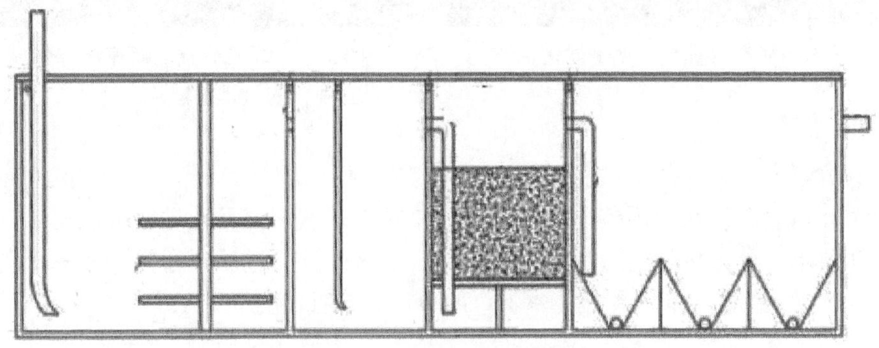

图3.15　厌氧反应器化粪池

安装在第一隔室的三层带孔的碟片，在水流的上升区域，改善流动，增强扰动；在第二隔室中安装了折板，将第二隔室分成了下向流和上向流两个部分，两部分的体积比是1∶2，折板安装的角度为45°，折板的作用是促进污泥和水的混合；在第三隔室中安装了陶粒填料进行过滤，第四隔室是沉淀室。

在第二隔室中，可以增加曝气系统，化粪池也可以被改造成厌氧（第一隔室）与好氧（下一隔室）混合的生物反应器，如落水、空气型曝气器、地表或地下曝气器、传统曝气系统。改造后的化粪池作为一个综合的二级处理单元，出水水质较好，可以排入附近的受纳水体，也可回收再用，如浇灌花园和绿化带。

4. 化粪池-循环砂滤系统

砂滤系统，如图 3.16 和图 3.17 所示，可以建在地上或者地下，化粪池出水进入泵站，提升进入砂滤，砂滤是聚氯乙烯［poly（vinyl chloride），PVC］衬或者水泥衬砌的槽，其中装填砂子，化粪池出水在低压下进入砂滤池的滤层上部，通过砂滤层过滤处理污水，处理后的污水排到附近农田，或者用作绿化用水。砂滤可以较好地去除水中的营养物质，适于排入开放的水体。

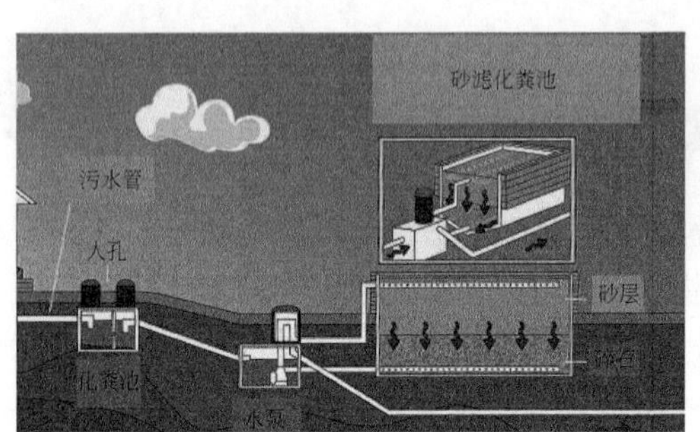

图 3.16　循环砂滤化粪池一体化系统

图 3.17　单户住宅的循环颗粒介质过滤器的照片[97,98]

砂滤器是一种有效的过滤系统。这种系统性能优异、可靠，施工和运行/维护成本相对较低，在美国各地的独户住宅中很受欢迎。经循环砂滤的出水水质如表 3.9 所示，可做各种重复利用，如滴灌等。循环砾石过滤器通常用于较大的流量。化粪池-砂滤一体化系统（RGF）的典型设计标准见表 3.10。

表 3.9　关于 ISF 过滤器 BOD 和总氮去除性能的总结[a]

研究地点	BOD_5			总氮		
	进水/（mg/L）	出水/（mg/L）	去除率/%	进水/（mg/L）	出水/（mg/L）	去除率/%
Grantham[b]，FL（1949）	148	14	90	37	32	14
Furman，FL（1955）	57	4.8	92	30	16	47
Sauer，WI（1977）	123	9	93	nd[c]	nd	nd
Ronayne，OR（1984）	217	3.2	98	58	30	48
Effert[d]，OH（1988）	127	4	97	42	38	10
Stinson Beach，CA（1987～1990）	203	11	94	57	41	28

续表

研究地点	BOD$_5$			总氮		
	进水/（mg/L）	出水/（mg/L）	去除率/%	进水/（mg/L）	出水/（mg/L）	去除率/%
Nort，Davis，CA（1991）	82	0.5	99	14	7.2	47
Town of Paradise，CA（1992）	148	6	96	38	19	50
Stinson Beach，CA（1996～1997）	180	<5[e]	97	60	35	42

a：来自 Crites and Tchobanoglous，1988；b：相对较高的水力负荷率［69.4～163.2L/（m^2·d）］和较浅的河床（45.7～76.2cm）；c：nd 为无数据；d：高水力负荷率［81.6～408L/（m^2·d）］；e：小于5mg/L 的值报告为通过实验分析小于5。

表3.10　化粪池-砂滤一体化系统（RGF）的设计标准

设计参数	单位	ISF		RGF	
		范围	典型值	范围	典型值
过滤介质材料		耐洗砂	耐洗砾石		
有效尺寸	mm	0.25～0.75	0.35	1～5	3
深度	mm	450～900	600	450～900	600
统一系数	U. C.	<4	3.5	<2	2.0
暗渠					
类型		开槽或穿孔排水管		开槽或穿孔排水管	
尺寸	mm	75～100	100	75～100	100
坡度	%	0～0.1	0	0～0.1	0
压力范围	—				
管道尺寸	mm	25～50	38	25～50	38
孔口尺寸	mm	3～6	3	3～6	3
孔上压头	m	1～2	1.6	1～2	1.6
横向间距	m	0.5～1.2	0.6	0.5～1.2	0.6
孔口间距	m	0.5～1.2	0.6	0.5～1.2	0.6
水力负荷	mm/d	16～48	40	120～240	200
有机负荷	kg BOD/m^3·d	0.0025～0.01	<0.005	0.01～0.04	<0.02
加药频率	次/d	12～72	18	—	—
循环速率	—	—	—	3.1～6.1	4.1
加药频率	min/30min	—	—	1～10	5
加药罐容积	日流量	0.5～1.0	0.5	0.5～1.0	0.5
过滤器温度	℃		>4		>4

5. 化粪池–压力加药浅沟

在乡村，没有污水处理设施的情况下，化粪池或其他处理单元出水的最终处理和处置通常通过土壤吸附和过滤完成。土壤吸收过滤，是化粪池出水常用的处理措施，土壤渗滤由一系列的浅沟组成，沟的深度为 0.9 ~ 1.5m，沟内装填多孔介质，如碎石等，化粪池出水经过间歇的重力流进入浅沟，在进入浅沟前为了提高水质，可以利用加药泵加药。改进的浅沟的设计是沟内不再装填碎石，仅利用土壤的吸附和降解作用，可以显著提高 BOD、COD、TSS、P、NH_3 等的去除率，浅沟的设计如图 3.18 所示。

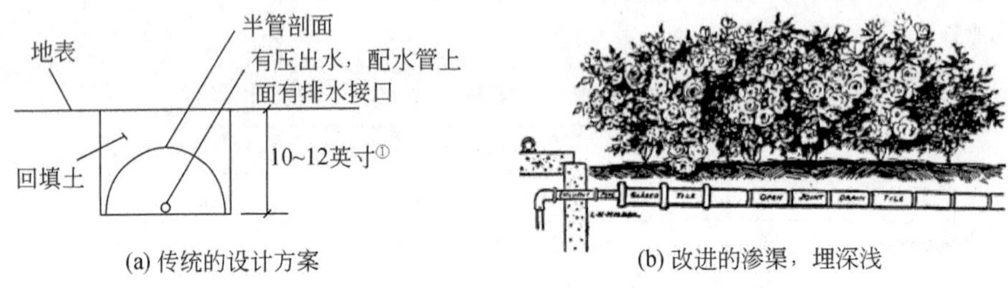

图 3.18　用于化粪池污水再利用和处理的浅沟

6. 化粪池出水滴灌

滴灌技术可以在地表和地下进行灌溉，而不存在阻塞问题。经过砂滤器等设备的优质出水可用于园林等作物的滴灌。现代滴灌技术有一个滴灌喷灌控制装

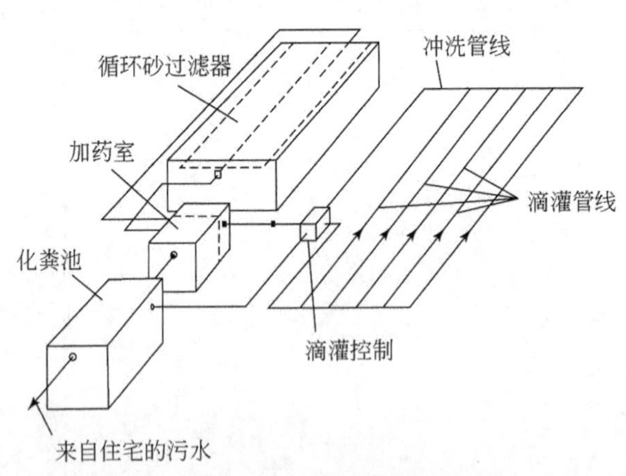

图 3.19　个人住宅典型滴灌系统示意图[111]

① 1 英寸≈2.54cm。

置，在装置内部形成湍流通道，可以减少悬浮固体的堵塞。滴灌喷灌控制器直径为1.5～1.8 mm，流速为4～8L/h。滴灌系统通常需要73.4～122.3kg/m^{2}的压力，滴灌系统设计有冲洗管线，并定期加氯以防细菌生长堵塞灌溉系统。个人住宅典型滴灌系统如图3.19所示，灌溉管线间隔也为0.6m，该系统比较适合于沙土。对于水横向流动受限制的黏土，使用0.4～0.45m间距，滴灌管线的埋深为150～250mm，推荐施用率为1.5L/m^2。

3.5　化粪池-湿地-塘组合系统

波兰国家公园远离城市，周围分布了村庄，在公园的内部分布了5栋建筑，生活污水收集后进入化粪池，为了解决污水处理有效保护国家公园的生态环境，在三个村庄Kosobudy、Zwierzyniec和Florianka进行污水处理。采用的处理工艺包括：三室的化粪池，进行物理沉淀，经过配水井进入垂直流人工湿地，二级和三级水平流人工湿地，经过过滤堰出水进入配水井，最终进入生态塘。工艺流程如图3.20所示，景观效果图如图3.21所示。在预处理设备中去除40%～50%的TSS、25%～40%的BOD_5、20%～40%的COD、>10%的生物质化合物、70%～80%的脂肪和矿物油。主要工艺参数见表3.11。

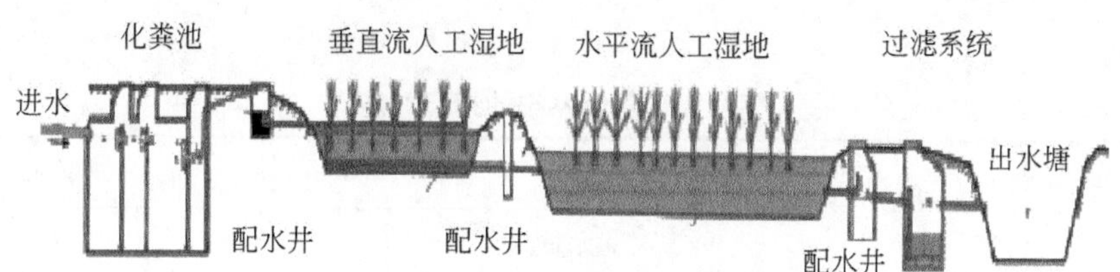

图3.20　组合系统工艺流程图

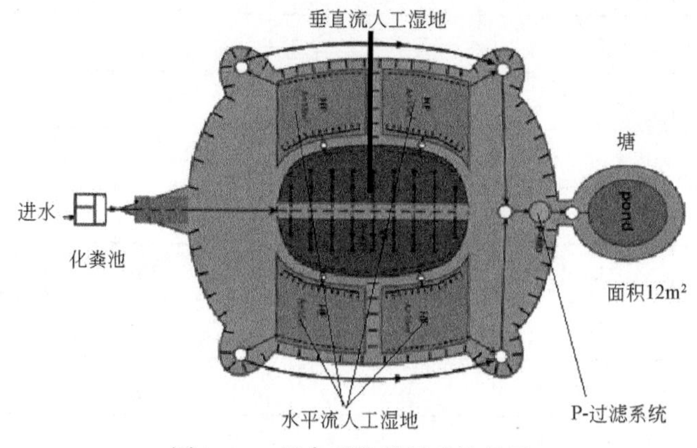

图3.21　组合系统的景观效果图

表 3.11 组合生态系统的主要工艺参数

设施	单位	Kosobudy	Zwierzyniec	Florianka
当量人口数		20	4	10
流量	m^3/d	2.0	0.4	1.0
化粪池有效容积	m^3	8.0	4.0	5.0
湿地类型				
水甜茅	m^2	Ⅰ-60（VF）	—	—
芦苇	m^2	Ⅱ-60（HF）	Ⅰ-18（VF）	Ⅰ-40（VF）
柳树	m^2	Ⅲ-60（Hf）	Ⅱ-30（HF）	Ⅱ-56（HF）
总面积	m^2	180	48	96
启动时间		2014 年	2014 年	2015 年

三室化粪池的体积由接受污水的当量人口确定，该项目预测为 $3m^3$，产生的污泥为 3.35 m^3，含水率为 93%。

自从 2014 年投产运行，对系统去除效果进行了监测，分析结果如表 3.12 所示。

表 3.12 组合系统的运行效能

参数	单位	Kosobudy	Zwierzyniec	Florianka
		进水负荷		
TSS	kg/d	0.6	0.12	0.3
BOD_5	kg/d	0.8	0.16	0.4
COD	kg/d	1.6	0.32	0.8
TP	kg/d	0.04	0.08	0.2
		出水负荷		
TSS	kg/d	0.07	0.014	0.035
BOD_5	kg/d	0.05	0.020	0.025
COD	kg/d	0.25	0.050	0.125
TP	kg/d	0.01	0.020	0.050

TSS 的去除率大于96%，有机物 BOD_5 的去除率为97% ~99%；COD 的去除率为94% ~95%，总氮的去除率为45.7%，大肠杆菌和粪便大肠杆菌的去除率为100%。处理设施采用近自然的技术路线，湿地和生态塘投资小，维护运行费用远低于活性污泥处理系统，运行费用只是每年化粪池的清掏和处置费用。处理设施可以长期有效保护环境削减点源污染，由于处理厂采用本地湿地物种与景观物种高度融合，起到了美化的作用。

3.6 生态沟渠

生态沟渠是指具有一定宽度和深度，由水、土壤和生物组成，具有自身独特结构并发挥相应生态功能的沟渠生态系统。生态渠能够通过截留泥沙、土壤吸附、植物吸收、生物降解等一系列作用，减少水土流失，降低进入地表水中氮、磷的含量。

生态拦截型沟渠系统主要由工程部分和生物部分组成，工程部分主要包括渠体及拦截坝等，生物部分主要包括渠底、渠两侧的植物；两侧沟壁具有一定坡度，沟体内相隔一定距离构建小坝减缓水速、延长水力停留时间，使流水携带的颗粒物质和养分等得以沉淀和去除。生态沟渠通常采用梯形断面、复式断面和植生型防渗砌块技术。

农田中的沟渠是农村空间纹理和环境生态系统中的重要元素，除了肩负通行、灌溉、排水等功能外，还可提供水生动植物的栖息地和田间动物的迁移廊道，拥有生态保育的多样化机能。

3.6.1 沟渠的作用

路沟渠是农田边界的组成部分，将生态系统串联起来。Bunce 和 Hallam[100]对英国所有线状廊道（树篱、河流、道路、墙、沟渠、篱笆等）植物种类进行的调查结果表明，农田边界对植物多样性保护具有重要意义。作为农田生物的运动廊道，农田边界能连接嵌块体栖息地，保护农田种群，其结构将影响农田生物在嵌块体间的迁移。许多物种依赖田间水路为生，水路提供生物觅食、筑巢、繁衍、栖息、避敌的生活空间，将农田串连成特殊且密切的区域生态系统。在夏季和冬季的基流条件下，沟渠在生态学和物理学上的功能与线性湿地相似，是具有河流和湿地特征的、独特的工程化生态系统[99,101]，具有水文、生物、水环境等效应。

作为水生动植物的栖息地和田间动物的迁移廊道。沟渠是影响区域生物活动、种类和数量的重要因素，对保持农业景观的生物多样性具有重要意义，从其中生物的多寡可以了解该地区生活环境的优质与否。Katano 等[103]研究发现，鱼类在沟渠和农田之间的迁移与沟渠和周围农田的水力连通性密切相关，鱼类自由迁移的难易度影响它们的捕食和繁殖，从而影响沟渠中鱼的物种丰富度。Mazerolle[104]在研究沟渠对青蛙活动的影响后认为，沟渠系统可作为青蛙活动的通道，有利于青蛙的迁移和繁殖。此外，沟渠还具有涵养地下水、净化水质的功能。

增强生态服务能力。Herzon 和 Helenius[105]研究北半球的温带和寒带地区农田排水沟渠中的生物状况。农田排水沟渠作为生物的栖息地和生存空间，有助于提供生态系统服务。排水沟渠的功能如调节水量、截留降解营养物质等都依赖于沟渠中各种生态物种。

净化水质。由于化肥、农药的大量使用，农田灌溉余水的排放是对生态沟渠中生物的最大威胁。Gill 等[106]提出建造生态沟渠作为农田和收纳水体的过渡带、净化带以减少农药和有机肥料从农田中迁移至河道、湖泊中。建造生态沟渠以延长水在沟渠的停留时间，在沟渠中种植各种植物，增加植物对营养物质的吸收和吸附功能。Strock 等[107]研究通过人工建造排水沟渠以延长水力停留时间可以减少 N 的转移，增加 N 的去除。Calvert 等[108]对植物农田排水沟渠中水质的时空变化进行了研究，得出水质不仅随季节的变化而变化，也随着空间（沟渠位置）的变化而变化。Janse 等[109]对排水沟渠中的水体富营养化作用进行了研究，排水沟渠水体富营养化的主要原因是灌溉余水排放和雨水冲刷，使营养物质迁移至沟渠中。Casey 等[110]研究得出沟渠湿地是截留和转化农业面源污染物的关键场所。在生长季节，降水径流、灌溉等将农田中的 N、P 营养元素排入沟渠湿地中，促进沟渠植物的生长，减轻 N、P 在水体中的污染负荷；但是在秋冬季节，植物地上部分死亡以后，有机残体开始分解，营养物质将重新释放出来，加重了水体的污染。Jorden 等[111]研究发现有机物也能在底泥中累计和储存，或在微生物作用下发生矿化作用，转变为无机营养物质，这些因素相互作用将影响沟渠湿地输出有机物及 N、P 的浓度[112]。

增强生物截留和降解污染的措施。Abe 和 Ozaki[113]通过人工建造排水沟渠，底部铺设沸石，种植农作物、植物等。实验沟渠通过截留、植物的摄取和沟渠的过滤等能够有效地去除微粒磷，渠中植物则能够有效地去除 PO_4^{3-}-P。生态沟渠能在一定程度上去除 NH_4^+-N 和 NO_3^--N，在夏季能够取得较好地去除效果。N 的去除主要是通过反硝化作用和植物的吸收。在冬季和春初，通过在沟渠底部铺设干草、秸秆等，能够有效地提高 N 的去除率。Jiang 等[114]研究沟渠湿地可通过底泥截留吸附、植物吸收和微生物降解净化农田排水汇集的非点源污染物。芦苇和茭草是沟渠中自然生长的两种主要挺水植物，能有效吸收 N、P 营养成分，是沟渠湿地净化非点源污染物的主要机制。芦苇和茭草收割以后，每年可以带走 463 ~ 515kg/hm^{2}的 N 和 127 ~ 149kg/hm^{2}的 P，相当于当地 213 ~ 213hm^{2}农田流失的氮肥，113～310 hm^2农田流失的磷肥，而且茭草的吸收和分解能力明显高于芦苇。因此定期收割是保证自然湿地净化功能、减轻湖泊富营养化的有效措施。20 世纪 90 年代以来，针对生物的生存空间被城市或道路的建设所切割，许多学者针对现有的路沟渠，特别是路沟渠所产生的生态问题，进行了生态化的改良设计。2004 年，我国台湾地区颁布的《农田水利建设应用生态工法规划设计与监督管理作业要点》规定，农路路面应以碎石级配等透水性材料铺设为原则[115]。

修复破碎的生态空间。Rosenberg 等[116]和 Jongman 等[117]针对生存空间破碎化的现象，提出了生态廊道的观念，希望人们在规划设计道路时，将动物安全通道也考虑在内，连接各孤立的栖息点，使之成为较完整的生存栖息空间，以保护生物多样性。在农地整理过程中，农路应尽可能沿着地形坡度进行设计，避免大量挖填土方，并以最小宽度减轻对生态环境的影响；预定设置农路的路线需事先调查是否有珍贵稀有的植物或动物栖息地，并应规划野生动物安全穿越的适当通路。沟渠设计如果仅以输水或排水为目标，忽略水边原有的生态维持功能，以混凝土为护岸并移除所有水生植物，失去了原有的栖息生物。沟渠环境与生态功能密切相关，不同形式与结构的沟渠设计的经济效益与生态功能存在显著差异。

3.6.2　控制农业非点源污染的应用

何元庆等[118]研究以珠海市斗门区上洲村典型稻田系统为例，提出了一种适应当地实际情况的生态沟渠型人工湿地构建技术，并进行了示范工程建设和防治效果评价。结果表明：该生态沟渠利用农田既有的排灌系统，经过适当改建而成；在满足原有排灌功能的前提下，对稻田排水径流中 SS、TP、TN、COD、NH_4^+-N 和 BOD_5的去除效率分别达到 71.7%、63.4%、49.9%、26.6%、14.5% 和 11.6%；对营养型和颗粒态污染物净化作用效果较好，对有机型污染物净化作用有限；其中对 SS 和 TP 的作用最为明显。该技术和工程成本效益良好，既减轻了稻田排水对附近水体的污染负荷，又增加了农田的景观效果。在珠三角及类似的经济发达而人地关系紧张的地区具有一定的推广价值。

杨林章等[119]结合太湖流域的实际情况提出生态拦截型沟渠系统，它主要由工程部分和植物部分组成，能减缓水速，促进流水携带颗粒物质的沉淀，有利于构建植物对沟壁、水体和沟底中逸出养分的立体式吸收和拦截，从而实现对农田排出养分的控制。试验区沟渠植物具有一定的经济价值，且景观效果良好。沟渠系统对农田径流中 TN、TP 的去除效果分别达到 48.36% 和 40.53%。此外，该生态工程的另一个显著优点就是不另外占用土地，符合平原水网地区农田沟渠的实际，具有很好的推广应用潜力。

姚剑亭等[120]利用生态沟渠塘减少农田径流排放负荷。以苏州市相城区宅基村生态沟渠塘 N、P 拦截工程建设为研究对象，通过对原有排水沟渠修缮 1834m^2、新开挖生态主沟渠 6800m^{2}和人工净化生态塘 6000m^{2}等工程建设，计算工程实控面积内的径流排放负荷。结果表明：33.3hm^{2}农田 TN 和 TP 年径流排放净负荷分别为 2552.22kg 和 95.00kg，沟渠径流年截留负荷 TN 和 TP 分别为 1225.07kg 和 50.35kg，生态塘减少年径流排放负荷 TN 和 TP 分别为 1327.15kg 和 44.65 kg，出水浓度 TN6.32≤15mg/L、TP0.25≤0.5mg/L，均达到一级 A 排放标准。该研究为太湖流域农业非点源污染的有效控制提供了理论依据。

3.6.3 生态沟渠的设计

沟渠的生态改善可着重在沟渠内壁、纵横断面构造和渠岸改善三方面，其中包括生态材料的应用和施工方式的改进等[121]。为了更好地为鱼类和水生昆虫提供栖息场所，可采用沟渠侧壁设 PVC 管、空心砖、凹洞，以及在侧壁和水路底铺设卵石等改良方式。农田排水沟以土渠及未封底的缓坡护岸排水沟可提高水面和绿草覆盖率，能提升整理后农地的生态功能。护岸的多孔质空间和水边林可为昆虫、爬虫类、小型哺乳类提供栖息空间，鸟类因有饵料会在水边草上或树上筑巢，可构成一个完整的食物链。路沟渠周围的绿化植栽应尽可能保留原有的树林、水塘。用地条件允许时应在农田与农道之间保留陆域生态发展区，发展陆域生态植栽并隔离渠道水体以避免农药污染，使水域形成近似小型湿地的区域。

叶艳妹等[122]系统总结了路沟渠生态化的功能，着重介绍了近年来生态化路沟渠的形式与结构设计、路沟渠生态工法参数的试验，以及路沟渠生态材料选择的技术和方法。未来的相关研究应根据各级道路、灌排沟渠的不同功能要求和规格，按照田间不同生物的习性和栖息要求，精确设计能够满足大多数生物需求的农田路沟渠形态、结构和控制性尺寸，切实解决农地整理带来的生物栖息地环境的退化问题。

3.6.4 生态渠对污染物的去除效能

何明珠等[123]通过研究滇池柴河流域不同时期农田近自然生态沟渠杂草对农田径流水及土壤有效氮、磷的富集效应和测算杂草生物量及植株氮磷比值等，进行杂草去除氮、磷效果测算及物种去除氮、磷效果量化，以期为滇池水体富营养化的综合治理提供依据。结果表明：①同一物种或不同物种在不同时期，各杂草种间氮、磷富集差异较大；②近自然杂草植株体对氮、磷的富集主要表现为氮限制类型（N：P<14）；③农田生态沟渠近自然杂草生物量与氮、磷养分吸收呈正相关关系，全年流域氮、磷富集总量为（37.86±9.9）kg/hm^{2}和（4.27±1.19）kg/hm^2，远远小于滇池流域氮最大流失量 113.16 kg/hm^{2}和

磷最大流失量 10.14 kg/hm^2。

余红兵等[124,125]为明确水生植物对农田排水沟渠中氮、磷吸收效果的影响，以生态沟渠中水生美人蕉、铜钱草、黑三棱、狐尾藻和灯芯草为试验植物，对5种水生植物的生物量及吸收、累积的氮、磷量进行测定。结果表明：不同水生植物生物量有差异，平均总生物量为1.10～2.43kg/m^2，其中以水生美人蕉的生物量最大，达2.43kg/m^2。5种水生植物地上部分的氮、磷浓度分别为8.41～20.67g/kg和1.41～3.40g/kg，狐尾藻氮、磷浓度最高；而地下部分的氮、磷浓度分别为4.41～10.47g/kg及1.08～1.90g/kg，不同水生植物间差异显著，以狐尾藻氮浓度和铜钱草磷浓度为最高；地上部分氮、磷累积量的变化范围分别为7.40～28.23g/m^{2}和1.13～4.49g/m^2，其中以水生美人蕉对氮的累积量为最大，狐尾藻对磷的累积量为最大。5种水生植物地上部分氮、磷累积量均高于地下部分。地上部分收割后，5种水生植物单次可带走氮、磷分别为7.40～28.23g/m^{2}和1.13～4.49g/m^2，水生美人蕉带走的氮最多；全年可带走的总氮和总磷量分别为20.34～109.12g/m^{2}和3.41～17.95g/m^2，狐尾藻带走的氮磷最多。水生植物地上部分通过收割的方法可有效去除沟渠中的氮磷，还能解决水生植物的二次污染问题。

陈美丽等[126]研究采用不另外占用土地的、以盘培多花黑麦草为主要内容的生态沟渠湿地来降解农村生活污水，并分析各项污染物指标在沟渠中的迁移变化。结果表明：设置盘培多花黑麦草的生态沟渠与自然沟渠相比，对生活污水中污染物中的氨氮、总氮、总磷都有着较强的降解能力。靠近生活污水排水口处的300m生态沟渠内，各种污染物指标的降解幅度都较大，而远离排水口处的300m生态沟渠内，各种污染物指标的降解幅度都较小。

吴湘等[127]研究采用生态沟渠技术体系——“水生植物（凤眼莲）—微生物（枯草芽孢杆菌）—水生动物（螺蛳）”共生系统联合净化处理中华鳖温室养殖排放水体，并连续数月采样分析处理污水中各项主要营养盐污染物指标的动态变化规律。结果表明：经过近5个月的生态沟渠技术体系处理，中华鳖温室养殖排放水体中总氮浓度减少75%，氨氮浓度减少91%，总磷浓度减少83%，化学需氧量减少62%，溶解氧增加近4倍，水体pH维持在中性水平，处理污水由初始的黄色或棕色、浑浊逐渐转变为微黄色、微浑浊，且无异味。由此可知，利用生态沟渠技术体系——“水生植物—微生物—水生动物”共生系统联合修复中华鳖温室养殖排放水体效果显著，具有良好的推广和应用前景。

陈海生等[128]分析了农田生态沟渠和自然沟渠水体中氨氮、硝氮、总氮、溶解性总磷和总磷浓度沿程变化及生态沟渠对氮、磷的截留效应。设置盘培多花黑麦草的生态沟渠与自然沟渠相比，对水稻田面源污染物中的氨氮、硝氮、总氮和总磷都有着较强的降解能力。靠近水稻田排水口处的300m生态沟渠内，各种污染物指标的降解幅度较大，而远离水稻田排水口处的300m生态沟渠内，各种污染物指标的沿程降解变化相对较平缓。

王岩等[129,130]在野外分别构建生态沟渠（采用分布有10cm×10cm长方形孔的混凝土板材，沟底、沟壁种植植物）、对照沟渠1（采用硬质化混凝土板材，未人为布设植物）和对照沟渠2（土质沟渠，未人为布设植物），研究了3种沟渠对颗粒物的拦截效果及其机理。结果表明：生态沟渠对农田排水中氮、磷的高效去除机理主要表现在沟渠植物的吸收、过滤箱中的基质吸附和植物吸收、沟渠拦截坝所产生的减缓流速和沉降泥沙等方面。其中，沟渠植物吸收氮、磷分别占夏季试验进水氮磷总量的68.30%和78.45%，泥沙沉降占1.05%和5.05%；生态沟渠设置拦截坝时的水力停留时间较未设拦截坝时延长2.0倍。对比3种类型的农田排水沟渠，即生态沟渠、混凝土沟渠和土质沟渠在不同进水氮、磷浓度、水力停留时间和进水流速条件下的氮、磷拦截效果。结果表明：在水力停留时间分别为24h和48h静态试验及在固定进水流速的动态试验中，沟渠对不同进水氮、磷浓度的氮、磷去除率大小顺序是：生态沟渠、土质沟渠和混凝土沟渠，其中，生态沟渠明显优于其他沟渠。在固定进水浓度的条件下，沟渠在不同水力停留时间下的氮、磷去除率大小顺序为：生态沟渠、土质沟渠和混凝土沟渠，其中，生态沟渠明显好于其他沟渠。在高、低两种进水流速和固定进水浓度条件下，生态沟渠在低进水流速下的氮、磷去除率明显优于其他沟渠。在不同进水浓度条件下，生态沟渠最佳水力停留时间为48h。

胡宏祥等[131]为研究沟渠拦截氮、磷的效果，在不同时间对沟渠不同断面水体进行了监测。结果显示，河水自然净化和水生植物拦截净化作用，都会降低沟渠水中的氮、磷含量，并且总氮、总磷含量的降低幅度一般要高于氨氮、硝氮及可溶磷的变化幅度；相对河水自然净化而言，水生植物拦截净化能力明显更强，几种形态养分含量的降低幅度为5.7%～32.9%，明显高于降低幅度为0.30%～6.6%的河水自然净化。结果还显示，在降水结束以后，沟渠水中总氮、氨氮含量都呈现先增加后降低的变化趋势，总磷、可溶磷、硝氮含量总体呈现波动渐增的变化趋势。

3.7 本章小结

（1）人工湿地，作为绿色基础设施，适合用于偏远的农村、居住分散的社区和没有污水处理系统的地区；人工湿地作为处理单元可以选择不同的水流方式，其中垂直潜流系统对于单独处理单元具有优势，甚至适合冬季运行。

（2）塘系统，不同类型的塘有不同的用途，同样适用于偏远地区、没有污水处理设施的地区使用，廉价、维护运行简单、占地面积较大。

（3）人工湿地和塘系统可以组合使用，也可以与化粪池等预处理设施组合使用。

（4）人工湿地和塘系统的选址，要综合考虑各种限制性因素，GIS 作用一种新技术可用于人工湿地和塘系统的选址。

（5）人工湿地和塘系统进行设计时要因地制宜，综合考虑可利用土地形态，不拘泥于长方形，可以结合景观生态的需要，进行形态的改变，而不影响其处理效能。

（6）潮汐流人工湿地，处理效能明显优于连续流人工湿地。在农村地区，尤其是偏远地区，居民较少，产生的污水量也少，比较有利于使用潮汐流的运行方式；塘系统也可以依据季节的变化改变组合方式，甚至在夏季，最后净化塘可以调整为农田径流处理的系统。

（7）组合系统采用近自然景观的设计方式，在净化污水的同时，美化景观。

参考文献

[1] Garmendia E，Apostolopoulou E，Adams W M，et al. Biodiversity and green infrastructure in Europe：boundary object or ecological trap? Land Use Policy，2016，56：315-319.

[2] Benedict M A，McMahon E T. Green infrastructure：smart conservation for the 21st century. Renewable Resources Journal，2002，20（3）：12-17.

[3] Madureira H，Andresen T，Monteiro A. Green structure and planning evolution in Porto. Urban for Urban Greening，2011，10（2）：141-149.

[4] TVA. General design，construction，and operation guidelines：treatment wetlands wastewater treatment systems for small users inducing individual residences. TV/WR/WQ-01/2 TVA，Chattanooga. 1991.

[5] Vymazal J，Brix H，Cooper P F，et al. Constructed Wetlands for Wastewater Treatment in Europe. Leiden：Backhuys Publishers，1998：121-189.

[6] EPA. Design Manual，Municipal Wastewater Stabilization Ponds. U. S. Environmental Protection Agency，Office of Water，October 1983.

[7] Racault Y，Boutin C，Seguin A. Waste stabilization ponds in France：a report on 15 years experience. Water Science and Technology，1995，31（12）：90-101.

[8] Wang L，Wang B Z，Yang L Y，et al. Eco- pond systems for wastewater treatment and utilisation. Water，2001，21：60-63.

[9] ITRC. Technical and regulatory guidance document for constructed treatment wetlands. The Interstate Technology Regulatory Council Wetlands Team，USA，2003.

[10] Hiley P D. The reality of sewage treatment using wetlands. Water Science & Technology，1995，32（3）：329-338.

[11] Seidel K. Neue Wege zur grundwasseranreicherung in krefeld- teil Ⅱ：hydrobotanische reinigungsmethode（new methods for groundwater recharge in krefeld- part 2：hydrobotanical treatment method，in German）. GWF Wasser Abwasser，1965，30：831-833.

[12] Kadlec R H, Wallace S D. Treatment Wetlands. 2nd ed. Florida: CRC Press, 2009.

[13] 于荣丽，李亚峰，孙铁珩．人工湿地污水处理技术及其发展现状．工业安全与环保，2006，(9)：29-31.

[14] Trang N T D, Brix H. Use of planted bio filters in integrated recirculating aquaculture hydroponics systems in the Mekong Delta, Vietnam. Aquacult Res, 2014, 45 (3): 460-469.

[15] Badhe N, Saha S, Biswas R, et al. Role of algal biofilm in improving the performance of free surface, up-flow constructed wetland. Bioresour Technology, 2014, 169: 596-604.

[16] Rai U N, Tripathi R D, Singh N K, et al. Constructed wetland as an ecotechnological tool for pollution treatment for conservation of Ganga river. Bioresour Technology, 2013, 148: 535-541.

[17] Kickuth R. Abwasserreinigung in mosaikmatrizen aus aerober und anaerober teilbezirken. In: Moser F. Grundlagen der Abwasserreinigung, Schriftenreihe Wasser-Abwasser. München/Wien: R. Oldenbourg Verlag, 1981.

[18] Harrington R, Dunne E J, Carroll P, et al. The concept, design and performance of integrated constructed wetlands for the treatment of farmyard dirty water. In: nutrient management in agricultural watersheds: a wetlands solution. Wageningen, the Netherlands: Wageningen Academic Publishers, 2005, 179-188.

[19] Kadlec H, Knight R L. Treatment Wetlands. Boca Raton, FL: CRC Press, 1996.

[20] Chale F M M. Nutrient removal in domestic wastewater using common reed (phragmites mauritianus) in horizontal subsurface flow constructed wetlands. Tanzania J Nat Appl Sci, 2012, 3: 495-499.

[21] Kumari M, Tripathi B D. Effect of aeration and mixed culture of Eichhornia crassipes and Salvinia natans on removal of wastewater pollutants. Ecol Eng, 2014, 62: 48-53.

[22] Cooper P. A review of the design and performance of vertical flow and hybrid reed bed treatment systems. In: (Material) 6th international conference on wetland system for water pollution control, chapter IV-design of wetland systems, Brazil, 1998: 229-242.

[23] Vymazal J, Brix H, Cooper P F, et al. Constructed Wetlands for Wastewater Treatment in Europe. Leiden: Backhuys, 1998: 95-121.

[24] Kaseva M E. Performance of a sub-surface flow constructed wetland in polishing pre-treated wastewater-a tropical case study. Water Research, 2004, 38 (3): 681-687.

[25] 叶捷．潮汐流人工湿地处理污染河水研究．长沙：湖南大学，2011.

[26] Chung A K C, Wu Y, Tam N F Y, et al. Nitrogen and phosphate mass balance in a sub-surface flow constructed wetland for treating municipal wastewater. Ecological Engineering, 2008, 32 (1): 81-89.

[27] 侯婷婷，徐栋，贺锋，等．高速公路服务区人工湿地生态系统价值评价．环境科学与技术，2013，(S2)：412-415，427.

[28] 李红艳，章光新，李绪谦，等．人工湿地净化高速公路污染的研究．安徽农业科学，2009，(15)：7164-7166，7191.

[29] 汤萌萌，孙友峰，陈茗，等．江西庐山中心服务区污水生态处理工程简介．交通建设与管理，2009，(9)：70-74.

[30] Omasa K. Air pollution and plant biotechnology. Tokyo：Springer-Verlag，2002.

[31] 丁菡，胡海波．城市大气污染与植物修复．南京林业大学学报（人文社会科学版），2005，(2)：84-88.

[32] 华涛，周启星，贾宏宇．人工湿地污水处理工艺设计关键及生态学问题．应用生态学报，2004，(7)：1289-1293.

[33] Vymazal J. Constructed wetlands for treatment of industrial wastewaters：a review. Ecol Eng，2014，73：724-751.

[34] Paul Cooper. The Constructed Wetland Association's Database of Constructed Wetland Systems in the UK. Paper presented at the 10th IWA conference Wetland Systems for Water Pollution Control，Lisbon，Portugal，2006.

[35] Jurado G B，Johnson J，Feeley H，et al. The potential of integrated constructed wetlands (ICWs) to enhance macroinvertebrate diversity in agricultural landscapes. Wetlands，2010，30：393-404.

[36] Mitsch W J，Jorgensen S E. Ecological Engineering and Ecological Restoration. New York：John Wiley & Sons，Inc，2003.

[37] Scholz M，Xu J. Performance comparison of experimental constructed wetlands with different filter media and macrophytes treating industrial wastewater contaminated with lead and copper. Bioresour Technology，2002，83：71-79.

[38] Soukup A，Williams R J，Cattell F C R，et al. The function of a coastal wetland as an efficient remover of nutrients from sewage effluent：a case study. Water Science and Technology，1994，29：295-304.

[39] Solano M L，Soriano P，Ciria M P. Constructed wetlands as a sustainable solution for wastewater treatment in small villages. Bioprocess and Biosystems Engineering，2003，87：109-118.

[40] Kadlec R H. The limits of phosphorus removal in wetlands. Wetland Ecol Manag，1999，7：165-175.

[41] Vymazal J，Brix H，Cooper P F，et al. Constructed Wetlands for Wastewater Treatment in Europe. Leiden：Backhuys Publishers，1998：169-190.

[42] Kadlec R H，Wallace S. Treatment Wetlands. Boca Raton，FL：CRC Press，2008.

[43] Sundaravadivel M，Vigneswaran S. Constructed wetlands for wastewater treatment. Crit Rev Environ Sci Technol，2001，31 (4)：351-409.

[44] Gooper P F. The use of reed bed systems to treat domestic sewage：the Europeen clesign and operations guidelines for reed bed treatment systems. WRC Report UI 17，Swindon，UK，1993.

[45] Williams P，Whitfield M，Biggs J. How can we make new ponds biodiverse? A case study monitoried over 7 years. Hydrobiologia，2008，597：137-148.

[46] Briers R A，Biggs J. Spatial patterns in pond invertebrate communities：separating environmental and distance effects. Aquatic Conservation：Marine and Freshwater Ecosystems，2005，15：549-557.

[47] Brow S C, Smith K, Batzer D. Macroinvertebrate responses to wetland restoration in northern New York. Environmental Entomology, 1997, 26: 1016-1024.

[48] Brady V J, Cardinale B J, Gathman J P, et al. Does facilitation of faunal recruitment benefit ecosystem restoration? An experimental study of invertebrate assemblages in wetland mesocosms. Restoration Ecology, 2002, 10: 617-626.

[49] Scholz M, Harrington R, Carroll P, et al. The Integrated Constructed Wetlands (ICW) concept. Wetlands, 2007, 27: 337-354.

[50] Hansson L A, Bronmark C, Anders Nilsson P, et al. Conflicting demands on wetland ecosystem services: nutrient retention, biodiversity or both? . Freshwater Biology, 2005, 50: 705-714.

[51] Becerra-Jurado G, Johnson J, Feeley H, et al. The potential of integrated constructed wetlands to enhance macroinvertebrate diversity in agricultural landscapes. Wetlands, 2010, 30: 393-404.

[52] Forman R T T. Land mosaics: the ecology of landscapes and regions. Cambridge: Cambride University Press, 1995.

[53] 刘峰，梁文艳，隋丽丽，等．垂直流-表流串联人工湿地处理生活污水的研究．中国给水排水，2011，(5)：12-15.

[54] 叶捷，彭剑峰，高红杰，等．低温下潮汐流人工湿地系统对污水净化效果．环境科学研究，2011，(3)：294-300.

[55] Platzer C, Mauch K. Soil clogging invertical flow reed beds mechanisms, parameters, consequences sand solution. Wat Sci Tech, 1997, 35: 175-181.

[56] Sun G, Gray K R, Biddlestone A J, et al. Treatment of agricultural Wastewater in a combined tidal flow-down flow reed bed system. Wat Sci Tech, 1999, 40 (3): 139-146.

[57] Haltiner J, Zedler J B, Boyer K E, et al. Influence of physical processes on the design, functioning and evolution of restored tidal wetlands in California (USA) . Wetlands Ecology and Management, 1996, 4 (2): 73-91.

[58] Bogatyrev N R. A "Living" machine. Journal of Bionics Engineering, 2004, 1 (2): 79-87.

[59] Sun G, Gray K R, Biddlestone A J, et al. Treatment of agricultural wastewater in a combined tidal flow-downflow reed bed system. Wat Sci Tech, 1999, 40 (3): 139-146.

[60] Zhao Y Q, Sun G, Allen S J. Anti-sized reed bed system for animal wastewater treatment: a comparative study. Water Research, 2004, 38 (12): 2907-2917.

[61] 王振，齐冉，李莹莹，等．潮汐流人工湿地中生物蓄磷的强化及其稳定性．中国环境科学，2017，37 (2)：534-542.

[62] 陈建勇．潮汐流人工湿地处理生活污水研究．南昌：南昌大学，2011.

[63] 吴树彪，张东晓，柳清青，等．潮汐流人工湿地床处理生活污水的优化研究．中国农业大学学报，2010，(2)：106-113.

[64] 梁威，吴振斌，周巧红，等．复合垂直流构建湿地植物根区磷酸酶及脲酶活性与污水净化的关系．植物生理学通讯，2002，38 (6)：545-548.

[65] 李松，尹海龙，薛红征．生态塘改进措施研究进展．净水技术，2006，25 (4)：10-13.

[66] Keffala C, Harerimana C, Vasel J L. A review of the sustainable value and disposal techniques, wastewater stabilisation ponds sludge characteristics and accumulation. Environ Monit Assess, 2013, 185 (1): 45-58.

[67] 刘华波，杨海真．生态塘污水处理技术的应用现状与发展．天津城市建设学院学报，2003，9（1）：19-22.

[68] Sheludchenko M, Padovan A, Katuli M, et al. Removal of fecal indicators, pathogenic bacteria, adenovirus, Cryptosporidium and Giadia (oo) cysts in waste stabilisation ponds in Northern and Eastern Australia. International Journal Environment Research Public Health, 2016, 13 (1): 96.

[69] Boreen A L, Arnold W A, McNeill K. Photodegradation of pharmaceuticals in the aquatic environment: a review. Aquatic Science, 2003, 65: 320-341.

[70] Ragush C M, Schmidt J J, Krkosek W H, et al. Performance of municipal waste stabilization ponds in the Canadian Arctic. Ecological Engineering, 2015, 83: 413-421.

[71] Hosetti B, Frost S. A review of the sustainable value of effluents and sludges from wastewater stabilization ponds. Ecological Engineering, 1995, 5: 421-431.

[72] Amengual- Morro C, Moya Niell G, Martinez- Taberner A. Phytoplankton as bioindicator for waste stabilization ponds. Journal of Environment Management, 2012, 95: S71-S76.

[73] Veeresh M, Veeresh A V, Huddar B D, et al. Dynamics of industrial waste stabilization pond treatment process. Environment Monitoring and Assessment, 2010, 169: 55-65.

[74] Craggs R, Sukias J, Tanner C, et al. Advanced pond system for dairy- farm effluent treatment. New Zealand Journal of Agricultural, 2004, 47: 449-460.

[75] Shuval H, Adin A, Fattal B, et al. Integrated resource recovery—wastewater irrigation in developing countries—health effects and technical solutions [Online] World Bank Technical Paper Number 51. The World Bank, Washington DC. http://www- wds. worldbank. org/external/default/WDSContentServer/WDSP/IB/1999/09/17/00178830 _ 98101904164938/Rendered/ PDF/ multi_ page. pdf. 2013-11-04.

[76] Mara D D. Domestic Wastewater treatment in developing countries. London: Earthscan, 2004.

[77] Mara D D. CIWEM good practice in water and environmental management. In: Aqua Enviro Technology Transfer on Behalf of the Charted Institution of Water and Environmental Management (CIWEM). Wakeflield, UK: Colder Park, 2006.

[78] Mara D D, Pearson H. Design manual for waste stabilization ponds in mediterranean countries. Leeds, UK: Lagoon Technology International Ltd, 1998.

[79] Polprasert C, Kittipongvises S. Constructed wetland and waste stabilization ponds. Treatise Water Sci, 2011, 4: 277-299.

[80] Sah L, Rousseau D P L, Hooijmans C M. Numerical modelling of waste stabilisation ponds: where do we stand? . Water Air Soil Pollut, 2012, 223 (6): 3155-3171.

[81] Davis M L, Cornwell D A. Introduction to environmental engineering. 4th ed. New York: McGraw-Hill, 2008.

[82] Quiroga F J. Waste stabilization ponds for waste water treatment, anaerobic pond. http: // home. eng. iastate. edu/ * tge/ce421- 521/Fernando% 20J. % 20Trevino% 20Quiroga. pdf. 2013-5-9.

[83] Kayombo S, Mbwette T S A, Katima J H Y, et al. Waste stabilization ponds and constructed wetland design manual. UNEP International Environmental Technology Center, http: // www. unep. or. jp/Ietc/Publications/Water_ Sanitation/ponds_ and_ wetlands/Design_ Manual. pdf. 2013-10-18.

[84] Martinez F C, Cansino A T, Garcia M A A, et al. Mathematical analysis for the optimization of a design in a facultative pond: indicator organism and organic matter. Math Probl Eng, 2014: 1-12.

[85] Kayombo S, Mbwette T S A, Katima J H Y, et al. Waste stabilization ponds and constructed wetland design manual. UNEP International Environmental Technology Center. http: // www. unep. or. jp/Ietc/Publications/Water_ Sanitation/ponds_ and_ wetlands/Design_ Manual. pdf. Accessed 18 Oct 2013.

[86] Von Sperling M. Waste Stabilization Ponds. London: IWA Publishing, 2007.

[87] Columbia C. Waste stabilization ponds for wastewater treatment: FAQ sheet on waste stabilization ponds. http: //www. irc. nl/page/8237. 2013-5-13.

[88] Hamdan R, Mara D D. The effect of aerated rock filter geometry on the rate of nitrogen removal from facultative pond effluents. Water Sci Technol, 2011, 63: 841-844.

[89] Abbas H, Nasr R, Seif H. Study of waste stabilization pond geometry for thewastewater treatment efficiency. Ecological Engineering, 2006, 28: 25-34.

[90] Mara D D. Waste stabilization ponds: problems and controversies. Water Qual Int, 1987, 1: 20-22.

[91] Mara D D, Pearson H W. Artificial freshwater environments: waste stabilization ponds. Biotechnology, 1986, 8: 177-206.

[92] Mara D D, Pearson H W. Waste Stabilization Ponds-Design Manual for Mediterranean Europe, WHO, Regional Office for Europe. EUR/ICP/CWS 053. 1987.

[93] Gemitzi A, Tsihrintzis V A, Christou O, et al. Use of GIS in siting stabilization pond facilities for domestic wastewater treatment. Journal of Environmental Management, 2007, 82: 155-166.

[94] Vymazal J, Brix H, Cooper P F, et al. Constructed wetlands for wastewater treatment in Europe. Leiden: Backhuys Pu, 1998.

[95] Wüst D, Correa C R, Suwelack K U, et al. Hydrothermal carbonization of dry toilet residues as an added- value strategy- investigation of process parameters. J Environ Manag, 2019, 234: 537-545.

[96] Sabry T, Sung S. The feasibility of using an anaerobic modified septic tank in the developing countries. In: World Water Congress and Exhibition, IWA, Marrakech 19th- 24th September, 2004.

[97] Singh R P, Kun W, Fu D F. Designing process and operational effect of modified septic tank for the pretreatment of rural domestic sewage. Journal of Environmental Management, 2019, 251: 109552.

[98] Asano Takashi. Wastewater reclamation and Reuse. Lancaster Technomic Publishing Compang Inc, 1998.

[99] Crites R, Tchobanoglous G. Small and Decentralized Wastewater Management Systems. New York: McGrow-HillBook Company, 1998.

[100] Bunce R G H, Hallam C J. The ecological significance of linear features in agricultural landscape in Britain. In: landscape ecology and agroecosystem. BocaRaton: Lew is Publishers, 1993: 11-20.

[101] Strock J S, Dell C J, Schmidt J P. Managing natural processes in drainage ditches for nonpoint source nitrogen control. Journal of Soil and Water Conservation, 2007, (62): 188-197.

[102] Needelman B A, Kleinman P J A. Improved management of agricultural drainage ditches for water quality protection: an overview. Journal of Soil and Water Conservation, 2007, (62): 171-179.

[103] Katano O, Hosoya K, Yamaguchi M. Species diversity and abundance of freshwater fishes in irrigation ditches around rice fields. Environmental Biology of Fishes, 2003, (66): 107-121.

[104] Mazerolle M J. Drainage ditches facilitate frog movements in a hostile landscape. Landscape Ecology, 2004, (20): 579-590.

[105] Herzon I, Helenius J. Agricultural drainage ditches, their biological importance and functioning. Biological Conservation, 2008, (141): 1171-1183.

[106] Gill S L, Spurlock F C, Goh K S. Vegetated ditches as a management practice in irrigated alfalfa. Environmental Monitoring and Assessment, 2008, 144: 261-267

[107] Strock J S, Dell C J, Schmidt J P. Managing natural processes in drainage ditches for nonpoint source nitrogen control. Journal of Soil and Water Conservation, 2007, (62): 188-197.

[108] Calvert D V, Zhang M K, Stoffell P J, et al. Spatial and temporal variations of water quality in drainage ditches within vegetable farms and citrus groves. Agricultural Water Management, 2004, (65): 39-57.

[109] Janse J H, Van Puijienbroek Peter J T M. Effects of eutrophication in drainage ditches. Enviornment Pollution, 1998, (102): 542-552.

[110] Casey R E, Taylor M D, Klaine S J. Mechanisms of nutrient attenuation in a subsurface flow riparian wetland. Journal of Environmental Quality, 2001, 30 (5): 1732.

[111] Jorden T E, Wfhighamd F, Hofmmocket K S, et al. Nurient and sediment removel by a restored wetland receiving agricultural runoff. Environ Qual, 2003, 32: 1534-1547.

[112] Braskerud B C. Factors affecting nitrogen rentention in small constructed wetlands treating agricultural non-point source poilution. Eeol Eng, 2002, (18): 351-370.

[113] Abe K, Ozaki Y. Removal of N and P from eutrophic pond water by using plant bed filter ditches planted with crops and flowers. Plant and Soil Sciences, 2006, 92: 956-957.

[114] Jiang C L, Fan X Q, Cui G B, et al. Removal of agricultural non-point source pollutants by ditch wetlands: implications for lake eutrophication control. Hydrobiologia, 2007, 581: 319-327.

[115] Council of Agriculture of China Taiwan. Regulations for Ecological Enginee ring Methods, Design, Supervision, and Management in Agricultural Irrigation and Conservancy Project. 1993.

[116] Rosenberg D K, Noon B R, Meslow E C. Biological corridors: form, function and efficacy. BioScience, 1997, 47: 677- 687.

[117] Jongman R, Klvik M, Kristianen I. European ecologicalnet works and greenways. Landscape and Urban Planning, 2005, (68): 305- 319.

[118] 何元庆，魏建兵，胡远安，等．珠三角典型稻田生态沟渠型人工湿地的非点源污染削减功能．生态学杂志，2012，31（2）：394-398.

[119] 杨林章，周小平，王建国，等．用于农田非点源污染控制的生态拦截型沟渠系统及其效果．生态学杂志，2005，24（11）：1371-1374.

[120] 姚剑亭，丁洪明，徐洁．生态沟渠塘氮磷拦截方法研究．安徽农业科学，2012，40（24）：12179-12181.

[121] Wang S C. Agricultural ecology of irrigation & conservancy and landscaping. China Taiwan: Symposium on Science and Policy Working Together in Catchment Management, 2000: 719-923.

[122] 叶艳妹，吴次芳，俞婧．农地整理中路沟渠生态化设计研究进展．应用生态学报，2011，22（7）：1931-1938.

[123] 何明珠，夏体渊，李立池，等．滇池流域农田生态沟渠杂草氮磷富集效应的研究．华东师范大学学报（自然科学版），2012，7（4）：157-162.

[124] 余红兵，肖润林，杨知建，等．五种水生植物生物量及其对生态沟渠氮、磷吸收效果的研究．核农学报，2012，26（5）：0798-0802.

[125] 张树楠，肖润林，余红兵，等．水生植物刈割对生态沟渠中氮、磷拦截的影响．中国生态农业学报，2012，20（8）：1066-1071.

[126] 陈美丽，金鸿飞，郑春明．生态沟渠中多花黑麦草对农村生活污水中污染物的降解效应．安徽农学通报，2010，16（24）：59-62.

[127] 吴湘，叶金云，吴昊，等．生态沟渠对中华鳖温室养殖排放水体的净化效果．水土保持学报，2012，8（26）：231-234.

[128] 陈海生，王光华，宋仿根，等．生态沟渠对农业面源污染物的截留效应研究．江西农业学报，2010，22（7）：121-124.

[129] 王岩，王建国，李伟，等．生态沟渠对农田排水中氮磷的去除机理初探．生态与农村环境学报，2010，26（6）：586-590.

[130] 王岩，王建国，李伟，等．三种类型农田排水沟渠氮磷拦截效果比较．土壤，2009，41（6）：902-906.

[131] 胡宏祥，朱小红，黄界颖，等．关于沟渠生态拦截氮磷的研究．水土保持学报，2010，4（24）：141-145.

第4章　西万四村污水调查与处理案例研究

2014年末，全国共建成17653个镇、11871个乡、679个镇乡过渡区和270万个自然村，村庄人口为7.63亿，占村镇总人口的80.12%。2013年全国城镇生活污水排放量达到485.1亿吨，占废水排放总量的69.76%。

山东农村人口为5697.55万人[1]，数量多且分散。随着农村生活水平的提高，自来水的普及，卫生洁具、洗衣机、沐浴等设施的普及，农村人均生活用水量和污水排放量增加。产生了大量未经处理的农村生活污水，由于生活污水的收集管网和处理设施不完善，生活污水随意、分散、无序地排放，成为农村环境，特别是水环境污染的主要污染因素[2]。近几十年来，国内污水处理厂持续建设，污水的处理率越来越高。但是，污水处理厂的建设和污水处理率的提高主要集中在城市，全国大部分农村的污水没有得到有效的处理，农村污水排放量在污水总排放量中的比例也越来越高[3-5]。

农村生活污水的产量、成分、污染物浓度等与居民的生活习惯、生活水平和水资源的占有状况有关。根据我国不同地域的特点，不同地区农村的生活污水产量和水质情况也不相同。因此需要因地制宜地选择符合当地实际的污水处理工艺。

山东段南四湖流域，是南水北调进入山东的起点，利用南四湖进行调蓄，南四湖周边地区的水环境质量十分重要，选择南四湖周边代表性农村——山东省济宁市微山县西万四村。通过对该村生活污水的现状的实地调查分析，获得生活污水水质水量资料及污水收集和处理情况。提出适宜的污水处理工艺，并对该工艺的可行性进行实地研究，为村庄污水的处理提供工艺参考。

4.1　生活污水来源特征

农村居民的生活用水为自来水和井水的结合，自来水为饮用水源，井水作为辅助用水，用于衣物洗涤、地面冲刷等[6]。农村生活污水的来源主要包括以下几个方面[7]：

一是洗涤污水，包括洗漱、洗澡、洗衣、拖地废水等。洗涤用品的普及和使用使洗涤污水含有大量化学成分，加重了磷负荷的问题[8]。

二是厨房用水，包括洗菜、淘米、刷锅、刷碗废水等。淘米洗菜水中含有米糠菜屑等有机物；其他污水中含有大量的动植物脂肪和钠、乙酸、氯、碘等元素[8]。

三是冲厕废水，少部分农村改水改厕后，使用了抽水马桶，产生了大量的生活污水，部分农村仍在使用旱厕。

四是牲畜用水及窝棚洗刷水，畜禽粪尿的淋溶性很强，其中所含的氮、磷及BOD等淋溶很大，冲洗水中的COD、BOD和SS浓度很高。

4.1.1 生活污水产量和水质特征

农村生活污水的产量、成分、污染物浓度与居民的生活习惯、生活水平和水资源的享有状况有关[9]。根据我国不同地域特点，不同农村的生活污水产量和水质情况也不相同。

天津市的12个区县中120个农村人均污水产量为42L/d[10]。江苏南部农村人均生活污水排放量为40～50L/d，江苏中部为25～30L/d，江苏北部为20～25L/d。河北省保定市徐水县荆塘铺村[10]农户生活污水人均日产量为21.03L/d，pH为6.14，COD、TAN、TN和TP的产污系数分别为7.87g/（d·人）、0.581g/（d·人）、1.31g/（d·人）和0.0662g/（d·人）。

对巢湖流域农村生活污水产量调查[11]显示，人均污水排放量为26.31L/d，生活污水中各污染物含量如下：COD为18.91 g/（d·人），TP为0.08 g/（d·人），TN为0.63 g/（d·人），NH_3-N为0.16 g/（d·人）。污水的回用率为38%，排放到户外的比例为62%，污水排放的系数为16.31g/（d·人）。

广东省农村生活污水的人均日排放量为71L/d，生活污水中的SS、COD、NH_3-N、TP浓度分别为59～107mg/L、182～350mg/L、0.26～14.3mg/L、1.9～2.33mg/L。四川省境内岷江流域部分农村生活污水排放量为70～110L/d，水质变化范围较大，其中，SS为100～500mg/L；COD为62.06～314.05mg/L；NH_3-N为3.59～40.5mg/L；TP为0.45～12.11mg/L[12]。各个地区农村生活污水的可生化性都较好。

根据农村生活污水处理技术指南[13]，统计得出全国各地区农村生活污水排放量及水质情况如表4.1所示。

表4.1　全国各地区农村生活污水排放量及水质情况

地区	排放量/［L/（d·人）］	pH	SS/（mg/L）	COD/（mg/L）	BOD_5/（mg/L）	HN_3-N/（mg/L）	TP/（mg/L）
东北	14～95	6.5～8.0	150～200	200～450	200～300	20～90	2.0～6.5
西北	10～70	6.5～8.5	100～300	100～400	50～300	3～50	1.0～6.0
华北	18～72	6.5～8.0	100～200	200～450	200～300	20～90	2.0～6.5
东南	30～150	6.5～8.5	100～200	150～450	70～300	20～50	1.5～6.0
中南	28～126	6.5～8.5	100～200	100～300	60～150	20～80	2.0～7.0
西南	15～120	6.5～8.0	150～200	150～400	100～150	20～50	2.0～6.0

根据农村生活污水处理技术指南，农村生活污水的排放系数根据农村经济条件、有无冲水厕所、有无淋浴设施及有无污水收集管网确定为0.2～0.8。在没有调查数据的地区，排放系数取0.6～0.9。对北方地区某些镇村污水排放情况进行调研、计算，得出农村生活污水排水系数为0.33～0.39。其原因是村民生活习惯的影响，例如，一部分用过后仍然比较清洁的水被直接再利用。

4.1.2 生活污水排放特征

我国农村的生活污水排放处于无序的状态，直排和乱排现象十分普遍，生活污水的纳管率低[14]。尤其在经济欠发达地区，几乎没有完善排水管网，生活污水大多未经任何处理而直接经路边地沟排入附近的河道或湖、塘中。许多排水沟年久失修，污水则溢出沟外，漫流到地面上。也有些村落的生活污水经过化粪池的简单处理后再渗入地下或者排入河道等。

农村生活污水的特点使得污水治理难度变大。魏立安等[15]研究得出中国农村生活污水的特点和问题：一是污水分布分散，范围广，防治困难，管网收集系统不健全，粗放型排放，没有基本的污水处理设施。二是农村用水量标准较低，污水量小但日变化系数较大。三是污水成分较为复杂，各种污染物的浓度较低，污水可生化性较强。

4.1.3 西万四村生活污水现状调查

1. 西万四村概况

西万四村位于山东省济宁市微山县昭阳街道，微山县东南约3km处，在原彭口闸乡政府驻地西北2km处，老运河南北两岸，十字河西，北临薛城区境。西万四村地处昭阳湖和微山湖之间（图4.1），地势低洼，濒临湖边，是污水和地表径流的汇集区域。该村位于南水北调工程山东段核心区域，产生的污水对南四湖水质有一定的影响。截至2012年3月，全村共有493户，人口1950人，经济水平在山东地区属于中等，是典型的山东农村，具有区域代表性。为保障南水北调工程的顺利实施和调水水质，以西万四村为研究对象，具有重要的现实意义。

2. 调查内容

受季节和农民生活习惯的影响，农村生活污水产量变化较大，生活污水的排放方式是影响农村水环境污染的主要因素。对不同季节人均用水量和人均污水产量、农户生活习惯对用水量的影响及污水排放方式进行调查；取得农户生活污水水样，监测分析水质特征，并调查分析农户用水来源、用水设施、厕所及污水处理情况。

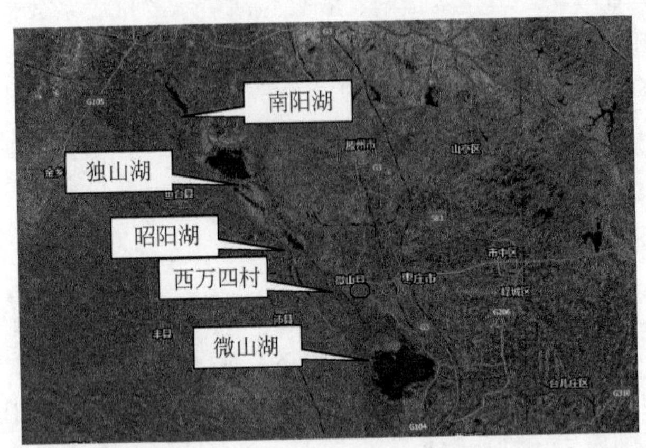

图 4.1　西万四村地理位置

西万四村污水以生活污水为主，污水通过村内的自然沟渠收集系统汇集到西万四村和昭阳湖、微山湖之间大面积的漫坡湿地、水塘及河道，并最终流入昭阳湖和微山湖

3. 调查方法

根据西万四村拥有的生活设施的情况，按照有洗浴设施、有冲水厕所的农户及养殖户的比例分布，选取有洗浴设施的农户 12 户，其中 3 户带有冲水厕所；普通农户 10 户，其中 3 户为养殖户。共计 22 个农户，总人口为 86 人，调查全年 4 个季节农户用水量和污水产量的变化。调查时间为 2011 年 3 月、6 月、9 月、12 月的下旬。

夏季是农户用水高峰，农户的各种用水习惯在夏季均能体现出来，在夏季从生活污水来源上对该村农户进行问卷调查，调查表如表 4.2 所示。调查得到了该村农户生活污水产生的基本情况，并分析农户生活习惯对污水产量的影响。

表 4.2　农村生活污水现状调查表

农户类型	人口/常住	住房	牲畜/只					生活用水/（L/d）									污水排放
			鸡	兔	狗	鹅	其他	洗菜（碗锅）	煮饭	冲厕	洗漱（澡）	饮用	浇菜（花）	洗衣	牲畜用水	其他	

4. 排水系数计算

排水系数为农户污水产量与用水总量的比值。排水系数 = 污水产量/用水总量。

其中农户污水产量包括洗菜、洗碗及刷锅废水、洗漱洗澡废水、洗衣废水、冲厕用水、牲畜用水和其他用水。

5. 测试分析方法

监测农村生活污水的 pH、SS、COD、NH_3-N、TP。监测方法均采用国家标准方法[16]。

4.1.4　西万四村排污特征

西万四村居民院落布局如图 4.2 所示。居民住房 356 户为平房，115 户为砖瓦房，22 户为土房，其中平房和砖瓦房住户均为水泥院面，其他为土院面。用水包括厨房用水、洗衣用水、洗漱用水、浇灌用水、厕所用水及牲畜用水等。

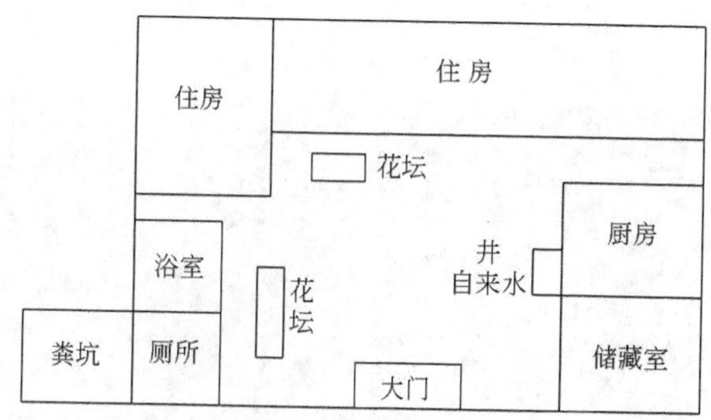

图 4.2　西万四村院落布局示意图

农户用水以自来水为主，井水为辅，如图 4.3 所示。水龙头、压水井或者水泵抽水井及水池等位于院内，农户在院内洗漱、洗菜、洗衣等。产生的污水则通过下水道排至院外。

图 4.3　自来水与井水

村内的 268 个农户有太阳能洗浴设施及洗浴间，如图 4.4 所示，其中 54 个农户有冲水厕所并带有化粪池，村内的其余农户则全部是旱厕，厕所均位于院内。村内 75 个农户是小型养殖户，如图 4.5 所示。其中 57 户为养兔户，18 户为养羊户。养殖户产生的牲畜粪便堆放在院外，作为农田肥料。

图 4.4　太阳能洗浴设施及洗浴间

图 4.5　养殖户

1. 农村生活污水来源

该农村生活污水来源一是洗涤污水，包括洗漱、洗澡、洗衣、拖地废水等；二是厨房用水，包括洗菜、淘米、刷锅、刷碗废水等；三是冲厕废水，由于村中基本为旱厕，冲厕废水产生的量较少；四是牲畜用水及窝棚洗刷水。此外，在村里产生污水的地方还有固体垃圾堆放及牲畜和人的粪便作为农家肥堆放产生的沥滤液与雨水冲刷产生的污水。

2. 季节性农户用水量和污水产量变化

图 4.6 为农户四季人均日用水量、人均日污水产量及产污比。人均日用水量为农户每天的用水总量与农户常住人口的比值，人均日污水产量是农户每天

污水产量与常住人口的比值。22 个农户四季的常住人口分别为 76 人、79 人、73 人和 78 人。

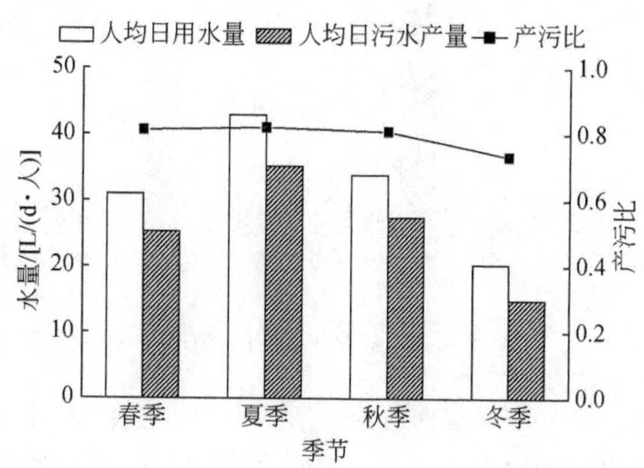

图 4.6　各季节人均日用水量、人均日污水产量及产污比

由图 4.6 可见，农户夏季人均日用水量最大，为 42.9L/（d·人）；冬季每天人均日用水量最少，为 20.27L/（d·人）；全年平均人均日用水量为 31.55L/（d·人）。全年洗漱、洗澡及洗衣服的用水量占总用水量的比重最大，为 58.73%；夏季农户洗漱、洗澡及洗衣服的次数及用水量的增加，使夏季人均日用水量升高，冬季则相反。

四季的排水系数分别为 0.81、0.82、0.81、0.73，平均排水系数为 0.79，夏季最大，冬季最小。全年的人均日污水产量分别为 25.2L/（d·人）、35.2L/（d·人）、27.43L/（d·人）和 14.86L/（d·人），平均人均日污水产量为 25.67L/（d·人），夏季高于其他三个季节。排水系数和污水产量的增加也是因为夏季农户洗漱、洗澡及洗衣次数的增加和其他用水量的增加。

3. 夏季农户生活用水量

为了进一步了解污水的来源和各种来源的比例，扩大调查至农户 124 户，总人口 434 人，常住人口 365 人。增加调查农户数量是为了更全面地考察农户生活习惯及个体商户作为农村的一部分对用水量和污水产量的影响。调查的农户中包括普通农户 99 户，养殖户 19 户，商店 2 户，饭店 1 户，豆腐坊 1 户，以及油坊 1 户。图 4.7 为农户夏季生活用水情况。

夏季农户的平均日用水量为 147.89L/（d·户），污水产量为 124.76L/（d·户）。由图 4.7 可见，夏季生活用水项中洗菜（锅碗）、洗漱（澡）和洗衣的平均用水量最大，分别为 24.05、50.08 和 38.95L/（d·户），所占用水总量的比例分别为 16.26%、33.86%和 26.34%，三项占总用水量的 76.46%，占污水总量的 90.64%，洗菜

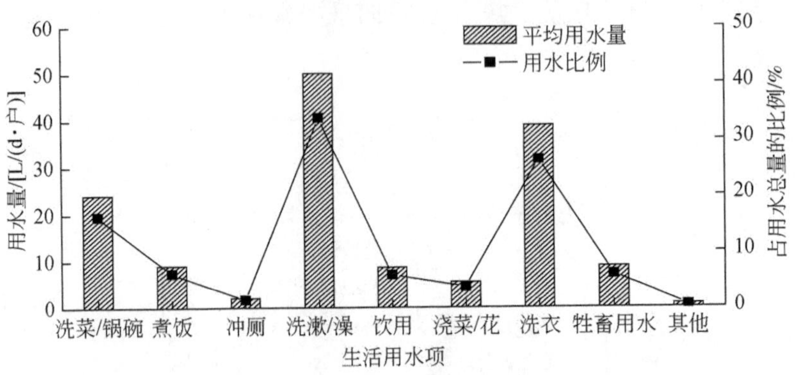

图 4.7　夏季生活用水情况

(锅碗)、洗漱（澡）和洗衣是普通农户生活污水的主要来源。

调查中，养殖户生活用水有一部分是牲畜用水，包括牲畜饮水及窝棚洗刷水等，其用水量随养殖量增加而不同程度地增加。商店与普通农户用水量相差不大。饭店用水主要是洗菜、刷锅碗用水。豆腐坊及油坊用水主要是粮食及器具的洗刷水。

4. 生活污水水质及排放特征

村内有 54 个农户家安装了冲水式厕所并带有化粪池，如图 4.8 所示，化粪池中的污水由抽粪车抽出运走做统一处理。其余农户厕所类型为旱厕，产生的粪便堆放在院外作为农田肥料。

图 4.8　化粪池

村中黑水和灰水分离，污水中的污染物浓度较低，浓度变化范围较大。COD 浓度为 53.7 ~ 176.86mg/L，NH_4^+-N 为 7.32 ~ 35.17mg/L，TP 为 1.62 ~ 8.28mg/L，SS 为 84 ~ 237mg/L，pH 为 6 ~ 9。

农村农户的生活规律相近，污水的排放在上午、中午、下午有各一个高峰时段，夜间排水量小，甚至有时断流，污水排放呈不连续状态。村内没有系统的污水收集管道，位于水塘、排水沟渠附近的农户产生的污水直接排入水塘或沟渠，其余农户产生的污水则是在地表漫流，如图4.9所示。

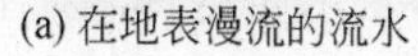

(a) 在地表漫流的流水

(b) 排入沟渠的污水

图4.9　西万四村污水排放形式

5. 西万四村污水产量、污水季节性变化特征

通过对南四湖地区典型农村西万四村的生活污水现状调查，得到西万四村生活污水的水质水量资料、污水排放、村落环境和地形特点，可以得到以下结论：

（1）农户夏季的平均人均日用水量最大，为42.9 L/（d·人）；冬季的平均人均日用水量最少，为20.27 L/（d·人），平均为31.55 L/（d·人）。夏季生活用水项中洗菜（锅碗）、洗漱（澡）和洗衣的用水量最大，占总用水量的76.46%，且此三项是生活污水的主要来源，占污水总产量的90.64%。

（2）该地区农村夏季的污水产量最多为35.2 L/（d·人），冬季污水产量较少，为14.86 L/（d·人），平均为25.67 L/（d·人），平均排水系数为0.79。

（3）农村生活污水中的污染物浓度较低，但是变化范围较大。COD浓度为53.7～176.86mg/L，NH_4^+-N浓度为7.32～35.17mg/L，TP浓度为1.62～8.28mg/L，SS浓度为84～237mg/L。

（4）农村地区相对落后，污水收集管网及污水处理设施不健全，污水随意排放，污水基本在路面漫流。

4.2　农村生活污水收集处理方式

4.2.1　农村生活污水收集方式

我国地域发展不平衡，不同地区农村的环境差别较大，加之农村地区长期以来形成的居住方式、生活习惯等各方面的差异，使得污水收集处理方式不能过于单一，而应根据农村的具体情况，地形特点，风俗习惯，自然、经济与社会条件等，采用多元化的污水收集模式。

谭学军等[17]认为现有的收集方式可分为三类：住户分散收集模式、集中收集模式、接入市政管网模式。此三类污水收集模式可以为农村生活污水的收集提供借鉴。

1. 住户分散收集模式

住户分散收集模式，如图 4.10 所示，通过对村落划分不同区域，单户或邻近几户铺设污水管网，以规模较大的村庄或邻近村庄的联合为宜，每个区域的污水单独处理，可以采用中小型污水处理设备或自然处理设施等处理污水。该收集模式的特点是布局灵活、施工简单、管理方便、出水水质有保障。住户分散收集模式适用于村庄布局分散、规模较小、地形条件复杂、污水不易集中收集的村庄污水处理。

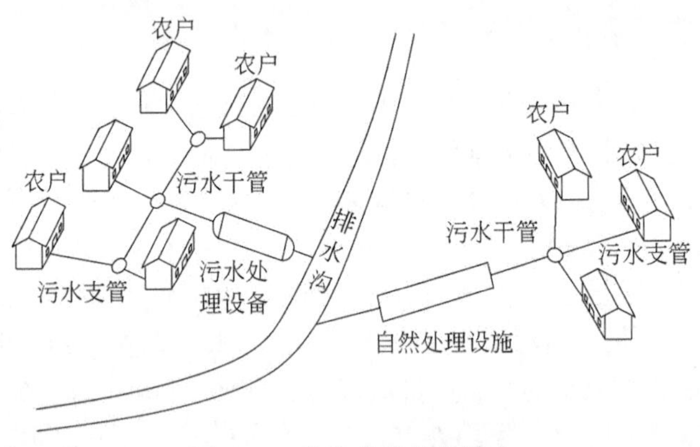

图 4.10　住户分散收集模式

2. 集中收集模式

集中收集模式，如图 4.11 所示，对所有农户产生的污水进行集中收集，统一建设一处处理设施，污水处理采用自然处理、常规生物处理等工艺形式；特点是占地面积小、抗冲击能力强、运行安全可靠、出水水质好。集中收集模式适用于村庄布局相对密集、规模较大、经济条件好、村镇企业或旅游业发达、处于水源保护区内的单村或联村污水处理。

3. 接入市政管网模式

接入市政管网模式，如图 4.12 所示，村庄内所有农户产生的污水经污水管道集中收集后，统一接入邻近市政污水管网，利用城镇污水处理厂统一处理农村生活污水；特点是投资低、施工周期短、见效快，统一管理方便；适用于距离市政污水管网较近，符合高程接入要求的村庄。

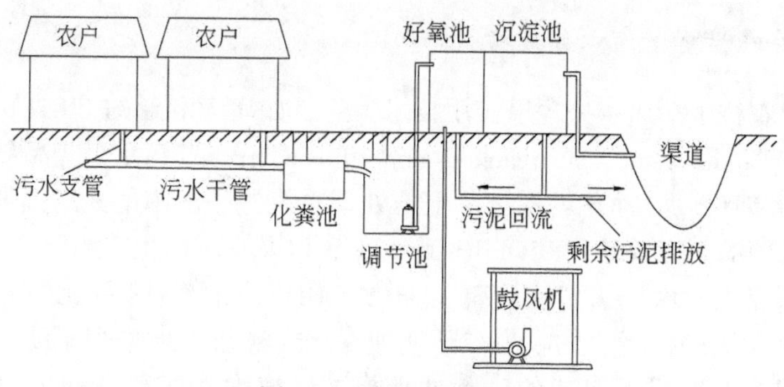

图4.11　集中收集模式

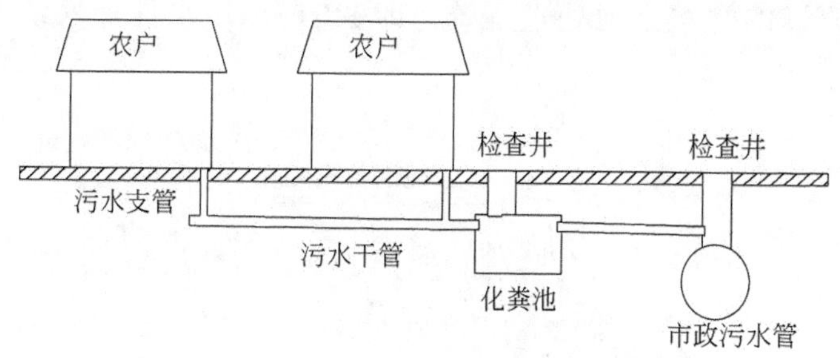

图4.12　接入市政管网模式

4. *西万四村污水收集方式*

西万四村村庄人口相对密集、经济条件较好，位于南四湖水源保护区附近，距离微山县3.4km，距离市政污水管网较远。综合考虑水源地保护和村庄规模，西万四村的污水收集采用集中收集模式，对所有农户产生的生活污水进行集中收集，建设完善的污水收集管网和统一的处理设施。

4.2.2　农村生活污水处理方式

我国有近60万个行政村和260多万个自然村，农村在我国社会经济结构中占有重要的地位。随着新农村建设的发展，农村居民生活水平显著提高，但是由于长期实行的城乡二元结构，城乡公共资源配置严重不均衡，农村的环境建设与经济发展不同步，农村排水和污水处理设施严重不足。2015年末，我国行政村的生活污水处理率仅为11.4%。未经处理的污水随意排放，对农村人居环境造成了严重的污染。提出符合农村地区特点的污水处理解决方案，是中国水环境面临的重要问题。

1. 国外农村生活污水处理方式

国外对农村生活污水处理以实用技术为主，如澳大利亚的 FILTER（filtration and irrigated cropping for land treatment and effluent reuse）污水处理系统、美国的高效藻类塘和曝气塘-净化塘系统及土地处理系统等、法国的人工湿地和蚯蚓生态滤池、德国的人工湿地和 BIOLINK 曝气塘，以及日本的生态厕所等。

澳大利亚农村由于人口密度低，通常采用以家庭/场为单元的分户污水处理，利用化粪池进行污水的收集与预处理，化粪池与土地处理系统、氧化塘和人工湿地组合，形成近自然的生态处理模式。澳大利亚科学和工业研究组织（Commonwealth Scientific and Industrial Research Organization，CSIRO）的科学家提出了一种改进的污水土地处理系统，即 FILTER 污水处理系统，如图 4.13 所示。

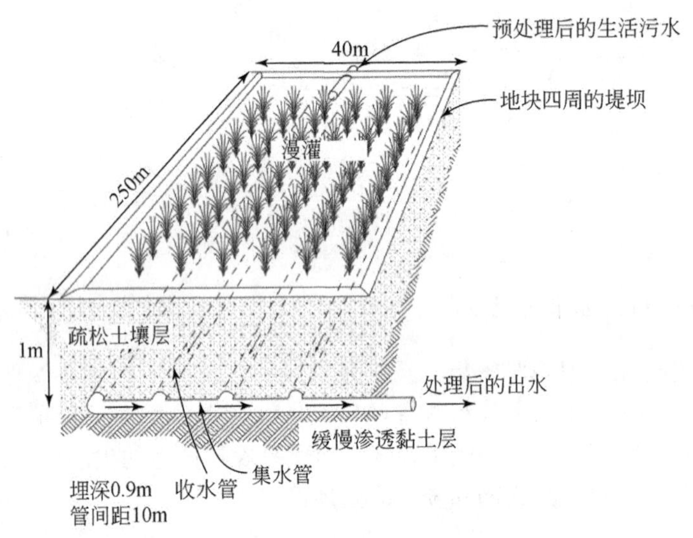

图 4.13　澳大利亚 FILTER 污水处理系统

FILTER 污水处理技术[18]是利用土地的过滤及暗管排水相结合的一种污水再利用系统，利用预处理后的农村生活污水进行农田灌溉，经农田土地过滤处理后，用农田地下铺设的暗管汇集和排出。该技术可以满足农作物的水分和养分要求，同时可降低生活污水中氮、磷等元素的含量，使排水达到污水排放标准。

美国分散污水处理系统主要包括两种形式：原位处理系统，通常由化粪池和土壤渗滤场组成；集中处理系统，用于两户或两户以上的污水收集和集中处理系统。美国加利福尼亚州的 OSWALD 教授提出的高效藻类塘技术[19]是对传统生态塘的进一步改进，该技术充分利用菌藻共生关系，充分利用藻类产生的氧气，提高塘内一级降解动力学常数值，对污染物进行有效处理。试验表明[20]该技术对 COD 的平均去除率可达 70%，对 NH_3-N 的平均去除率高于 90%，对 TP 及磷酸盐的去除率约为 50%。高效藻类塘与传统生态塘相比优点突出：水力停留时间短、占地面积小、基建投资较少、运行维护简便、运行费用低廉；对 COD、NH_3-N、病原体等去除效率高；高效藻类塘后增加水生生物塘，能够进一步去除污水中的氮、磷等营养元素，收割的水生植物可作为优良的饲料和肥料。

法国的蚯蚓生态滤池[21]是根据蚯蚓可以提高土壤通气性、透水性能，以及促进有机物质的分解转化等功能而设计出来的，是一种既可以高效、低能耗地去除污水中的污染物，又可以减少剩余污泥处理和处置费用的一种工艺。中试工程运行结果表明：在水力负荷为 $1.0m^3/(m^2 \cdot d)$ 时，蚯蚓生态滤池对 COD 的去除率为 83%～88%，对 BOD_5 的去除率为 91%～96%，对 SS 的去除率为 85%～92%。对有机物的去除率大于普通生物滤池，与普通活性污泥法相当。该技术运行管理简单方便，能承受较强的冲击负荷；基本无剩余污泥，污泥产率低于普通活性污泥法。

德国分散污水治理采用的主要污水处理技术是化粪池+介质层和植物组成的渗滤（湿地）系统及各种标准化的生物反应器。

日本主要的生活污水处理设施可划分为“公共下水道”“农村下水道”和“净化槽”三种类型。除此以外作为粪便处理设施还有“单独式净化槽”和“日式干厕”。净化槽主要用来处理一家一户或楼房排放的生活污水，是一种分散式污水处理设施。净化槽可分为主要用于处理小至一家一户生活污水的小型净化槽和用于处理楼房、住宅小区生活污水的中大型净化槽，如图 4.14 所示。净化槽具有以下优点：①占地少，兼容原有排水系统，改造工程施工周期短，在最短的时间内实现升级改造排污处理系统并正常运营。②改造后的处理系统同时具有三方面的功能，即在保持原有排水系统的情况下，系统具有污水收集、处理的功能，同时又可回用。③安装简单，使用灵活。由于净化槽外可模块化，可依外部环境的要求不同而改变尺寸，根据现场实际情况，灵活选择其安装位置，并且其使用数量可随处理水量及处理负荷的变化而随时增减。④使用自动化操作，运营维护简单，即便设备出现故障也无需开挖，只需抽干池内的污水即可维修设备排除故障。⑤污泥产量少，可大大减少污泥的产量，降低污泥处理的费用，节省因污泥处理造成的占地和能耗。

单独处理净化槽系统是一个仅仅处理粪便的净化装置，出水 BOD_5 可以达到约 90mg/L，这一系统在经济发展水平相对较低的时期主要解决公共卫生问题。而合并处理净化槽系统则既能够处理粪便又能够处理各种生活杂排水，其出水

图 4.14 日本净化槽处理系统

BOD_5能够低于 20mg/L，通过安装合并处理净化槽就可以实现对生活污水的就地处理，并能够做到达标排放[22]。随着民众对于保护湖泊、内海等封闭性水体水质的要求越来越高，日本政府对净化槽系统的构造标准进行了大规模的修订。在新修订的版本中，提高了去除 BOD_5和 COD_{Cr}的标准，还新增了去除氮和磷作为治理富营养化问题的对策的相关内容。这一修订促进了（氮、磷去除型）深度处理净化槽系统的开发。目前，深度净化槽技术已经相当成熟，出水 BOD_5小于 10mg/L、TN 小于 10mg/L、TP 小于 1mg/L[23]。

日本生态厕所（biotoilet）技术是在不使用水冲的前提下，在座便器下方建造一个长方形池子，在池中填充锯木屑作为载体，并辅以较小的搅拌，通过有氧微生物放热发酵，将排泄物转化为无臭味的水和 CO_2及较干燥的有机肥。该技术可以节约水资源，同时有机肥回用在一定程度上解决了过量使用化肥的问题，从而减少了对水体的污染。

2. 国内农村生活污水处理方式

我国农村地区社会经济发展情况不同、污水的处理和水环境保护的要求也不一致，主要采用人工湿地、生态塘技术、厌氧生物处理技术和土地渗滤系统等处理农村生活污水。单一技术的处理出水难以达到排放要求，多进行污水处理技术组合，能够强化降解能力，增加脱氮除磷效果，适应农村地区污水水质水量变化及满足处理效能[24]。

根据实际污水水质变化，厌氧-活性污泥法、厌氧生物膜法、厌氧沼气池等形成组合厌氧工艺。例如，Lopez Zavala 和 Funamizu[25]的生态厕所技术；挪威[26]开发的Uponor、BioTrap和Biovac等污水净化装置也属于集成式的小型厌氧处理模式；上海市政工程设计研究总院利用厌氧处理组合工艺模式开发的复合厌氧反应器[27]处理效果良好，该技术可用于有机物含量高、经济条件好的地区。

由厌氧技术与好氧技术形成厌氧-好氧组合工艺，与厌氧-厌氧技术相比，该技术具有良好的硝化和反硝化能力。冉全和吕锡武[28]通过将厌氧发酵与接触氧化联用的技术提高农村生活污水的处理能力。该技术的主要优势是占地小，能适应农村生活污水的水质水量变化，抗冲击负荷能力强，有脱氮除磷的能力。但建设费和运行管理费用较高，因此该技术用于经济条件好、养殖业发达的农村。

厌氧-生态处理技术结合了厌氧技术和生态技术，形成复合厌氧生态处理工艺。该模式的生态部分可以去除低浓度的氮、磷营养物质。若结合生态塘技术，能有效提高该技术的脱氮除磷效果。

刘超翔等[29]的研究表明，利用芦苇等植物较强的输氧能力和茭白等植物对氮、磷的强吸收能力能增强生态塘的处理效果。季俊杰等[30]根据农村生活污水的特点，开发出了降流式厌氧紊动床（DASB短时厌氧）结合波流潜流人工湿地（W-SFCW人工湿地）的组合工艺。该工艺的农村净化沼气池为地埋式砖混和钢筋混凝土结构，可以单户或几户修建，管理简单，出水水质好。该模式生态浮床有低负荷氮磷去除能力，占地面积较大。该模式构建简单，无动力消耗，运行简单无需投入，满足农村地区的经济条件。

陈史华和伍晓涛[31]探讨了上海市闵行区新农村生活污水处理试点工程的技术。该技术是基于自然生态原理，以节能、省资源为目标，同时利用现代厌氧、好氧污水处理技术，综合利用土壤-填料-微生物-植物共同作用，形成的一种生态工程水处理技术。其基本工艺是：利用砖混结构在地下围成一个生物滤池，水与污染物分离，水渗滤通过集水系统收集作为中水回用，污染物通过物化吸附被截留在土壤中，碳和氮由厌氧到好氧的过程中，一部分被分解成为无机碳、氮留在土壤中，一部分变成氮气和二氧化碳逸散在空气中，磷则被土壤物理化学吸附，截留在土壤中，为草坪或其他植物所利用。Hafner和Jewell[32]也探索了土地处理污水的机理。

厌氧-好氧-生态处理技术与厌氧-生态技术相比，该技术增加了好氧部分，强化有机物的降解及硝化能力。该模式具有出水水质好，可直接农田回用，进水负荷高，运行管理简单方便等优势，可应用于养殖废水的处理，但占地面积较大。由于增加了好氧工艺，采用机械曝气，运行成本提高。因此在一些有特殊地理条件的农村，考虑采用其他的曝气方式，例如，在具备丘陵地形的农村，可以充分利用地形落差进行跌水曝气，节约成本。

2006 年北京市的 78 个新农村试点村中，有 55 个村污水纳入集中处理系统，这 55 个村主要分布在平原地区；20 个主要集中在山区和丘陵地区的村子采用污水分散式处理系统。北京市农村地区所采用的分散式污水处理系统主要选择了 6 种工艺。其中，人工湿地处理工艺有 28 处，设计处理能力为 2815t/d；膜生物反应器（MBR）工艺有 346 处，设计处理能力为 9715t/d；生物接触氧化工艺有 19 处，设计处理能力为 4200t/d；厌氧生物滤池有 47 处，设计处理能力为 3555t/d；厌氧一好氧生物处理工艺（A/O）有 4 处，设计处理能力为 240t/d；此外实施分散式污水处理的农村普遍实施了三格化粪池改厕工程[33,34]。

3. 农村生活污水处理技术选择原则

农村生活污水处理能力低，处理方式落后，国内很多地方套用城市或工业污水生化处理或物化处理技术，如上流式厌氧污泥床（USAB）、序批式生物反应器（SBR）、膜生物反应器和地埋式接触氧化池等，都由于投资大、能耗高、运行费用高、管理难度大等难以在农村推广应用[35]。因此农村生活污水处理方式不能照搬或套用城镇污水处理模式，须结合农村实情和生活污水特点科学决策。在具体选择农村生活污水处理方式时，一般应遵循以下原则[36,37]。

一是满足当前达标处理与再生利用需要。农村生活污水处理不能限于一种或几种模式，关键是要根据村落人口分布、地形地貌、地质特点、气候、排放要求和经济水平等，因地制宜地选择简单、经济、有效的处理技术。既能解决当前的生活污水达标排放问题，又要充分考虑将来的污水处理回用。

二是运行费用低廉。农村生活污水处理设施运行费用有限，缺少稳定的经费来源，应尽可能采用生态处理技术或厌氧处理技术与生态处理技术组合，尽量减少污水处理的能耗。

三是工艺简便，日常维护管理简单。农村地区从业人员技术水平和管理水平较低，污水处理技术选择应注重选用简便易行、运行稳定、日常维护管理方便，且利用当地的技术和管理能够满足正常运行需要的处理工艺。

4. 西万四村污水收集与处理方式选择

依据村庄地形特点，规划西万四村排水渠，排水渠位于村西侧，汇集生活杂用水及雨水，排水渠汇集范围如图 4.15 所示。村庄及农田地形分别向排水渠倾斜，雨水及生活污水等以重力流汇集到排水渠，汇水面积约为 12 万 m^2。水流经农田北侧的排水渠，进入现状的水塘，并最终流至幸福河。

由于西万四村内生活污水中的污染物浓度较低，COD 浓度为 53.7 ~ 176.86mg/L，NH_4^+-N 浓度为 7.32 ~ 35.17mg/L，TP 浓度为 1.62 ~ 8.28mg/L，SS

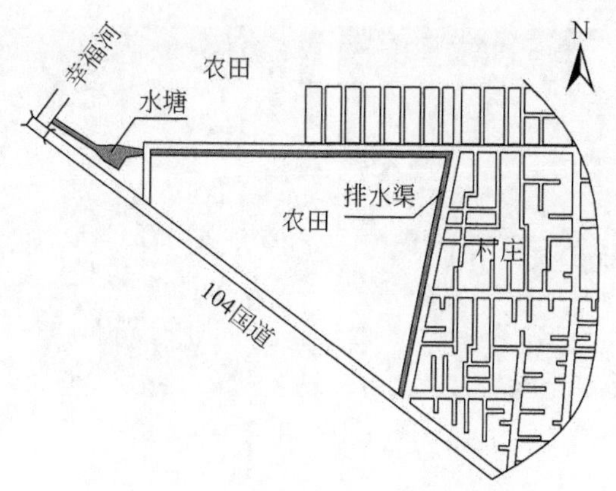

图4.15　西万四村排水渠示意图

浓度为84～237mg/L，pH为6～9；因此对西万四村的生活污水处理采取生态处理方式。结合西万四村的地形特点，可以对村内存在的排水渠进行一定的工程改造，建成生态渠工艺系统，使之在具有原有的排水功能的基础上，增加对污水污染物的吸附、吸收和降解等生态功能。使生态渠成为污水排放和受纳水体之间的过渡带、净化带。

4.3　西万四村生态渠工程设计

生态渠占地面积少，同时具备河流和湿地的特点，是消减污染的有效措施[38]。排水渠与自由水面的湿地类似，是陆地和受纳水体之间的过渡带，受周围环境的影响，生态渠起到了沉淀，控制营养物质、重金属、杀虫剂和其他农业污染物的作用[39]。在生态渠内部种植沉水植物，形成复杂的化学、生物过程。在荷兰、英国、芬兰和美国，生态渠是营养物和杀虫剂的最佳污染管理技术[40,41]。生态渠功能的发挥取决于连接度、水力负荷、深度、温度和沟渠与周围地形的良好融合。

早期生态渠主要用于处理农田径流[42]，随着人们对生态渠功能和作用认识的深入，生态渠也被用于生活污水、水产养殖等。在生活污水预处理方面都进行了大量的实践[43]。

4.3.1　生态渠技术

生态渠如图4.16所示，是指具有一定宽度和有效水深，由水、土壤和生物组成，具有自身独特结构并发挥相应生态功能的沟渠生态系统，也称为沟渠湿地生态系统。

图 4.16　生态渠

由工程和植物两部分组成的生态拦截型沟渠系统能够通过截留泥沙、土壤吸附、植物吸收、生物降解等一系列作用，减少水土流失；并能减缓水速，促进流水携带的颗粒物沉淀，吸收和拦截沟壁、水体和沟底中溢出的养分；同时水生植物的存在可以加速氮、磷界面的交换和传递，从而使污水中氮、磷的浓度快速减小，具有良好的污染物净化效果。

4.3.2　生态渠的作用

1. 生态与景观作用

生态渠作为水生动植物的栖息地和农田中动物的迁移廊道，是影响区域生物活动、种类和数量的重要因素，对保持农业景观的生物多样性具有重要意义。

Bunce 和 Hallam[44] 对英国所有线状廊道植物种类进行的调查结果表明，农田边界作为农田生物的运动廊道，能连接嵌块体栖息地，保护农田种群，其结构将影响农田生物在嵌块体间的迁移。在夏季和冬季的基流条件下，生态渠在生态学和物理学上的功能与线性湿地相似，是具有河流和湿地特征的、独特的工程化生态系统[45,46]，具有水文、生物、水环境等效应。Katano 等[47] 研究发现，鱼类在生态渠和农田之间的迁移与生态渠和周围农田的水力连通性密切相关，鱼类自由迁移的难易度影响它们的捕食和繁殖，从而影响生态渠中鱼的物种丰富度。Mazerolle[48] 在研究生态渠对青蛙活动的影响后认为，生态渠系统可作为青蛙活动的通道，有利于青蛙的迁移和繁殖。此外，沟渠还具有涵养地下水、净化水质的功能。

Herzon 和 Helenius[49] 研究北半球的温带和寒带地区的农田生态渠中的生物状况。农田生态渠作为生物的栖息地和生存空间，有助于提供生态系统服务。生态渠的功能，如调节水量、截留降解营养物质等都依赖于沟渠中各种生态物种。由于化肥农药的大量使用，农田灌溉余水的排放是对生态渠中生物的最大威胁。

2. 水质净化

生态渠不但可以作为水生动植物的栖息地和农田中动物的迁移廊道，还可以充当污染物与收纳水体之间的净化带、过渡带。

Gill 等[50]提出建造生态渠作为农田和收纳水体的过渡带、净化带以减少农药和有机肥料从农田中迁移至河道、湖泊中。建造生态渠以延长水在沟渠的停留时间，沟渠中种植各种植物，增加植物对营养物质的吸收和吸附功能。Strock 等[51]研究认为通过人工建造排水沟渠以延长水力停留时间可以减少氮的转移，增加氮的去除。

Calvert 等[52]对植物农田排水沟渠中水质的时空变化进行了研究，得出水质不仅随季节的变化而变化，也随空间（沟渠位置）的变化而变化。Janse 等[53]对排水沟渠中水体富营养化作用进行了研究，排水沟渠水体富营养化的主要原因是灌溉余水排放和雨水冲刷，使营养物质迁移至沟渠中。Casey 等[54]研究得出沟渠湿地是截留和转化农业面源污染物的关键场所。在生长季节，降水径流、灌溉等将农田中的氮、磷营养元素排入沟渠湿地中，促进沟渠植物的生长，减轻氮、磷在水体中的污染负荷；但是在秋冬季节，植物地上部分死亡以后，有机残体开始分解，营养物质将重新释放出来，加重了水体的污染。Jorden 等[55]研究发现有机物也能在底泥中累积和储存，或是在微生物作用下发生矿化作用，转变为无机营养物质，这些因素相互作用将影响沟渠湿地输出有机物及氮、磷的浓度[56]。

Abe 和 Ozaki[57]以德国北部靠近弗伦斯堡市的 Kielstau 河汇水区为研究对象，该汇水区主要是村庄、农场和牧场，纬度较低，地下水水位较高[58]。汇水区的点源和面源污染是下游 Kielstau 河水质恶化的主要原因[59]。地下水和暗管排水是入河水的主要来源，为了控制面源污染，以汇水区内的防洪排水渠为研究对象展开研究，排水渠的位置如图 4.17 所示。排水渠周围主要是有机农场和低强度草场。

为了研究生态渠净化水质的效能，在上述排水渠内，选择 20m 长的研究段，在研究段内部装填 $12m^3$ 硬木屑和软木屑，生态渠为梯形断面，总填充高度为 45～50cm，梯形填充的上部宽度为 120～150cm，在试验段的前端和后端设置筛网防止木屑流失。在木屑的上面覆盖丝网和碎石。

试验沟渠通过截留、植物的摄取和沟渠的过滤等能够有效地去除微粒磷，生态渠中植物则能够有效地去除正磷酸盐。生态渠能在一定程度上去除 NH_4^+-N 和 NO_3^--N，在夏季能够取得较好地去除效果。氮的去除主要是通过反硝化作用和植物的吸收。试验发现：利用现有的沟渠，通过填装有机物，如木屑等，很容易形成生态渠，这种构建生态渠的方式在赢得农民同意的前提下，对农民的生产没有

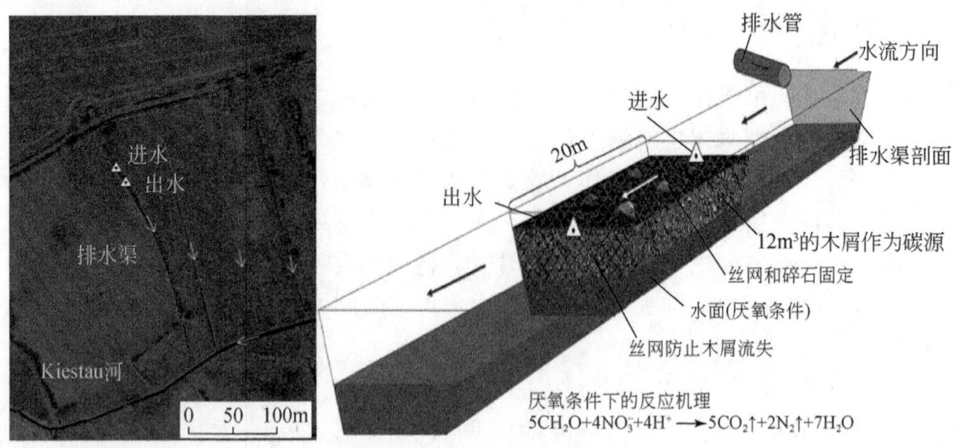

图 4.17　生态渠试验段

影响；形成生态渠可以较好地去除硝酸盐，减少对下游河段的影响，尤其是夏季和秋季。如果水流的速度可以控制，可以形成更好的反硝化条件。

Jiang 等[60]研究发现沟渠湿地可通过底泥截留吸附、植物吸收和微生物降解净化农田排水汇集的非点源污染物。芦苇和茭草是沟渠中自然生长的两中主要挺水植物，能有效吸收氮、磷营养成分，是沟渠湿地净化非点源污染物的主要机制。芦苇和茭草收割以后，每年可以带走 463～515kg/hm^{2}的氮和 127～149kg/hm^{2}的磷，相当于当地 213～213hm^{2}农田流失的氮肥和 113～310 hm^{2}农田流失的磷肥，而且茭草的吸收和分解能力明显高于芦苇。因此定期收割是保证自然湿地净化功能、减轻湖泊富营养化的有效措施。

3. 生态渠优化与生态修复

20 世纪 90 年代以来，生物的生存空间被城市或道路的建设所切割，许多学者针对现有路沟渠，特别是路沟渠所产生的生态问题，进行了生态化的改良设计。2004 年，我国台湾地区颁布的农田水利建设应用生态工法规划设计与监督管理作业要点规定，农路路面应以透水性材料铺设为原则[61]。

Rosenberg 等[62]和 Jongman 等[63]针对生存空间破碎化的现象，提出了生态廊道的观念，希望人们在规划设计道路时，将动物安全通道也考虑在内，连接各孤立的栖息点，使之成为较完整的生存栖息空间，以保护生物多样性。在农地整理过程中，农路应尽可能沿着地形坡度进行设计，避免大量挖填土方，并以最小宽度减轻对生态环境的影响；预定设置农路的路线需事先调查是否有珍贵稀有的植物或动物栖息地，并应规划野生动物安全穿越的适当通路。沟渠设计如果仅以输水或排水为目标，忽略水边原有的生态维持功能，以混凝土内面工为护岸并挖去所有水生植物，将失去原有的栖息生物。沟渠环境与生态功能密切相关，不同形式和结构的沟渠设计带来的经济效益与生态功能存在显著差异。

沟渠的生态改善可着重在沟渠内壁、纵横断面结构和渠岸三个方面，其中包括生态材料的应用及施工方式的改进等。通过在沟渠侧壁设 PVC 管、空心砖、凹洞，以及在侧壁和水路底铺设卵石等改良方式，可更好地为鱼类和水生昆虫提供栖息场所。生态渠以土渠及未封底的缓坡护岸沟渠可提高水面和绿草的覆盖率，提升整理后的生态功能。护岸的多孔质空间和水边林可为昆虫、爬虫类、小型哺乳类动物提供栖息的空间，构成一个完整的生物链。因此，生态渠周围的绿化植物应尽可能保留原有的树林、水塘等。

4.3.3　生态渠工程设计

1. 生态渠设计原则

生态拦截型沟渠系统主要由工程部分和生物部分组成，工程部分主要包括渠体及拦截坝等，生物部分主要包括渠底、渠两侧的植物；两侧沟壁具有一定坡度，沟体内相隔一定距离构建小坝减缓水速、延长水力停留时间，使流水携带的颗粒物质和养分等得以沉淀和去除。生态渠维护管理应符合《灌溉与排水工程技术管理规程》（SL/T 246—2019）的要求。

生态渠设计一般遵循以下原则：

（1）维持排水功能，及时排除农田余水、污水及降水径流，不冲不淤；

（2）减少硬化，增加透水性，涵养地下水；

（3）设置扰流结构以增加水体溶解氧，使沟渠拥有与自然溪流相似的流况；

（4）在保证工程安全的前提下，尽力营造表面粗糙、坡度缓、材质自然、界面透水、流态多样的自然生态环境。

2. 工艺流程

建立“格栅—沉砂池—集水池—生态渠—景观塘—出水”的生态处理工艺。充分利用原有的排水沟渠，对排水沟渠进行一定的工程改造，建成生态渠系统，使之在具有原有的排水功能的基础上，增加对生活污水污染物的吸附、吸收和降解等生态功能。

生活杂用水及雨水从设在生态渠岸边的进水坡口和集水池进入生态渠，流经生态渠后最终流入幸福河。在生态渠末端增设景观塘，出水用于农田灌溉等。生态渠工艺可以减少基建费用，且无动力消耗，运行成本低廉，污水和雨水可以得到资源化利用。

3. 生态渠断面

生态渠断面通常采用梯形断面、矩形断面、复式断面和植生型防渗砌块技术。

梯形断面和矩形断面相对于复式断面占地面积少。规则的梯形断面或矩形断面虽然有助于提高河道的过流能力，有利于污水的排放，却降低了河道本身的美感。混凝土护岸工程也降低了水生物空间，不利于水生态环境保护。

复式断面是在渠道内，如图 4. 18 所示，考虑高低水位差，设置低水流量的渠槽，减少高低水位差对渠内及两岸生物造成的冲击。复式断面占地面积较大，适用于河滩开阔的山溪性河道。枯水期时，河道流量小，河水在主河槽中流过；洪水期时，河道流量大，此时允许洪水漫滩。复式断面的河滩地相对较大，有利于河道中水生物和两栖动物的生长，具有一定的生态性。河滩地也能开发为景观休闲区域，具有较强的景观性。

植生型防渗砌块技术[64]应用新型生态材料，其下部为方形混凝土防渗板，前部下端有一凸块，后部下端有一凹槽，砌块间通过凸块和凹槽的联结紧密排列。混凝土防渗板上为“井”型无砂混凝土隔板，中间填土形成植物种植区，如图 4. 19 所示。

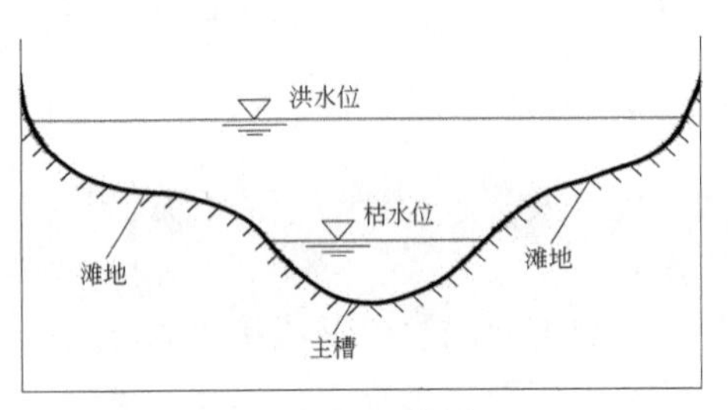

图 4. 18　复式断面

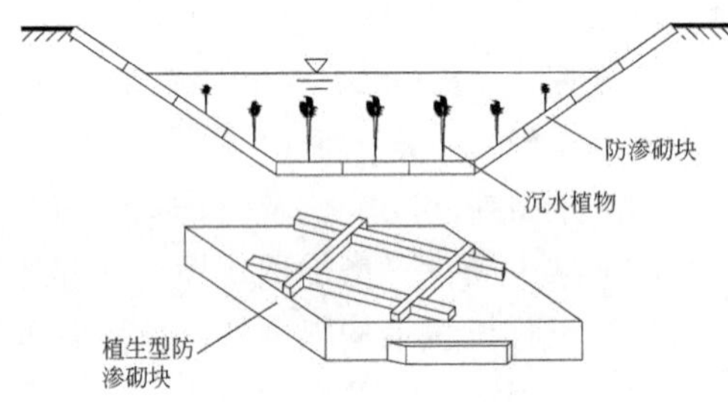

图 4. 19　植生型防渗砌块

植生型防渗砌块能够较好地解决输水渠道关于不透水全衬砌的要求，并可创造出适宜水生生物生长的环境，既保持了渠道内生态系统的完整性，又达到了渠道防渗的目的。植生型防渗砌块多应用于干旱半干旱地区。

由于生态渠排水量小，对渠道冲击不大；生态渠沟壁需要有一定的坡度以便于植物生长，且南四湖地区沟渠不需要防渗，因此生态渠断面选为梯形断面。

4. 生态渠设计流量

生态渠流量按南四湖流域 20 年降水量计算。南四湖流域 20 年最大日降水量为 220mm/d，生态渠汇水面积 12 万 m^2，则生态渠汇集水量[65]为

$$0.22\times120000=26400\text{m}^3/\text{d}$$

生态渠渠道流量为

$$Q=26400\text{m}^3/\text{d}=1100\ \text{m}^3/\text{h}=0.31\text{m}^3/\text{s}$$

5. 生态渠截面设计

生态渠采用梯形断面，渠道有效水深根据《灌溉与排水工程设计规范》（GB 50288—2018）计算：

$$h=\alpha Q^{\frac{1}{3}}=0.7\times0.31^{\frac{1}{3}}=0.47\text{m}$$

式中，h 为生态渠有效水深（m）；α 为常数，$\alpha\in$（0.58，0.94）；Q 为生态渠流量（m^3/s）。

生态渠深为有效水深与岸顶超高之和，超高取 0.2m[66]，则生态渠总深为 0.5+0.2=0.7m。

当生态渠流量 $Q\leqslant1.5\text{m}^3/\text{s}$ 时，渠道底宽与有效水深的比值 β 为

$$\beta=NQ^{\frac{1}{10}}-m=2.35\times0.31^{\frac{1}{10}}-1.5=0.59$$

式中，β 为渠道低宽与有效水深的比值；N 为常数，$N\in$（2.35，3.25），黏性土渠道和刚性衬砌渠道取小值，沙性土渠道取大值；m 为边坡系数，$m=1.5$。

生态渠底宽 $b=0.59\times0.47=0.28\text{m}$。

取生态渠底宽 $b=0.3\text{m}$，边坡系数 $m=1.5$，顶宽 $a=1.8\text{m}$。

生态渠截面尺寸如图 4.20 所示。生态渠渠底铺砌 10cm 厚的碎石；生态渠边壁为泥土壁，边壁种植植物。生态渠中每隔 20m 以碎石堆砌挡水坝，以增加生态渠水力停留时间，挡水坝高度为 0.25m。

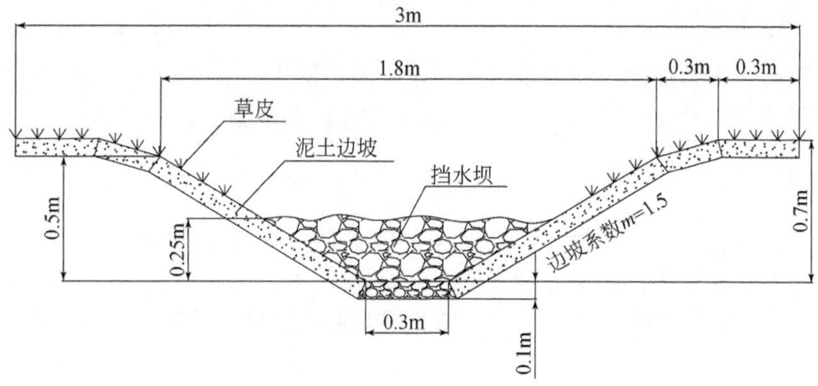

图 4.20　生态渠截面

6. 生态渠设计流速校验

对生态渠设计流速校验，以保证设计流速不会对渠道造成冲刷。生态渠横截面面积由梯形面积公式计算：

$$W=\frac{1}{2}\ (a+b)\ h=\frac{1}{2}\ (1.8+0.3)\ \times 0.5=0.525\text{m}^2$$

式中，W 为生态渠横截面面积（m^2）；a 为生态渠顶宽（m）；b 为生态渠低宽（m）；h 为生态渠有效水深（m）。

生态渠水力半径为

$$R=\frac{W}{\chi}=\frac{0.525}{2.1}=0.25\text{m}$$

式中，R 为生态渠水力半径（m）；W 为生态渠横截面面积（m^2）；χ 为生态渠湿周（m）。

生态渠设计流速为

$$V=\frac{1}{n}R^{\frac{2}{3}}i^{\frac{1}{2}}=\frac{1}{0.035}\times 0.25^{\frac{2}{3}}\times 0.0035^{\frac{1}{2}}=0.67\text{m/s}$$

式中，V 为生态渠设计流速（m/s）；R 为生态渠水力半径（m）；i 为渠低坡度，$i=0.0035$；n 为渠低糙率，$n=0.035$。

根据《灌溉与排水工程设计规范》（GB 50288—2018），黏性土渠道的最大允许不冲流速为0.73m/s，大于生态渠设计流速0.67m/s。因此生态渠设计流速符合《灌溉与排水工程设计规范》（GB 50288—2018）的要求。

4.3.4 西万四村污水生态处理设施

1. 集水池和进水坡口

生态渠从生态渠始端的集水池和在生态渠两侧岸边铺设的进水坡口进水；进水坡口宽为0.2m，在进水坡口和集水池出口处设有格栅，拦截杂物。

2. 生态景观塘

生态景观塘可以延长水力停留时间，促进污染物的生物吸附和吸收、沉淀；并可在生态渠形成不同的流速和生境，丰富沟渠的生物多样性，达到维持水生生物生存环境与净化水质的双重功效，有助于增强水体的自净能力。生态景观塘由当地旧水塘改建，生态景观塘深度为1.2m，种植水生植物。

3. 潜水泵

生态渠出口被幸福河河坝阻挡，需要在生态渠末端增设提升泵，使生态渠出水进入幸福河。幸福河河坝高为 4m，生态渠 20 年不遇水量为 $Q=1100\text{m}^3/\text{h}$，通过查《给排水设计手册（第 11 册）》，选择 QXG1350-8. 5-45 型潜水给水泵，采用固定式安装。表 4. 3 为 QXG1350-8. 5-45 型潜水给水泵性能。

表 4. 3　QXG1350-8. 5-45 型潜水给水泵性能

型号	流量 /（m^3/h）	扬程 /m	转速 /（r/min）	电动机功率 /kW	效率 /%	出口直径 Φ/mm	自动耦合装置
QXG1350-8. 5-45	1350	8. 5	740	45	83	400	400GAK

4. 植被选择

生态渠中的植被有利于水域和陆域生态的连续，根系具有固着土壤泥沙的能力，有助于渠道的稳定、减少冲蚀现象，并可以吸收、吸附污染物等。

当地原生物种易适应当地的环境，形成自然群落，可以降低维护管理成本。因此生态渠首选原生植被，由自然演替形成。人工辅助种植如狗牙根、空心菜、茭白（夏季）、黑麦草、水芹（冬季）等。

5. 生态系统平面布置图

西万四村生态渠平面布置如图 4. 21 所示。

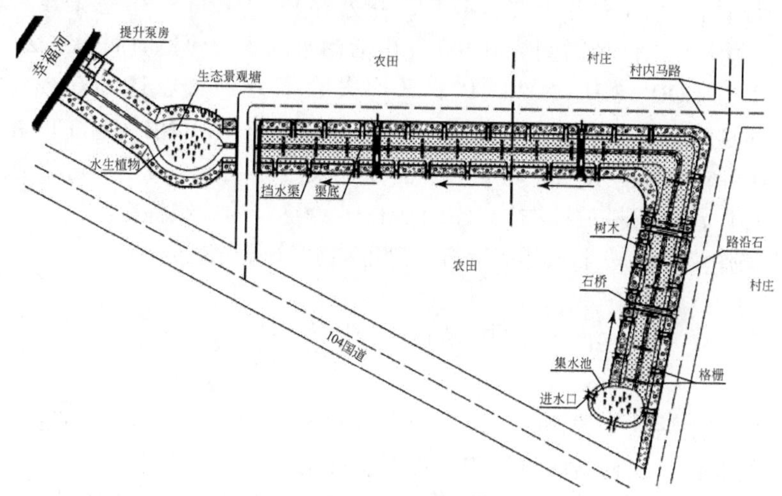

图 4. 21　西万四村生态渠平面布置图

6. 工程预算

为方便西万四村的污水收集与处理工程项目建设，生态渠工程预算如表 4. 4 所示。

表 4.4 生态渠工程预算

序号	项目名称	单位	工程量	单价/元	总价/元
1	碎石	m^3	60	240	14400
2	挖土方回填	m^3	650	50	32500
3	进水坡口、格栅	个	150	100	15000
4	石桥	个	6	1500	9000
5	路沿石铺设	m	1500	60	90000
6	潜水给水泵及辅助设施	个	1	5000	5000
7	树木	个	300	120	36000
8	草	m^3	2250	12	27000
9	监理				8000
10	设计费				36000
	合计				272900

对农村水环境整治规划设计要充分考虑当地污水排放特点、地形条件等。结合当地实际，采用生态处理方式，以求工艺简便，运行管理简单，污水、雨水等可以得到资源化利用。

结合西万四村的实际，设计生态渠，设计参数按照南四湖流域 20 年一遇降水量进行设计；利用重力流进行收集，集水范围为 12m^3，生态渠设计流速为 0.59m/s，雨水水力停留时间为 0.98h，生活污水的水力停留时间为 7.2d。

生态渠对 COD、NH_3-N 和 TP 的平均去除率分别可以达到 62%、91% 和 83%[67]。通过生态渠工艺，西万四村生活污水出水 COD、NH_3-N 和 TP 的浓度分别为 20.41 ~ 67.21mg/L、0.66 ~ 3.16mg/L 和 0.28 ~ 1.41mg/L。可以达到《城镇污水处理厂污染物排放标准》（GB 18918—2002）的一级标准。

生态渠作为现阶段生态环境综合治理的措施符合当地实际。

4.4 人工强化与生态组合技术

随着农村生活水平的提高，以及新农村的大力建设，农村居民的生活方式发生了较大的变化。农村地区将逐步完善卫生设施，建立完善的污水收集管网，厕所由旱厕变为冲水式厕所，淋浴设施的普及等，将会使生活污水中的污染物浓度升高。根据华北地区农村生活污水处理技术指南，农村生活污水中各污染物浓度：COD 为 200 ~ 400mg/L，BOD_5 为 200 ~ 300mg/L，NH_3-N 为 20 ~ 90mg/L，TP 为 2.0 ~ 6.5mg/L。随着农村生活方式的变化，生活污水中污染物浓度将不会小于以上指标。因此，需要研究更适合的工艺处理农村生活污水。

水环境的质量持续下降，对排水的标准持续加严；水资源短缺也推动污水回用的要求日趋强烈，仅仅采用生态处理技术，如塘和湿地系统，已经不足以满足上述要求，尤其是在经济发达地区，农村污水处理的排放标准要求达到二级以上，在水源地的农村地区的标准更加严格，需要给出新的、在生态基础上面向农村地区的解决方案。强化人工技术+生态技术的解决方案，成为农村地区的首选。

4.4.1　膜生物反应器+人工湿地

膜生物反应器（membrane bioreactor，MBR）是生物处理技术与膜分离技术相结合的一种新的废水处理系统。主要是以膜组件替代传统的分离技术，在生物反应器中保持具有高活性的污泥的浓度，以此提高生物处理有机负荷，达到降低污水处理设施占地面积的目的，而且还能够有效地减少剩余的污泥量。膜生物反应器具有同时进行生物反应和过滤、处理效能高、出水质量高的特点，使膜生物反应器被用作深度处理的主要措施[68]。膜生物反应器被广泛用于高强度的工业废水的处理，去除COD和TSS的优势明显[69,70]。

MBR技术具有如下优势：①能够高效地进行固液分离，分离效果远好于传统的沉淀池，出水水质良好，出水悬浮物和浊度接近于零，可以直接回用，实现了污水资源化。②膜的高效截留作用，使微生物完全截留在反应器内，实现了反应器水力停留时间（HRT）和污泥龄（SRT）的完全分离，使得运行更加灵活稳定。③反应器内的微生物浓度高，耐冲击负荷能力强。④污泥龄可随意控制。膜分离使污水中的大分子难降解成分在体积有限的生物反应器内有足够的停留时间，大大地提高了难降解有机物的降解效果。反应器在高容积负荷、低污泥负荷、长泥龄的条件下运行，可以实现基本无剩余污泥的排放。⑤结构紧凑，占地面积小，工艺设备集中，易于一体化自动控制。

膜生物反应器和人工湿地进行组合可以降低投资费用，提高出水品质。如图4.22所示，经过MBR处理后的出水进入湿地系统进行深度净化，既可以防止湿地的阻塞问题，延长湿地使用寿命，还可以提高营养物质，如氨氮的去除率[71]。该组合系统对于COD、TN、TP和TSS的去除率分别达到93.3%、93.0%、90.4%和99.1%。尽管在MBR中COD的去除率仅为31.2%，但是对TSS去除率到达50%，很好地阻止了湿地阻塞问题[72]。在进水中COD、TN、TP和NH_4^+的浓度为（1008.08 ± 63.50）mg/L、（95.22 ± 3.22）mg/L、（5.76 ± 0.38）mg/L和（62.10 ± 2.6）mg/L时，该组合工艺仍然达到较高的去除率，分别为98%、96%、80%和99%，其中膜生物反应器贡献了95%、74%、68.5%和92%，而湿地对总去除率的贡献为2.5%、24%、26%和7.2%，组合系统有效地防止了湿地阻塞问题，减少了湿地占地面积。这为农村污水处理提供了人工强化+生态技术备选方案。

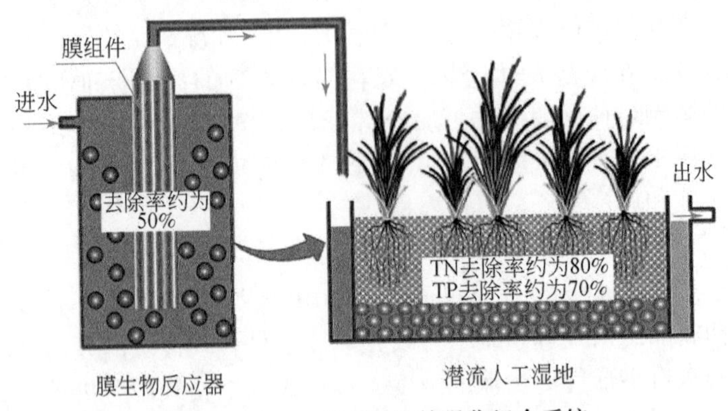

图 4.22　MBR+人工湿地的强化组合系统

4.4.2　微生物燃料电池–人工湿地耦合系统

微生物燃料电池与人工湿地都以处理有机化合物为目的，将两者耦合可以在提高输出电压的同时提升污染物的处理效果。微生物燃料电池的氧化还原梯度可以通过调整人工湿地的深度及污水的流动方向建立[73,74]。

Yadav 等[74]建立了第一个 MFC–CW 系统，用以处理偶氮染料废水，在 CW 中嵌入玻璃纤维分隔层和石墨电极，COD 去除率和染料脱色率均可达 90% 以上。最近几年，也有不少专家学者借助 MFC-CW 系统处置生活污水等多种污水，取得了较好地处理效果。研究中，为了增加 MFC-CW 系统的氧化还原梯度，MFC-CW 大多采用上向流模式运行，在植物根部区域设置阴极，在促进阴极溶解氧最大化的同时保证阳极溶解氧最小化，对系统的产电及污水净化性能起有利作用[75]。为了降低 MFC-CW 系统的内阻，Doherty 等[75]采用上向流和下向流同时运行的模式，提升了系统的产电功率密度，目前 MFC-CW 获得的最大功率密度达 55.05 mW/m^2。MFC-CW 系统是在植物微生物燃料电池的前提下产生的。电池中有机物的来源直接决定两者的差异。PMFC 中植物根系的分泌物推动产电菌代谢[76]，在 MFC-CW 系统中污水可以起到同样的作用。

研究中构建的微生物燃料电池–人工湿地耦合系统如图 4.23 所示，采用四个反应柱的阳极基质材料都应用了颗粒活性炭，阴极选择差异化粒径的颗粒活性炭和颗粒石墨，研究不同阴极基质种类和粒径、进水 COD 浓度、阴极曝气量及外接电阻对系统发电和污水净化性能的作用。

当外接电阻为 1000 Ω 时，反应柱输出电压最大，达 294 mV 左右。

阴极基质种类和粒径大小对 MFC-CW 的产电性能有较大影响。当阳极基质物质是 2 ~4mm 的颗粒活性炭时，阴极选择 4 ~ 8mm 颗粒石墨的系统产电性能最

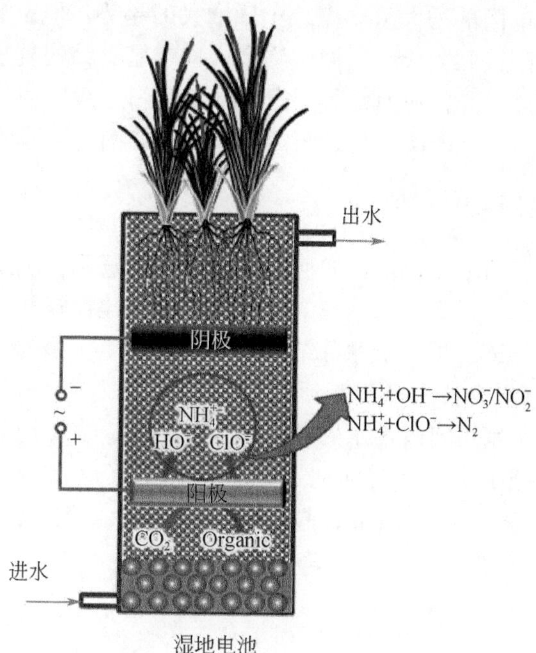

图 4.23　微生物燃料电池–人工湿地耦合系统

好，其最大功率密度为 0.197W/m^3。

阴极基质材料的种类及粒径对 MFC-CW 系统的污水净化性能影响不大。四个反应柱的 COD 去除率为 76.9% ~ 83.3%；TN 去除率约为 70%，而 NH_3-N 达 80% 左右；TP 去除率约为 40%。

在进水 COD 浓度持续上升的同时，MFC-CW 系统的产电电压先上升后下降，进水 COD 浓度达到 200mg/L 时，反应柱电压均达到最大；系统 COD 去除率先上升后下降，进水 COD 达到 300mg/L 时，去除率达到 86% 的上限值。进水 COD 浓度为 200 ~ 300mg/L 时系统整体运行性能最佳。

在 HRT 为 3d 时反应柱的电压达到最大，系统 COD 去除率为 88% 左右，HRT 在 3d 时系统整体运行性能最佳。

随阴极曝气量的增大，四个反应柱的电压均增大，但其增长的速度逐渐减小。当阴极曝气量为 0 ~ 0.075 m^3/h 时，系统 COD 去除率随曝气量的增加而增大且增长的速度逐渐减小；当阴极曝气量高于 0.075 m^3/h，系统 COD 去除率基本保持不变。阴极曝气量对 MFC-CW 的产电性能及污水净化性能均有重要影响。本试验综合考虑输出电压、污水净化效果及经济成本等因素后，优选 0.075 m^3/h 为最佳曝气量。

产电量在外接电阻为 5000Ω 时达到最大，在外接电阻为 50Ω 时最小。系统

COD 去除率随外接电阻的增大呈现先减小后增大的趋势，但影响较小。

MFC-CW 系统阳极和阴极中的微生物多样性丰富，结构复杂，在样本中相对丰度排名前十的细菌类群分别为变形菌门、绿弯菌门、酸杆菌门、拟杆菌门、芽单胞菌门、放线菌门、浮霉菌门、绿菌门、硝化螺旋菌门、厚壁菌门。

4.4.3 淹没式生物膜+塘组合技术

在农村地区天然的塘坝较多，如何利用现有的塘资源，利用先进的污水处理技术进行有机的组合，提高污水处理的标准，减少基建投资和运行维护费用。为此也进行了大量的尝试，提出了各种结合生态技术的组合系统。

采用生物膜-塘组合技术处理生活污水，可以提高污染物的去除率，能取得良好的处理效果，出水可实现污水资源化，用于绿化、农田灌溉等；生物膜法与生态塘工艺组合，减少了二次沉淀池（以下简称二沉池），及与其配套的设备，可以大幅度降低工程造价。该组合技术具有简单、高效、经济和易于操作等特点。

1. 生物膜法

生物膜法是与活性污泥法相平行发展的一种污水的生物处理技术。生物膜是由微生物以及胞外聚合物组成并附着在填料载体上的，微生物包括细菌、原生动物、后生动物等。该技术利用胞外聚合物吸附污染物，利用生物膜中的微生物降解污水中的有机污染物。

生物膜法可分为三大类：非淹没附着生长工艺、有固定填料的活性污泥工艺和淹没式附着生长工艺。其中有固定填料的活性污泥工艺包括两类，一类是悬浮填料附着生长工艺，另一类是固定填料附着生长工艺。下面重点介绍固定膜填料的活性污泥工艺的进展和工艺特点。

污水处理的生物膜法既是古老的，又是发展中的工艺[77]。活性污泥与生物膜组合的工艺应用十分广泛。在活性污泥池中放置填充材料的工艺可以追溯到 20 世纪 40 年代的 Hays 和 Griffith 工艺[78]。随着 70 年代高强度、轻质填充材料的产生，出现了众多的新型工艺，如德国 Linde 工艺、80 年代应用于生产规模废水二级处理的 Linpor 工艺和 Captor 工艺，以及 90 年代由挪威 Kaldnes 公司开发的 Kaldnes 工艺等。曝气池中放置固定填料的附着生长工艺又分为最初的生物转盘工艺，之后出现了生物填质（biomatrix）工艺，环形辫带（ringlace）工艺和双生物污泥（bio-2-sludge）工艺。

经过不断革新，强化活性污泥工艺具有以下优点：提高了处理能力、增强了工艺的稳定性、减少了剩余污泥的产量、降低了二沉池的固体负荷、降低了运行维护费用。

德国的Weber-Ingenieure从1982年就开始广泛使用活性污泥与生物膜的复合工艺，其目的主要是增加污水处理的负荷，减少小曝气池的体积，降低工程的总造价。表4.5是采用该工艺的污水处理厂的名称、处理能力、污泥指数和污泥负荷。

表4.5　生物膜处理工艺实例一览表

处理厂名称	规模/人	反应池体积/m^3	悬浮污泥浓度/(g/L)	污泥指数/(mL/g)	污泥负荷/[kg/(kg·d)]
Berghausen	2400	1740	3.0	70	0.17
Calw-Hirsau	5300	1620	3.6	90	0.30
Enzbeg	1000	760	4.2	55	0.15
Geiselbullach	250000	7800	7.4	46	0.07
Horb	20000	457	3.3	85	0.4
Schomberg	15000	1130	6.0	50	0.15
Weil der Stadt	22600	1500	4.2	130	0.10

经过估算，生物膜固定的生物量为0.5～1.5kg/m^3，挥发性活性污泥占总污泥的60%～75%，剩余污泥量为改造前常规活性污泥系统的产量的50%。在上述研究中，利用生物传感器，在常规的氧浓度下，在生物膜的内层观测到了同步硝化和反硝化，反硝化的生物膜层的厚度为0.25～1.0mm。这一层也是生物降解底物最活跃的部分[79]。

1996年德国Dorsten公司利用该技术处理食品加工废水，处理厂的规模为25000当量人口。进水的COD浓度为1800mg/L，2001年观测的数据显示，COD的去除率达到90%，其他出水指标：BOD_5为3mg/L，氨氮为10mg/L，磷为0.6mg/L[80]。

2003年，在美国佛罗里达州，为了缓解郊区人口增加导致的污水处理负荷的增加，需要将现有的污水处理厂进行扩容，并要求达到严格的氨的限制浓度0.2mg/L。为此采用了环形纤维填料，填装在现有的曝气池中，在处理水量为2840m^3/d的情况下，出水非离子氨氮达到规定的标准值0.2mg/L[81]。

王发珍等[82]研究将A/DAT-IAT工艺与生物膜法结合起来处理高含盐废水，向池中投加悬浮填料，为微生物的生长繁育提供载体。此方法兼具了两者的优点，如具有连续性、高效性，对水质水量变动有较强的适应性，耐冲击负荷能力强，投加填料增加了生物量，能同步脱氮除磷。

肖唐俊等[83]将跌水曝气充氧与生物膜法结合来实现污水的净化。工艺由三级跌水段组成，污水被布水装置分散，污水成滴状跌落在跌水板上被溅起，并进一步分散成水花，空气中的氧不断向污水中转移。进入挂有软性填料反应池的污水由于挡流板的作用上下循环，大气与污水的接触面不断得到更新，经填料上的生物作用污水中有机污染物得到去除。

曾峥和易佳婷[84]研究了生物膜法在微污染水源水预处理中的应用，研究表明微污染水源水经生物膜法预处理后，能有效去除低分子量有机物；去除氨氮、亚硝酸盐等可达80%以上；降低后续处理消毒时氯的消耗；去除铁、锰等污染物；较好地去除微量污染物、臭味及色度物质。

魏宏斌等[85]研究了悬浮填料生物膜法对医院综合污水的处理情况。悬浮填料生物膜法是近年来兴起的新型污水处理单元技术，具有微生物浓度高、生物相丰富、抗水质冲击负荷能力强等优点。Cristiano Nicolella 等研究了填料介质生物膜技术[86]。出水 COD、BOD_5、氨氮、悬浮物和动植物油平均值则分别为64mg/L、3mg/L、10. 1mg/L、36mg/L 和 0. 3mg/L，平均去除率分别达到 89. 1%、99. 0%、61. 0%、89. 5% 和 94. 6%。出水 pH 为 6. 52 ~ 6. 80，出水大肠菌群数小于 20MPN/L。出水指标全部达到《污水综合排放标准》（DB 31/199—2018）一级标准。

万红和宋碧玉[87]研究了用序批式生物膜法处理水产养殖废水的情况。试验采用序批式活性污泥法和生物接触氧化相结合的工艺，生物膜载体以塑料环为依托，其骨架上负载着维纶丝的组合填料。结果表明对有机物、氨氮、TN、TP 的平均去除率分别为91. 1%、85. 1%、75. 8%、89. 5%，处理后出水可回用于水产养殖。

孙武堂等[88]进行了用渠式生物膜氧化法处理生活污水的技术研究。试验利用渠式生物反应渠内的载体填料形成的生物膜系统来处理生活污水，水体在生物膜反应渠内形成一个推流的生态系统。Rodgers 等研究了生物膜在反应器中的生长情况和特性[89]。生物膜载体填料可以为生物的附着生长提供良好的条件，生物体可以在其上进行硝化、反硝化等过程，有利于水中污染物质的去除。该法结合了活性污泥法和生物膜法的优点，能有效处理城市生活污水，而且装置不设二沉池，占地面积少，基建投资省。

李先宁等[90]采用由缺氧池和溅水充氧生物滤池组成的一体化地埋式装置处理农村生活污水。溅水充氧生物滤池通过溅水充氧实现好氧生物处理，不需曝气，能耗及运行费用低，且该装置完全覆土后，地表可恢复原有土地利用状况，基本不占用土地资源。

2. 淹没式组合生物膜-塘复合技术

近年来随着社会经济的发展和生活水平的提高，大量不达标污废水的排放不仅污染了环境，而且加重了水资源的短缺。因此，寻求经济高效的污水处理技术，对促进水环境的恢复和污水回用的发展有重要的意义。

农村生活污水处理能力低，处理方式落后，国内很多地方套用城市污水生化处理技术、工业污水生化处理技术或物化处理技术，如上流式厌氧污泥床(USAB)、序批式生物反应器（SBR)、膜生物反应器和地埋式接触氧化池等，都由于投资大、能耗高、运行费用高、管理难度大等难以在农村推广应用[35]。

生物膜法，对污水浓度适应范围广，抗冲击负荷能力强，污泥不需回流，系统趋于简单化，运行和管理简便，但传统生物膜反应器内曝气量大、运行费用高，而降低曝气量进行低溶氧运行能够有效降低能耗，但达不到一定的标准，因此生物膜法常与其他工艺组合，如 A2/O、A-O-A-O、UCT 脱氮除磷新工艺。这些工艺都比较复杂，工程造价较高，因此生物膜法更适合与生态塘、人工湿地系统结合，在经济条件相对滞后的城郊地区推广。

通过将高效膜分离技术中的超微滤膜组件与生物处理单元相结合而成的组合式生物膜反应器，是将高效分离作用取代活性污泥法中的二沉池，达到了二沉池无法比拟的泥水分离和污泥浓缩的效果。目前，生物膜反应器脱氮工艺是建立在传统硝化-反硝化机制之上的。根据硝化-反硝化反应发生的空间和时间，又可分为空间分离的两级分置式和时间分离的一体式生物脱氮工艺。其中，一体式组合式生物膜反应器通过间歇曝气形成交替的缺氧、好氧环境，达到对碳、氮、磷的同时去除[91-93]。

传统塘基建投资小、管理简单、运行费用低，但去除率低，特别是厌氧塘和熟化塘，水力停留时间长、占地面积大、有臭味、影响周边环境，因此常作为初次沉淀池或与其他工艺相结合处理污水。

以淹没式组合生物膜-生态塘的复合技术处理农村生活污水，系统取消了二沉池、污泥回流等。淹没式生物膜系统采用间歇曝气，提高污染物的去除率，并利用生态塘取得了良好的出水水质。该复合技术简单、高效、经济，并且易于操作。出水可实现污水资源化，用于绿化、农田灌溉等，而且生物膜法与生态塘工艺组合，可以大幅度降低工程造价。

淹没式组合生物膜-生态塘复合技术工艺流程见图 4. 24。生活污水经过预处理后，进入集水调节池均衡水质水量，然后由进水泵从底部打入组合式生物膜反应器中。反应器中添加膜组件，底部安装曝气装置，污水以一定的流量流入反应器，运行一段时间后，污水中的有机物被微生物吸附、氧化分解和转化，经组合式生物膜反应器处理后污水中大部分有机物得到去除。经组合式生物膜反应器处理后的污水由出水泵引入生态塘作进一步处理。进水量和曝气量由流量计控制，试验在常温下进行。

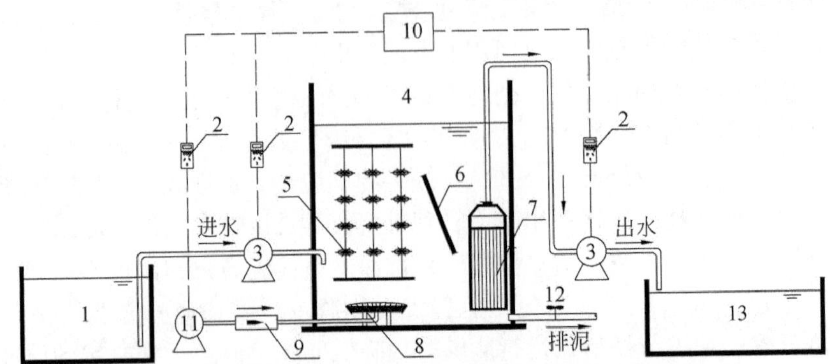

图 4.24 淹没式组合生物膜–生态塘复合技术工艺流程图

1. 集水池；2. 时空开关；3. 水泵；4. 组合式生物膜反应器；5. 组合填料；6. 涡流挡板；7. 膜组件；8. 微孔曝气头；9. 转子流量计；10. 配电箱；11. 曝气泵；12. 阀门；13. 塘

1）组合式膜生物反应器

组合式生物膜反应器为柱状反应器，有效容积为 60L，配水箱有效容积为 60L，进水由阀门控制。反应器中安装有由塑料半软性填料与纤维软性填料组合而成的组合填料。反应器一侧设有膜组件，由时控开关控制蠕动泵抽吸出水。底部安装微孔曝气头，时控开关控制曝气泵间歇曝气，曝气量由转子流量计控制。研究采用中空纤维膜组件，膜材料为聚醚砜（polyether sulfone，PES)，截留孔径为 0.2μm，膜有效面积为 $1.6m^2$，膜通量为 $0.3m^3/(m^2 \cdot h)$，操作压力范围为 0.05～0.2MPa，使用温度为 5～60℃。

经 20 天挂膜，组合式生物膜反应器出水水质稳定后，开始检测进出水中营养物质的浓度。组合式生物膜反应器采用间歇曝气，曝气停曝比为 5∶1。组合式生物膜反应器总水力停留时间为 8h，每隔 2h 取反应器上清液，监测水质指标。

2）生态塘的设计

(1) 设计规模和标准。

处理规模：$Q=5m^3/d$；

设计方法：BOD_5 表面负荷法。BOD_5 表面负荷法：必须规定塘中的最低容许 BOD_5 表面负荷。设计参数如表 4.6 所示。

表 4.6 好氧塘的典型设计参数

设计参数	高负荷好氧塘	普通好氧塘	深度处理好氧塘
BOD_5 表面负荷/［kg BOD_5/ ($10^4 m^2 \cdot d$)］	80～160	40～120	<5
水力停留时间/d	4～6	10～40	5～20
有效水深/m	0.3～0.45	0.5～1.5	0.5～1.5

续表

设计参数	高负荷好氧塘	普通好氧塘	深度处理好氧塘
pH	6.5 ~ 10.5	6.5 ~ 10.5	6.5 ~ 10.5
温度范围/℃	5 ~ 30	0 ~ 30	0 ~ 30
BOD_5去除率/%	80 ~ 95	80 ~ 95	60 ~ 80
藻类浓度/（mg/L）	100 ~ 260	40 ~ 100	5 ~ 10
出水 SS/（mg/L）	150 ~ 300	80 ~ 140	10 ~ 30

生态塘构造及主要尺寸如下：

①好氧塘多采用矩形塘，长宽比为 3 : 1 ~ 4 : 1。

②高负荷好氧塘塘深为 0.3 ~ 0.45m。

③塘内坡度为 1 : 2 ~ 1 : 3；塘外坡度为 1 : 2 ~ 1 : 5。

④好氧塘的座数一般不少于 3 座，至少为 2 座。单塘面积一般不得大于（0.8 ~ 4.0）$\times 10^4 m^2$。

（2）生态塘设计计算。

根据以上标准，确定本研究的生态塘大小。生态塘计算流程如图 4.25 所示。

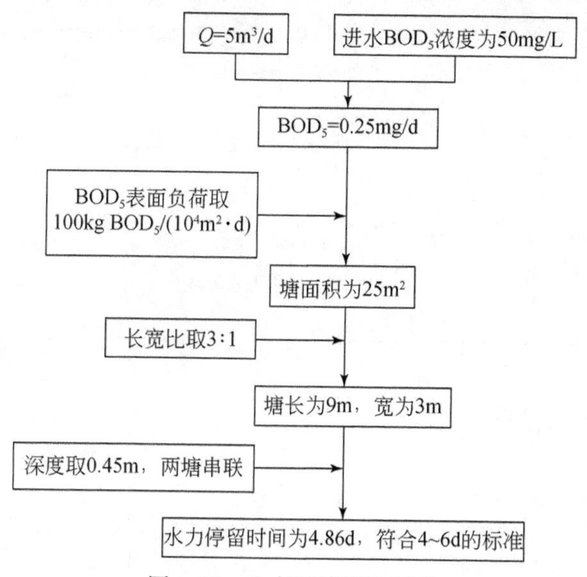

图 4.25　生态塘计算流程图

生态塘进水：$BOD_5 = 50mg/L$。

BOD_5日负荷为 0.25 kg/d，BOD_5表面负荷取 100 kg BOD_5/（$10^4 m^2 \cdot d$），则

塘面积为 $25m^2$；根据长宽比确定长为 9m，宽为 3m，深度为 0.45m；两塘串联，水力停留时间为 4.86d。

4.4.4 研究方法

根据理论要求制定具体实验方法，如表 4.7 所示。

表 4.7 实验方法

理论要求	实际操作
研制采用国际上最新型、低能耗曝气方式和采用涡旋流态代替普通的推流曝气池的流态，将氧利用率提高到 90% 以上	反应器中间安装有涡流挡板，曝气头半池安装。水流随着气泡从反应器一侧上升，水流上升至表面后流动到反应器另一侧，由于涡流挡板的作用，水流下降至反应器底部，然后回流到曝气头处，形成涡旋流
研究运行方式，采用间歇曝气替代常用的连续曝气，减少能耗，提高系统的去除营养物的性能，降低运行费用	反应器采用间歇曝气，曝气和停曝比为 5∶1[94]，即曝气 100min，停曝 20min
研究优化的生物膜载体填料装填形式，利用局部安装替代常用的全容积填装，减少设备费用，形成革新的人工强化生物处理单元	由于组合填料两端固定在反应器上，不会随水流的流动而流动，挂膜速度快，并且对间歇曝气来说，需要在反应器中形成缺氧厌氧的环境，而在组合填料上挂的生物膜能够较容易地形成厌氧和缺氧的环境，这是一大优势。因此反应器的半池中固定安装组合填料
研究以高效塘组合系统取代二沉池，作为最后的净化系统，简化工艺流程	反应器出水进入生态塘，以生态塘作为最后的净化系统
根据南四湖的气候和项目所在生活区的污水特点，研究出适合项目所在条件的单元组合和工艺流程	根据示范工程的监测结果及分析，确定项目所在条件的单元组合和工艺流程

4.4.5 试验装置与设备

1. 试验设备现场组装

2011 年 2 月开始现场施工，主要进行集水池、生态塘及污水管道的施工。2011 年 3 月组合式生物膜反应器从青岛运至试验现场，现场设备布置与安装如图 4.26 所示。

图 4. 26　试验现场设备布置与安装

另外，同时在现场进行水质指标监测室的建设，如图 4. 27 所示。

图 4. 27　水质指标监测室的建设

2. 填料选取

组合式生物膜反应器中形成涡旋流，而且要求填料半池安装，因此需要填料能固定在特定的位置上。由于组合填料两端固定在反应器上，不会随水流的流动而流动，对间歇曝气来说，需要在反应器中形成缺氧厌氧的环境，而在组合填料上挂的生物膜能够较容易地形成厌氧和缺氧的环境，这是一大优势。因此反应器的半池中固定安装组合填料，如图 4. 28 所示。

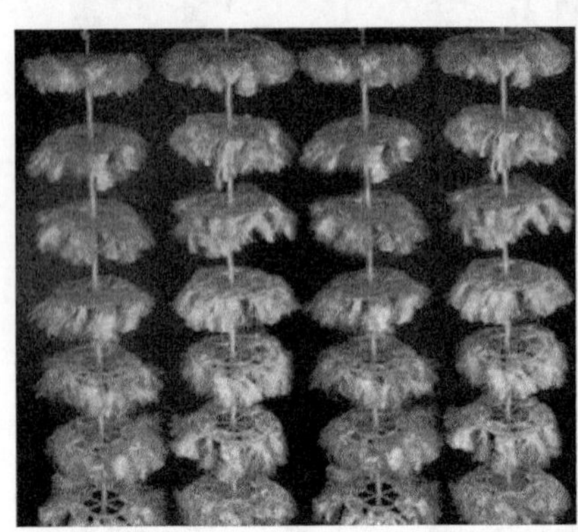

图 4. 28　组合填料

4. 4. 6　试验水质

试验处理的污水为山东省济宁市微山县西万四村分散生活污水，监测工艺处理效果。

4. 4. 7　测定项目与方法

测定项目有 pH、水温、DO、COD、SS、NH_3-N、TN、TP、硝酸盐氮、亚硝酸盐氮、正磷酸盐，均采用国家标准方法进行监测测定。各项目的测定方法如下。

pH：pH 计；COD：重铬酸钾法；NH_3-N：纳氏试剂分光光度法；硝态氮：紫外分光光度法；TN：过硫酸钾氧化-紫外分光光度法；TP：钼锑抗分光光度法。

取样点：组合式生物膜反应器进口、出口，生态塘出口，采样点固定。

取样时间：开始运行阶段每 3d 同时在三个取样点取样一次，测定水质指标，待出水水质趋于稳定后每 7d 取样一次进行测定。如遇天气变化，可测定生态塘进出口水质。

4.4.8　试验启动及挂膜

2011年4月启动试验，组合式生物膜反应器开始挂膜，反应器每天运行4个周期，污水由水泵从集水池中抽吸到反应器中，经过17d的培养，挂膜完成，如图4.29所示。

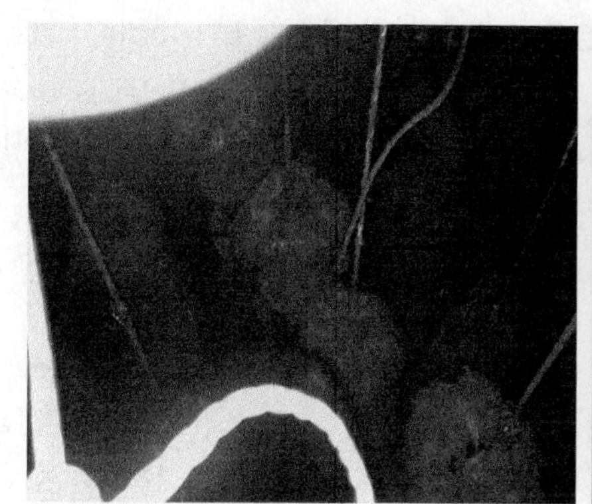

图4.29　组合填料挂膜

4.5　污染物去除效果分析

4.5.1　COD去除效果

COD浓度和去除率随日期的变化曲线见图4.30。此阶段运行季节为夏季，平均水温为17.78℃。进水COD浓度为75～120mg/L，平均为96.13mg/L。MBR对COD的平均去除率为82.09%，出水COD的平均浓度为17.07mg/L。出水进入生态塘，整个系统的COD去除率为84.33%，系统出水COD的平均浓度为14.88mg/L。出水水质达到《城镇污水处理厂污染物排放标准》（GB 18918—2002）中一级标准的A标准。

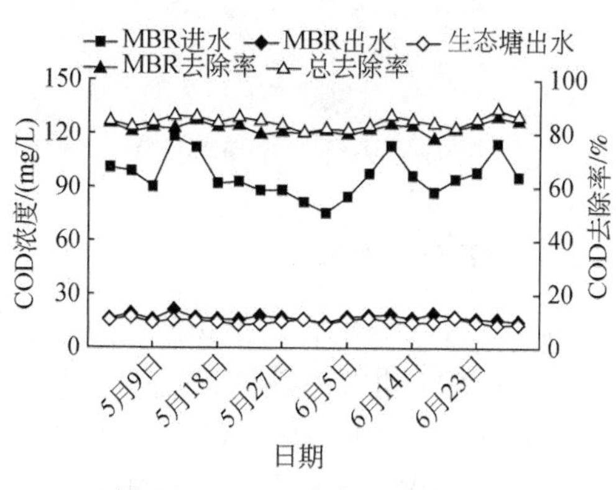

图4.30　COD浓度和去除率

4.5.2　NH_3-N 去除效果

NH_3-N 浓度和去除率随日期的变化曲线见图 4.31。进水 NH_3-N 平均浓度为 35.53mg/L。从图 4.31 可以看出：组合式生物膜反应器对 NH_3-N 的去除率可以达到 90% 以上，平均去除率为 94.27%，MBR 出水 NH_3-N 平均浓度为 2.02mg/L。系统对 NH_3-N 的平均去除率为 97.02%，出水 NH_3-N 平均浓度为 1.06mg/L。组合式生物膜反应器采用间歇曝气，节省能耗，并有利于好氧反硝化菌和异氧硝化菌脱氮[95]，组合填料上的生物膜厚度大，组合式生物膜反应器内同时存在好氧环境和缺氧环境，在生物膜上进行同步硝化反硝化去除水中 NH_3-N。生态塘中藻类、微生物等进一步降解剩余 NH_3-N，提高出水水质。

4.5.3　TN 去除效果

TN 和去除率随日期的变化曲线见图 4.32。进水 TN 平均浓度为 50.09mg/L，组合式生物膜反应器对 TN 的平均去除率为 75.32%，出水 TN 平均浓度为 12.35mg/L，出水 TN 浓度比较稳定。系统对 TN 的总去除率为 80.18%，生态塘对 TN 去除的贡献率为 4.86%，最终出水 TN 平均浓度为 9.92mg/L。

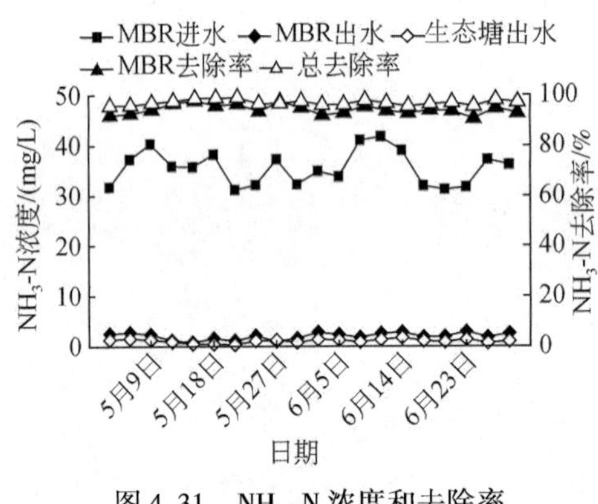

图 4.31　NH_3-N 浓度和去除率

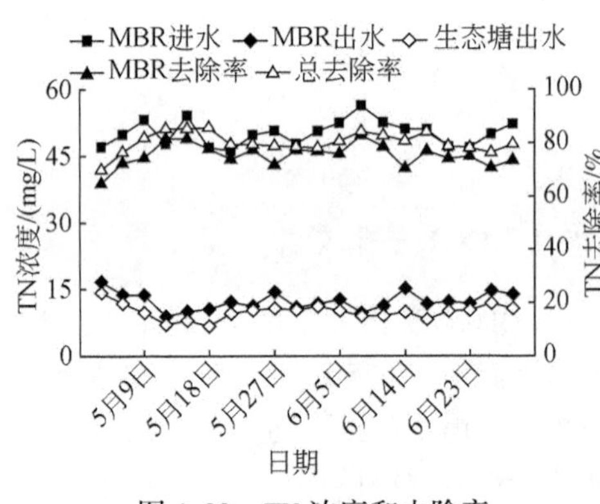

图 4.32　TN 浓度和去除率

4.5.4　TP 去除效果

图 4.33 表示组合式生物膜反应器进出水 TP 浓度及去除率随时间的变化曲线。进水 TP 平均浓度为 2.33mg/L。组合式生物膜反应器对磷的去除率较低，平均为 32.3%，出水 TP 平均浓度为 1.58mg/L。组合式生物膜反应器通过手动阀门每 7d 排泥一次，排出反应器中剩余（富磷）污泥。由于生态塘中的植物及藻类对磷的吸收，污水中的总磷进一步减少，系统总去除率为 77.34%，生态塘出水 TP 平均浓度为 0.53mg/L，生态塘贡献率为 45.04%。

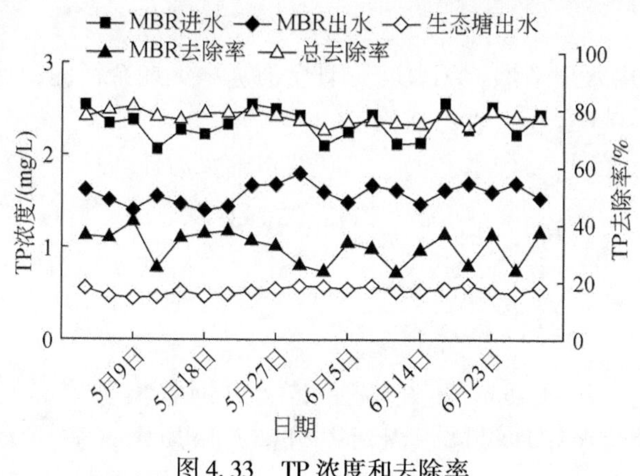

图 4.33　TP 浓度和去除率

4.5.5　组合式生物膜反应器中的 DO 变化

进水 DO 平均浓度为 0.7mg/L。曝气时组合式生物膜反应器中的 DO 平均浓度为 3.34mg/L，停曝 20min，DO 浓度迅速降至 0.4mg/L。组合式生物膜反应器进水初曝气时，由于气流的吹脱，臭味十分明显。曝气 40min，反应器中的臭味消失。停曝 20min，再曝气时，反应器周围的臭味又十分明显。由此推断，停曝后生物膜中的缺氧厌氧环境增加，有机物更多地进行厌氧分解，产生臭味增多。间歇曝气使得组合式生物膜反应器内好氧和厌氧环境交替运行，使得不同类型微生物交替降解污染物。

4.5.6　生态塘的处理效果

由于组合式生物膜反应器出水的 COD 和 NH_3-N 浓度低，生态塘对 COD 和 NH_3-N 的去除效果并不明显。但生态塘对 TP 的去除效果十分显著，平均去除率为 66.53%。组合式生物膜反应器出水经膜组件过滤进入生态塘，出水 SS 为零。生态塘中水质清澈，无臭味，水体中有少量小型浮游动物和浮萍，可以满足中水回用。

以淹没式生物膜–生态塘复合技术处理农村生活污水，系统取消了二沉池、污泥回流等。该复合技术简单、高效、经济，并且易于操作。运行结果表明：

(1) 组合式生物膜反应器采用间歇曝气，反应器中同时存在好氧环境、缺氧环境、厌氧环境，实现碳、氮、磷的同时去除，并利用生态塘进一步提高出水水质。系统对 COD、NH_3-N、TN 和 TP 的平均去除率分别为 84.33%、97.02%、

80. 18%和77. 34%，出水平均浓度分别为14. 88mg/L、1. 06mg/L、9. 92mg/L和0. 53mg/L。

(2) 生态塘中水质清澈，无臭味，且生态塘中无剩余污泥的产生。出水可实现污水资源化，用于绿化、农田灌溉等。

4.6 结论与建议

4.6.1 结论

由于农村生活污水分布分散，范围广；管网收集系统不健全，粗放型排放，没有基本的污水处理设施；雨污不分离，水质水量波动大；污水成分复杂，生活污水和生活垃圾、农业废弃物、农业废水等混杂；污水处理系统后续的运行维护问题等使得农村生活污水治理难度变大。不同地区农村的生活污水产量和水质情况也不相同。因此需要因地制宜地选择符合当地实际的污水处理工艺。

在全面分析国内农村生活污水现状及处理工艺的基础上，选择南四湖地区的代表性农村——山东省济宁市微山县西万四村进行试验。通过对该村生活污水的现状的实地调查分析，获得生活污水水质水量资料及污水收集和处理情况；依据当地的实际情况提出适宜的处理工艺，并对该工艺的可行性进行实地研究，为该村污水的处理提供工艺参考；并通过对西万四村的研究，为农村生活污水的收集、工艺技术及工艺设计参数的选择提供参考和设计依据。其结论参见本章各节。

4.6.2 建议

由于研究条件和时间的限制，对农村生活污水现状和处理措施的研究还存在一些不足：

(1) 国内许多农村地区缺乏生活污水的水质水量资料，需通过实地调查加以完善，以便为农村生活污水处理工艺设计提供数据支持。

(2) 应对淹没式生物膜工艺中的微生物种类和反应器间歇曝气时微生物的变化进行鉴定，以便于更好地了解各种污染物的去除机理。

参考文献

[1] 刘兴慧，刘绍辉，赵岩，等．山东统计年鉴．北京：中国统计出版社，2011.
[2] 梁祝，倪晋仁．农村生活污水处理技术与政策选择讨．中国地质大学学报，2007，7 (3)：18-22.

[3] 李贵宝．中国农村水环境恶化成因及其保护治理对策．南水北调与水利科技，2003，1（2）：29-33.
[4] 吴祥禄．农村水环境治理迫在眉睫．华夏星火，2003，（5）：35-36.
[5] 张瑞娟．北京市村镇水环境污染现状调查与分析评价．北京水利科技，1993，（4）：27-32.
[6] 梁卓，何国富，刘伟，等．城郊农村生活污水排放现状分析及对策研究．安徽农学学报，2009，15（5）：78-80.
[7] 徐锋，郑晓华．奉化市农村生活污水治理情况的调查研究．农村经济与科技，2011，22（1）：14-16.
[8] 乐小芳．我国农村生活方式对农村环境的影响分析．农业环境与发展，2004，21（4）：42-45.
[9] 孙瑞敏．我国农村生活污水排水现状分新．能源与环境，2010，5：33-42.
[10] 张磊，裴国霞，张玉华，等．华北平原地区农村生活污水产污特征研究．农业环境科学学报，2012，31（2）：410-415.
[11] 孙兴旺．巢湖流域农村生活污染源产排污特征与规律研究．合肥：安徽农业大学，2010.
[12] 张鑫，付永胜，范兴建，等．农村生活污水排放规律及处理方法分析．广东农业科学，2008，8：141-144.
[13] 住房和城乡建设部．中国农村生活污水处理技术指南．2017.
[14] 郭运功，林逢春，吕永鹏，等．上海市新农村生活污水处理现状分析及对策．中国给水排水，2008，24（10）：7-10.
[15] 魏立安，丁园，华河林．环鄱阳湖村镇污水现状与污染防治对策建议．农村污水处理及资源化利用学术研讨会论文集．中国农业生态环境保护协会编辑出版部，2008，10.
[16] 国家环保局．水和废水监测分析方法．4版．北京：中国环境科学出版社，2002.
[17] 谭学军，张惠锋，张辰．农村生活污水收集与处理技术现状及进展．净水技术，2011，30（2）：5-9.
[18] 苏东辉，郑正，王勇，等．农村生活污水处理技术探讨．环境科学与技术，2005，1：79-81.
[19] 蒋克彬，彭松，张小海，等．农村生活污水分散式处理技术及应用．北京：中国建筑工业出版社，2009.
[20] 黄翔峰，池金萍，何少林，等．高效藻类塘处理农村生活污水研究．中国给水排水，2006，22（5）：35-39.
[21] 李军状，罗兴章，郑正，等．塔式蚯蚓生态滤池处理集中型农村生活污水工程设计．中国给水排水，2009，25（4）：35-38.
[22] Liao B Q，Allen D G，Droppo I G，et al. Surface properties of sludge and their role in bioflocculation and settleability. Water Research，2001，（35）：339-350.
[23] 王冬波，李小明，曾光明，等．内循环SBR反应器无厌氧段实现同步脱氮除磷．环境科学，2007，28（3）：534-539.

[24] 龚园园，张照韩，于艳玲，等. 我国南北农村生活污水处理模式研究. 现代生物医学进展，2012，(1)：132-136.

[25] Lopez Zavala M A，Funamizu N. Design and operation of the bio-toilet system：future of urban wastewater system-decentralization and reuse. Xian：China Architecture & Building Press，2005.

[26] Hellström D，Jonsson L. Evaluation of small wastewater treatment systems. Water Science and Technology，2003，48（11/12）：61-68.

[27] 邹伟国，杨小红. 复合厌氧反应器处理城市污水. 中国给排水，2005，10（10）：18-20.

[28] 冉全，吕锡武. 组合工艺处理农村生活污水. 广西轻工业，2007，1（1）：101-102.

[29] 刘超翔，胡洪营，张健，等. 人工复合生态床处理低浓度农村污水. 中国给水排水，2002，18（7）：1-4.

[30] 季俊杰，何成达，葛丽英，等. 分散式生活污水处理工艺：DASB+W-SFCW 联合工艺. 水资源保护，2006，22（3）：56-59.

[31] 陈史华，伍晓涛. 关于上海市闵行区新农村生活污水处理试点工程的技术探讨. 吉林水利，2009，2（2）：45-48.

[32] Hafner S D，Jewell W J. Predicting nitrogen and phosphorus removal in wetlands due to detritus accumulation：a simple mechanistic model. Ecological Engineering，2006，27（1）：13-21.

[33] 付融冰，杨海真，顾国维，等. 潜流人工湿地对农村生活污水氮去除的研究. 水处理技术，2006，32（1）：18-22.

[34] 刘洪喜. 农村生活污水处理技术的探讨. 污染防治技术，2009，22（3）：30-31，78.

[35] 谌丽斌. 房山区新农村建设中污水治理工作的探索. 北京水务，2008，(1)：56-58.

[36] 孙兴旺，马友华，王桂苓，等. 中国重点流域农村生活污水处理现状及其技术研究. 中国农学通报，2010，26（18）：384-388.

[37] 李无双，王洪阳，潘淑君. 农村分散式生活污水现状与处理技术进展. 天津农业科学，2008，14（6）：75-77.

[38] Bennett E R，Moore M T Cooper C M，et al. Vegetated agricultural drainage ditches for the mitigation of pyrethroid associated runoff. Environmental Toxicology and Chemistry，2005，24：2121-2127.

[39] Moeder M，Carranza-Diaz O，López-Angulo G，et al. Potential of vegetated ditches to manage organic pollutants derived from agricultural runoff and domestic sewage：a case study in Sinaloa（Mexico）. Science of the Total Environment，2017，598：1106-1115.

[40] Cooper C M，Moore M T，Bennett E R，et al. Innovative uses of vegetated drainage ditches for reducing agricultural runoff. Water science and Technology，2004，49：117-123.

[41] Kröger R，Usborne E L，Pierce S C. Sediment and phosphorus accumulation namics behind newly installed low-grade weirs in agricultural drainage ditches. Journal of Environment Quality，2013，42（5）：1480-1485.

[42] Dollinger J，Dagès C，Bailly J S. Managing ditches for agroecological engineering of landscape：a review. Agronmomy for sustainable Development，2015，35：999-1020.

[43] Faust D R, Kröger R, Moore M T, et al. Management practices used in agricultural drainage ditches aimed at reducing Gulf of Mexico hypoxia. Bulletin of Environment Contamination and Toxicology, 2018, 100 (1): 32-40.

[44] Bunce R G H, Hallam C J. The ecological significance of linear features in agricultural landscape in Britain. In: landscape ecology and agroecosystem. BocaRaton: Lewis Publishers, 1993: 11-20.

[45] Strock J S, Dell C J, Schmidt J P. Managing natural processes in drainage ditches for nonpoint source nitrogen control. Journal of Soil and Water Conservation, 2007, (62): 188-197.

[46] Needelman B A, Kleinman P J A. Improved management of agricultural drainage ditches for water quality protection: an overview. Journal of Soil and Water Conservation, 2007, (62): 171-179.

[47] Katano O, Hosoya K, Yamaguchi M. Species diversity and abundance of freshwater fishes in irrigation ditches around rice fields. Environmental Biology of Fishes, 2003, (66): 107-121.

[48] Mazerolle M J. Drainage ditches facilitate frog movements in a hostile landscape. Landscape Ecology, 2004, (20): 579-590.

[49] Herzon I, Helenius J. Agricultural drainage ditches, their biological importance and functioning. Biological conservation, 2008, (141): 1171-1183.

[50] Gill S L, Spurlock F C, Goh K S. Vegetated ditches as a management practice in irrigated alfalfa. Environmental Monitoring and Assessment, 2008, 144: 261-267.

[51] Strock J S, Dell C J, Schmidt J P. Managing natural processes in drainage ditches for nonpoint source nitrogen control. Journal of Soil and Water Conservation, 2007, (62): 188-197.

[52] Calvert D V, Stoffell P J. Spatial and temporal variations of water quality in drainage ditches within vegetable farms and citrus groves. Agricultural Water Management, 2004, (65): 39-57.

[53] Janse J H, Peter J T M Van Puijienbroek. Effects of eutrophication in drainage ditches. Enviornment Pollution, 1998, (102): 542-552.

[54] Casey R E, Taylor M D, Klaine S J. Mechanisms of nutrient attenuation in a subsurface flow riparian wetland. Journal of Environmental Quality, 2001, 30 (5): 1732.

[55] Jorden T E, Wfhighamd F, Hofmmocket K S, et al. Nurient and sediment removel by a restored wetland receiving agricultural runoff. Environmental Quality, 2003, 32: 1534-1547.

[56] Braskerud B C. Factors affecting nitrogen rentention in small constructed wetlands treating agricultural non-point source poilution. Eeol Eng, 2002, (18): 351-370.

[57] Abe K, Ozaki Y. Removal of N and P from eutrophic pond water by using plant bed filter ditches planted with crops and flowers. Plant and Soil Sciences, 2006, 92: 956-957.

[58] Pfannerstill M, Guse B, Fohrer N. A multi-storage groundwater concept for the SWAT model to emphasize nonlinear groundwater dynamics in lowland catchments. Hydrol Process, 2014, 28: 5599-5612.

[59] Fohrer N, Schmalz B. Das UNESCO Ökohydrologie- Referenzprojekt Kielstau- Einzugsgebiet-nachhaltige Wasserres sourcenmanagement und Ausbildung im ländlichen Raum. 2012.

[60] Jiang C L, Fan X Q, Cui G B, et al. Removal of agricultural non-point source pollutants by ditch wetlands: implications for lake eutrophication control. Hydrobiologia, 2007, 581: 319-327.

[61] Council of Agriculture of China Taiwan. Regulations for Ecological Engineering Methods, Design, Supervision, and Management in Agricultural Irrigation and Conservancy Project. 1993.

[62] Rosenberg D K, Noon B R, Meslow E C. Biological corridors: form, function and efficacy. BioScience, 1997, 47: 677-687.

[63] Jongman R, Klvik M, Kristianen I. European ecologicalnet works and greenways. Landscape and Urban Planning, 2005, (68): 305-319.

[64] Gu B J. Research on the construction theory of ecological irrigation district and its key technology. Nanjing: Hohai University, 2006.

[65] 李燕，朱桂林，刘强，等. 南四湖流域暴雨分布特征及可能日最大降水量计算. 气象科技，2010，2（38）：75-77.

[66] 中华人民共和国水利部. 灌溉与排水工程设计规范（GB 50288—99）. 1999.

[67] 吴湘，叶金云，吴昊，等. 生态沟渠对中华鳖温室养殖排放水体的净化效果. 水土保持学报，2012，26（4）：231-234.

[68] Mutamim N S A, Noor Z Z, Hassan M A A, et al. Application of membrane bioreactor technology in treating high strength industrial wastewater: a performance review. Desalination, 2012, (305): 1-11.

[69] Phan H V, Hai F I, Kang J G, et al. Simultaneous nitrification/denitrification and trace organic contaminant (TrOC) removal by an anoxic-aerobic membrane bioreactor (MBR). Bioresour Technol, 2014, 165: 96-104.

[70] Lin H, Peng W, Zhang M, et al. A review on anaerobic membrane bioreactors: applications, membrane fouling and future perspectives. Desalination, 2013, 314: 169-188.

[71] Kong L, He F, Xia S, et al. A combination process of DMBR-IVCW for domestic sewage treatment. Fresenius Environment Bulletin, 2013, 22 (3): 665-674.

[72] Xiao E, Liang W, He F, et al. Performance of the combined SMBRIVCW system for wastewater treatment. Desalination, 2010, 250: 781-786.

[73] Corbella C, Garfí M, Puigagut J. Vertical redox profiles in treatment wetlands as function of hydraulic regime and macrophytes presence: surveying the optimal scenario for microbial fuel cell implementation. Science of the Total Environment, 2014, 470-471 (2): 754-758.

[74] Yadav A K, Dash P, Mohanty A, et al. Performance assessment of innovative constructed wetland-microbial fuel cell for electricity production and dye removal. Ecological Engineering, 2012, 47 (5): 126-131.

[75] Doherty L, Zhao Y, Zhao X, et al. Nutrient and organics removal from swine slurry with simultaneous electricity generation in an alum sludge-based constructed wetland incorporating microbial fuel cell technology. Chemical Engineering Journal, 2015, 266: 74-81.

[76] Strik D P B T, Hamelers Bert H V M, Snel J F H, et al. Green electricity production with living plants and bacteria in a fuel cell. International Journal of Energy Research, 2008, 32 (9): 870-876.

[77] 刘建梅，刘辉，张兴昌．流动床生物膜处理工艺及其应用．论文集粹，2008，24（2）：45-47.

[78] 关召富．南四湖流域农村生活污水现状调查与处理工艺研究．青岛：中国海洋大学，2013.

[79] Zheinz A, Rotlich H, Lessel T, et al. Erfahrungen mit ringlace festbettreaktoren in der kommunalen abwasserreinnigung wasser. Luft und Boden, 40: 28-31.

[80] Müller N. Implementing biofilm carriers into activeated sludge process 15 years of experience. Water Science and Technology, 1998, 37 (9): 167-174.

[81] Divid Krichten and Curtis McDowell. Simultaneous nitrification and denitrification in biofilms of an engineered integrated fixed- film activated sludge (IFAS) system. Brentwood Industries, 2010: 1-4.

[82] 王发珍，陈晞，蒋进元，等．A/DAT-IAT生物膜法处理高含盐废水．安全与环境学报，2006，6（6）：25-28.

[83] 肖唐俊，康建雄，易卫华，等．跌水曝气生物膜法处理生活污水研究．市政技术，2006，24（6）：419-421.

[84] 曾峥，易佳婷．生物膜法在微污染水源水预处理中的应用．西安航空技术高等专科学校学报，2006，24（5）：43-44.

[85] 魏宏斌，邹平，陈良才，等．悬浮填料生物膜法处理医院综合污水．净水技术，2008，27（3）：73-75.

[86] Nicolella C, van Loosdrecht M C M, Heijnen S J. Particle- based biofilm reactor technology. Trends in Biotechnology, 2000, 18 (7): 312-320.

[87] 万红，宋碧玉．序批式生物膜法处理水产养殖废水的研究．水生态学杂志，2008，1（2）：81-84.

[88] 孙武堂，金腊华，卢创新，等．渠式生物膜氧化法处理生活污水的技术研究．生态科学，2007，26（5）：456-459.

[89] Zhan X M, Rodgers M, O' Reilly E. Biofilm growth and characteristics in an alternating pumped sequencing batch biofilm reactor. Water Research, 2006, 40 (4): 817-825.

[90] 李先宁，李孝安，蒋彬，等．溅水充氧生物滤池处理农村生活污水的优化研究．中国给水排水，2007，23（23）：15-19.

[91] Yeom I T, Nah Y M, Ahn K H. Treatment of household wastewater using an intermittently aerated membrane bioreaetor. Desalination, 1999, 124: 193-204.

[92] Cho J W, Song K G, Lee S H, et a1. Sequencing anoxie/anaerob menrane bioreactor (SAM) pilot plant for advanced wastewater treatment. Desalination, 2005, 178: 219-225.

[93] Ahn K H, Song K G, Cho E S, et a1. Enhanced biological phosphorus and nitrogen removal using a sequencing anoxic/anaerobic membrane bioreaetor processl. Desalination, 2003, 157: 345-352.

[94] 章清琳, 丛海兵. 间歇曝气生物接触氧化法处理微污染水实验研究. 环境科技, 2011, 24 (2): 4-6.

[95] Robertson L A, Van Niel E W J, Torremans R A M, et al. Simultaneous nitrification and denitrification in aerobic chemostat cultures of Thiosphaera pantotropha. Appl Environ Microbiol, 1988, 154: 2812-2818.

第5章　蔡家沟村水生态环境规划研究

实施乡村振兴战略，是党的十九大做出的重大决策部署，是决胜全面建成小康社会、全面建设社会主义现代化国家的重大历史任务，是新时代“三农”工作的总抓手。本章以蔡家沟村为样本，详查基础设施和生态环境现状，解析现状调查中存在的问题，按照生态宜居的总要求，提出蔡家沟村人居环境改善，生态优化的策略。

5.1　村庄概述

蔡家沟村隶属于诸城南湖生态经济发展区常山社区，35.9°N、119.4°E，位于国家4A级常山风景区东麓，山水绕村，环境优美，自然资源丰富，村落自然风貌保存完好、民风淳朴，石路、石墙随处可见，传统农耕文化和民俗文化源远流长。凭借优美的自然环境和深厚的人文底蕴，蔡家沟村在20世纪50年代被评为全省文化先进村，诸城的古琴、茂腔、农民画等非物质文化遗产在这里传承广泛。该村西侧紧邻常山东路，全村占地总面积为2124.35亩，其中耕地面积为1100亩，村庄建设用地面积为92亩，宅基地总数161宗，闲置宅基地总数35宗，出租宅基地总数28宗，村域内现无企业[1]。

5.1.1　地理位置

蔡家沟村位于诸城市皇华镇，隶属于诸城市南湖生态经济区常山社区。皇华镇地处胶东半岛东南部，黄海、渤海分水岭北侧，南与日照接壤，是鲁东南沿海与内陆交汇的交通枢纽。南湖生态经济区位于诸城市的南部，地处潍河水系上游，以三里庄水库（水域面积7.2km^2）为辐射中心。常山中心村社区隶属于南湖生态经济区，位于经济区的南部，蔡家沟村位于常山社区内，如图5.1所示。

蔡家沟村距离诸城市政府所在地南9km，毗邻220省道，北临大李子园村和小李子园村，南临小扆村，东临孟家庄子村，西邻东山坡村。诸城市位于山东半岛东南部，泰沂山脉与胶潍平原交界处，介于35°42′23″N至36°21′05″N，119°0′19″E至119°43′56″E，东与胶州、胶南毗连，南与五莲接壤，西与莒县、沂水为邻，北与安丘、高密交界。市区距首都北京638km，省会济南300km，潍坊市90km。

图 5.1　蔡家沟村与诸城市卫星图

5.1.2　建置沿革[2]

诸城市 2010 年 6 月将 1249 个行政村合并成立 208 个中心村社区（平均 5 个村设立一个中心村社区），形成了诸城市中心城－乡镇（13 个）－中心村社区（208 个）的城镇化体系。先后制定了《鼓励支持农民居住向社区中心村融合聚集的暂行办法》和《加快农民居住向农村社区中心村聚集融合的暂行办法》等文件，并在实际工作中认真加以落实，确保路、水、电、网等基础设施向中心村倾斜，土地、户口等瓶颈问题得到有效解决，扶持资金等落实到位。

皇华镇是诸城市的一个古镇，1958 年设皇华乡，后改公社，1984 年改镇。是山东省政府确定的中心城镇，全镇共 73 个行政村，4.5 万口人，总面积为 $140km^2$，蔡家沟村是皇华镇下辖的自然村。

南湖区从 2010 年启动建设，2012 年 7 月经诸城市人民政府正式批准成立管委会。辖 9 个社区，其中隶属于皇华镇的常山中心村社区划归南湖区管辖，总人口为 4.2 万，面积为 $62.5km^2$。

常山中心村社区 2010 年规划为中心村社区，2011 年 5 月常山社区聚居区已建成 60 套单体面积为 $260m^2$ 的二层楼，完成面积为 $15600m^2$。主要吸引周围村的居民向中心村集聚。蔡家沟村划归常山中心村社区。

5.1.3　地形地貌和水文气象

诸城市位于山东半岛，泰沂山脉与胶潍平原交界处，地势南高北低，南部为起伏较大的低山丘陵，间有若干谷状盆地，中部向北为波状平原，边缘有低山缓丘分布。山地面积为 657.083km^2，占全市总面积的 30.1%，多为棕壤土类。丘陵为 493.358km^2，占 22.6%，多为褐土、棕壤土类。平原为 704.02km^2，占 32.25%，多为潮土类。洼地、水面为 328.5km^2，占 15.05%。海拔为 35.32～679m。有海拔百米以上山岭 60 余座，集中于境内东南部，属泰沂山余脉之马耳山脉，多呈东西走向。山体多为花岗岩、片麻岩。

诸城市属暖温带大陆性季风区半湿润气候，年平均气温为 13.2℃，年降水量为 741.8mm，降水日数为 80d 左右。年平均日照时数为 2402.9h，年日照率 54%。年平均相对湿度为 67%，年蒸发量为 1677.5mm。无霜期为 217d。四季分明，光照充足，雨热同季，适宜农作物生长。主要自然灾害有旱、涝、风、雹等。

蔡家沟村地形地貌为鲁中丘陵，地势总体呈南高北低、西高东低，位于中纬度地区，属暖温带季风气候，气候特点：春季干燥多风，夏季湿润多雨，秋季天高气爽，冬季寒冷少雪，四季分明，年平均气温为 12℃，极端最高气温为 39℃，极端最低气温为-19.6℃。

蔡家沟村东南北三个方向分布有青墩子水库、沙沟水库和三里庄水库，四周水渠、水塘环绕，主要经流沟渠属于三里庄水库，蔡家沟村的水系分布如图 5.2 所示。

蔡家沟村内主要水体的基本情况如表 5.1 所示。

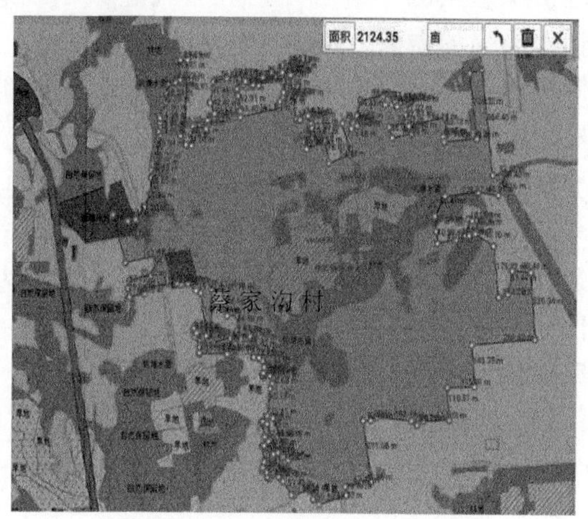

图 5.2　蔡家沟村水系分布图

表 5.1　蔡家沟境内主要水体基本情况

序号	名称	位置	长度/m	面积/m^2
1	沟渠	村域中部	463.95	—
2	沟渠	村域东南	483.16	—

续表

序号	名称	位置	长度/m	面积/m²
3	沟渠	村域东南	375.43	—
4	湖泊	村域东北	—	31899.23
5	湖泊	村域西南	—	26057.06

5.1.4　经济发展概况

2017年以前蔡家沟村是一个无集体资产、无经济来源、无年轻劳动力的三无贫困落后村，此前的收入主要是农业种植收入。耕地面积为1100亩，2017年蔡家沟经济收入为681.66万元，人均纯收入为12600元，户均收入为45749元。

2017年以来，南湖区以乡村振兴战略为指引，以政府扶持、村民为主体，艺术家为客体，公司化运营化为载体，抓住工商资本下乡机遇，深入挖掘自身资源，大力发展果品主导产业（樱桃、苹果），吸引艺术家入驻，培育文化艺术业态，开创了生产园区、生态景区、生活社区三区共建共享模式，探索“产业支撑、文化兴村、融合发展”的振兴之路[3]。

南湖区管委会依托国家4A级常山风景区，规划建设常山绿谷田园综合体。蔡家沟村以此为契机，村里成立土地股份合作社，通过宣传引导村民将土地入股至土地股份合作社。由土地股份合作社按照操作规程统一经营，一方面村民通过合作社以土地入股享受保底分红，另一方面由土地股份合作社统一承包给农业龙头企业或专业种植大户，村民在享受保底分红的基础上，可以优先到园区打工，享受“保底分红+工资”双份收入。

依托常山的历史文化、田园风光、自然生态等隐性优势，整合土地、资金、政策等资源，积极招引万兴集团，在村北建设苹果乐园田园综合体，该项目投资2亿元，占地6000亩，解决了蔡家沟村100多人的就业问题。

5.1.5　人口现状和村庄空间结构

蔡家沟村共有人口户数为149户，常住人口户数为111户，村庄人数为541人，常住人口数约为270人，年龄基本介于55～75岁，此年龄人口占总人口数80%以上，老人中80岁以上的有36位，城里年轻人一年回家探望1～2次，“空心化”现象严重。蔡家沟村，聚居规模小，是自然生长发展的村落空间，是典型的山东东部地区代表性村落。

街巷空间是传统村落的重要构成要素之一，它构成一个复合功能的空间活动网络，承载村民的生活交往、商业活动和观赏仪式等活动，是公共空间到私人空间的转化。在传统礼制主导影响下，山东地区传统村落的路网多以井田形的方格路网为基本骨架，道路走向不一定是正南北向，但道路之间一般为互相垂直。一般性传统村落无军事防御的要求，或由于村庄财力不够，无法建立自卫的圩墙，蔡家沟村落以十字形作为基本骨架，此类路网结构为田字形路网结构的简化。由于没有圩墙，村落内部不需要设立围绕村落的环状路来到达各个城门。村落的发展以十字大街为中心点向四周扩散，如图 5. 3 所示。

图 5. 3　蔡家沟村路网、村庄空间结构和形态图

图 5. 3 为蔡家沟村的路网、村庄的空间结构和形态图，从图中可以看出，基本上是井田网状结构与十字形骨架的结合，是典型的山东地区传统村落的路网结构，蔡家沟村作为传统村落空间肌理保存尚好，整体空间结构清晰，具有保护价值。

5. 1. 6　土地利用现状

全村占地总面积为 2124. 35 亩，其中耕地面积为 1100 亩，林地面积为 154. 77 亩，建筑用地面积为 160. 74 亩，水体面积为 100. 51 亩。原有耕地面积为 1100 亩，现已全部流转用于建设苹果乐园，如图 5. 4 所示。

5. 1. 7　公共设施与交通现状

公共设施包括公共管理与公共服务设施和商业服务设施两大类，主要沿着南北主干道路两侧分布，主要是新建的文化服务设施。文化设施包括艺术家工作

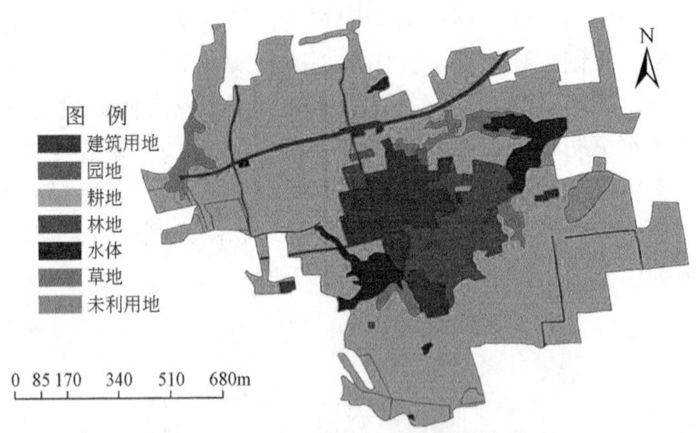

图 5.4　蔡家沟土地利用现状图

室、乡村图书馆、公共空间、乡村记忆馆、古琴馆、美术馆、百工传习中心、蔡家沟美术馆。商业服务设施包括集贸市场 1 处、物流站 1 处、餐饮服务点 3 处。教育设施：村内无学校、儿童入托，上学需要去邻村。医疗卫生设施：医疗条件不便，新农村建设实施后，村内虽增设卫生服务站，每周三应有医生坐诊，但基本未见医生到场，医疗一般选择镇医院。由于对外交通不便，120 急救到位时间相对较长。村中有公共活动场地，但未设置任何健身活动设施。蔡家沟村公共设施条件仍较为薄弱。

交通设施：蔡家沟村内仅有一条主路，由东向西连通至常山环路，路宽 4m，相对较窄，会车较为困难，向北延伸至旅游路，路网连通性较差，且由于被投资商封闭，村内对外交通较为不便。村庄主路为沥青路，如图 5.5 所示；村内道路以石板路为主，如图 5.6 所示，节假日人流量、车流量大，村内主路相对狭窄，会造成一定程度的交通拥堵。村内无公交通勤，村民骑行电动车 30min 左右方可到达最近的连接诸城市内的公交线路站点。

图 5.5　村内主路（街）现状

图 5.6　村内道路（巷）现状

蔡家沟村内部道路分为两类，一类是贯通东西的主路，传统称为街，街是带有公共性、集聚性色彩的，宽度略大，作为村中的交通主脉；另一类为巷，巷则比街更窄，其两侧一般为建筑的院墙或山墙，其上少有窗户，因而更显封闭、狭窄。巷道末端有的为院落入口，形成死胡同，有的则通向村落外围，将田野、远山借入村中。从村外进入街道空间，再由街道转入巷道，有时街巷交接处会出现局部的放大集散节点，最后进入院落空间，构成公共-半公共-私密、热闹-安静的空间序列，如图 5.7 所示。

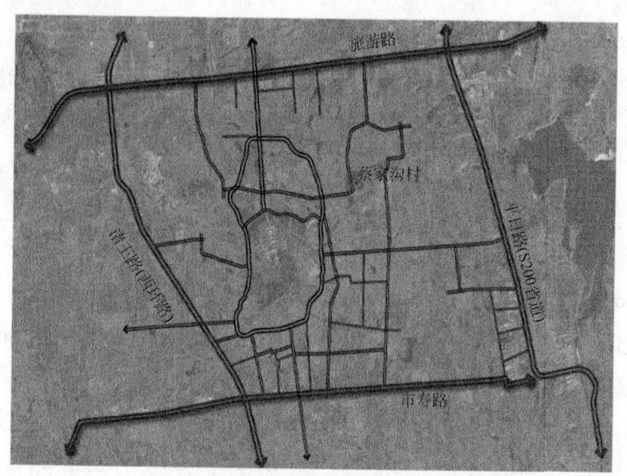

图 5.7　蔡家沟村附近常山社区周边路网现状

5.1.8　市政公用设施现状

给水工程设施：截止到 2017 年底，诸城市共有农村供水人口 88.98 万人，供给合格饮用水，全市共有农村集中供水水厂 8 处，单村供水工程 74 处，农村供水管网覆盖全部 14 处镇街园区，规模化集中供水水质达标率 100%。规划期内，诸城市推进农村环境综合整治，清理整合乡镇供水资源，完成城乡一体化供水，建成统一有效的农村饮水管理体系，以全面解决农村人口饮水安全问题。

排水工程设施：2017 年之前生活污水和雨水不分流，排放形式以明沟为主，生活污水从农户直接进入排水沟，然后进入就近的水系，自然净化后用于农田灌溉。2017 年起蔡家沟村在保留村庄原始风貌的基础上，大力进行基础设施建设。进行路面清洁硬化，改造下水、排水系统。蔡家沟村采取的排水体制为雨污分流制，且已完成铺设地下污水管网，支管 2784m（PPRΦ20）、干管 487m（PPRΦ40）和雨水管网 306m，共分别投资 22 万元和 4 万元，形成良好的雨污水管网系统。投资 34.8 万元，完成蔡家沟村 85 户村民厕所的改造。村内现有处理能力为 100m^3 的污水处理站。治理河道污染淤塞，已完成河道整治 1200m。

供电、通信工程设施：村中电力、通信设施均已布设完全，但村内老旧电表、电线、低矮电线杆较多，宜推进村庄电力、通信改造，杜绝安全隐患，提升旅游产业配套设施质量。村内亮化条件匮乏，现状无路灯。

绿化条件：现已开展全村绿化、美化工程，累计绿化街道 3000m^2，改善了人居环境，并设置了标识系统。

环卫条件：原来村中无垃圾桶，产生的垃圾任意丢弃，以填埋、焚烧为主要处理方式。乡村振兴战略实施后，村中人环境保护意识有了较大提高，主干道路上分布了垃圾桶 12 个，村中环境卫生有了明显改善，但仍存在垃圾桶数量和服务范围不合理的问题。

供热、供暖条件：村中现无集中供热、供暖系统，冬天村民以火炉、暖气为主要取暖方式。部分农户以火炕作为取暖方式，供热、供暖条件较差。

5.2 政策梳理

蔡家沟村的发展历程，是我国农村生态建设的缩影。蔡家沟村历史上没有生态保护规划，2017 年进行了村容村貌整治，主要措施是修路、种树、打造村口景观节点，如图 5.8 所示。现有的基本农田保护规划、美丽乡村建设规划强调部门性，没有在乡村空间进行整合；乡村生态斑块碎化，生态廊道破坏，整体生态多样性降低；由于长期以发展经济为主，忽视了村域的产业布局与生态环境协调，经济生态失衡。

图 5.8　村口景观节点

本研究随机对 149 户村民进行了问卷调查，分析村民对现状乡村生态环境的认知和评价。村民对于购物、医疗、住房、就业、交通的认可度远高于对清洁用水、整洁街区、绿地公园等生活相关的生态要素的认可度，对于农业面源污染的关注更弱。村民忽视生态保护的外在原因是村民的利益、社会保障、就业等问题没有得到有效解决，生存问题必然是优先级最高的关注点。加之，经年累月的污染影响了村民关于污染的判断，将其理解为一种发展的过程必然。内在原因是：特殊的人际关系网络和相对聚集的地理空间具有浓厚的机制性保护色彩，集体财富的使用、分配与增值也不断强化村民对村落共同体利益的依赖性，这种强烈的自我封闭和排外意识，导致其接受外部生态信息的能力较弱。

乡村地区生态观念及行为取向的巨大差异，加大了生态公共政策制定及实施的难度。在蔡家沟村建设路径选取时，优先进行了村道路铺设和村容村貌建设等项目，生态保护和环境治理处于次要地位。贯彻执行《中共中央　国务院关于加快发展现代农业进一步增强农村发展活力的若干意见》（中发〔2013〕1号）等一些基础设施建设政策，基本实现村庄水、电、网等基础设施建设。

生态环境问题的解决不可能由任何一种社会力量单向的权利过程来实现，需要一系列社会互动过程，接近预期的目标，社会参与或者居民参与是生态建设的内在需求。村民的环保意识薄弱，与政策的互动不强，不利生态保护与可持续发展。

2019年诸城市政府颁布了《诸城市国家生态文明建设示范市县规划》（诸政字〔2019〕5号）。规划范围：诸城市行政区域管理范围，包括全市3个街道办事处、10个镇、1个省级经济开发区，分别为密州街道、龙都街道、舜王街道、枳沟镇、贾悦镇、石桥子镇、相州镇、昌城镇、百尺河镇、辛兴镇、林家村镇、皇华镇、桃林镇、诸城经济开发区。规划期限：规划基准年为2017年，规划期限为2018~2025年。分两期开展：近期规划即2018~2020年，为全面启动和重点攻坚阶段；远期规划即2021~2025年，为巩固提升和深化拓展阶段。

总目标：生态系统实现良性循环，构建高效、协调、可持续的国土空间开发格局，打造具有竞争力的产业结构，促进生态生活空间宜居适度和生态文化观念深入人心，将诸城市打造成生态良好、绿色健康、社会和谐，具有特色魅力和独特竞争优势的国家生态文明城市典范。

国家政策法规、地方规划，对村庄的生态环境提出了新的、更高的要求，进行蔡家沟村生态环境可持续发展的研究十分必要。

2016年潍坊市政府颁布了《潍坊市南部生态涵养区及绿色产业规划暨“以绿色发展引领乡村振兴”示范点规划（2017—2035年）》。

发展目标：践行绿色发展理念，以生态资产创新利用为基础，以绿色六产协调发展为抓手，在生态保护、发展控制、产业构建、城乡协调、设施完善等方面着力，建成“两山理论北方示范，乡村振兴齐鲁样板”，打造生态文明建设山东样板。

发展战略："三化战略"，城乡绿色化、生态产业化、产业生态化。规划思路："生态+产业+空间"三位一体。管控模式："双评–双控" + "三区–两单"。通过生态安全评价和生态价值评价得出生态功能适宜性并构建绿色生态格局，通过"三区三线"强化空间资源管控，集约建设用地，通过退出机制与发展农村地区，实现国土高效利用。

5.3　蔡家沟村生态敏感性分析

生态敏感性是指区域发生生态环境问题的概率，即生态系统对人类活动或自然环境变化干扰的敏感程度[4,5]。对敏感性的研究主要是通过敏感性评价进行生态功能区划分[6]、城市选址[7]和旅游区划[8]等。生态敏感性评价通过选定生态环境因子、评定权重、评价生态环境质量等步骤建立生态敏感性指标体系[9,10]。我国的《生态功能区划技术暂行规程》和现有的相关研究和实践中，对生态空间的评价集中于生态敏感性评价。通过对区域主要生态环境问题的敏感性进行综合评价，可以明确特定生态环境问题可能发生的地区范围与可能程度，以及区域生态环境敏感性的总体区域分异规律[11]，准确划分出需要进行生态环境保护和恢复建设的重点区域，提出有针对性的规划措施。依据敏感性评价结果，合理划定生态敏感范围和级别，协调土地利用与生态环境建设，科学地确定基础性生态用地的规模和布局，为后期的各项规划提供科学依据。

一般将规划区按照生态敏感度分为非敏感区、低敏感区、中敏感区、高敏感区和极高敏感区五级。非敏感区和低敏感区是指对生态环境影响不大的区域，可进行强度较大的开发，但必须严格控制"三废"污染排放；中敏感区为生态环境比较脆弱的用地区域，易受到人为活动的干扰，可能造成生态系统的扰动与不稳定；高敏感区和极高敏感区主要指湿地、水域等生态环境脆弱区和自然保护区，该地区极易受到人为活动的影响，一旦破坏在短时间内难以恢复，此类用地不宜开发，禁止人为活动，是需要进行生态保护和恢复建设的重要区域[12,13]。

对蔡家沟村进行生态敏感性分析，对于引导蔡家沟村空间景观格局发展具有重要作用，可方便决策者对蔡家沟村的生态保护和土地利用规划做出科学、有效的空间引导。

根据现场调研和基础资料分析，选择蔡家沟村生态评价因子；确定各生态敏感性因子的生态敏感度等级值；分别计算各生态因子的单因子生态敏感性；利用层次分析法确定评价因子权重，最后采用多因子加权法计算综合生态敏感性；根据综合生态敏感性分析结果，对蔡家沟村进行生态分区。

1. 评价因子选取

进行生态敏感性评价的核心工作是评价因子的选取，由于生态系统具有综合性、多样性等特性，对于不同区域及不同的研究问题，其生态敏感性因子的选取具有较大差异。通过现场调研，把握蔡家沟村生态环境特点，综合考虑自然因素和人文社会因素两个方面，遵循数据可获得性、科学代表性、综合全面性及可操作性原则，选取高程、坡度、与水域的距离、植被覆盖率和用地类型等五个对蔡家沟村生态环境和发展影响较大的评价因子作为生态敏感性评价的候选因子。

土地是人类活动的载体，与生态环境关系密切，用地类型不同表明人类对所开发土地的使用不同，从而导致环境生态敏感性存在较大差异。蔡家沟村土地利用类型主要归并为耕地、建筑用地、水体、林地、园地、草地和未利用地。

植被在区域生态环境建设中扮演重要角色，对于涵养水资源、防风固沙、调节温湿度等微气候方面具有重要作用，是区域生态发展最重要、敏感性最高的自然因素。植被覆盖度越高，对于生态环境的改善效果越明显，生态系统对人为干扰的抵抗能力越强，本评价选择植被覆盖度作为生态敏感性评价的重要因子。

水体是生态系统的重要组成部分，在提升区域环境景观品质、调节区域气候、维护区域水系统循环和提供水源等方面发挥着重要作用，但也是易被污染的环境因子。水体缓冲区可根据缓冲带宽度对水体本身和物种保护所发挥功能的大小加以确定。现状分析认为，当水体缓冲区宽度为30～60m时，缓冲带廊道内会有较多草本植物和鸟类边缘种，廊道宽度基本满足生态系统中植物传播、动物迁徙和对生物多样性保护；此宽度下的水体缓冲区不仅可以有效保护鱼类、小型哺乳动物、爬行动物及两栖类动物，还能大大减少周围土地向水体排放的污染物，有效地控制氮、磷等养分的流失；为鱼类提供有机碎屑作为其食物来源的同时，为其生存、繁殖创造多样化的生境[14]。因此，将30m、60m作为蔡家沟村水体缓冲区分界线。

高程对于区域植被多样性、地质体稳定性、土壤的发育程度及温湿度、降水量等微气候影响巨大，同时也是区域生态化建设的难易程度的决定性因素之一。

坡度是影响农业生产和生态保护的重要因素，地表接受太阳辐射的强度随坡度的增大而减小，致使地表结构受不同气候条件的影响更剧烈，区域生态系统更不稳定，生态敏感程度更高。同时，地表坡度在区域生态用地的规划和建设方面有较大影响。

参考相关研究[15,17]，根据生态敏感因子可能对环境造成影响的程度进行等级划分，确定了蔡家沟村生态敏感性评价指标体系，如表5.2所示。

表 5.2　蔡家沟村生态敏感性评价指标体系

编号	生态因子	类别	等级值	生态敏感度
1	土地利用	水体	9	极高
		林地	7	高
		耕地	5	中
		园地、草地	3	低
		建筑用地、未利用地	1	非
2	植被覆盖度	0～0.267	9	极高
		0.267～0.4	7	高
		0.4～0.553	5	中
		0.553～0.749	3	低
		0.749～1	1	非
3	水体	<30m	7	高
		30～60m	5	中
		>60m	1	非
4	高程	>115m	9	极高
		106～115m	7	高
		98～106m	5	中
		87～98m	3	低
		<87m	1	非
5	坡度	>6.73°	9	极高
		5.07°～6.73°	7	高
		3.57°～5.07°	5	中
		2.14°～3.57°	3	低
		<2.14°	1	非

2. 权重确定

各敏感因子对区域生态环境影响程度有很大差异，在进行综合生态敏感性评价之前，首先要确定单个敏感因子在整个评价体系中的重要性，即各敏感因子权重。选择合适的分级指标和权重值可以保证区域敏感性评价结果的科学性及可靠性。本评价采用层次分析法（analytic hierarchy process，AHP）来确定各评价因子权重值[18]，具体步骤为：采用层次分析法计算各敏感因子的权重，建立层次结构图，两两比较单敏感因子对生态环境的重要性，对各敏感因子按照 5 分制进行打分。绝对重要：赋值 5，相反赋值 1/5；十分重要：赋值 4，相反赋值1/4；

比较重要：赋值 3，相反赋值 1/3；稍微重要：赋值 2，相反赋值 1/2；同等重要：赋值 1。构建判断矩阵，对各个指标进行逐项比较，确定各个敏感因子的权重值，并经检验确定其可以作为评价的权重使用的要求。蔡家沟村敏感因子判断矩阵及其权重值如表 5.3 所示。

表 5.3　蔡家沟村敏感因子判断矩阵及其权重值

评价因子	高程	坡度	水体	土地利用	植被覆盖度
高程	1	1/2	1/4	1/3	1/5
坡度	2	1	1/2	1/2	2
水体	4	2	1	1/3	1/4
土地利用	3	1	1/2	1	3
植被覆盖度	5	1/3	1/4	2	1
权重	0.069	0.2026	0.1961	0.2892	0.2431

运用 Matlab 软件求得该矩阵最大特征值 $\lambda_{max}=5.2781$，通过公式 $CI=(\lambda_{max}-n)/(n-1)$，对该矩阵进行一致性检验，求得 CI=0.0695，通过查 RI 值表(表 5.4)得：当 $n=5$ 时，RI=1.12。根据一致性比率公式 CR=CI / RI，求得 CR=0.062。CR<0.1，则该矩阵一致性性可接受。最后，将该特征值对应的特征向量进行归一化处理，得到各敏感因子权重值为 0.069、0.2026、0.1961、0.2892、0.2431。

表 5.4　RI 值表

阶数	1	2	3	4	5	6	7	8	9	10
RI	0	0	0.58	0.9	1.12	1.24	1.32	1.41	1.45	1.49

3. 生态敏感性评价

通过对蔡家沟村域生态环境特征分析，选取蔡家沟村有代表性的敏感因子，确定单因子的敏感性分级标准和敏感赋值，在 ArcGIS 平台建立各因子的图形库和属性库，完成单因子生态敏感性评价。各单因子生态敏感性分布图如图 5.9 所示。

运用 ArcGIS 空间分析工具中的加权叠加空间分析模型，由各单因子生态敏感性图和权重值计算出生态敏感性综合得分，并获得综合生态敏感性图。权重法计算综合生态敏感性公式[19]为

$$S=\sum_{i=1}^{n}\omega_i A_i$$

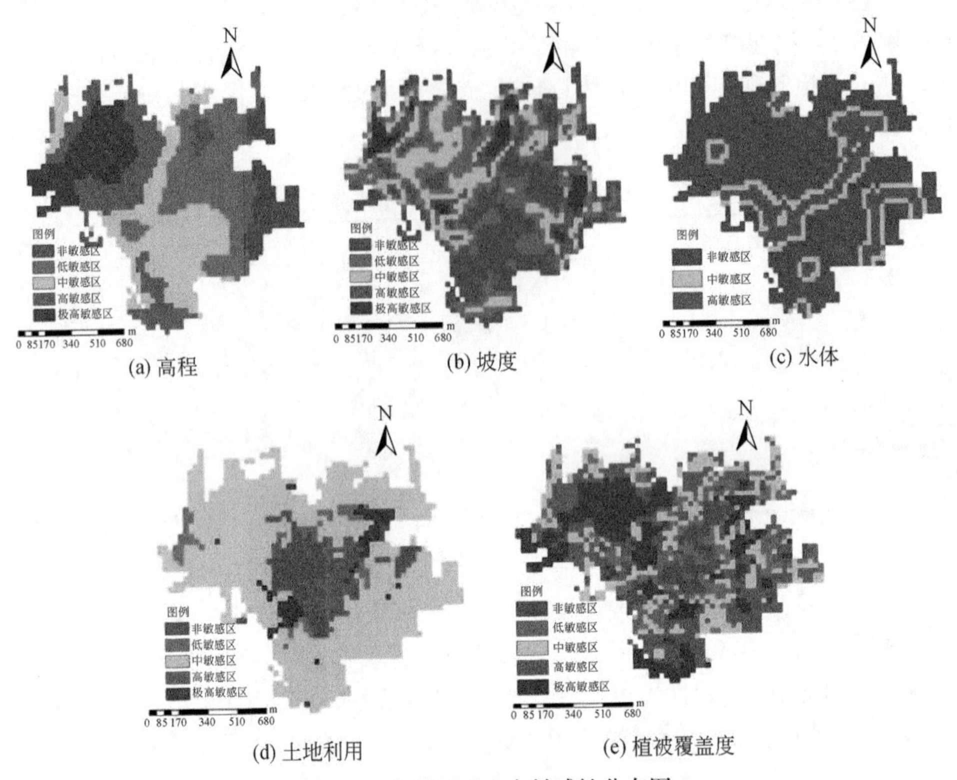

图 5.9　各单因子生态敏感性分布图

式中，S 为生态敏感性综合值；i 为评价因子编号；n 为评价因子总数；ω_i 为第 i 个评价单元的权重；A_i 为第 i 各评价因子的敏感性评价值。

利用 GIS 软件将各因子叠加，得到蔡家沟村综合生态敏感性分布图，该村域综合生态敏感性评价指数为 1.14～7.85，采用 Nature Breaks 法，将该指数区间划分 5 个分级标准，即蔡家沟村划分为 5 类敏感区，其中，$1.14<S\leqslant3.16$ 为非敏感区，$3.16<S\leqslant4.08$ 为低敏感区，$4.08<S\leqslant4.93$ 为中敏感区，$4.93<S\leqslant5.90$ 为高敏感区，$5.90<S\leqslant7.85$ 为极高敏感区，如图 5.10 所示。

极高敏感区主要分布在坡度较大地区和水体，占总面积的 6.10%。高敏感区主要是高程较高地区和水体周边的缓冲区，占总面积的 22.54%。极高和高敏感区占总面积的 28.64%。蔡家沟村以低敏感区和中敏感区为主，两者占村域总面积的 63.65%，主要是林地和部分耕地。非敏感区占总面积的 7.71%，在村域内呈零散分布，主要为居住区、道路和周边区域，结果如表 5.5 所示。

蔡家沟村是农业村，耕地面积较大，自然景观较丰富。优越的生态景观本底是蔡家沟村发展的优势之处，可以借助自然景观发展生态产业、生态旅游等，在维护村域生态本底的同时，提升蔡家沟村经济实力，实现乡村经济与环境的可持续发展。

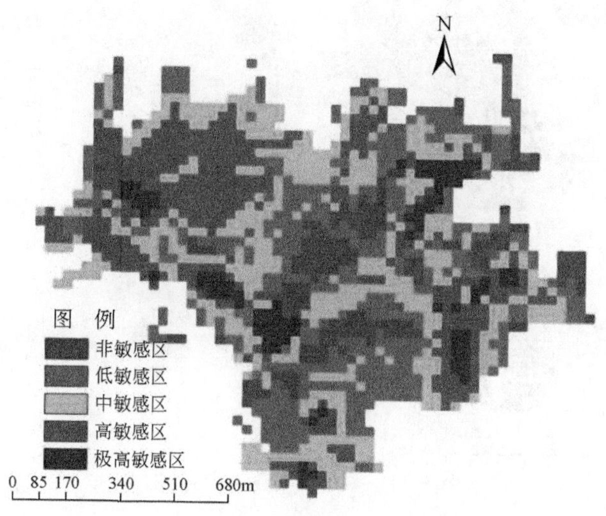

图5.10　蔡家沟村综合生态敏感性

表5.5　综合生态敏感性

生态敏感性类别	生态敏感等级	面积/m^2	占比/%
非敏感区	1.14～3.16	109192	7.71
低敏感区	3.16～4.08	369495	26.09
中敏感区	4.08～4.93	531937	37.56
高敏感区	4.93～5.90	319219	22.54
极高敏感区	5.90～7.85	86390	6.10

4. 生态分区

根据蔡家沟村实际情况和综合生态敏感性分析结果，综合考虑生态环境的脆弱程度，提取蔡家沟村生态框架，在生态框架下对蔡家沟村进行分区保护或开发，分为保护区、限建区和适建区，结果如图5.11所示。

生态保护区包括极高敏感区和高敏感区，面积为0.41km^2，占总面积比例为28.64%；中敏感区划分为限制建设区，面积为0.53km^2，占总面积的37.56%；适建区包括低敏感区和非敏感区，面积为0.48km^2，占总面积的33.80%。

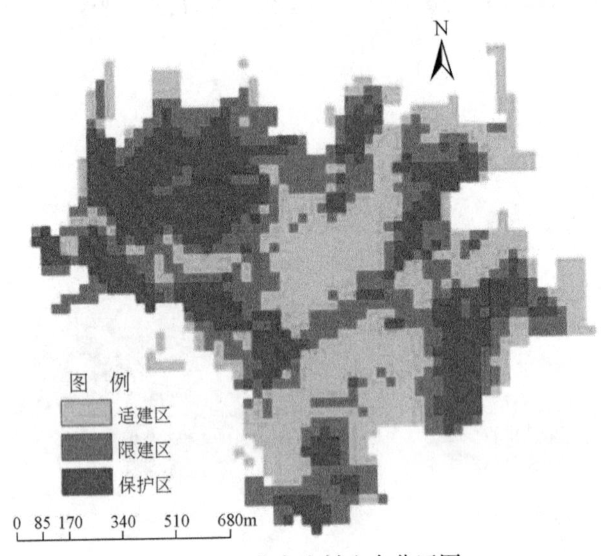

图 5.11　蔡家沟村生态分区图

5. 评价结果、建议与措施

通过对高程、坡度、水体缓冲区、土地利用类型和植被覆盖度 5 个生态因子的敏感性分析，以及综合 5 个因子得到的蔡家沟村综合生态敏感性分析结果，得出以下结论：

极高敏感区主要分布在坡度较大区域和水体周边，占总面积比例为 6.1%。高敏感区主要是高程较高地区，占总面积比例为 22.54%，极高敏感区和高敏感区占总面积的 28.64%。极高敏感区和高敏感区现状用地多为林地、水体及其周边缓冲区域，极易受到人为干扰，而且一旦破坏很难短期恢复，此类区域可作为保护区，应当禁止开发建设，以水源涵养和生态保护为主。村域内河流、湖泊等水体，其生态作用巨大，应该设置缓冲区，防止水体污染，同时优化周围的环境，以主要水系河网和林地为骨架构建区域性生态廊道。

蔡家沟村以低敏感区和中敏感区为主，两者占总面积比例分别为 26.09% 和 37.56%，主要为道路周围的绿地、园地、其他农用地、林地，以及河流外围的缓冲区域，该区域地势平缓，人类活动相对集中。由居住区、道路、水工建筑和未利用地等构成的非敏感区占总面积的 7.71%。低敏感区和非敏感区可承受一定程度的开发建设，土地可进行多用途开发。对于中度敏感区的其他区域，应当提高区域植被覆盖率，如种植风景林、经济果林，结合人居、产业环境建设，适当发展生态旅游、生态园等生物多样性友好型的生态产业，既可以为居民提供休憩游玩的场地，也增加了村域的大型景观斑块，提高了生态环境的承载力和抗灾能力，有利于生物物种交流。

根据生态敏感性分析结果对蔡家沟村进行生态分区，分为保护区、限建区和适建区，其中保护区包括极高敏感区和高敏感区，限建区包括中敏感区，适建区包括低敏感区和非敏感区。

5.4　蔡家沟村景观格局特征分析

景观格局研究有助于深刻理解“人地关系”，保护生物多样性和自然资源。通过景观格局特征分析，发现自然和人类活动对生态环境的影响机制，预测区域未来发展方向，并通过合理规划，实现土地资源合理配置，强化生态调控，实现区域生态可持续。

5.4.1　景观格局分析的方法

综合考虑景观格局特征、景观格局整体性和物种在景观中的迁徙能力等因素，对蔡家沟村进行土地利用分类；选择景观格局指数；计算各景观格局指数，分析蔡家沟村的景观格局特征，分析蔡家沟村景观格局存在的问题，探讨蔡家沟村在区域中的生态定位。

1. 基础数据和景观类型划分

研究数据包括南湖生态经济发展区提供的“南湖生态经济发展区土地利用现状图”“蔡家沟基本农田范围现状图”和 Landsat 8 卫星遥感影像[20]。以“南湖生态经济发展区土地利用现状图”和“蔡家沟基本农田范围现状图”为基础数据，提取蔡家沟村各土地利用类型[21]，用于蔡家沟村景观格局研究。

蔡家沟村景观类型划分。从上述现状图中提取蔡家沟村各土地利用类型，土地利用分类如表 5.6 所示。结合各土地利用类型的特点和生态效用，对土地利用类型进行归并，最终归并为耕地、建筑用地、水体、林地、园地、草地和未利用地七种景观[22]，如图 5.12 所示。

表 5.6　蔡家沟村土地利用分类表

景观分类	用地类型
耕地	水浇地
	旱地

续表

景观分类	用地类型
建筑用地	居住用地 采矿用地 交通用地 水工建筑 设施农用地 风景名胜及特殊用地
水体	河流 沟渠 坑塘 内陆滩涂
林地	有林地 其他林地
园地	果园 其他果园
草地	其他草地
未利用地	裸地

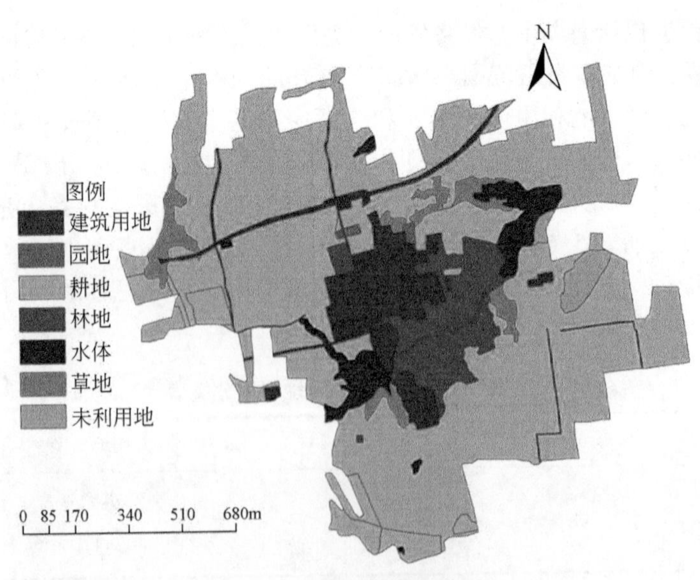

图 5.12 蔡家沟村景观类型

2. 景观指数选择

景观指数是一种简单的定量指标，可将景观格局的信息浓缩为三个级别来分析：单一斑块、斑块类型和景观。斑块级别指标可反映景观中单个斑块的结构性能特征，是计算其他景观级别指标的基础；斑块类型指标可反映景观中不同类型的结构性能特征；景观级别指标可反映整体景观结构性能特征。

蔡家沟村的景观格局研究选用斑块类型和景观水平上的一些指标[23]，其中斑块类型指数包括景观类型面积（CA）指数、景观面积百分比（PLAND）指数、斑块数目（NP）指数、斑块密度（PD）指数、最大斑块占景观面积比例指数（LPI）、聚集度（CLUMPY）指数、隔离/接近（ENN_ MN）指数、散布与并列指数（IJI）、连接度（COHESION）指数、面积加权分维数（FRAC_ AM）指数等 10 个指数。借助以上指数可以从面积、形状、分布状态和连通性等方面探讨景观格局的特点。

景观水平指数包括斑块密度（PD）指数、边缘密度（ED）指数、蔓延度（CONTAG）指数、香农多样性指数（SHDI）、香农均匀度指数（SHEI）。利用景观水平指数进行不同时相或不同区域景观格局特征和格局变化的比较分析，研究结果用来反映研究区域整体景观格局特征。

CA 指数代表某一斑块类型的总面积，是对各景观组分之间存在的差异性进行评价，不同类型斑块的 CA 值不同，其内部物质能量等信息流动也会不同，其值的大小通常与某一斑块中能量和矿物营养总量成正比。

PLAND 指数代表某一斑块类型总面积占整个景观面积的百分比，可以用来确定景观中占优势的景观元素。此外，PLAND 指数与景观中优势种群数量和类别及景观中生物多样性等生境指标有重要联系。PLAND 值接近于 0 时，则说明整体景观中此斑块类型非常少；其值接近于 100 时，则说明此斑块类型构成了整个景观。

NP 指数在斑块类型级别上代表整体景观中某一斑块类型的斑块总数目；在景观级别上代表景观中所有斑块的总数目。NP 指数反映的是景观的空间格局，用以描述整体景观的异质性大小，NP 指数的大小与景观破碎化程度呈正相关性，通常 NP 值越大则说明景观破碎程度越高。NP 指数决定着景观中各物种的空间分布特征，可以通过改变其值的大小来调控物种间协同共生的稳定性。

PD 指数代表某一斑块类型的斑块密度，也能反映出斑块的破碎程度。

LPI 代表某一斑块类型中面积最大的斑块占整体景观面积的比例。可以用来确定景观中的优势斑块类型，其值的大小决定着景观的物种多样性和其中的优势物种，还能反映景观中人类活动的趋势和强弱，通过改变其值的大小可以调节景观受外界干扰的频率和强度。

CLUMPY 指数是反映斑块在景观中聚集与分散状态的指数，其值在-1 到 1 之间，越接近 1 说明聚集程度越高。

ENN_ MN 指数用以衡量景观的空间格局，通常值越大，则说明同类型斑块间距离越远，分布越离散，斑块间干扰强度越小；反之，则说明同类型斑块距离越近，同类型斑块呈团聚分布，斑块间干扰强度越大。

IJI 反映了景观类型 i 周边出现其他类型景观的混置情况，其取值于 0 ~ 100，当某景观类型 i 周边出现单一景观时，值接近于 0，周边出现其他景观增多，指数值随之增大。

COHESION 指数用以度量景观类型之间的自然连通情况。

FRAC_ AM 指数在斑块级别上等于某斑块类型中各个斑块的周长与面积比乘以各自的面积权重之后的和；在景观级别上等于各斑块类型的平均形状因子乘以类型斑块面积占景观面积的权重之后的和。用来衡量景观形状复杂度，取值范围为 1 ~ 2，值越大表明景观格局越复杂、越不规则，通过测定景观形状研究人为干扰及其对斑块内部生态过程的影响。它是度量景观空间格局复杂性的重要指标之一，并对许多生态过程都有影响，同时还能表明边缘效应。

ED 指数反映景观的破碎化程度，边缘密度的大小直接影响边缘效应及物种组成。

CONTAG 指数表征景观里不同斑块类型的聚集程度或延展趋势。0<CONTAG ≤100，CONTAG 高说明景观中某种优势景观类型形成了良好的连通性。

SHDI 代表景观的空间异质性，用以反映景观中各斑块类型的均衡分布情况。如某一景观中，土地利用程度越高，景观破碎化程度越高，其不确定性信息含量也随之越大，SHDI 值也随之越大。

SHEI 用来描述景观格局中各组分分配的均匀程度。SHEI 取值范围为 0 ~ 1，其值越大，表明景观各组成成分分配越均匀。即 SHEI 值较小时优势度一般较高，可以反映出景观受到一种或少数几种优势斑块类型所支配；SHEI 趋近 1 时优势度低，说明景观中没有明显的优势类型且各斑块类型在景观中均匀分布。

3. 数据处理

基于 ArcGIS 软件平台，对蔡家沟村土地利用类型进行重分类，得到 TIF 栅格格式数据。由于不同栅格粒度会影响景观分析结果[24]，在景观指数计算之前，选择不同栅格粒度进行试验，对比分析，选择 2. 5m 为蔡家沟村景观格局分析的最适宜栅格粒度。利用 Fragstats v 4. 2 软件计算蔡家沟村的景观格局指数。

5.4.2　蔡家沟村景观格局特征分析

蔡家沟村耕地、建筑用地、水体、林地、园地、草地和未利用地斑块类型水平景观格局指数计算结果如表5.7所示。

表5.7　蔡家沟村景观格局指数

景观类型	CA	PLAND	NP	PD	CLUMPY	LPI	ENN_ MN	IJI	COHESION	FRAC_ AM
耕地	104.2375	74.2776	9	6.4132	0.9478	30.816	12.999	85.9045	99.7414	1.1888
建筑用地	11.6988	8.3363	7	4.9881	0.9743	6.3936	59.5833	58.784	98.8215	1.1416
水体	6.6644	4.7489	16	11.4013	0.937	2.2589	72.3436	56.4632	97.8541	1.2074
林地	10.2194	7.2821	3	2.1377	0.9477	6.8666	180.9645	64.2772	99.3367	1.2018
园地	0.4025	0.2868	2	1.4252	0.9832	0.1465	132.5	48.1302	94.6301	1.0973
草地	5.0894	3.6266	7	4.9881	0.957	1.353	171.406	44.5029	97.6553	1.1863
未利用地	2.0231	1.4416	2	1.4252	0.9778	1.1775	102.011	28.2238	97.8058	1.0734

通过表5.7可知，耕地为蔡家沟村主要用地类型，占总面积的74.28%，建筑用地面积居第二位，占总面积的8.34%，水体、林地、园地和草地等生态服务价值较高的土地利用类型面积占总面积的15.94%，其中园地用地类型占总面积比例最小，仅为0.29%。耕地景观优势最为明显，控制着整个景观过程，构成了蔡家沟村的景观基质。

耕地、林地、建筑用地最大斑块面积占景观面积比例较大分别为30.82%、6.87%、6.39%，表明这三种用地类型分布着较大面积的斑块。园地景观类型中的最大斑块面积占景观面积的比例最小，仅为0.15%，在景观类型中处于极大劣势。

蔡家沟村水体斑块数量最多，为16；斑块密度指数最大，为11.4。这是由于沟渠、坑塘散乱分布，水体景观表现出一定的破碎化，但因为水体所占面积较小，所以水体斑块数量较少。

水体、林地、耕地、草地面积加权分维数接近，且均高于其余三种用地类型，说明水体、林地、耕地、草地复杂程度相对较高。

耕地的散布与并列指数最大，为85.9。林地次之，为64.28，表明耕地、林地周围景观组成较为复杂。未利用地散布与并列指数最低，为28.22，与周围其他景观的分布相比，其较单一。建筑用地、水体景观散布与并列指数接近。

水体聚集程度最低，从土地利用现状分析得知，水体被其他景观斑块类型分割。

耕地和林地连接度指数较大，分别为99.74和99.34，说明耕地和林地连通性较好。建筑用地连接度指数为98.82，位居第三，主要是由于道路的连通。水体、草地、未利用地连接度接近，分别为97.85、97.66、97.81。

林地、草地隔离/接近指数较大，分别为180.9645、171.106，说明林地与林地、草地与草地之间距离相隔较远，分布较为离散。耕地隔离/接近指数最小，为12.999，说明耕地呈聚集分布，聚集程度较高。

从景观异质性与多样性、景观破碎度和景观聚散性三个方面分析蔡家沟村的现状景观格局特征。

1. 景观异质性与多样性

蔡家沟村的景观类型主要有七种，其中景观优势最为明显是耕地，其次是建筑用地，生态服务价值较高的林地和水体分别位居第三、四位，如图5.13所示。

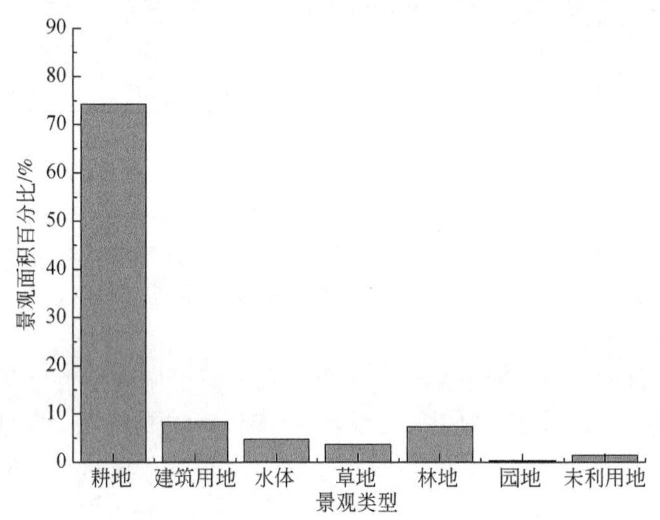

图5.13　景观面积百分比（PLAND）指数

蔡家沟水体和林地最大斑块面积占景观总面积的2.26%和6.87%，如图5.14所示。大型水体、林地斑块对于蔡家沟村维持物种多样性具有重要意义。

总体来看，耕地构成了蔡家沟村的景观基质，水体、林地、园地和草地等景观面积占比小，蔡家沟村景观多样性低、异质性差，极大降低了蔡家沟村的抗干扰能力，不利于物种之间的信息交流和能量交换。

面积加权分维数用来衡量景观形状复杂性，可通过面积和周长的关系计算得到。耕地、水体、林地、草地分维数相对较大，说明蔡家沟村耕地、水体、林地形状复杂，受人为活动影响剧烈，景观处于不稳定状态。建筑用地面积加权分维数也相对较大，缺乏合理规划，在一定程度上会造成建筑用地的浪费，如图 5. 15 所示。从指数水平分析，蔡家沟村景观的分维数较高，斑块形状复杂。

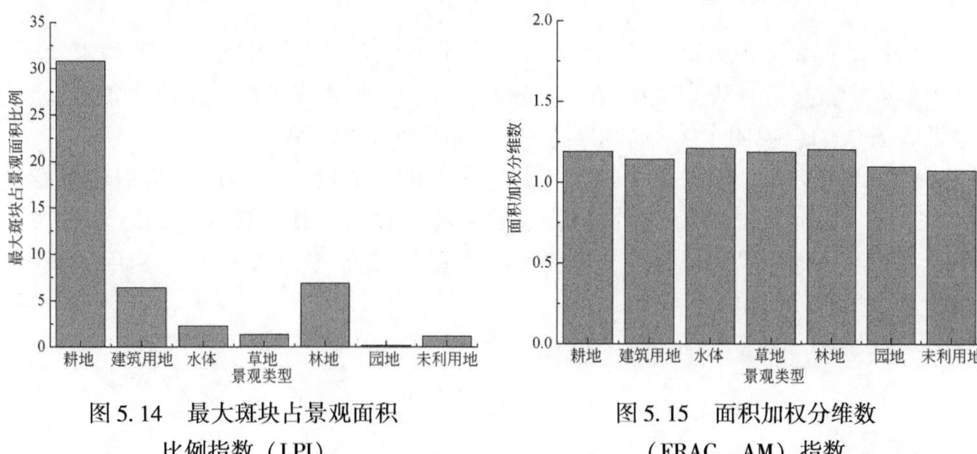

图 5. 14　最大斑块占景观面积比例指数（LPI）

图 5. 15　面积加权分维数（FRAC_ AM）指数

2. 景观破碎度

斑块数目、斑块面积在一定程度上反映了景观的破碎化程度。从斑块数目来看（图 5. 16），蔡家沟村各景观斑块数量均较少，水体斑块数量最多，耕地次之，建筑用地和草地斑块数量接近，林地、园地、未利用地斑块数量相对较少。

斑块密度（PD）指数由斑块数目（NP）指数和景观面积计算得到，如图 5. 17 所示。景观破碎化程度差别明显，水体斑块密度最大，说明蔡家沟村水体分布零散。破碎程度较大，耕地被林地、水体、和建筑用地等分割，破碎化程度较高；林地斑块密度指数虽相对较小，但这是蔡家沟林地斑块数量较少导致的。整体来看，蔡家沟村景观现状不利于维持物种多样性、生物栖息、繁衍和景观稳定。

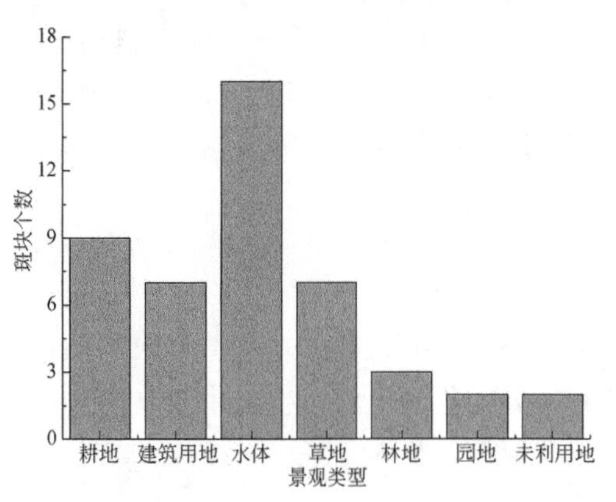

图 5. 16　斑块数目（NP）指数

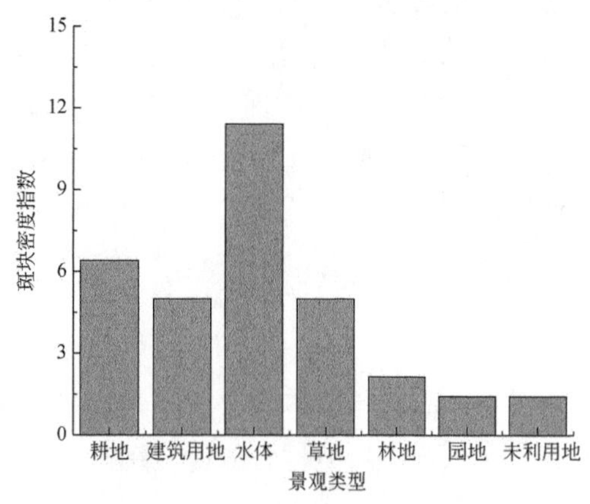

图 5. 17　斑块密度（PD）指数

3. 景观聚散性

聚集度指数反映斑块在景观中的聚集与分散状态，建筑用地、林地和未利用地聚集度指数接近，聚集度指数为0.97～0.98，聚集程度较高，水体聚集度指数最低，为0.93，说明水体分布相对散乱，如图5.18所示。

散布与并列指数反映某一景观与其他景观的相邻特征，耕地的该指数最高，为85.904；林地次之，为64.2772，说明耕地、林地与其他景观之间联系密切；草地和未利用地该指数较低，分别为44.50和28.22，说明草地和未利用地周围其他景观分布较为单一，如图5.19所示。

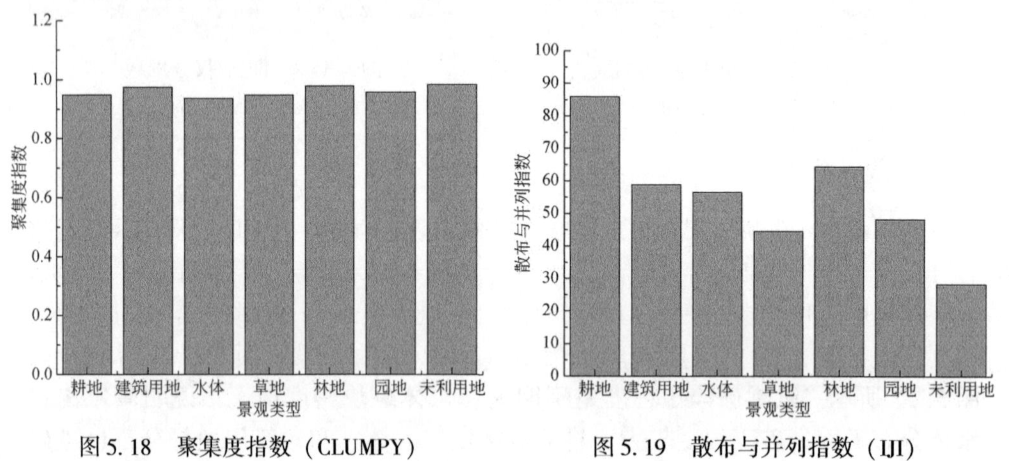

图5.18 聚集度指数（CLUMPY）　　图5.19 散布与并列指数（IJI）

连接度指数反映景观的自然连通情况。蔡家沟村的连接度指数如图5.20所示，耕地、林地连接度指数分别达到了99.74和99.33，表明蔡家沟耕地、林地类型连通性好，在规划中宜加强保护。建筑用地连接度指数位居第三位，为98.82，主要是由于道路的连通作用。水体、草地、未利用地的连接度指数介于97～98之间，园地连通性最差，连接度指数仅为94.63。与其他景观类型相比，这四种景观类型的连通性相对较差，在规划中应当有所考虑，提高生态景观的连通性。

4. 景观水平特征

表5.8是蔡家沟村景观水平上的景观格局分布特征指数。利用景观水平的指数进行不同时相或不同区域景观格局特征和格局变化的比较分析，由于本研究只有一年景观图层数据，故研究结果只能反映蔡家沟村整体景观格局特征。

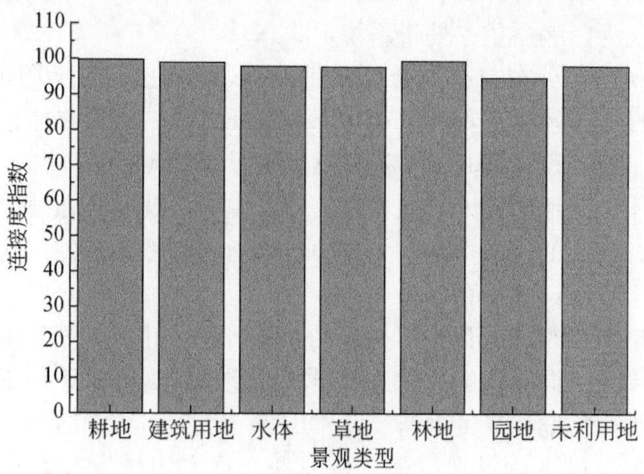

图 5.20　连接度（COHESION）指数

表 5.8　蔡家沟景观水平特征指数

景观指数	指数值
斑块密度（PD）指数/(块/km^2)	32.7787
边缘密度（ED）指数	132.8428
蔓延度（CONTAG）指数	72.7495
香农多样性指数（SHDI）	0.9617
香农均匀度指数（SHEI）	0.4942

分析表 5.8 的数据得知，蔡家沟村整体景观破碎化程度一般，连通情况良好，同时蔡家沟村香农均匀度指数为 0.4942，说明蔡家沟村景观异质性差，存在较为明显的主导斑块，这主要是由于蔡家沟村耕地占比高，达到了 74.28% 且耕地连通性好。

5.4.3　蔡家沟村景观生态特点与发展定位

蔡家沟村土地利用以耕地为主，耕地占总面积的 74.28%，构成了蔡家沟的景观基质；水体、林地、园地和草地等生态用地面积比例小，仅占总面积的 15.94%，景观异质性差，生态效用低，不利于维持物种多样性。

蔡家沟水体、林地没有大型斑块，这对维持区域物种多样性有极大的抑制作用，使得区域收集雨水能力不够，过度依赖河流取水和地下取水；水体和植被具有一定的破碎化现象，生态用地景观效果差，破碎化问题不利于景观的稳定和物种的栖息、繁衍。

蔡家沟耕地、水体、林地、草地、建筑用地面积加权分维数相对较大，景观形状复杂，受人为影响严重，处于不稳定状态。

草地和未利用地分布与并列指数分别为 44.50 和 28.22，说明草地和未利用地周围其他景观分布较少，不利于其与周围景观之间的物质和能量交换，同时应对蔡家沟未利用地进行合理开发，提升蔡家沟景观效应。

园地、水体、草地连接度指数相对较低，说明景观的连通效果差，园地、水体和草地等生态景观的连通性是作为物种迁徙通道的必要条件，这些景观连通性较差，将不利于物种迁移生存。

蔡家沟村整体景观破碎化程度一般，连通情况良好，主要是由于蔡家沟耕地面积大且分布广泛。同时蔡家沟村景观异质性差，景观生态系统不稳定，不利于现状土地利用景观空间格局的维持。

通过对蔡家沟村进行景观特征分析发现，蔡家沟村生态本底处于较高的水平，景观破碎化程度较低，具备进行新农村生态化建设的条件。蔡家沟村湖泊、沟渠发达，其周围生态环境较好且拥有面积较大的林地、草地景观。结合蔡家沟村现有开发强度和未来开发潜力，将蔡家沟村初步定位为生态涵养发展区，成为区域周边的生态屏障和生态保护地，为区域生态可持续发展提供有力支撑。打造出结合乡村实际的生态与人文和谐、有机现代农业与城郊乡村旅游业联动发展的美丽新乡村，彰显农村自然、文化、生活之美。

蔡家沟村水体和植被面积占比处于较低的水平，且缺乏大型水体和林地斑块，从而限制了景观生态效用的发挥。为了进一步完善蔡家沟村的景观格局，打造生态新农村，以景观格局特征及分析为依据，并与常山社区相关规划衔接，提出以下规划策略：

（1）河流生态廊道打造。以蔡家沟村现存河流、湖泊、坑塘为依托，在河流两岸和湖泊、坑塘周边打造生态绿廊。生态廊道类型视河流流经区域特点而定，河流两侧应以水源涵养林为主；河流生态廊道的建设要将两侧的植被纳入其中，以提高廊道的分维数，避免河流廊道过于单一；同时将林地、草地通过河流生态廊道连接起来，可降低林地的破碎化程度，提高景观连通性。

（2）道路绿化带建设。在主要道路两侧建设绿化带，以降低道路本身对区域景观带来的负面影响。

（3）生态基质改善。耕地是蔡家沟村的生态基质，结合区域当前发展情况，根据当地政府发展导向改善耕地基质，主要途径包括发展现代农业、观光农业，种植果树和其他经济林等。

（4）生态斑块建设。充分利用现有的分布在蔡家沟村内的林地、坑塘斑块，建设生态节点。由于蔡家沟村的水体景观面积较小，以现有的坑塘和沟渠为基础，增加水体景观的规划，同步做好水资源的合理利用和保护。

(5) 生态网络构建。利用道路绿化带连通河流生态廊道，连接蔡家沟村内的生态斑块，构成蔡家沟村生态网络。生态网络在一定程度上可以减少蔡家沟村因缺少大型林地、水体斑块带来的不利影响。

5.5　蔡家沟村景观格局优化

良好的生态环境是人类社会可持续发展的基础，在乡村振兴战略背景下，优化村庄生态环境，对乡村景观结构调整，既要满足乡村发展的客观需求，还要避免乡村生态建设过程对原生态景观格局的破坏。结合该村的土地利用现状，利用“斑块-廊道-基质”模式，根据景观生态学的方法和原理，基于最小耗费距离模型，寻找各源点间的最小路径，规划绿色生态廊道串联各生态节点，优化蔡家沟村景观格局。景观生态网络，可以提高生态连接度、增强景观异质性、维持物种多样性和区域各斑块间的物质、能量流动。

5.5.1　景观格局优化的方法

“斑块-廊道-基质”模型在第1章中已经进行了介绍，是景观规划过程中能够反映景观空间特征的最典的结构模型，其基本原理如图5.21所示。

斑块、廊道、基质按照一定规律将空间异质性很强的景观结构单元连接起来，以此形成复杂的景观综合体。斑块是物种的聚集地，指的是具有相似内部结构、功能属性，但外貌特征与周边景观有明显差别的非线性空间区域，在维持区域生态稳定性方面具有重要作用。其中，面积大小是各类型斑块的最重要特征，影响着物种迁移、繁殖和信息交流等生态过程。若斑块解体，则景观破碎，生物多样性锐减，生态系统稳定性降低。

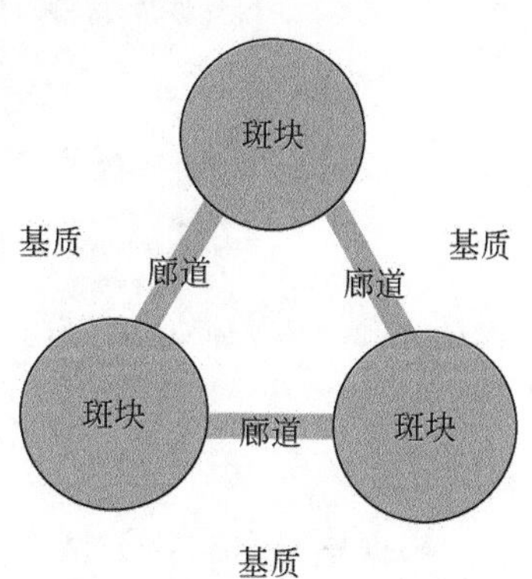

图5.21　“斑块-廊道-基质”模型示意图

廊道指的是将两侧基质分隔开的狭长土地空间，是物种之间发生能量流动和信息交流的通道。它既可将景观分隔，又能将景观连接。

基质即本底景观中面积最大、连通性最好的景观类型。其空间结构是由斑块和廊道分布情况决定的，基质控制区域各景观要素之间的能量流动和信息交流等生态学过程，在维持景观系统稳定性方面起到关键作用。

基于“斑块-廊道-基质”理论对村域景观格局进行重新分类，分析村域范围内的景观要素构成。

1. 斑块

研究者对于斑块的定义根据研究对象、研究目的和研究内容的不同，可分为广义和狭义两种。广义上包括有无生命特征的斑块，狭义上仅包括有生命特征的动植物群落。本研究所做的是对村域景观格局的优化，旨在提升景观的生态服务功能，因此本研究所指斑块均是从狭义角度考虑的具有生命特征的景观斑块。

从蔡家沟村土地利用现状分析得知，蔡家沟村景观格局中的生态斑块有林地、其他林地、果园、其他果园、草地、其他草地和水体。按照斑块面积大小分为小型斑块、中小型斑块、中型斑块、大中型斑块，各类型生态斑块分布情况如图 5. 22 所示。蔡家沟村以小型斑块为主，水体及部分草地和部分林地构成了中型斑块，村域中部的部分林地构成了大中型斑块。蔡家沟村生态斑块集中分布于村域中部，村域西部和北部有较为零散地分布。

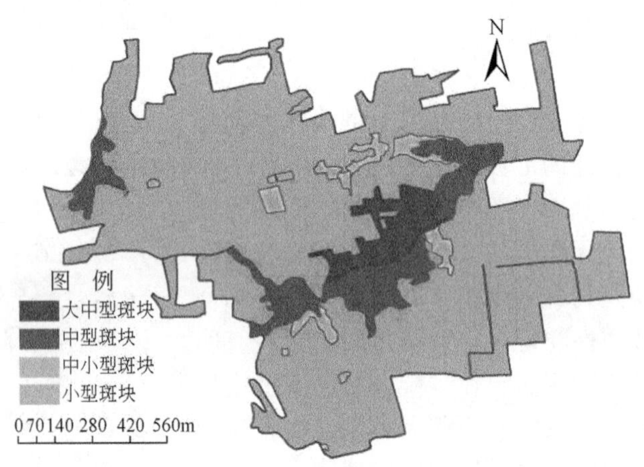

图 5. 22　蔡家沟村生态斑块分布

根据蔡家沟村各类型生态斑块统计数量，获取蔡家沟村域内大中型斑块 1 个，中型斑块 4 个，中小型斑块 5 个，小型斑块 15 个。蔡家沟村小斑块数量最多，但中型斑块、大中型斑块面积明显大于小型斑块面积之和。蔡家沟村各类型生态斑块统计结果见表 5. 9。

表 5. 9　蔡家沟村斑块构成

斑块类型	数量/个	面积/hm^2
大中型斑块	1	5 ~ 10
中型斑块	4	1 ~ 5

续表

斑块类型	数量/个	面积/hm^2
中小型斑块	5	0.5 ~ 1
小型斑块	15	<0.5
合计	25	—

2. 生态廊道

生态廊道是景观元素之一，在形态上主要为带状或条状，可将分散化的景观斑块连接成为整体，增强了各斑块之间的联系，保证了不同斑块间生态流的正常进行，同时对具有不同生态功能的斑块有隔离作用，防止互相干扰。廊道宽度、连通度、弯曲度、生境特点及是否连接成网络会对廊道的生态功能产生影响，景观生态结构稳定性也受廊道结构特征影响[25]。

结合蔡家沟村景观现状发现，村域生态廊道以水系廊道和道路绿化带为主，连通性较好，可在现状分析的基础上增加廊道数量以提高连接度。

3. 基质

景观基质是斑块、廊道的生态本底，是保证景观生态流正常运行的基础平台，通常采用面积占比、连通效果及对整体景观的控制效果或三者相结合的方式来确定景观格局中的基质，蔡家沟村耕地面积占景观总面积的 74.28%，控制着整个景观格局且连通性指数最高，达 99.74%，因此将耕地作为村域基质。

5.5.2　蔡家沟村潜在生态廊道提取

利用最小耗费距离模型，将研究区蔡家沟村划分为 6m×6m 的栅格，根据各景观单位面积生态系统服务价值对不同栅格的景观类型赋予阻力值，构建成本表面，利用 ArcGIS 10.3 空间分析功能中的成本距离（cost distance）模块，计算研究区累积耗费距离表面，将获得的累积耗费距离表面通过水文分析模块处理，确定研究区最小耗费路径，根据最小耗费路径分析结果，提取研究区潜在生态廊道。

1. 最小耗费距离模型

最小耗费距离指的是生态流经过不同的景观单元时，克服一定阻力所需的耗费，也可用最小累积阻力来表示，该模型可以寻找出生物物种迁移与扩散的最佳路径，可以有效避免外界的各种干扰，对于揭示景观格局与生态过程和功能之间的关系方面作用强大[26,27]。

生态服务价值越高且生态功能越完善的景观要素，其完成生态流过程需要克服的阻力值越小，所需的耗费越小。可通过运用最小耗费距离模型来模拟表达空间上不同生态过程的运行特征。该模型需要考虑的影响因子主要包括源、距离、景观介质特征等，其公式为

$$C_i = f_{\min} \sum (D_{ij} \times R_i)(i = 1, 2, 3, \cdots, m; j = 1, 2, 3, \cdots, n)$$

式中，D_{ij}为空间某一点穿越景观基面 i 到源 j 的实地距离；R_i 为景观 i 对某运动的阻力值；C_i 为第 i 景观单元到源地的累积耗费值；n 为基本的单元总数。

2. 生态源地提取

生态源地是生态系统的核心区域，在生态服务功能方面的作用尤为重要。研究表明，生态源地具有良好的空间拓展性和连续性，对于生态环境的发展起主导作用[28]。考虑景观生态服务功能的强弱和价值大小，生态源地是由生态服务价值高的景观要素构成的，借助 ArcGIS 空间分析工具，将面积较大的水体和林地作为本研究区的生态源地，如图 5. 23 所示。

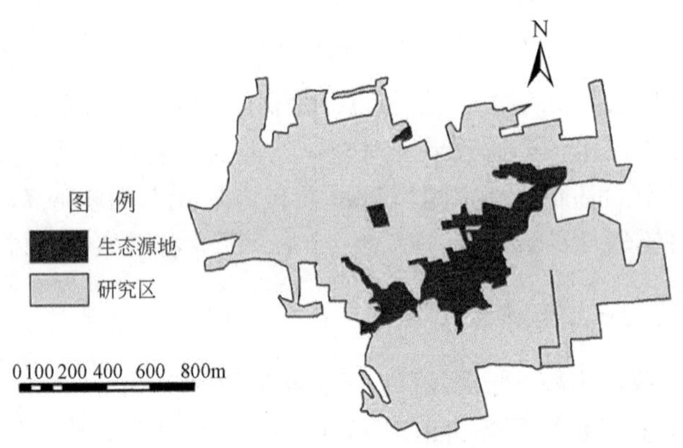

图 5. 23　蔡家沟村生态源地分布图

3. 景观阻力值确定

进行最小耗费距离计算，首先需要确定“源”和代价表面，而确定代价表面的工作重点则是确定景观阻力值，参考相关研究[29]，以单位面积生态系统服务功能价值对景观阻力值进行赋值。

景观生态功能强弱可用单位面积生态服务价值衡量，景观要素的单位面积生态服务价值越高，生态功能越强，则物种在景观单元之间发生物质和能量交换的阻碍性越小，景观要素阻力值越小，生态流越通畅；反之，景观要素的单位面积生态服务价值越低，景观要素阻力值越高。

蔡家沟村水体的单位面积生态服务价值最高，景观阻力值最小，将其设置为1；建筑用地的单位面积生态服务价值最低，景观阻力值最大，将其设置为100，通过内插法确定其余景观阻力值，范围为1～100，见表5.10。

表5.10　不同景观类型阻力值

景观类型	单位面积生态系统服务价值/［元/（hm^2·a）］	阻力值
水域	40676.4	1
林地	19334.0	20
耕地	6114.3	55
建筑用地	-8852.1	100
草地	6406.5	70
园地	12724.2	38
未利用地	371.4	80

4. *廊道的确定*

生态廊道是物种在景观类型中完成生存、移动或迁移等生态流的重要通道，可将破碎化的景观斑块有效连接，使分散的种群聚集交流，保证生态流在“源”与基质间流动。水体、林地、道路等是构成生态廊道的重要景观要素，生态廊道在保护生态多样性、巩固堤岸、保护水质、休闲游憩和优化生态环境等方面体现了较高的生态系统综合服务功能和价值。运行ArcGIS软件中的成本距离模块，加载所提取的生态源地和景观阻力代价表面，计算出研究区累积耗费距离表面，如图5.24所示。

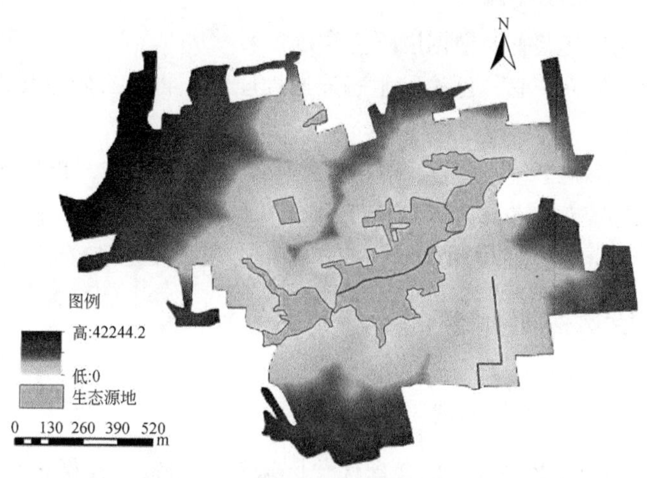

图5.24　蔡家沟村累积耗费距离表面

借鉴 ArcGIS 水文分析模块，通过洼地填充、流向分析、计算汇流累积量等步骤，对累积耗费距离表面进行分析，提取景观生态流的“脊线”和“谷线”，反复设定阈值得到最小耗费路径，以蔡家沟村土地利用现状为背景，输出最小耗费路径，如图 5. 25 所示。

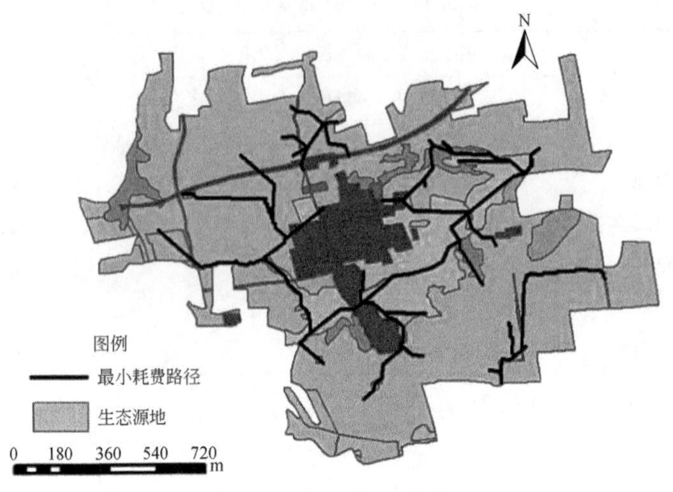

图 5. 25　最小耗费路径

5. 确定生态节点

生态节点的作用是将景观空间中相邻的生态源连接，定义为生态廊道上具有重要的生态系统服务功能、生态敏感性较高或生态环境最薄弱的区域。生态节点是整个景观格局优化的战略重点，对于保证生态流正常运行，维持区域生态格局整体性和稳定性有较大影响。

蔡家沟村生态节点主要根据以下方法确定：

(1) 基于“源”“汇”理论和生态连通性原理，将生态廊道交汇点视为生态节点。

(2) 当生态廊道较长，并且和其他景观廊道无交点时，根据廊道长度和土地利用现状对生态节点进行合理选择。

(3) 生态节点穿过建设用地的区域，宜根据建设用地选择节点。

5. 5. 3　蔡家沟生态格局网络优化

1. 乡村景观格局优化原则

乡村景观格局优化本质上是合理优化区域景观配置，在保护乡村现有道路、水系廊道的基础上恢复发展区域自然绿廊，通过增加自然斑块类型的方式提升景观异质性、改良生态水域网和林域网，同时考虑所布局廊道、斑块的性质规模，构建出完整的生态网络系统，达到优化乡村生态景观和维持物种多样性的目的，进而提升乡村生态系统稳定性。

（1）生态协调性原则。在错综复杂的生态系统中构建良好的生态景观网络应充分考虑人与环境之间的关系，只有保证区域自然风貌与经济发展协调平衡，才能实现人类社会可持续发展。

（2）整体性、综合性原则。复杂景观系统是由不同功能结构、不同层次特征的景观斑块构成的，它们之间的生态关系相互作用、相互影响，在进行乡村景观格局优化的过程中，应从整体景观格局角度出发，遵循整体性、连续性原则进行乡村景观规划，最大程度地利用乡村生态景观资源。同时景观规划涉及多学科、多部门，具有较强的综合性，因此，必须将构成景观系统的所有景观要素均作为规划对象来处理。

（3）保护自然本底原则。不同地区的社会发展背景不同，其景观特色也有很大差异，在城乡规划过程中，对于区域优越的自然生态基底和历史文化条件，应持尊重保留和延续发展的态度，将人工乡村景观与自然景观融合发展，充分发挥其独特的自然景观特性。

（4）景观多样性原则。景观多样性通常是指包括斑块类型多样性及格局多样性在内的景观的空间多样性，是维持景观生态系统稳定的一个重要途径，可以在一定程度上提升区域景观异质性，对于景观系统生存、发展具有重要作用。

村域生态源地大多数集中在河流和林地周围，生态源地的生物多样性较高。区域内林地景观相对丰富，水体景观相对较少，所以必须加强生态源地的保护。生态源地内部应以保持其自然发展为主，限制建设用地的扩张，及时通过土地复垦整治进行生态保护与恢复，改善生态源地生境质量，维持生态源地区域生态系统结构的稳定性和生态功能的完整性，在与其他类型景观连接的边界处建立一定宽度的缓冲区，减少外界对生态源地的干扰和冲击。

2. 生态源地保护及生态斑块布局

1）生态源地保护

源地作为景观格局的核心区域，禁止任何开发建设活动。同时，源地是保障物种生存、生态系统维持和生态流流动的最基本生态用地，也是生产建设和居民生活不可逾越的红线。蔡家沟村应树立生态保护原则，严禁任何生产建设侵占生态源地用地。在限制人类活动的同时，还应加强生态建设，保障源地充分发挥其生态功能。

蔡家沟村生态源地集中分布在林地和水体周边，区域林地景观较丰富，但水体景观相对较少，林地和水体组成的生态源地具有较高的生态系统服务价值，对区域人口和整个生态系统都是强有力的支撑，因此必须加强对此区域生态源地的防护。

2）生态斑块布局

以蔡家沟村现有生态斑块为基础，根据斑块的不同尺度、规模及功能进行科学合理布局，形成大斑块沿河布局、小斑块分散镶嵌的格局，大小斑块结合，以优化蔡家沟村景观环境，改善生态功能。

3. 构建生态廊道网络

生态廊道在提升景观生态连接度，保护生物多样性和增强物质、能量在不同斑块之间的流动等方面发挥着重要作用。生态廊道网络的构建有利于提高生境种群数量，将分散独立的生态斑块连接起来，大幅度提升了生态廊道的连接程度，增强本地物种抵御外来物种入侵的能力，同时还可以促进区域内物种间物质与能量交换，进而使生态景观系统产生的生态效应最大化。根据5.5.2节最小耗费路径分析结果，本研究提出了生态廊道网络构建方案，依托蔡家沟村水体缓冲带、道路绿化带和林地廊道将村域范围内分散的生态斑块连接为闭合性整体，生态廊道网络布局见图5.26所示。

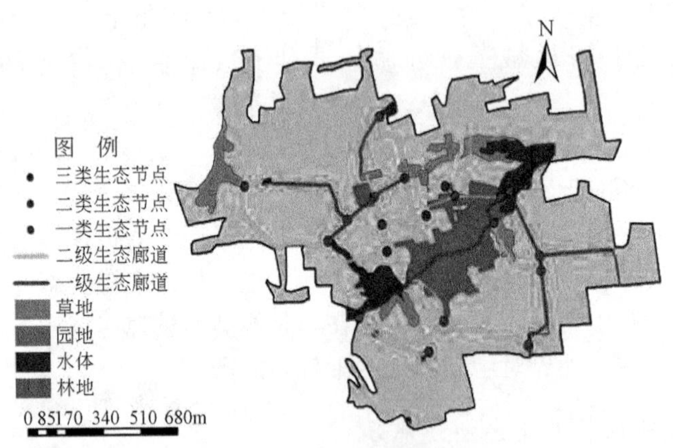

图5.26　生态廊道网络布局

由于生产生活的破坏和观念的落后，村域内生态廊道建设仍处于起始阶段。所以要依托村域现有的水域、林地和道路网络，加强对源地之间生态廊道的建设，将分散在村域各处的小型斑块连接起来。

蔡家沟村构建的生态廊道主要分为一级生态廊道和二级生态廊道。一级生态廊道的主要作用是将村域内的生态源地与其他相隔较远的生态斑块相连，包括河流、沟渠缓冲带，交通干道绿化带和林地缓冲带；二级生态廊道是一级生态廊道强有力的补充，主要为宽度较小的河流或等级较低的绿化带，介于一级生态廊道之间或连接部分生态源地和一级廊道，是在一级生态廊道的基础上增加廊道网密度。

通常情况下，生态廊道越宽，景观异质性就越强，物种多样性就越多。研究发现，当生态廊道宽度值为3～12m时，廊道宽度对草本植物和鸟类物种多样性基本无影响，基本满足保护无脊椎动物种群的功能；12～30m的道路生态廊道可为草本植物和鸟类多数的边缘种提供生存保障，满足鸟类迁移，保护无脊椎动物种群，保护鱼类和小型哺乳动物；当宽度值为30～60m时，廊道内包含较多草本植物和鸟类边缘种，但多样性仍很低，基本满足动植物迁移和保护生物多样性的功能；保护鱼类、小型哺乳动物、爬行动物和两栖类动物，可截获周围土地流向河流的50%以上的沉积物，控制氮、磷和养分的流失，为鱼类提供有机碎屑、为鱼类繁殖创造多样化的生境；当宽度值为60～100m时，对于草本植物和鸟类来说，具有较大的多样性和内部种；满足动植物迁移和传播及保护生物多样性的功能；这是满足鸟类及小型生物迁移和生物保护功能的道路缓冲带宽度，也是许多乔木种群存活的最小廊道宽[14]。

根据以上研究成果确定蔡家沟村生态廊道宽度为：蔡家沟村一级生态廊道应不低于60m，二级生态廊道应不低于30m，道路、沟渠绿化带及耕地防护林宽度应不低于12m。

4. 生态节点的建立

生态节点作为物种栖息和迁移的跳板，具有连接相邻生态源地、强化生态廊道的功能，对于保证区域生态功能的发挥及维护景观结构的连续性和完整性具有重要意义。本研究将生态节点分为三类，第一类是一级生态廊道之间的交点，是景观网络中的战略点，共3处；第二类是一级生态廊道与二级生态廊道或二级生态廊道与二级生态廊道之间的交点，共13处；第三类是生态廊道穿越建设用地，这类节点位置应根据建设用地的分布确定，共4处。

5. 基质改善

耕地作为蔡家沟村整体景观格局中的基质，在维持整个村域绿色空间的生态平衡方面发挥着重要作用。对基质维护的目的是保护基质在景观生态系统中的衔接作用及自身的延展性。基质改善的具体措施如下：

严格控制村域建设空间，保护基本农田，有效保护基质，为村域自然生态环境提供后备资源保障。

通过廊道的连通作用，加强村域内部生态斑块与基质的联系，有利于村域内外生态流的正常运行，为物种迁移提供通道和场所，进而保持村域内部空间良好的自然生态环境。

对于基本农田，高效农业是现代科技农业发展与生态环境友好共处的典范。在有限的耕地面积内产生良好的经济效益，同时对生态环境能起到保护循环优化利用的作用，将科技农业的效益发挥到最大。在农业产业化与生态农业相结合的现代化高效农业示范区中，设施农业与特色农业务必作为辅助措施。结合蔡家沟村当前的发展情况，根据当地政府的发展导向改善耕地基质，发展现代农业、观光农业，种植果树和其他经济林等，提高农业景观多样性。完善耕地防护林网，加强耕地的结合度和可达性，充分利用防护林截留田间营养物的生态功能，提高耕地基质稳定性。

（1）蔡家沟村有各类生态斑块 25 个，其中小型斑块 15 个，中小型斑块 5 个，中型斑块 4 个，大中型斑块 1 个。

（2）廊道主要以河流和道路绿化带为主，大部分河流、道路绿化带较窄，连通性较差，未形成廊道网络，不具备物质、能量通道的生态功能。

（3）蔡家沟村耕地面积占比最大，且连通性最好，耕地构成了蔡家沟村的生态基质。

（4）分布在水体、林地周边的生态源地宜加强生态保护。大型斑块宜沿河发展，小型斑块镶嵌分布，实现大小斑块结合，以提升蔡家沟村整体景观质量。同时以一级生态廊道和二级生态廊道为主要生态廊道，河流、沟渠绿化带及耕地防护林为辅助生态廊道，确定一级生态廊道和二级生态廊道分别不小于 60m 和 30m，辅助生态廊道不低于 12m。

（5）在蔡家沟村景观格局优化过程中，确定为物种栖息和迁移提供便利的一类生态节点 3 个、二类生态节点 13 个、三类生态节点 4 个。

（6）保护和改善基质的措施有：严格控制村域建设空间，保护基本农田；通过廊道的连通作用加强村域内部生态斑块与周围基质的联系；发展现代农业、观光农业，种植果树和其他经济林等，提高农业景观多样性，完善耕地防护林网，加强耕地的结合度和可达性。

5.6 蔡家沟村雨水资源化利用

雨水作为一种清洁的水资源，是城乡淡水资源的重要来源。城乡雨水资源的生态化利用必能大大减轻其所在地区的供水压力，缓解乡村地区淡水资源的供需矛盾。一方面，蔡家沟村河湖水体及林地系统相对发达，为降雨径流运输和水资源涵养提供了便利条件，另一方面，蔡家沟村尚处于发展初期，将雨水收集利用设施作为基础设施建设，使其在发挥收集利用雨水作用的同时，又可以作为景观，达到美化生态环境的效果。

5.6.1　基础数据获取及研究路线

基础数据：汇水区划分使用数字高程模型（digital elevation model，DEM）数据，分辨率为 30m，可通过地理空间数据云共享平台获取（http：//www.gscloud. cn）。同时“南湖生态经济发展区土地利用现状图”和“蔡家沟基本农田范围现状图”作为基础数据进行用地类型提取。因获得的数据类型不同，使用 ArcGIS 进行数据处理过程中会出现投影信息丢失或无法匹配的问题，需要通过 GIS 软件对取得的数据及图形进行校准、投影变换和矢量处理，使数据转化为同一投影坐标下的 shapefile 格式。处理软件包括 ArcGIS 10. 3 和 ENVI 5. 1。

研究路线：运用 GIS 技术对蔡家沟村进行汇水区划分、汇水量计算和汇水区洼地分析，进而选择雨水收集区域，为节约生态基础设施建设工程造价，结合蔡家沟村土地利用现状提出雨水资源化利用方案，对蔡家沟村湿塘、雨水湿地进行新建和改造，并进行系统布局。

5.6.2　雨水收集汇水区的选择

1. 汇水区划分及水系提取

汇水区是指收集水资源的自然流域或人为集水的封闭区域，汇水区划分是进行规划过程中水文模型计算的重要环节。利用 DEM 高程数据，借助 GIS 工具中的 Hydrology 模型对其进行处理，经反复调试选择合适的阈值，得到蔡家沟村汇水区 42 个，如图 5. 27 所示。

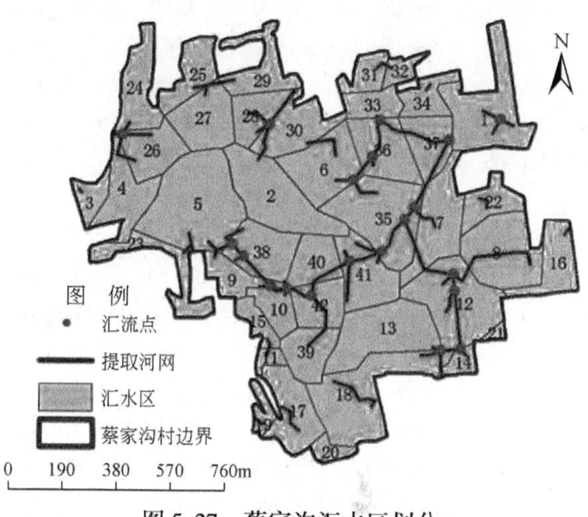

图 5. 27　蔡家沟汇水区划分

2. 用地类型提取

为方便后续雨水径流量和汇水区汇水容积等指标的计算，需对蔡家沟村进行用地类型提取，提取方法参考 2. 2. 1 节，得到蔡家沟村道路、园地、水浇地、旱地、林地、村庄建筑用地、水体、草地、设施农用地和未利用地十种土地利用类型。根据《海绵城市建设技术指南》[30]和相关研究[31]，并结合蔡家沟村土地利用分类情况，确定定各汇水区中用地类型及面积，详细结果见图 5. 28和表 5. 11。

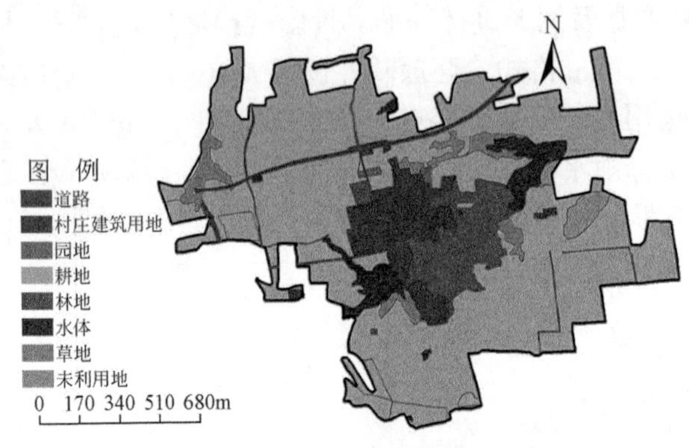

图 5. 28 用地类型

表 5. 11 各汇水区不同用地类型面积 （单位：m^2）

汇水区编号	道路	园地	耕地	林地	村庄建筑用地	水体	草地	未利用地
1	0. 00	0. 00	58226. 21	0. 00	0. 00	3096. 27	0. 00	0. 00
2	4179. 19	1320. 67	26433. 83	5974. 27	28368. 38	0. 00	0. 00	0. 00
3	63. 16	0. 00	9057. 50	0. 00	0. 00	0. 00	3982. 84	0. 00
4	1923. 46	0. 00	25187. 08	0. 00	0. 00	2. 53	9771. 42	0. 00
5	3369. 01	0. 00	88677. 92	0. 00	0. 00	1108. 32	0. 00	0. 00
6	372. 87	2589. 68	21865. 80	96. 88	18044. 00	0. 00	6097. 72	0. 00
7	0. 00	0. 00	36931. 30	260. 80	2042. 82	2592. 50	3303. 13	3321. 35
8	0. 00	0. 00	52344. 85	0. 00	0. 00	1071. 38	0. 00	4462. 58
9	834. 33	0. 00	17117. 58	0. 00	0. 00	2146. 67	0. 00	0. 00
10	0. 00	0. 00	6989. 32	0. 00	0. 00	10296. 27	1485. 10	0. 00
11	0. 00	0. 00	5828. 31	177. 86	0. 00	0. 00	0. 00	0. 00
12	0. 00	0. 00	69741. 09	0. 00	0. 00	1379. 96	0. 00	0. 00
13	0. 00	0. 00	56495. 06	1724. 42	3968. 46	111. 47	0. 00	0. 00
14	0. 00	0. 00	8297. 98	0. 00	0. 00	132. 55	0. 00	0. 00

续表

汇水区编号	道路	园地	耕地	林地	村庄建筑用地	水体	草地	未利用地
15	0.00	0.00	9963.55	3.29	0.00	2651.04	0.00	0.00
16	0.00	0.00	28671.31	0.00	0.00	81.59	0.00	0.00
17	0.00	0.00	38241.94	0.00	0.00	0.00	0.00	0.00
18	0.00	0.00	71578.24	0.00	0.00	1072.88	0.00	0.00
19	0.00	0.00	7349.68	0.00	0.00	0.00	0.00	0.00
20	0.00	0.00	7798.21	0.00	0.00	378.83	0.00	0.00
21	0.00	0.00	2732.82	0.00	0.00	0.00	0.00	0.00
22	0.00	0.00	9769.09	0.00	0.00	0.00	0.00	12150.32
23	317.54	0.00	22615.67	0.00	1857.41	101.33	0.00	0.00
24	331.43	0.00	31572.77	0.00	0.00	0.00	1529.83	0.00
25	440.17	0.00	25617.39	0.00	0.00	0.00	0.00	0.00
26	1332.62	0.00	28029.66	0.00	0.00	0.00	3378.01	0.00
27	0.00	0.00	39766.30	0.00	0.00	0.00	0.00	0.00
28	880.21	0.00	24103.19	0.00	0.06	1103.92	0.00	0.00
29	371.95	0.00	27673.82	0.00	0.00	460.80	0.00	0.00
30	4519.10	0.00	27796.12	0.00	2582.36	520.11	0.00	0.00
31	0.00	0.00	15285.36	0.00	0.00	0.00	0.00	0.00
32	1557.59	0.00	7101.10	0.00	0.00	0.00	0.00	0.00
33	2546.54	0.00	15495.29	0.00	0.00	0.00	0.00	0.00
34	0.00	0.00	19277.55	0.00	0.00	0.00	0.00	0.00
35	67.06	0.00	7390.88	44955.22	9804.34	3676.08	3608.23	0.00
36	40.23	0.00	25274.71	976.77	0.00	4353.79	10074.25	0.00
37	0.00	0.00	9223.44	0.00	0.00	18740.39	1872.99	401.38
38	3041.68	0.00	18136.21	0.00	13080.48	4231.57	0.00	0.00
39	0.00	0.00	24823.20	250.01	1970.73	0.00	1668.97	0.00
40	50.17	0.00	518.42	10035.58	13259.78	2297.76	0.00	0.00
41	0.00	0.00	7128.28	31664.70	1838.80	334.41	0.00	0.00
42	0.00	0.00	1488.13	7062.04	10342.88	5061.97	4013.65	0.00
总计	26238.30	3910.34	1037616.17	103181.84	107160.50	67004.41	50786.14	20335.63
	1416233.33							

3. 年径流总量控制率的确定

年径流总量控制率指的是某一区域内雨水通过自然或人工强化的入渗和蓄积回用，累计一年内得到控制（不外排）的雨水量占全年降雨总量的比例。住房和城乡建设部通过对我国近 200 个城市 1983 ~ 2012 年日降雨量统计分析，得到各城市年径流总量控制率及其对应的设计降雨量值关系，并在 2014 年 10 月编制出台的《海绵城市建设技术指南》中根据年径流总量控制率将我国大陆地区大致分为五个区，即Ⅰ区（$85\% \leqslant \alpha \leqslant 90\%$）、Ⅱ区（$80\% \leqslant \alpha < 85\%$）、Ⅲ区（$75\% \leqslant \alpha < 80\%$）、Ⅳ区（$65\% \leqslant \alpha < 75\%$）和Ⅴ区（$60\% \leqslant \alpha < 65\%$）。依照该指南，蔡家沟村位于Ⅳ区，年径流总量控率 α 为 75% ~85%。

年径流总量控制率的选择一方面需要考虑区域内绿化、水系等生态性用地与其他开发用地的比例、地形地貌；另一方面还需考虑当地水体的环境目标、水资源现状、降水规律、开发强度等因素；对于单个地块或建设项目开发，还需结合研究区建筑密度、绿地率及土地利用布局等因素[32]；从维护区域水生态系统良性循环角度考虑，若将径流总量控制率设置过高，则可能导致区域雨水排放量不足以维持原有水环境的水文循环过程。因此，本研究确定蔡家沟村年径流总量控制率为 75%。

4. 设计降雨量的确定

设计降雨量指的是实现某一地区年径流总量控制目标时所对应的降雨量控制值，通常用日降雨量（mm）表示。设计降雨量是各城市地区实施年径流总量控制的专有量值，不同城市地区的降雨分布特征不同，则其设计降雨量也应单独推求。若要计算低影响开发设施的设计规模，则需通过统计当地多年日降雨（不包括降雪）资料确定其设计降水量。

设计降雨量确定的具体方法为：根据当地的历时降雨资料数据，统计其至少近 30 年日降雨资料，同时去除小于或等于降雨量为 2mm 的降雨事件，并降日降雨量按雨量由小到大排序，对小于某一降雨量的降雨总量进行统计（小于该降雨量的按真实雨量计算其降雨总量，大于该降雨量的按该降雨量计算降雨量，两者求和）占降雨总量中的比值，此比值（年径流总量控制率）对应的日降雨量即为设计降雨量。

根据潍坊市气象局提供的潍坊市 1985 ~ 2014 年降雨资料，采用上述统计学方法，计算得到本研究中年径流总量控制率与设计降雨量的对应关系，见表 5.12。

表 5.12　潍坊市年径流总量控制率对应设计降雨量

项目	年径流总量控制率						
	60%	65%	70%	75%	80%	85%	90%
设计降雨量/mm	13.6	15.8	18.5	21.7	25.8	31.2	38.9

5. 汇水容积计算

计算汇水容积的方法主要包括容积法、水量平衡法和流量法，而容积法的应用则较为普遍。本研究依据《海绵城市建设技术指南》选择容积法进行汇水容积计算，公式为

$$V = \psi \times H \times F/1000$$

式中，V 为汇水容积（m^3）；ψ 为综合雨量径流系数，参考《室外排水设计规范》（GB 50014—2006）和《雨水控制与利用工程设计规范》（DB11/T 685—2013）；H 为设计降雨量（mm）；F 为汇水面积（m^2）。本研究区参考潍坊市年径流总量控制率为 75% 时所对应的设计降雨量，以此计算汇水容积，结果见表 5. 13。

表 5. 13　日降雨量为 21. 7mm 的各汇水区汇水容积

汇水区编号	综合径流系数	汇水容积/m^3	汇水区编号	综合径流系数	汇水容积/m^3
1	0. 34	446. 2418	22	0. 24	116. 3291637
2	0. 41	596. 0266	23	0. 33	175. 7813499
3	0. 26	73. 1621	24	0. 30	216. 9912494
4	0. 29	233. 3940	25	0. 31	175. 3656113
5	0. 33	667. 1405	26	0. 31	219. 4945263
6	0. 36	382. 5332	27	0. 30	258. 8785911
7	0. 33	345. 1429	28	0. 35	198. 0579309
8	0. 31	383. 3815	29	0. 32	197. 4199537
9	0. 40	174. 3125	30	0. 40	308. 515865
10	0. 67	273. 7635	31	0. 30	99. 50769413
11	0. 30	38. 7142	32	0. 41	76. 64789513
12	0. 31	483. 9597	33	0. 38	150. 6083096
13	0. 31	420. 7435	34	0. 30	125. 4968446
14	0. 31	56. 8962	35	0. 29	442. 4227268
15	0. 45	122. 4046	36	0. 34	296. 8321714
16	0. 30	188. 4208	37	0. 72	474. 5496071
17	0. 30	248. 9550	38	0. 49	411. 2191482
18	0. 31	489. 2559	39	0. 30	189. 498946
19	0. 30	47. 8464	40	0. 43	241. 6391074
20	0. 33	58. 9870	41	0. 24	211. 0376036
21	0. 30	17. 7906	42	0. 45	275. 4664506

蔡家沟村 42 个汇水区的径流总量为 10610.83m^3，各汇水区平均径流量为 252.64m^3，平均径流深度为 7.49 mm，即日降雨量为 21.7mm 时，有 7.49mm 的降雨形成了径流。降雨径流量超过 300m^3 的汇水区有 13 个，平均径流量为 450.09m^3。

降雨径流量最大的汇水区是 5 号汇水区，汇水量为 667.14m^3，径流深度为 7.16mm。该汇水区面积为 93155.25m^2，在 42 个汇水区中面积最大。32 号汇水区径流深度为 8.85 mm，虽然大于蔡家沟村整体平均径流深度，但径流量较低，仅为 76.64 m^3，不适宜建设雨水收集措施。

径流系数较大的用地类型为村庄建筑用地、道路、水体，蔡家沟村存在大范围的耕地，虽然其径流系数相对较小为 0.3，但由于其面积较大，亦可提供较大的径流量。13 号汇水区村庄建筑用地、道路、水体和耕地占比达 97.04%，但因为其汇水区面积较小，汇水量仅为 38.71mm，所以亦不适合建设雨水收集设施。

由此可见，汇水区是否适于建设雨水收集利用设施，应综合考虑多方面因素，如汇水区径流量、径流系数较高的用地类型占汇水区面积比例、汇水区径流深度等。

6. 汇水区洼地分析

按照区域地形地势对雨水收集利用措施进行布局，使雨水收集利用措施分布在地势低洼区，可提高雨水收集利用措施的安全性并降低工程建造成本。利用 ArcGIS 的空间分析功能分析得到各汇水区和洼地分布（图 5.29），在洼地内选择雨水控制措施建设位置。各雨水收集措施的容量根据表 5.13 确定，超出容量的径流通过沟渠汇集到河道排走。分析蔡家沟村共得到 38 个洼地，面积在 1000m^2 以上的洼地有 30 个，分布在整个汇水区中；10000m^2 以上的洼地有 10 个，由多个汇水区的洼地连接而成。

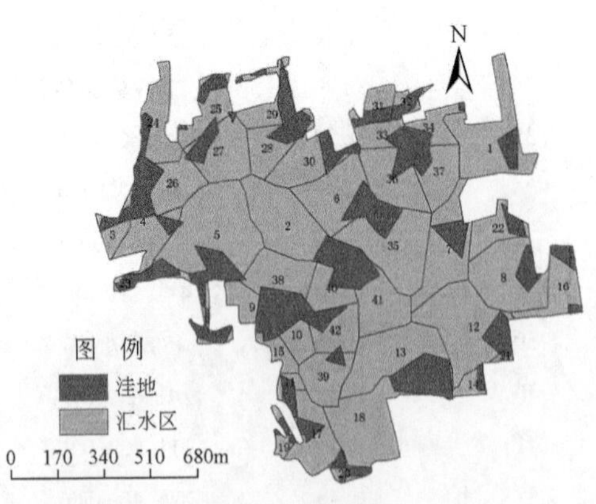

图 5.29　汇水区（>10000m^2）和洼地（>1000m^2）分布

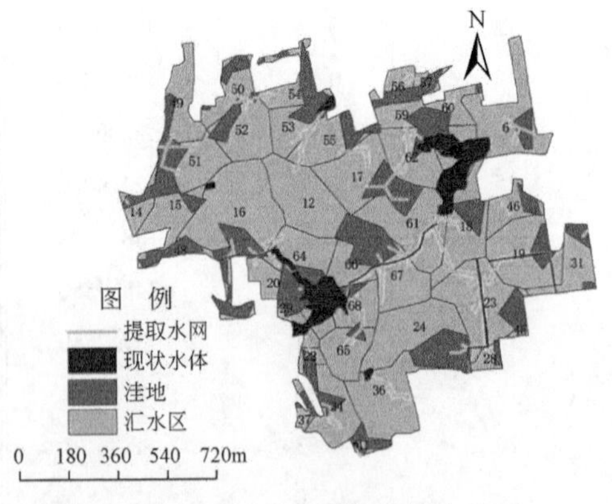

图 5.30　洼地与水网的关系

将汇水区内洼地、现状水体与提取水网进行叠加，结果如图5.30所示。统计洼地与水网的连接情况，发现共有17个洼地与村域内现状水体和所提取水网相连，占村域内洼地总数的44.74%，其中5000m^{2}以上的洼地有12个。由此说明，蔡家沟村内现有及潜在水网系统较为发达，通过保护现状水系，清除河道障碍，连通、疏浚、退田还水等工程措施增加河网与现状水体的联系，方便进行径流雨水运输。

7. 雨水收集汇水区的选择

由于各汇水区面积、土地利用类型和地形等特征的不同，各汇水区降雨径流量和径流量分布有较大差异，汇水区径流收集的可行性和效益需要综合多方面因素考虑。雨水收集汇水区主要根据以下原则选择：

（1）汇水区降雨径流量。汇水区有足够的降雨径流量是雨水收集利用的基本条件。以300m^{3}作为汇水区降雨径流量的统计阈值，统计结果发现，42个汇水区中有13个汇水区降雨径流量在300m^{3}以上。

（2）径流系数较大或面积较大的用地类型占土地总面积比例。径流系数较大的用地类型产生的降雨径流集中，便于收集，由于蔡家沟村耕地面积比例较大，占村域总面积比例的73%，因此，虽然耕地径流系数相对较小，但由于汇流面积较大，此用地类型的径流量仍可能很大。本研究将村庄建筑用地、道路、耕地和水体占比之和大于80%作为阈值，统计四种土地利用类型占比之和大于80%的汇水区，有34个汇水区满足条件。

（3）径流深度。影响降雨径流量的另一个重要因素是汇水区面积，若汇水区足够大，降雨形成的径流量也会满足汇水区降雨径流量的阈值要求，因此用径流深度作为约束条件，统计径流深度大于平均径流深度7.49mm的汇水区，有13个汇水区满足这一条件。

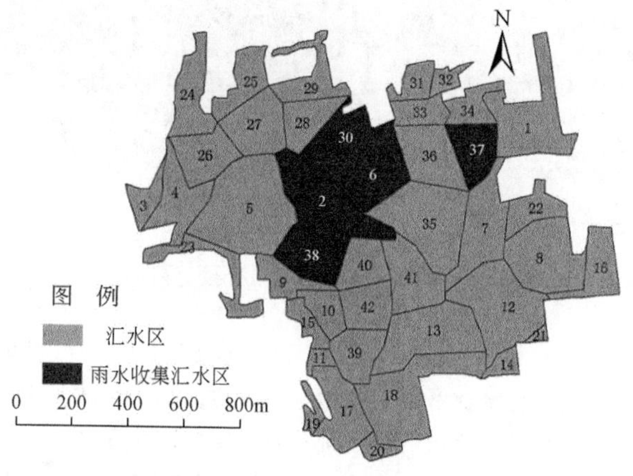

图5.31　雨水收集汇水区的选择

同时满足以上条件的汇水区具有降雨径流量大、径流便于收集的特点，统计发现，共有5个汇水区同时满足以上三个条件。结合土地利用类型，选择此5个汇水区作为雨水收集汇水区，如图5.31所示。

5.6.3　雨水资源化利用系统布局

把1m和0.3m分别作为湿塘和雨水湿地的平均设计水深，计算日降雨量取21.7mm，在进行湿塘和雨水湿地布局时，为保证雨水收集利用基础设施的安全性和节约成本，应充分利用现有土地条件，在现状洼地的基础上进行雨水收集基础设施的新建和改造。由表5.11可知各汇水区中的用地类别，尽量利用雨水收集汇水区中其现有的草地和水体、部分林地改造为雨水湿地和湿塘，部分汇水区用地类型，如设施农用地等不适合进行雨水湿地和湿塘改造，需在其基础上设计新的雨水收集设施。

雨水湿地和湿塘的选址根据以下原则：位于洼地内；与待改造池塘均匀分布在雨水收集汇水区中；靠近水体；现状土地利用类型可用于湿塘或雨水湿地的建设。改造和新建湿塘或雨水湿地选址集设施如图5.32所示。其中，待改造湿塘面积为515.32m^2，待改造雨水湿地面积为19629.17m^2，新建湿塘的面积为6892.67m^2，新建雨水湿地面积为16115.31m^2，选择1m和0.3m分别作为湿塘和雨水湿地的平均设计水深，则雨水收集设施的容量为18131.33m^3。

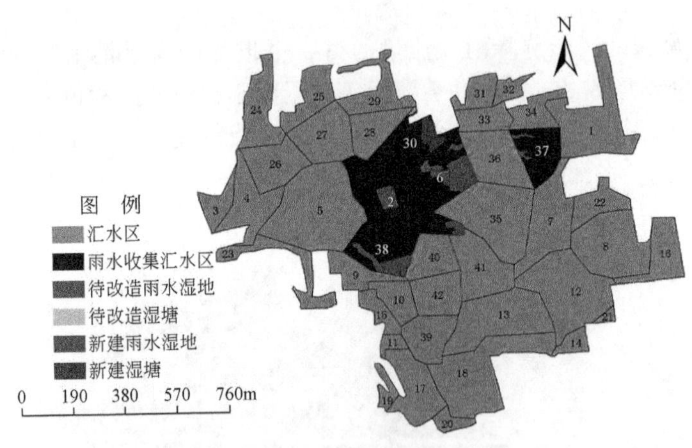

图5.32　改造和新建湿塘或雨水湿地选址

从DEM中提取符合地形条件的河网，通过较少的工程量即可将河道、沟渠疏通。选择的河段一是汇水区面积较大，二是通过适当改造现有沟渠和开挖沟渠，使雨水收集设施之间、雨水收集设施与生态斑块之间连通，同时，雨水收集设施内增设溢流装置，降雨径流量超过雨水收集利用设施容量时，通过沟渠排入周边水体，遇到降雨量较少的季节，河流、湖泊则通过沟渠向雨水收集利用设施补水。需要改造沟渠3处，总长度为1568m，新建沟渠14处，总长度为1551m，雨水收集设施、生态斑块、改造和新建沟渠共同构成了雨水收集利用系统，如图5.33所示。

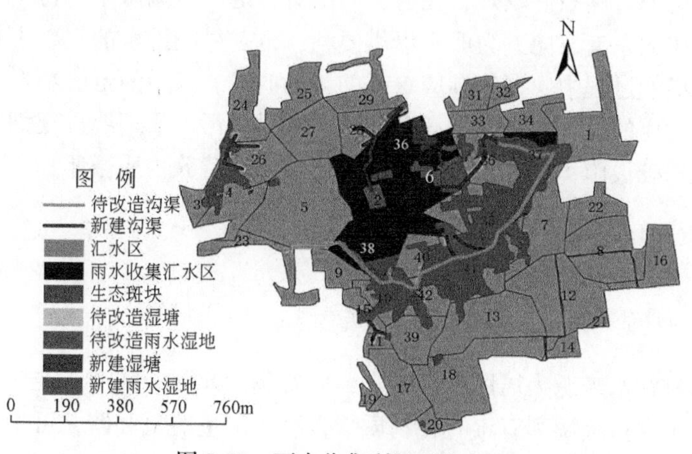

图5.33　雨水收集利用系统布局

利用ArcGIS中的水文分析模型，基于D8算法处理DEM高程图，选择合适的阈值，得到蔡家沟村42个汇水区。选择年径流总量控制率为75%时所对应的设计降雨量21.7mm，此降雨量下蔡家沟村42个汇水区的降雨径流总量为10610.83m^3，平均径流量为252.64m^3，平均径流深度为7.49 mm，降雨径流量超过300m^{3}的汇水区有13个，平均径流量为450.09m^3。根据汇水区降雨径流量较大、径流系数较大或面积较大的用地类型占土地总面积的比例和径流深度三个条件，结合土地利用现状，选择5个汇水区作为雨水收集利用的汇水区。充分利用雨水收集汇水区中其现有的草地和水体，将部分林地改造为雨水湿地和湿塘。其中，待改造湿塘的面积为515.32m^2，待改造雨水湿地的面积为19629.17m^2。遵循新建雨水收集设施位于洼地内、与待改造池塘均匀分布在雨水收集汇水区中、靠近水体，以及现状土地利用类型可用于湿塘或雨水湿地的建设的原则，选择雨水收集设施的位置。规划新建湿塘的面积为6892.67m^2，新建雨水湿地的面积为16115.31m^2。选择1m和0.3m分别作为湿塘和雨水湿地的平均设计水深，计算得到雨水收集设施的容量为18131.33m^3。连接雨水收集利用设施和雨水收集利用设施与生态斑块的沟渠，共需改造3处（总长度为1568m），新建14处（总长度为1551m）。

5.7 基于绿色基础设施理念的蔡家沟村污水治理与资源化利用

蔡家沟村的自然条件较好，在村子周围有林地、河流水系，村中河流和小型池塘位于村庄的东南方向，为取水提供便利，也是村庄排水的主要去处。村庄空间肌理在形成的过程中，多半顺应水系的流动曲线。水系的走势和形态在一定程度上影响了村庄的形态和空间特征。在蔡家沟村的污水治理统筹规划中，要尽可能采用绿色基础设施，实现污水资源的回收再用和营养物质循环。

5.7.1 蔡家沟村污水收集与处理现状

1. 污水性质

蔡家沟村污水来源为居民生活污水，主要包括冲厕、洗浴、洗衣服、厨房污水等，基本不含重金属和有毒有害物质，含有一定量的氮和磷，可生化性好，也常含有病原菌和无机盐（氯化物、硫酸盐和磷酸盐等），并且仍存在生活污水随意排放的现象，对村庄水环境影响较大。

2. 处理措施

蔡家沟村投资 40 万元，建成并投入使用处理规模为 $100m^3/d$ 的污水处理设施 1 座、检查井 4 个，采取的工艺为 MBR 技术，设计出水水质满足《城镇污水处理厂污染物排放标准》（GB 18918—2002）一级 A 标准；同时，投资 34.8 万元，已完成蔡家沟村 85 户村民厕所的改造。MBR 工艺流程见图 5.34。

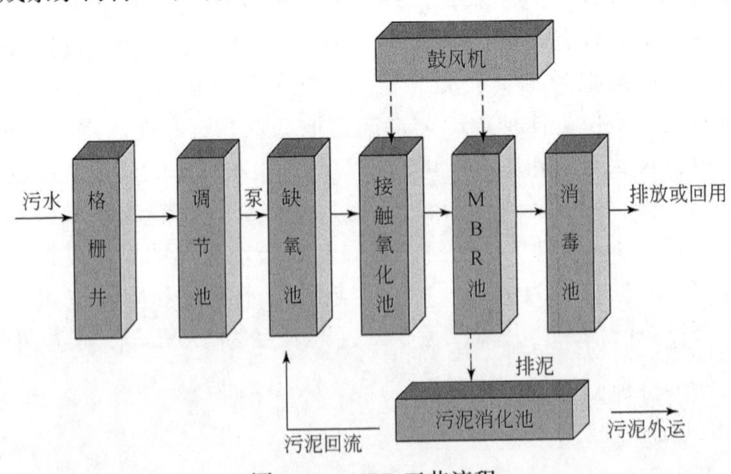

图 5.34 MBR 工艺流程

5.7.2　排水体制

排水体制是指污水（生活污水、工业废水、雨水等）的收集、输送和处置的系统方式。可分为雨污合流制和雨污分流制两种[33]。

1. 雨污合流制

合流制为污（废）水和雨水合一的系统，可分为直排式合流制、截流式合流制、全处理式合流制三种。

1）直排式合流制

直排式合流制指的是将生活污水和雨水共用一条排水管道，且不经处理直接排放至河流、湖泊等水量较大的水体。此系统造价低廉，管理方便且对地下建筑破坏程度较低，在建设资金有限的地区采用较为普遍，但此模式对于水体环境污染较为严重，在新建地区已不再使用。

2）截流式合流制

截流式合流制是在直排式合流制排水管道中进行的系统升级，通过沿收纳水体建设截留干管，并在合流干管和截流干管相交前或相交处设置溢流井。在晴天和降雨初期，截留管将全部雨污水送往污水厂；当雨量过大时，混合污水量超过了截流管的设计流量，超出部分经溢流井溢流排入附近水体，此模式可截留大部分污水和初期雨水，但仍有部分污水进入河流、湖泊等敏感性高的环境中，对水环境仍有一定程度的污染。

3）全处理式合流制[34]

全处理式合流制是指将收集的所有雨污水全部送往污水处理厂，经处理后再排入水体。一般情况下，该排放模式均会设置雨水存储系统，来应对暴雨时雨水量过大的情况，当管道中雨污水量大于管道的设计输送流量时，雨污水量将会进入存储系统，雨停后再用水泵提升至污水处理厂。此模式虽可有效提高水环境中的水体质量，但受气象条件影响较大，适用于全年降雨量平均，雨水排除困难的地区，需建设较大规模的排水管道、污水处理厂和雨水存储系统，在投资、运行和后期管理方面的费用相对较高，在国外应用较多，在国内应用较少。

2. 雨污分流制[35]

雨污分流制是指应用两个或两个以上管道系统分别完成污（废）水和雨水向污水处理厂的汇集输送，根据排除雨水方式的不同，分流制又可分为完全分流制、不完全分流制和截流式分流制三种。

1）完全分流制

完全分流制具有污水排放系统和雨水排放系统，但仅对收集的污水进行处理，而雨水则直接排放至水体，近年来对雨水径流水质的调查发现[36-38]，雨水径流，尤其是初期雨水径流对水体环境存在较大影响，因此对雨水径流也需严格控制。

2）不完全分流制

不完全分流制指的是只有污水管理系统，而没有完整的雨水排放系统。雨水通过地面漫流进入不成系统的沟渠和小河，然后汇集至较大的水体，污水则通过污水处理厂处理后排入水体。不完全分流制具有投资省的优点，适用于坡度适中、沟渠水系发达、常年少雨和气候干旱的地区。对于地势平坦、多雨的易积水地区不宜采用。

3）截流式分流制

截留式分流制是在完全分流式排水系统上进行的改造升级，是在雨水支管上设置截流井的新型排水系统。雨季，截流井可将初期雨水截留排入附近的污水管；旱季，截流井又可将误排入雨水管的少量污水截留至附近的污水管。截流式分流制系统在保护区域地表水环境方面具有重要作用。截流式分流制可以克服完全分流制的缺点，能够较好地保护水体不受污染，由于仅接纳污水和初期雨水，截流管的断面小于截流式合流制，进入截流管内的流量和水质相对稳定，可降低污水泵站和污水处理厂的运行管理费用[39]。

调研发现，蔡家沟村采取的排水体制为雨污分流制，铺设地下污水管网2784m（PPRΦ20）、487m（PPRΦ40），采用开放式明渠作为雨水收集与排放系统，雨水管网306m，共分别投资22万元和4万元，形成良好的雨污分流管网系统。

5.7.3 蔡家沟村污水处理设施

1. 蔡家沟村污水量预测

农村用水量标准较低，污水流量小且变化系数大（3.5～5.0），蔡家沟村污水量预测主要是通过测算村域需水量，并将需水量折算成排放的污水量的方法进行的。依据《农村生活用饮水量卫生标准》（GB 11730—1989），农村地区人均日用水量与供水条件、给水卫生设备类型和所处地区三个因素有关，蔡家沟村自来水入户普及率为100%。参考相关研究获知，需水量计算方法主要包括人口综合用水量指标法、生活用水量比例相关法、单位建设面积用水量指标法、万元GDP耗水量指标法及用水量递增法等，且每种预测方法均有其相应的适用范围。

根据蔡家沟村规划基础资料和《给水排水设计手册（第二版）》，确定蔡家沟村人口数为541人，规划人均综合用水量标准为100L/（人·d），综合污水量按综合生活给水量的80%计算。公式为

$$Q = q \times N \times K_Z / 1000$$

式中，Q 为蔡家沟村生活污水排放量（万 m^3/d）；q 为每人每日平均综合用水量定额［L/（人·d）］；N 为人口规模；K_Z为污水排放系数，本次规划取 0.8[40]。

计算得到蔡家沟村产生的综合生活污水量为 $43.28m^3/d$，通过调研得知蔡家沟村没有工业废水污染源，确定蔡家沟村生活污水排放量即为污水排放总量。已经建成的蔡家沟村污水处理厂设计处理规模为 $100m^3/d$，该污水处理厂处理规模设计合理。

2. 蔡家沟村污水处理模式选择

蔡家沟村生活污水的特点为排放量小、含有的污染物浓度较高、间歇排放。村中的水塘水环境容量小，污水来源主要为生活污水，参考相关研究及农村生活污水处理实践，农村地区常用处理模式包括以下几种[41]：

（1）进厂处理模式，即将村域内所有污水收集起来，经输水管道输送至污水处理厂进行集中处理；

（2）村庄联建处理设施建设，即通过相邻村分组的方式，与附近几个村建设统一的污水收集管网，将收集的污水输送至同一座污水处理厂进行集中处理；

（3）村庄自建污水处理设施模式，即以单独村为单位，将村域内全部污水收集后，送往村域内建设的污水处理设施进行集中处理；

（4）联户型污水处理模式，即在村域内设置多个污水处理设施，且每个污水处理设施服务于周边若干户居民；

（5）分户型污水处理模式，即以户为单位，为每户设置污水处理设施。

蔡家沟村距离所在镇区较远，蔡家沟至镇区道路规划正在进行中，路网不够完善。假设蔡家沟村污水管网连接至城镇污水收集管网，需进行较大范围的地下管网铺设和改造，投资成本相对较高。从集约土地资源方面考虑，蔡家沟村人口数为 541 人，村域预测污水排放量为 $43.28m^3/d$，村民居住区集中分布于村域中部，居住区内部道路比较健全，污水管网铺设沿现状道路，实施容易；推荐选择单村分散式处理方式，不进行联村集中处理。

3. 污水处理设施选址

根据《室外排水设计规范》（GB 50014—2016）的相关规定，建设污水处理厂需要全面考虑研究区域地形特点、自然条件、建设计划等要素，符合城镇总体规划和排水工程总体规划要求，并结合以下因素综合确定污水处理设施选址：处理设施位于研究区水体下游；有良好的建设地质条件，便于施工，降低工程投资；不应处于地震断层、泥石流或洪水淹没区；位于夏季最大风频的下风向；规划管网实用性强，少搬迁；集约用地，尽量多选择边角地，少占用农用地；为减少对周边环境的影响，具有一定的卫生防护距离；考虑未来的发展，污水处理厂应具有扩建的可能性；便于污水、污泥处理后的排放和再利用，具有良好的排水条件；交通、运输、水电条件良好；位于研究区地形较低处，区内污水可通过重力流排入污水处理厂。

蔡家沟村地形（等高线）如图 5. 35 所示，村域呈西高东低，北高南低，东南方向地势较为低洼，在蔡家沟村东南部地势低洼区规划污水处理设施，有利于利用重力流收集村域污水进行统一处理。处理后的污水可以就近排入村域东南部水体、林地等，作为生态补水，在补充景观水体和涵养水资源方面发挥作用。综合考虑建设成本和处理后污水的回收利用，规划在村域东南方向的地势低洼区建设集中式污水处理设施。

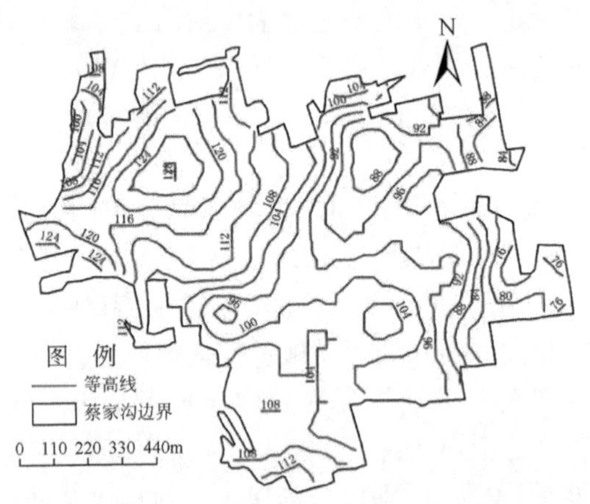

图 5. 35　蔡家沟村地形（等高线）图

污水处理设施建设还需要综合考虑卫生防护距离。影响污水处理厂臭气浓度的因素主要包括污水处理厂处理工艺和污水处理量，臭气扩散距离主要受区域风力和气候条件等因素的影响，对于水体防护距离的确定需考虑的因素过多，综合现状用地条件，推荐污水处理厂至少距离水体 150m 的经验值，以此确定水体防护范围。同时，参考关于污水处理厂臭气浓度随扩散距离的变化，扩散距离越远，污水处理厂臭气浓度越小，当扩散距离大于 100m 时，臭气对环境的影响明显减弱，距离污水处理厂 300m 时基本无影响。因此本次规划建议将 300m 作为居住区防护距离[35]。

4. 预处理设施

已经运行的蔡家沟村污水处理 MBR 工艺，没有进行预处理，污水经排水管直接进入处理单元，SS 浓度过高，工艺中的膜单元需要清洗的频率增加，影响膜的使用寿命，建议在进入膜处理单元之前增加预处理设施——化粪池。

1）化粪池的设置条件

化粪池具有结构简单、便于管理、不消耗动力和造价低的优点。根据住房和城乡建设部颁布的新规定，居住区的化粪池的设置要因地制宜，有城市污水处理系统和污水处理厂的居住区不需要在该区设置化粪池。在小城镇，没有污水处理系统或污水处理设施，应该建立化粪池预处理单元作为临时处理方式。应用比较广泛的是三格式化粪池，化粪池示意图及三格式化粪池示意图分别见图5.36和图5.37。

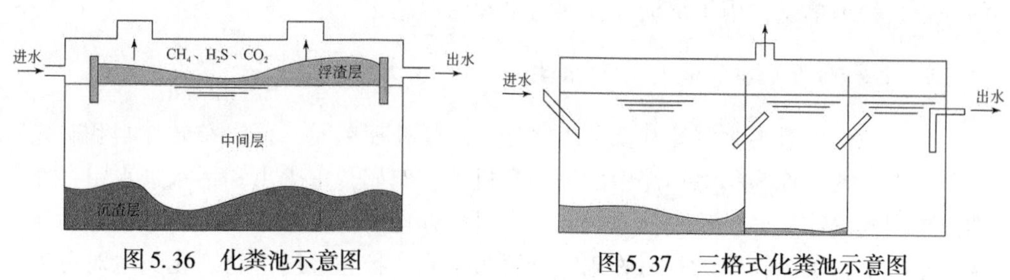

图5.36　化粪池示意图　　图5.37　三格式化粪池示意图

2）工作原理

污水在化粪池内逐渐分为三层：浮渣层、中间层和沉渣层。比重较轻的物质（油类）或夹带气泡的絮团向上悬浮，形成浮渣层，比重较大的固体则沉淀在底层。

每间隔室顶部有一个检修孔，第一间隔室开始处有一个入口，最后一间隔室结束处有一个出口。第一间隔室通常比其他隔室大，主要用于上部悬浮固体的沉降和下部悬浮固体或污泥的控制及硝化/稳定。隔室之间的隔离墙壁上安装有连接管，用于将前一隔室的废水和污泥输送到下一隔室，使废水和污泥进行进一步处理。具体工艺流程如下：

生活污水进入到第一池，池内粪便等开始发酵分解，因密度不同，池内开始分层，经过一段时间的发酵和静置处理，中层液体含病原体和大颗粒较少，随后经过连接管进入第二池，沉渣和浮渣物质则被截留在第一池内继续分解。流入第二池中的中层液体进一步发酵或发生固液分离，其中的大颗粒物质较第一池显著减少。第二池的中层液体继续进入到第三池，此时第三池内液体基本腐熟，病原体、虫卵等得到有效去除。第三池主要起储存、沉淀作用。

由于化粪池设计简单，上部污水处理区与下部污泥硝化区不分离，且污泥硝化条件差，如温度较低（一般小于20℃），污泥混合不均匀，化粪池系统运行性能一般较差，污泥硝化仅限于酸性发酵，过程中产生VFA、H_2、CO_2、H_2S，使化粪池出水呈酸性，pH为5~6，且有刺激性气味，不能直接排放到环境中，需要进一步处理。

3）化粪池的功能

化粪池系统广泛用作郊外居住区、居住区楼群或分散式污水处理的预处理（一级处理）系统，用于生活污水中悬浮物的沉淀，促进沉淀污泥的硝化。当生活污水经过化粪池系统时，固体废物在重力作用下沉淀，然后在厌氧环境中被硝化细菌硝化，促进了污水和污泥中有机底物的降解，经过水解、产酸和产甲烷等不同的阶段将有机物转化为 VFA 等中间产物和 CO_2、CH_4、H_2、H_2S 和 N_2 等最终产物。因此，化粪池系统的主要功能是可以作为生活污水及其悬浮物（污泥）的综合预处理单元，用于沉淀、存储污水和污泥硝化。

5. 化粪池的处理效能与管控措施

化粪池是生活污水沉淀和部分生物处理的预处理单元，可以有效控制和硝化沉降悬浮，或者称为移除污泥中的病原有机体，例如，寄生虫和污水进水中存在的其他固体废物，经过化粪池系统几个小时的处理后可去除50%～60%，然后在厌氧条件下将沉淀物中的有机物硝化分解为中间产物和最终产物。化粪池对可溶性有机物和胶体有机物的总去除率只有 20% 左右。池中污泥经过三个月的酸性发酵后作为肥料进行清除，清除时间取决于气候和进水温度。每年 1～2 次作为污泥完全硝化分解的设计参数，保持池中存在 20% 的成熟污泥作为新污泥硝化的种子。

6. 化粪池设计

蔡家沟村的化粪池选用三隔室化粪池。第一间隔室的容量应等于化粪池总容量的60%，第二间和第三间隔室的容量应分别等于化粪池总容量的20%。根据化粪池内固体废物的沉降条件和储存量，对化粪池进行水力条件计算，确定了化粪池的深度、宽度和长度。化粪池深度应大于 1.3m，宽度应大于 0.75m，长度应大于 1.0m。

化粪池总容积取决于服务人口、污水水力停留时间和污泥量，容积计算公式为

$$V = V_1+V_2+V_3$$

$$V_1 = N \cdot q \cdot t/24 \cdot 1000 \ (\mathrm{m}^3)$$

$$V_2 = 1.2\times[a\ N\ T(1.0-b)K]/(1.0-c) \cdot 1000 = 0.000336N \cdot T(\mathrm{m}^3)$$

$$V_3 = [(V_1+V_2)/H]\times h_{\mathrm{f.b}}$$

式中，V_1 为化粪池污水处理有效容积（m^3）；V_2 为化粪池沉积污泥有效容积（m^3）；V_1+V_2 为化粪池污水及其污泥处理总有效容积（m^3）；H 为化粪池污水

及污泥处理有效深度，一般设计为1.5～2.0m，此处取1.8m；V_3 为自由板体积（m^3）；自由板高度（$h_{f.b}$）一般设计为水面以上0.3～0.5m，此处取0.3m；N 为化粪池服务人口数；q 为每人每天排放的污水量［L/（人·d）］，本次规划取值80 L/（人·d），综合生活污水量为43.28m^3/d；t 为化粪池废水水力停留时间（h），一般为12～24h，此处取24h；T 为污泥清理周期（d），考虑建设成本和环境卫生，本次规划建议取值为180d；a 为每人每天排出的设计污泥量，0.7L/（人·d）；b 为化粪池沉淀的原污泥含水量，95%；c 为化粪池发酵后硝化污泥含水量，90%；K 为硝化后体积折减系数；本次取值0.8；1.2为清除后的成熟污泥体积系数。

经计算：$V = V_1+V_2+V_3=43.28+32.72+12.66=88.66m^3$。

设计水深为3m，自由板高度为0.3，化粪池总高度为3.3m。

取宽度为4m，化粪池长度为7m（第一隔室长为4.2m，第二隔室和第三隔室分别为1.4m）。

7. 化粪池组合工艺的选择

化粪池是预处理单元，可以与后续的处理工艺进行多种形式的组合。鉴于蔡家沟村目前采用的MBR工艺，该预处理可以作为MBR工艺的预处理工艺，对后续的工艺进行水质和水量的调抗，保障后续工艺的稳定运行。推荐蔡家沟村的处理工艺为化粪池+MBR+潜流人工湿地。后续运行过程中，考虑蔡家沟村没有专业的技术人员进行运行维护，MBR工艺如果出现问题，或者需要清洗等，化粪池的污水可以直接进入人工湿地，经人工湿地处理后进入附近的林地作为生态用水。人工湿地与化粪池组合的形式处理农村生活污水有较好的效果，可有效除去生活污水中的氮、磷物质，弥补化粪池在脱氮除磷方面的缺陷[42]。其工艺流程如图5.38所示。

8. 潜流人工湿地的设计

潜流人工湿地处理水量为50m^3/d，两组湿地并联运，每组处理能力为25m^3/d，按照第3章的研究结果，采用芦苇床-菖蒲床串联运行的人工湿地，每个处理单元的水力停留时间为6h，潜流人工湿地布水立面图与湿地基质填充立面图如图5.39所示。

9. 污泥处置

污水处理厂中的污泥处置大致可分为土地利用、填埋、建筑材料和焚烧等几种方式。土地利用又可分为农田、园林绿化及土壤改良剂等。污水厂污泥中含有丰富的有机物和氮、磷、钾等营养云素，以及各种微量元素，污泥回用于土地农

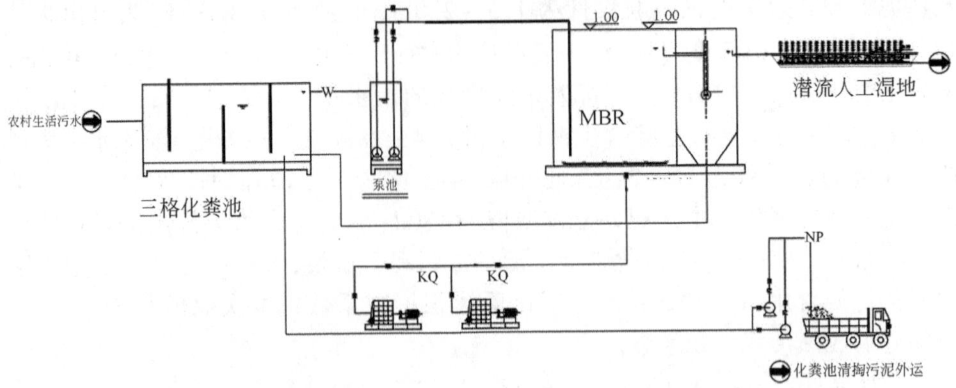

图 5.38 化粪池+MBR+人工湿地（化粪池+人工湿地）的工艺流程

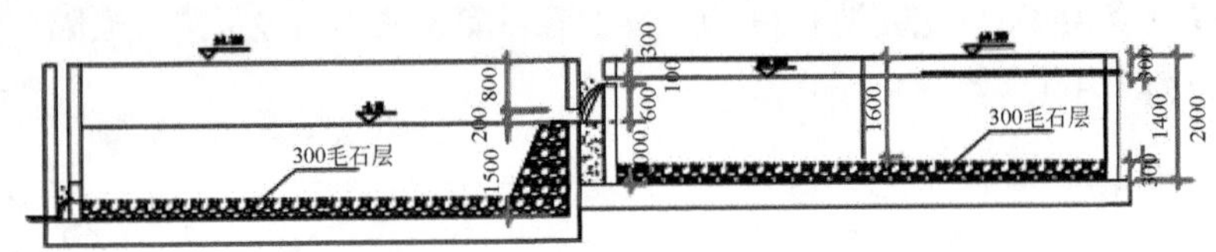

湿地布水立面图 1∶100

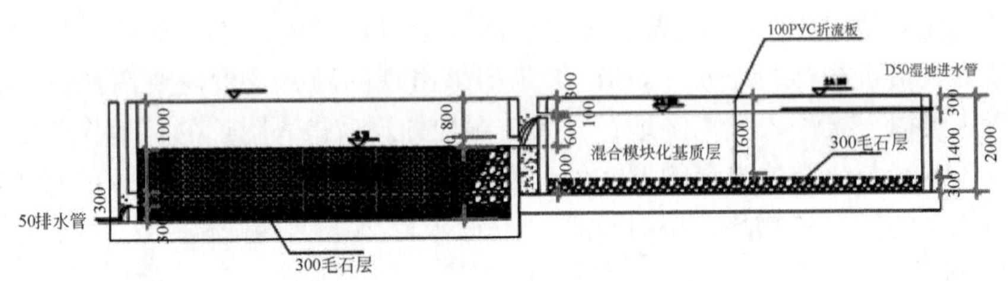

湿地基质填充立面 1∶100

图 5.39 潜流人工湿地布水立面图与湿地基质填充立面图

作物是一条重要的资源化途径。蔡家沟村污水来源主要为生活污水，不存在污泥中重金属含量超标的问题。但由于蔡家沟村污水处理设施规模较小，不适宜单独进行污泥的处置，因此建议定期将脱水后的污泥运送至集中堆肥厂或其他污水处理厂进行统一处理。污泥填埋处置具有使用范围广、处置设备简单、运行管理方便等特点，是当前污水处理厂污泥的主要处置方式。产生的污泥经脱水后与石灰混合，送至垃圾填埋场进行填埋。

污泥焚烧处置。污泥中含有大量有机物，且干态污泥与褐煤在物理性质、工业分析和元素分析等角度存在极大的相似特征，其灰分与煤相近，固定碳含量较低，可充当燃料使用，焚烧后的污泥被充分无机化和稳定化，其体积大大减小，运送至垃圾填埋场也可大大减轻其压力[43]。根据相关工程经验，污泥燃烧释放的 SO_2 大约比煤高 4 倍[44]，需配备较为完善的焚烧设施，否则会对环境造成二次污染，不仅投资成本高，而且运行费用高，如果在附近有规划的发电厂，可将蔡家沟村污水处理设施的剩余污泥送至发电厂等煤用量较大且环保设施配套完善的单位与煤混合焚烧。

参照《城镇污水处理厂污泥处理处置及污染防治技术政策（试行）》的要求，农村地区小型污水处理设施污泥处理处置应参考国内外的经验与教训，提倡“安全环保、循环利用、节能降耗、因地制宜、稳妥可靠”的原则。人工湿地中污泥经过多年稳定，体积可减少 90% 以上[45,46]。生活污水预处理产生的污泥中含有丰富的有机物和氮磷钾等营养元素，以及植物生长所必需的各种微量元素，如钙、镁、铜、铁等，可以促进湿地植物的生长，湿地植物在生长过程中又促发污泥的稳定和无害化。经稳定和无害化的污泥，作为肥料使用能够改良土壤结构、增加土壤肥力、促进植物的生长，解决当今滥施无机化肥造成的土壤肥力下降的问题[47,48]。投加蚯蚓于处理污泥的人工湿地中，在 0.65kg/m^2 的蚯蚓投加密度下，蚯蚓人工湿地的稳定化效果最好[49]。因此，本规划建议利用“人工生态湿地+蚯蚓处理技术”。人工生态湿地技术不仅可对污水进行深度处理保证出水水质达标，对于污泥脱水也有很好的效果，但考虑到人工生态湿地处理系统脱水运行周期较长，且污泥脱水过程中易发生堵塞问题，因此提出在其基础上增加蚯蚓处理技术，此方法可有效降解污泥中的固体废物，且蚯蚓粪便也可作为有机肥料应用于农业。

5.8　蔡家沟村生活垃圾收运规划

农村垃圾产生量呈逐年递增的趋势，垃圾种类繁多、分布面广。据统计，2018 年我国农村垃圾产生量为 50.89 亿吨，农村垃圾处理率仅为 67.16%，16.71 亿吨的农村垃圾未经处理[50]。自十六届五中全会提出“建设美丽新乡村”战略目标以来，各地积极推进新农村建设，村容村貌有了很大变化，垃圾遍村问题有了根本好转，但由于垃圾处理及管理机制不完善、垃圾清运无组织，农村日常生活垃圾仅从村中向村头和村外转移，“垃圾围村”现象已成为农村环境“脏、乱、差”的新特征。同时，农村存在人口基数小、居民点相对分散和交通条件有限的特点，使得农村生活垃圾收集难度较大，农村地区关于垃圾清运管理的研究是当下的一个研究热点。

5.8.1　蔡家沟村垃圾收运设施现状

蔡家沟村生活垃圾主要包括可降解垃圾（厨余垃圾）、可回收垃圾（废纸、废弃金属、废弃电池、废弃塑料、玻璃）、其他垃圾三大类，其中以可回收垃圾居多。我国农村生活垃圾处置方式主要有简易填埋、卫生填埋、露天焚烧、堆肥厂堆肥等。其中，垃圾填埋场、焚烧厂和堆肥厂处理为规范处理，其他方式为不规范处理。蔡家沟村垃圾收集服务措施主要是垃圾桶收集，但收集设施数量较少，仅在村庄主路上有零散分布，存在部分村庄居住区用户距离垃圾桶较远，同时垃圾桶之间服务范围存在较大重合等不合理布局现象。一方面，对现有垃圾桶资源造成极大浪费，另一方面，垃圾收集设施数量存在较大缺陷，因此需要对蔡家沟村垃圾桶布局进行合理规划，建立更加便利的垃圾收运体系。

5.8.2　蔡家沟村垃圾桶系统布局

1. 垃圾桶布局原则

（1）垃圾投放方便；

（2）交通便捷，便于清运；

（3）保证垃圾桶服务范围。

2. 垃圾桶布局分析

1）道路信息处理

根据蔡家沟村现有条件，垃圾桶布设在村庄集中居住点的道路两侧，以便垃圾清运。对蔡家沟村内道路进行缓冲区处理，缓冲带可作为垃圾桶布设预备区，由于蔡家沟村道路宽度有限，现状道路宽为 2 ~ 3m，以 2m 作为道路缓冲距离。道路缓冲区如图 5.40 所示。

2）居住点信息处理

蔡家沟生活垃圾收集与处理旨在为居民生活提供方便，垃圾桶布设在居住区附近，不能将整个道路网作为适宜选址区，利用居住区裁剪道路缓冲区，得到居住区路网，如图 5.41 所示。

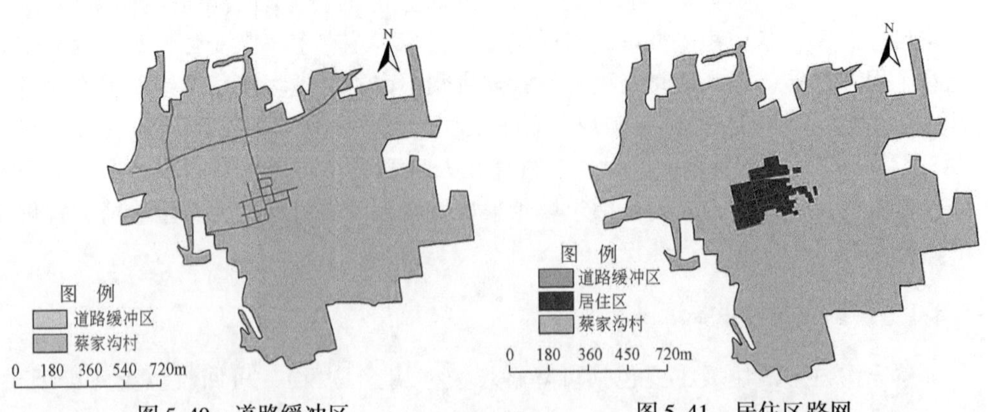

图 5.40　道路缓冲区　　　图 5.41　居住区路网

3）垃圾桶拟布设区域分析

综合考虑垃圾投放、清运及保证垃圾桶服务范围等因素，本次规划选取居住区内道路交通相对便利的区域，即道路交口和居住区分布较密集区作为垃圾桶布设的候选区。垃圾桶拟布局方案如图5.42所示。

3. 蔡家沟村垃圾桶系统布局方案

除了考虑垃圾投放，清运及覆盖情况，还应考虑实现垃圾桶布设效益最大化，避免出现垃圾桶布设数量过多或过少的问题，需对上述垃圾桶拟布局方案进行优化处理。以上述各垃圾桶拟选点服务半径70m作为其缓冲半径，进行缓冲区分析，去除垃圾桶服务范围重合较大的垃圾桶位置点，并在其服务范围覆盖不到、居住区密集且道路交通方便的区域增设新的垃圾桶布置点，最终确定蔡家沟村垃圾桶布设位置5处，具体布设方案如图5.43所示。

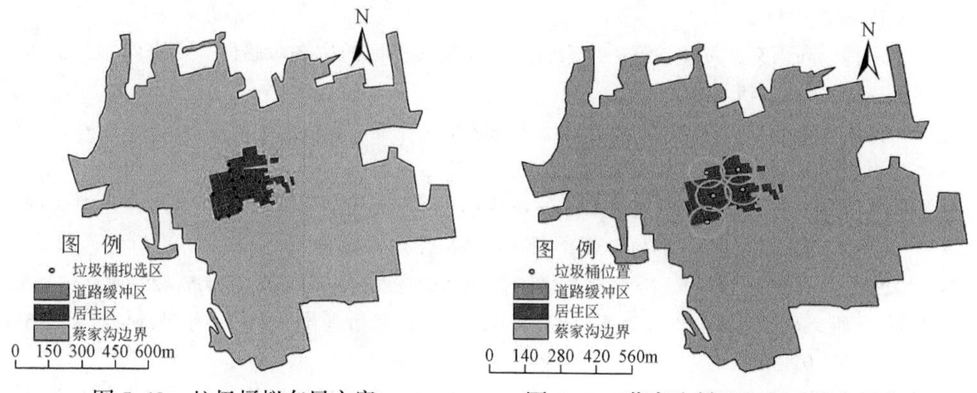

图5.42　垃圾桶拟布局方案　　图5.43　蔡家沟村垃圾桶系统布局方案

蔡家沟村当前生活垃圾主要包括可降解垃圾、可回收垃圾和其他垃圾三大类。综合考虑垃圾投放、清运和保证垃圾桶服务范围等因素，得到蔡家沟村垃圾桶拟布设方案。通过考虑实现垃圾桶布设效益最大化，在拟布局方案基础上对各垃圾桶拟选点进行缓冲区分析，去除拟布局方案中垃圾桶服务范围重合较大的位置点并在垃圾桶服务范围覆盖不到、居住区密集及道路交通方便的区域增设新的垃圾桶位置点，最终确定蔡家沟村垃圾桶最优布置方案。这一优化布置方案的实施，将减少生活垃圾对生态环境的影响。

参考文献

[1] 诸城市史志办．诸城市志．2017年．

[2] 潍坊市史志办．潍坊市志．2014年．

[3] 山东诸城市蔡家沟：艺术点亮“三无”贫困村 www. msweekly. com 2019-12-17 20：30.
[4] 祝玲，林爱文，陈飞燕．基于生态敏感性和生态系统服务价值的生态安全格局构建与优化．国土与自然资源研究，2019，(3)：58-63.
[5] 欧阳志云，王效科，苗鸿．中国生态环境敏感性及其区域差异规律研究．生态学报，2000，20（1）：9-12.
[6] 尤南山，蒙吉军．基于生态敏感性和生态系统服务的黑河中游生态功能区划与生态系统管理．中国沙漠，2017，37（1）：186-197.
[7] 陈志芬．面向贵州省南部新城规划的生态敏感性评价．生态科学，2017，36（2）：113-118.
[8] 钟林生，唐承财，郭华．基于生态敏感性分析的金银滩草原景区旅游功能区划．应用生态学报，2010，21（7）：1813-1819.
[9] 杜婕，韩佩杰．基于 ArcGIS 区域统计的陇南市生态敏感性评价．测绘与空间地理信息，2018，47（7）：99-103.
[10] 颜磊，许学工，谢正磊．北京生态敏感性综合评价．生态学报，2009，29（6）：3117-3125.
[11] 李东梅，高正文，付晓，等．云南省生态功能类型区的生态敏感性．生态学报，2010，30（1）：138-145.
[12] 朱光明，王士君，贾建生，等．基于生态敏感性评价的城市土地利用模式研究—以长春净月经济开发区为例．人文地理，2011，(5)：71-75.
[13] 王浩程，王琳，卫宝立．基于 GIS 的特色小镇生态敏感性研究——以山东营丘镇为例．中国海洋大学学报（自然科学版），2019，49（8）：100-107.
[14] 朱强，俞孔坚，李迪华．景观规划中的生态廊道宽度．生态学报，2005，25：9.
[15] 陈卓雅，郭泺，薛达元．基于 GIS 的新县生态敏感性分析．生态科学，2015，34（1）：97-102.
[16] 王丹，郭泺．基于 GIS 的海南省乐东黎族自治县生态敏感性评价．西南林业大学学报，2013，33（6）：66-71.
[17] 王大鹏，王满堂，陈伟．台儿庄生态敏感性 GIS 评价．测绘科学，2012，37（1）：64-66.
[18] 曹建军，刘永娟．GIS 支持下上海城市生态敏感性分析．应用生态学报，2010，21（7）：1805-1812.
[19] 郭西南，杨庆媛，杨丽娜，等．基于土地生态敏感性评价的丰都县土地可持续利用研究．教师教育学报，2013，11（6）：1-6.
[20] http：//www. gscloud. cn.
[21] 中华人民共和国国土资源部．GB/T 21010—2007，土地利用现状分类标准．2007.
[22] 彭建，王仰麟，张源，等．土地利用分类对景观格局指数的影响．地理学报，2006，61（2）：157-168.
[23] 何鹏，张会儒．常用景观指数的因子分析和筛选方法研究．林业科学研究，2009，22（4）：470-474.

[24] 郑建蕊，蒋卫国，周廷刚，等．洞庭湖区湿地景观指数选取与格局分析．长江流域资源与环境，2010，19（3）：305-310.
[25] 胡淑萍，孙庆艳，余新晓．京郊小流域森林景观格局变化分析．水土保持通报，2009，29（5）：180-184.
[26] 孙贤斌，刘红玉．基于生态功能评价的湿地系统景观格局优化及其效应——以江苏盐城海滨湿地为例．生态学报，2010，30（5）：1157-1166.
[27] 刘杰，叶晶，杨婉，等．基于GIS的滇池流域景观格局优化．自然资源学报，2012，27（5）：801-808.
[28] 韦志飞，罗改改，陆禹，等．基于生态视角的万宁市景观格局优化研究．现代园艺报，2018，（5）：108-111.
[29] 谢高地，肖玉，甄霖，等．我国粮食生产的生态服务价值研究．中国生态农业学报，2005，（3）：10-13.
[30] 中华人民共和国住房城乡建设部．低影响开发雨水系统构建海绵城市建设技术指南．2014，10.
[31] 张相忠，王晋，王琳．海绵城市的规划建设探索—以青岛市西海岸新区核心区为例．城市发展研究，2017，24（6）：161-164.
[32] 张力．城市合流制排水系统调蓄设施计算方法研究．城市道桥与防洪，2010，（2）：130-133.
[33] 方土．浙江省三门县域污水治理统筹规划研究．西安：西安建筑科技大学，2015.
[34] 王淑梅，王宝贞，曹向东，等．对我国城市排水体制的探讨．中国给水排水，2007，23（12）：16-21.
[35] 孙慧修，郝以琼，龙腾锐．排水工程．4版．北京：中国建筑工业出版社，2012.
[36] 汪慧贞，李宪法．北京城区雨水径流的污染及控制．城市环境与城市生态，2002，15（2）：16-18.
[37] 王业雷，董瑞斌，肖维林，等．南昌市区初期雨水污染研究与防治对策．江西科学，2008，26（1）：151-154，164.
[38] 王和意，刘敏，刘巧梅，等．城市降雨径流非点源污染分析与研究进展．城市环境与城市生态，2003，16（6）：283-285.
[39] 徐承华．截流式分流制排水系统．中国给水排水，1999，15（9）：44-45.
[40] 石利军，张伟玉，班立桐．天津市农村生活污水产生数量估算和分析．天津农业科学，2010，（5）：88-90.
[41] 金丽，李佳宁，杨梦林，等．山东农村生活排水现状分析及污染治理技术探讨．地下水，2018，40（2）：44-47.
[42] 徐德星，海热提，丁文明．人工湿地对化粪池出水净化效果的对比研究．环境科学与技术，2009，32（8）：164-168.
[43] 董娜．农村生活污水微型湿地处理工艺及景观水体生态构建技术研究．北京：北京市环境保护科学研究院，2008.

[44] Samaras Z，Koltsakis G. Filtering device for diesel engine exhaust gas：US 20080209872 A1．2011.

[45] Cofie O O，Agbottah S，Straussc M，et al. Solid-liquid separation of faecal sludge using drying beds in Ghana. Water Science and Technology，2006，40（1）：75-82.

[46] Kim B J，Smith E D. Evaluation of sludge dewatering reed beds：a niche for small systems. Water Science and Technology，1997，35（6）：21-28.

[47] Uggetti E，Ferrer I，Llorens E，et al. Sludge treatment wetlands：a review on the state of the art. Bioresource Technology，2010，101（9）：2905-2912.

[48] Nielsen S，Bruun E W. Sludge quality after 10-20 years of treatment in reed bed systems. Environmental Science and Pollution Research，2014，22（17）：12885-12891.

[49] 董梦珂，李怀正，徐一啸．不同工况蚯蚓人工湿地表层污泥处理效果．环境科学，2017，38（3）：1160-1165.

[50] 中国环境. 2018 年农业垃圾行业市场现状与发展前景分析（2019-01-28）. www. 360kvai. com/pc/915/Dd3a918ab89？cota.

第6章　村镇水生态规划策略

2018年7月，生态环境部、农业农村部联合印发《农业农村污染治理攻坚战行动计划》。行动计划提出：到2020年，实现“一保两治三减四提升”。“一保”，即保护农村饮用水水源，农村饮水安全更有保障；“两治”，即治理农村生活垃圾和污水，实现村庄环境干净整洁有序；村镇水生态环境的突出问题是村镇污水治理相对滞后，大量村镇生活污水未经处理直接排放，导致农村的环境、水体、土壤污染日益严重。大多数农村地区是大片的农业区域，经济状况和技术能力相对薄弱，污水处理量小面广，农村污水处理排放标准不应完全参照城镇污水处理厂排放标准，应适当减少排放指标、降低排放限值要求，并根据受纳水体和处理设施规模分类制定。

国家提出了攻坚行动，任务艰巨，要求尽快完成，但又缺乏策略，就导致了在村镇规划设计中沿用城市规划设计的技术方法。例如，污水集中收集，在镇上集中处理；垃圾在村里收集，镇里转运，县里处理；污水采取这样的模式是否符合中国村镇，尤其是北方地区缺水严重、村分散、村庄规模小的实际情况？如何给出符合村镇特点的规划策略和导则？指导设计师在进行村镇规划时，能够落实国家的公共政策，解决好水环境问题，还是能面向村镇特点，具有落地性和可持续性？

日本的新农村建设，在日本农业界称为第二次新农村建设[1]。在造村运动过程中所关注的水环境内容包括：水环境治理、亲水空间和生态池建设，污水处理后就近排放，有利于当地水土保持。

在美国每5个家庭中就有一户采用独立的或者分散的小型联户污水处理系统，每天处理污水379万m^3，美国环保署通过大量的案例证明，分散污水处理技术是经济实用的技术，也是长期有效的技术，尤其在人口分散的地区，通过有效的管理，大量的分散污水处理基础设施保护了水源、湖泊和海洋环境[2]。

在选择农村污水处理技术时，应以成本低，管理、操作简单，维护方便为主要原则。在人口稀疏地区分散式污水处理系统比较适宜，人口稠密地区更适合采用相对集中式污水处理系统。对于大多数村镇地区，面向水资源的可持续利用，选择能够实现水的回收再用的技术路线，即是解决村镇污染的经济适用的技术措施，也是面向未来、实现资源循环的必然选择。

6.1 污水分散处理

现代文明不断塑造着城市，大集中的市政污水处理的模式已经有200年的历史。20世纪是利用大型工程设施解决水管理的世纪[3]。在此期间世界范围设计建造运河网，水坝和水库，从1950年开始，大型水坝的数量已经从5000座增长到45000座，85%是在1965～2000年建设的[4]。传统集中的给水管理策略，被普遍认为是最可靠、管理方便、人均费用低的[5]。位于城市周边小镇，或者远郊，没有污水系统，仅仅利用就地处理的设施进行污水处置，被认为是临时的措施。随着城市的扩张，这些地区也应该纳入集中的污水收集与处理系统。大集中的供水系统与大集中的排水系统，经常是在一个汇水区取水，增加营养物质的污水在另一个汇水区排出，被Mouritz形象地描述为“大管子进，大管子出”策略[6,7]。大口径的管网是现代城市水管理的标配。

这个时期比较有代表性事件是全世界最大的污水处理厂的出现。始建于1930年的芝加哥Stickney污水处理厂是世界上最大的污水处理厂，位于美国芝加哥西南部，是一座具有90年历史的污水处理厂，进水泵站及一级处理能力超过500万m^3/d，二级处理能力平均为455万m^3/d，最大为545万m^3/d。除负担本厂所产生的污泥外，还负担着由北方污水处理厂及另外两座深度处理厂输送来的污泥，采用传统活性污泥工艺，其工艺流程图如图6.1所示。Stickney污水处理厂目前面临的问题是升级改造，升级改造需要实现磷的去除。当局计划采用生物除磷，在现有的曝气池上增设厌氧区，并不打算投加填料。主要是由于：①芝加哥地区的人口不再增长；②污水处理行业向着资源回收、能源回收的方向发展。

图6.1 美国芝加哥Stickney污水处理厂平面图

用了长时间的大集中处理模式，修建大型管网、集中给出厂和污水处理厂的水管理的解决方案，意味着城市地下到处布满了管子。典型的澳大利亚的城市，85%的投资用于城市管网的建设，15%~20%用于给水或者污水的处理[8]。20世纪前半叶建成的污水处理与收集系统，现在面临着技术升级和系统维护。例如，芝加哥污水处理厂，其面临的升级改造是一笔巨大的开支，每年大约需要数十亿美元；不断提升其供水服务能力也要列入计划[6]。面对气候变化、极端气候、供水短缺等，城市迫切需要符合可持续发展思想的解决方案替代集中的城市水管理方案，降低用于长距离输水的管网和用于维护运行的费用。20世纪末是一个转折点，长距离输水和集中的水管理是错误的，这已经成为普遍的共识。许多学者，如Winneberger[9]、Niemczynowicz[10]、Chu和Simpson[11]、Anderson[12]和Davis[13]都提出要重新审视用于公共卫生管理的水系统的管理。集中的管理系统导致受纳水体的污染，引起水资源短缺；自从有了排水系统，营养物质如氮和磷不能有效地回用，已经失去了营养价值。自然植物营养循环被打破，人类产生的越来越多的营养物质无法回到农业系统[14]。

世界卫生组织和联合国供水与卫生合作委员会估计发展中国家25%的居民没有足够的卫生设施[15]，而农村地区没有公共卫生服务的人口数高达农村总人口数的82%。由于没有足够的卫生设施，每年死于腹泻的人数大约为210万[16]。大型的污水处理厂管网和处理厂基建投资巨大，运行维护费用高，收集系统的运行维护费用达到总投资的60%[17]，边远郊区和农村无力支持这样庞大的财政负担，致使这些地区的公共卫生服务能力落后[18]。解决这个困局的有效措施就是分散的污水处理系统，经济有效，管网和运维费用低[19]。

美国环保署认为，在小城镇和农村地区，分散污水处理比集中的污水处理在费用效益上更具优势，是一种可持续的措施，可以确保水与营养物质回用，管理过程更具弹性，可以与现场的多种过程结合，确保处理后的出水达标[20]。美国环保署指出分散就地处理设施可以减少农村地区的费用，尤其是污水收集费用[21]。大型的、集中的污水处理设施一旦出现事故，造成的影响是灾难性的，而小型的、分散的设施出现事故，造成的影响是局部的[22]。

6.1.1　污水分散处理

污水分散处理的概念是相对于污水的传统的集中收集处理的概念而言的，污水的分散处理通常包括就地分散处理和多户串联处理系统。在美国，集中的污水处理系统是市政公用收集处理整个城市或者大型区域的污水，包括大型的管网、检查井、泵站和处理厂等设施[23]。分散的处理系统则为每家每户或者几户串联，比较简单，包括三个主要单元，收集单元、处理单元、排放或者回用单元[24]。

污水分散处理，规模小，灵活性高，可以紧密结合场地的特点，选择符合场地需求的工艺技术，处理后的出水比较容易回收利用，从生态角度更容易实现物质循环和水循环。污水分散处理与传统污水集中处理的概念对比如图 6.2 所示。

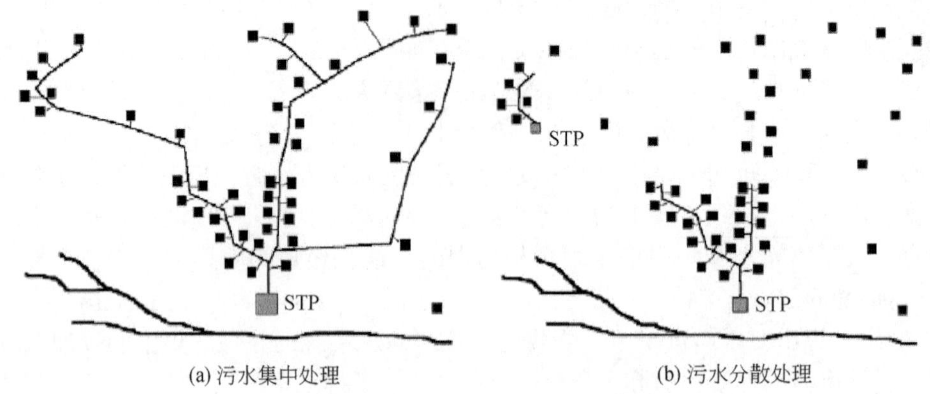

(a) 污水集中处理　　(b) 污水分散处理

图 6.2　污水集中处理与污水分散处理的概念对比

STP：sewerage treatment plant（淡水处理厂）

1. 美国的村镇污水管理系统

美国国会曾要求到 1983 年 1 月，法律规定的水体可以垂钓和游泳，为了实现该目标，国会当时规定了排水标准，提供规划和公共污水处理设施的建设费用。在美国有 20%~25% 的家庭采用土壤化粪池系统进行污水处理[20]，也就是说，每天有 1514 万 m^3 的污水经过分散处理系统。美国环保署认为，维护得当的分散污水处理系统，对于低敏度人口地区是保障公共卫生和水质、经济效益高、长期可行的措施。在美国，提倡分散市政设施，减少水与污水的传输距离，减少管网尺寸和造价[25]。为了便于应用还对分散污水设施进行了分类[26,27]。

第一类是当地下可渗滤的土壤层的厚度大于 0.6m 时，可以采用的场地过滤系统，主要包括化粪池、土壤和地下污水渗滤系统，如图 6.3 所示。该系统的出水主要受地下土壤的扩散与过滤能力的影响。

第二类是在地下水位较高，地下可渗滤的土壤层小于 0.6m，或土壤渗透性较差的区域，推荐采用的土丘过滤系统。土丘由若干床层组成（最下面为砂石层），长约为 12m，宽约为 9m，深约为 0.6m。砂石层上是厚约为 0.4m 的碎石层，宽约为 3m，其上铺设 3 条穿孔管。穿孔管上覆盖了 0.1m 厚的石块。再上是一层稻草或土工膜。最后，整个土丘上再覆盖一层 0.15m 厚的表土，并播种草籽。土丘过滤系统的使用寿命约为 20 ~ 30 年。由于要用到大量清洗过的砂、石等，它的造价较高。土丘过滤系统需要由专业技术人员设计，如图 6.4 所示[28]。

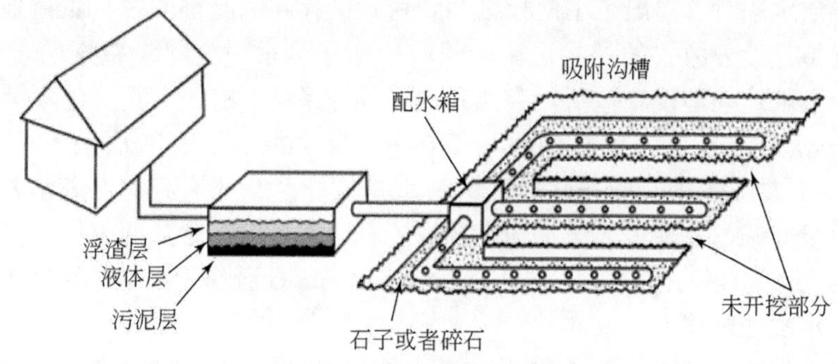

图6.3　化粪池+场地过滤系统

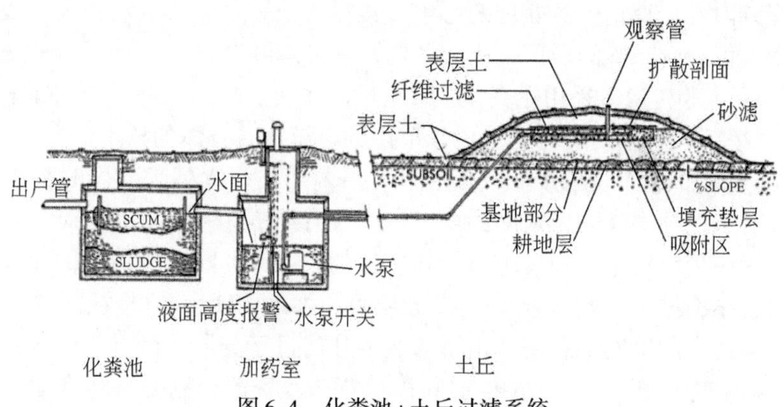

图6.4　化粪池+土丘过滤系统

化粪池+土丘过滤系统中，配置了砂滤层，主要是增加处理能力，去除悬浮固体、有机物和氨氮。砂层下面的土壤层主要去除细菌和病毒。

第三类是在土壤层更浅，为0.3～0.6m，不适合采用场地过滤或者土丘过滤的方式时推荐采用的砂滤生物反应器[29]，如图6.5所示。

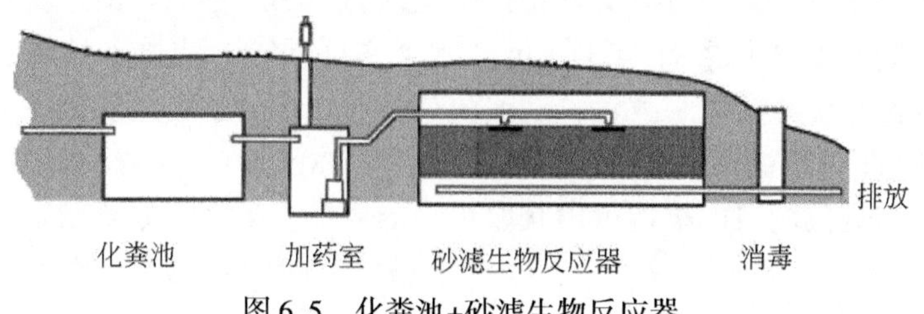

图6.5　化粪池+砂滤生物反应器

威斯康星州政府提供75%的建设费用，不包括污水收集费用。审计总长于1980年的报告中指出该州对水污染控制的要求对于小型社区的负担过重。1987

年修订清洁水法时，提出了小型社区和农村地区存在的经济问题。农村地区应给予资金支持建设分散式的处理设施。州政府对于分散设施建设费用给予 85% 的支持。分散就地处理设施包括化粪池和地下处理系统、有压和真空排水管。

Menlo 是位于威斯康星州 Guthrie 县的小型农村社区，拥有居民 406 人，157 户（1980 年人口统计），Menlo 社区的污水排入社区北部河流的支流，爱荷华州的环境质量部调查发现该区居民和商业设施合法将生活污水从两个排放口排入北部河流的支流。Guthrie 县卫生委员会决定将 Menlo 社区作为独立的污水管区，采用分散的污水处理技术。

俄亥俄州颁布了法律和条例规范污水处理系统，1977 的行政法就对居民户拥有的污水处置系统的设计、建设、安装、选址和维护运行进行了规定。2007 修订了部分内容，禁止未经处理的污水直接排入地表水、地下水和人工或自然水体。在俄亥俄州，25% 的居民采用分散的污水处理装置，2009 年估计有 100 万个系统在运行，其中 72% 采用化粪池+场地过滤系统，10% 采用化粪池+土丘过滤系统，6% 采用砂滤生物反应器，12% 采用的系统没有具体的技术信息[30]。

1976 年，加利福尼亚州水污染控制法强调加强污水处理，同时提出集中的污水处理对于持续增长的低密度的乡村地区没有经济性和公平性。对于小型社区和郊区，采用传统污水处理设施是不切实际的，巨大的财政负担，即便提出了拟建计划也会不断推迟，州政府给予批准项目 50% 的费用，但是社区或者郊区仍然缺少收集污水的管网的费用，由于郊区的住房过于分散，没有集中的污水处理设施也难以有力处罚[31]。1976 年加利福尼亚州水资源控制委员会责成该委员会的职员开展促进投资适用于农村地区的污水处理技术的研究。农村等小型社区经济基础和管理资源薄弱，应提出投入低、维护运行费用低、操作简便、可选择性强的技术。1978 年 3 月该委员会提出了革新系统行动计划[32]，成立了专门工作组，专门工作组将起草的行动计划分发给所有的政府部门和相关的机构征求意见，几乎所有的反馈意见都同意以节约投资、能源、材料，减少环境和社会问题为目的的革新方案。行动方案能够获得广泛共识源于经济、政治、社会和环境因素之间复杂的相互作用。行动计划包括六个主要部分，测试和认证、研究、示范、形成规范，公共信息与教育，制定政策。前三部分主要是形成各类分散处理技术的有效数据，第四部分和第五部分是提供技术支持，保证感兴趣的居民、工程技术人员和规范制定的机构可以获取可用的数据。第六部分是制定政策保障系统的有效运行。

1977 年 9 月，该委员会提出编辑农村污水管理导则手册，导则依据技术可行性，工程需要，经济、机构和环境容量，提供州域范围的设计标准，用于指导设计、建造和运行管理。1978 年 4 月，农村污水管理导则手册草稿发给 26 个独立代表、州和地区委员会征求意见，指南中给出了三类现场污水处理工艺：传统型、革新型和实验型。传统型在场地条件允许的情况下，在加尼福利亚洲已经广泛使用的技术，化粪池+土壤吸附工艺；革新型历史上在加州也有应用，接受程度和使用程度不断增加，渗坑+储存池+曝气单元；实验技术在其他州已经在用，在加州应用还是有限的，如土丘过滤系统、干化床、砂滤和循环、杂用水和冲厕废水分开等。

在美国，就地处理技术服务2600万个家庭的污水处理，尽管就地处理设施如果维护不得当，污水中的硝酸盐、细菌污染、营养物进入地表水等会影响地下水质或地表水质，但是公共卫生与环境保护的官员认为就地处理不是临时设施，也不会被集中的污水服务系统取代，如果规划、设计、安装和管理得当，就地处理设施灵活、费用低、寿命长，是永久性的处理污水的方法[33]。

2. 日本乡村污水管理

日本从20世纪五六十年代开始关注国内水体污染问题，并加大了污水处理技术的研发和应用力度，从1977年开始实行农村污水处理计划。污水处理设施主要有公共下水道、农业村落排水设施和净化槽。人口密集区域适用《下水道法》，公共下水道用于收集处理城市规划区污水，管网统一收集，送至污水处理厂集中处理；农村村落区域适用《净化槽法》，使用单独式净化槽或合并式净化槽，由农户自行运行；对住户更加稀疏的农村周边地区，采用农村村落排水设施进行处理。截至2016年末，日本全国污水处理设施普及人口为1亿1531万人，占全国总人口的90.4%。其中，净化槽普及人口1175万人，占全部污水处理设施普及人口的10.2%。自2009~2016年，下水道和净化槽普及人口呈增加趋势，其中，下水道普及人口增加了969万人，净化槽普及人口增加了117万人。日本有437万台单独的净化槽设施，这部分住户的杂排水没有接入净化槽，未经处理直接排放到水体。

日本净化槽分为三种类型：单独处理净化槽，图6.6所示为小型净化槽，主要用于处理一家一户的生活污水，也是目前日本安装最多的净化槽。此外还有合并处理净化槽和高度处理净化槽 。自2001年4月起，由于单独处理净化槽使用的局限性，其已被日本政府命令禁止安装，逐渐被合并处理净化槽和高度处理净化槽代替。

合并处理净化槽的出水可达到：BOD≤20mg/L，SS≤15mg/L，大肠杆菌数≤3000个/mL。高度处理净化槽增加了脱氮除磷工艺。为了保证净化槽出水能顺利达标，日本还颁布了一系列相关的技术标准，如净化槽的工艺选择、维护检修技术标准、清扫技术标准及净化槽施工技术标准等。

大中型净化槽用于处理楼房和学校、医院、超市等排放的污水，大型净化槽一般会采用现场施工的安装方式，中型净化槽会因工厂生产和现场施工不同而选

图 6.6　单独运行的小型净化槽

择不同的壳体材料，如图 6.7 所示。净化槽具有安装投资小、时间短，不受地形影响的优点，净化槽内的水和污泥也比较容易处理。

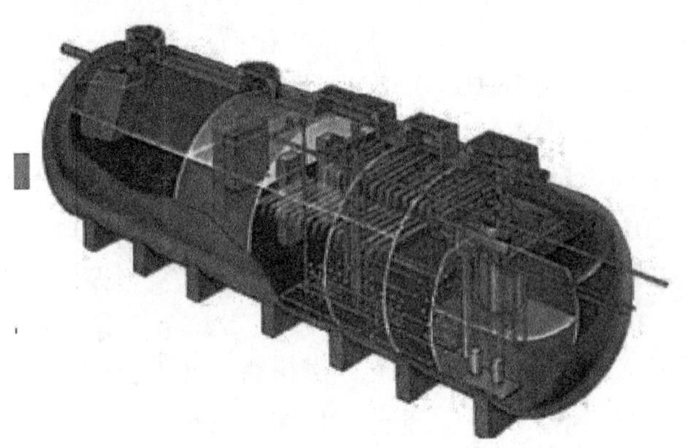

图 6.7　大中型净化槽

为了顺利推进乡村地区开展污水治理，日本建立了一套不同于城市的乡村污水治理法律体系[34]——《净化槽法》[35]。1985 年 5 月，日本制定的《净化槽法》，于同年 10 月开始实施。《净化槽法》是日本农村分散式污水处理的主要法律依据，该法律按照污水处理工艺规范了分散污水处理设施的排放标准；规范了净化槽的制造、安装、维护检修、清扫等各个环节。

6.1.2　杜郎口镇村域污水处理案例研究

目前我国农村污水处理方式主要有三种：收纳区域的所有污水集中处理、村落污水集中就近处理和分户污水原位处理。收纳区域集中处理方式主要用于城镇近郊区的村庄，通过管网将农户污水收集并输送至城镇污水处理厂统一处理；村落污水集中就近处理方式是通过管网收集村落内住户污水，并集中到村污水处理站统一处理；分户污水原位处理是采用小型污水处理设备或自然生态处理等形式将单户或几户的污水在住户的房前屋后原地处理或利用。

决定污水处理方式的因素主要包括村庄发展规划、人口规模、人口密度（或房屋间距）、距城（镇）区市政管网的距离、环境条件、经济条件和运行管理等，也取决于处理水的用途。对于缺水地区，污水处理与农业生产用水结合受到重视，不仅可以实现污水的再生利用，也可降低污水处理成本。

1. 杜郎口镇域村庄概况

杜郎口辖区总面积为73.53km²、镇区面积为1.7km²。全镇辖六大管区、51个行政村，户籍人口为3.3万人、常住人口不足2万人、镇区人口为5146人。图6.8为辖区村庄分布图，从分布图中可以看出村庄分散。

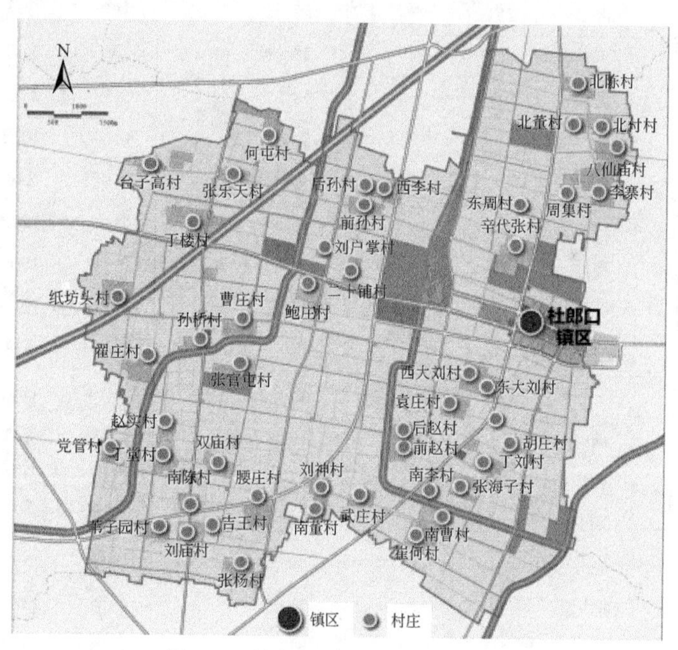

图6.8 杜郎口镇辖区村庄分布图

杜郎口镇各村庄人口规模较小，分布相对均匀，差距不大，如表6.1所示。行政村密度约为7个/10km²。镇域户籍人口为3.3万人，其中，丁楼村为最大的村庄（1429人），南曹村为最小的村庄（218人）。镇区人口5146人，辖东街、西街、南街、北街四个村庄。

表 6.1　杜郎口镇辖区村庄人口统计表（中心村）

序号	中心村	村庄	人数	备注	序号	社区	中心村	人数	备注
1	南陈	南陈	672		26	南董	袁庄	901	镇区
2		丁堂	505		27		西大刘	757	
3		张官屯	846		28		东大刘	980	
4		双庙	602		29		后赵	1114	
5		党管	596		30		前赵	363	
6		赵实	465		31		武庄	964	
7		苇子园	502		32		刘神	533	
8		张杨	633		33		南董	392	
9		腰庄	1001		34	南李	丁刘	815	
10		刘庙	279		35		南曹	218	
11		吉王	251		36		南李	397	
12	丁楼	丁楼	1429		37		张海子	866	
13		翟庄	1251		38		胡庄	670	
14		台子高	484		39		崔何	1015	
15		张乐天	291		40		东街	898	
16		何屯	687		41		南街	1073	
17		曹庄	851		42		北街	1905	
18		孙桥	450		43		西街	1270	
19		纸坊头	976		44	八仙庙	周集	618	
20	鲍庄	二十铺	692		45		辛代张	1208	
21		前孙	961		46		八仙庙	924	
22		西李	510		47		李寨	991	
23		后孙	274		48		北陈	814	
24		鲍庄	896		49		北付村	539	
25		刘户掌	323		50		北董	383	
					51		东周	387	

2. 村庄给水排水现状

（1）杜郎口镇给水工程设施现状：由丁刘村水厂实施区域供水，为全镇 51 个村供应生活用水，水源为广平县三分干渠，取自东阿水。截至 2013 年，全镇敷设给水管道 116km，自来水用户普及率达 86%，基本可满足城镇居民生活用水需求。部分村庄尚未供应自来水，农村居民自行取用地下水。

（2）排水工程设施现状：无污水处理设施，鲍庄新村和镇区中心街、文化路两侧敷设有污水管道，累计建设 45km。其他村庄基本无排水设施，雨污水简单收集后直接排入附近水体。

3. 生态乡镇指标体系

参考生态环境部《国家级生态乡镇建设指标（试行）》和山东省生态环境厅《山东省级生态文明建设示范区管理规程（试行）》中对生态乡镇建设的相关规定，结合本地资源及发展要求，研究确定杜郎口镇生态乡镇指标体系，分为环境质量、环境污染防治、生态保护建设三类，并在相关规划中予以落实，如表 6.2 所示。

表 6.2　生态乡镇指标体系

类别	序号	指标名称	指标要求/%
环境质量	1	集中式饮用水水源地水质达标	100
		农村饮用水卫生合格率	100
	2	地表水环境质量	达到环境加功能区或环境规划要求
		空气环境质量	
		声环境质量	
环境污染防治	3	建成区生活污水处理率	80
		开展生活污水处理的行政村比例	70
	4	建成区生活垃圾无害化处理率	≥95
		开展生活垃圾资源化利用的行政村比例	90
	5	重点工业污染源达标排放率	100
	6	饮食业油烟达标排放率	≥95
	7	规模化畜禽养殖场粪便综合利用率	95
	8	农作物秸秆综合利用率	≥95
	9	农村卫生厕所普及率	≥95
	10	农用化肥利用强度	<250
		农药使用强度	<3.0
生态保护建设	11	使用清洁能源的居民户数比例	≥50
	12	人均公共绿地面积	≥12
	13	主要道路绿化普及率	≥95
	14	森林覆盖率	≥18
	15	主要农产品中有机、绿色及无公害产品种植（养殖）面积的比例	≥70

4. 污水处理设施选址

依据杜郎口镇的总体规划，镇区配套服务全镇各类公共服务设施，形成行政、文体、教育、商贸、医疗等功能中心。结合农民生产劳作半径、生活圈及公共设施等级与服务半径等，依据村庄规模、现状与交通条件，选择合适的中心村，配置公服设施，辐射带动周边基层村。基层村配置为本村日常生活服务的公建项目。为了便于污水处理设施的运行与维护，靠近行政中心，确定规划6座分散的污水处理站，用于收集处理周边地区的污水，处理站的选址如图6.9所示。

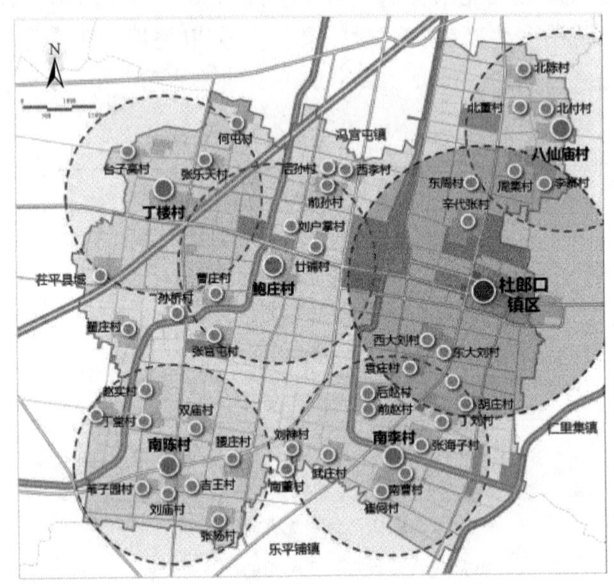

图6.9　中心村的位置为分散式污水处理站选址位置图

5. 综合生活污水量预测

农村用水量标准较低，污水流量小且变化系数大（3.5～5.0），依据《农村生活用水量卫生标准》（GB 11730—1989），农村地区人均日用水量和供水条件、给水卫生设备类型和所处地区依照《城市排水工程规划规范》（GB 50318—2017）、《给水排水设计手册（第二版）》、《镇规划标准》（GB 50188—2007）、《茌平县杜郎口镇总体规划（2014—2030年）》，确定每人每日平均污水量定额为100/L（人·d），生活污水量总变化系数取1.8。结合综合污水量计算公式，得到镇区生活污水排放量（平均日）预测值，如表6.3所示。

$$Q=\ (q\times N\times K_z)$$

式中，Q为镇区生活污水排放量（万 m^3/d）；q为每人每日平均污水量定额

[L（人·d）]；N为人口规模；K_z为生活污水量总变化系数。

表6.3　各分散处理站生活污水排放量预测表

序号	中心村	水量/(m^3/d)	序号	中心村	水量/(m^3/d)
1	镇区	926.28	4	鲍庄村	903.42
2	南陈村	1135.26	5	南李村	918.54
3	丁楼村	898.74	6	八仙庙村	1055.52

6. 污水处理站规模

污水处理站的规模由污水量和污水管网的收集率共同决定，本次规划依据常山镇总体规划文本确定污水收集率为0.8。

污水处理量=污水收集率×区域污水排放总量

考虑镇区长远发展和财力资源有限等方面，本次规划设计各污水处理厂规模，如表6.4所示。

表6.4　各污水处理站污水处理水量表

序号	中心村	水量/(m^3/d)	序号	中心村	水量/(m^3/d)
1	镇区	714.02	4	鲍庄村	722.74
2	南陈村	908.21	5	南李村	734.83
3	丁楼村	718.99	6	八仙庙村	844.42

7. 污水处理工艺

从表6.4的数据可以看出，每个村的污水量都较小，在中心村进行相对集中的处理有一定的规模效应，便于维护。依据3.2.5小节的内容，在个自然村修建化粪池，进行储存和调蓄，在中心村建设潜流湿地处理系统。依据国内外的经验，三组湿地串联，两个系列并联，按照潮汐流方式运行，处理效能最高，其工艺流程如图6.10所示。

8. 优化景观，提升生态韧性

污水应尽可能回用于景观，强化区域生态功能。立足于水系、植被等景观分布特点，尽量利用、维护水系原有循环特征，优化水系生态系统景观格局，最大程度地改善生态系统的生态流运行[36,37]。根据流域内景观格局的特点构建符合区域生态过程特点的水生态系统，将极大增强内其他生态景观要素之间的联系，各要素间的生态流运行也将更加顺畅，区域的水生态韧性可以得到整体提升。

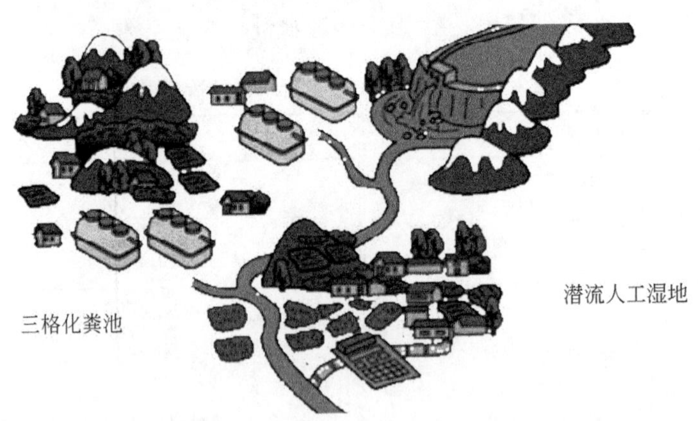

图 6.10　分散污水处理系统工艺流程

污水处理站具体选址要靠近水系，在水系入口处规划深度净化湿地，进一步提升水质。在杜郎口镇规划了 6 处景观湿地或者湿塘系统，用于接收来自净化站的出水，同时补充河道的景观生态用水，污水处理站的位置与景观湿地的位置如图 6.11 所示，镇区人工污水处理站位于普济河生态湿地公园附近，出水进入景观湿地。

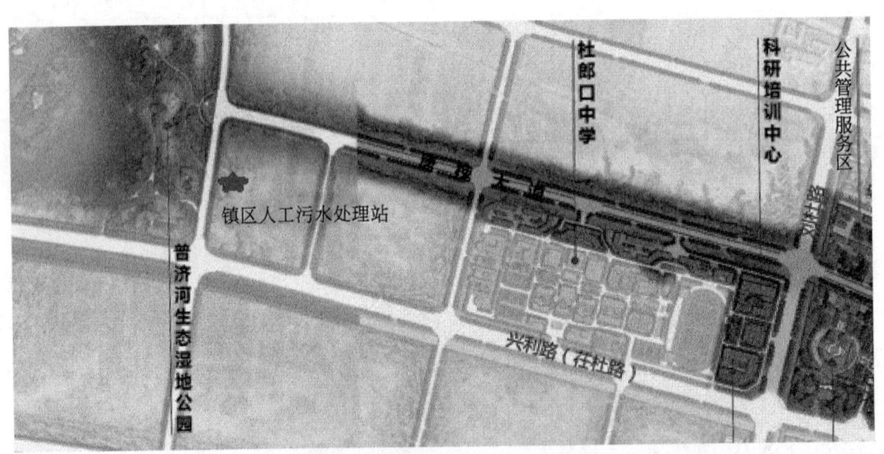

图 6.11　镇区人工湿地污水处理站出水进入景观湿地示意图

6.2　污水再生利用

根据美国环保署发布的《污水再生利用指南》，污水回收与再生利用是指经过处理达到某特定的水质标准，可用于满足生产、使用用途的城市污水[38]。再生水广义上是指以污水为水源，以达到规定的用水水质要求为目的，经再生处理后，可在特定范围内使用的非生活饮用水。和海水淡化、跨流域调水相比，再生水具有明显的优势。从经济的角度来看，再生水的成本最低，从环保的角度来看，污水再生利用有助于改善生态环境，实现水生态的良性循环。为应对水资源供需日益尖锐的矛盾，传统的开源节流方式已难以解决水资源短缺的根本问题。为解决现代城市的缺水问题，世界上许多国家和地区早已把再生水开辟为新水源，是国际公认的“城市第二水源”，并且再生水回用已成为开源节流、减轻水体污染、改善生态环境、缓解水资源供需矛盾和促进城市经济社会可持续发展的有效途径。根据国际水务情报预测，2009 ~ 2016 年世界再生水量增长 19.5%[39]。中国是一个缺水的国度。再生水的开发与利用无疑是缓解干旱的重要途径。

日本自1977年启动农村污水处理计划，共建成2000多个污水处理厂，处理后的污水大多用于农作物灌溉[40]。美国将污水回用作为水资源的重要组成，2012年，美国污水回用量为26.5亿 m^3，主要用于工业用水和农作物灌溉[41]。以色列水资源极其匮乏，但其城乡生态农业非常发达，污水利用率高达70%，约1/3用于农业灌溉，占总灌溉水量的1/5[42]。Liberti 等[43]研究了意大利南部某城区污水处理厂利用紫外线消毒系统，对污水进行深度处理后直接用于农业灌溉，在污水可持续利用方面取得满意的效果。20世纪30年代，美国旧金山建立了世界上第一个将污水回用于补充公园湖泊景观用水的污水处理厂[40]。Juanico 和 Friedler[44]关于以色列半干旱地区的污水大多回用于补充河流湖泊景观用水的研究，对当地生态环境起到优化作用。Rubio 等[45]以墨西哥为研究对象，研究将处理后的污水回用于农田灌溉，并计划将工业回用水利用规模从 $3.8\times10^5 m^3/d$ 增至 $1.14\times10^6 m^3/d$。Amahmid 和 Boahoum[46]研究将阿根廷城市污水一级处理后回用于农田灌溉，同时还将河水与稳定塘净化水混合灌溉农作物，为污水资源化利用研究提供参考。

1. 美国的污水回用

美国是世界上最早对污水进行再生利用的国家之一，现已有多个城市进行污水回用，再生水回用网点也很多。污水回用用途包括灌溉用水、景观用水、工业用水、工业冷却水、锅炉补水及回灌地下水和娱乐业等，其中灌溉用水占污水回用总量的比例大于60%。

1992年，美国制定了污水回用指南，对污水回用系统、技术、用途、水质标准等做了具体的规定；1998年，进一步制定了节水计划指南，强调用水管理、节水措施、污水回用等多个环节的规范化管理和技术指导。这些污水处理措施一方面缓解了部分地区水源不足，另一方面减少了大规模水资源工程的实施，从而更有效地保护了资源和环境。为强调用节水和污水资源化的方法解决水资源的供需矛盾，美国政府基本上已冻结了任何大型水资源项目的计划。20 世纪末期，美国在水领域的总体战略目标发生了调整，由单纯的水污染控制转变为全方位的水环境可持续发展。

美国的污水回用主要在干旱地区（如亚利桑那州、加利福尼亚州、科罗拉多州和得克萨斯州）或者主要的种植区，用水受到严重的限制的地区（如佐治亚州和佛罗里达州）[47]。在干旱和沿海地区含水层海水入侵的驱动下，为了迎合飞涨的用水需求，佛罗里达州从 1977 年开始大量使用回用水[48]。2013 年佛罗里达州 482 个生活污水处理厂出水进行了污水回用，其中公共空间用水占 54%，工业用水占 17%，地下水回灌占 14%，农业灌溉占 10%，其他用途占 5%[49]。佛罗里达州备受鼓舞的是不断加严的旱季回用水灌溉限制，还没有相关报道，有疾病与污水回用灌溉有关。

加利福尼亚州橘子县从 1976 年开始利用污水再生水回灌到沿海的含水层，阻止海水入侵，进行污水深度净化的水厂是 21 水厂。到 20 世纪，橘子县卫生区每天将 26.5 万 m^3 达到饮用水标准的再生水回灌含水层，防止海水入侵。这个系统 2008 年投入运行，已经赢得了各种荣誉[50]。

来自 Tahoe 湖流域的污水收集后送到 Incline 村污水处理厂进行处理，处理能力为 $11356m^3/d$，处理后的出水冬季排入 Carson 河，春季用于灌溉牧草，如图 6.12所示。

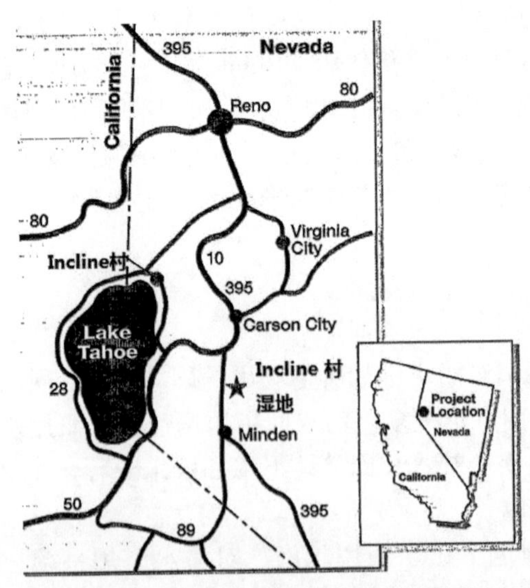

图 6.12　Incline 村污水回用湿地项目

1975 年，加利福尼亚州提出了更严的排水标准，Incline 村污水处理厂的出水要么提高处理标准达标排放，要么全年都用于土地处理。1979 年美国环保署给予资金，做出了植物生长季用于土地处理，其他时间用人工湿地进行收集处理的规划，人工湿地的位置如图 6.12 所示，占地 311hm^2，由 8 个独立的人工湿地单元组成，挺水植物的浅水区的有效水深为 0.15m，深水区的水深为 0.6 ~ 0.9m。污水在湿地中蒸发和下渗，不再有污水排入 Carson 河。7 年的运行过后，在最末端的湿地单元 8 中氮磷的浓度仅为进水的 2%~3%。这个项目不仅实现了污水的水质提升，还形成了丰富的植被生境，成为学生的教育基地[51]。

2. 日本的污水回用于景观河道

1955 年，日本开始利用再生水；1978 年，受节能政策调整和城市水荒的影响，从中央到地方都制定了污水回用指导计划；从 1980 年开始，以东京为首的污水回用设施建设迅速发展。到 1983 年 3 月底，日本有污水回用项 473 个，总回用水量约为 6.6 万 m^3/d。近年来，平均每年建设 130 处。到 1993 年日本有 1963 套污水回用设施投入使用，其中东京都建设的污水回用设施数量约占全国的 44%，福冈地区占 19%。污水回用使用量为 27.7 万 m^3/d，占日本生活用水量的 0.7%。截至 1993 年，日本使用雨水作为回用水的设施共有 528 处，水量为 500 万 m^3/a。其中东京的雨水利用设施占全国的 65%，福冈占 7%。至 1996 年，全国有 2100 套污水回用设施投入使用，用水量达 32.4 万 m^3/d，占全国生活用水量的 0.8%。再生水中 41% 被用于工业用水，32% 被用于环境用水，8% 用于农业灌溉。日本是工业国，再生水主要用于工业，近几年增加了环境用水，日本用于农业灌溉的比例远小于美国。2007 年日本污水回用量达到 1.94 亿 m^3/年，2009 年日本公布了《下水道白皮书》，强调污水回用在日本的重要性，污水回用于景观河道的生态补水量占总回用水量的 62% 以上[52]。

Nobidome 河位于东京近郊，历史上 Nobidome 河水质清澈、风光迷人，自然环境怡人。从 1976 年开始，由于上游水源改道，Nobidome 河干涸，变成了一个露天的下水道和垃圾场。为 Nobidome 河恢复清洁，从 Tomajo 市污水处理厂调配 15000m^3/d 的三级处理后的污水（经过砂滤和除磷处理），补充为河道的景观生态用水。为进一步改善河水的感官指标，1989 年又增加了再生水的化学混凝（投加 10 ~ 15mg/L 的氯化铝）和臭氧氧化（投加量 5 ~ 10mg/h）处理程序。处理后的水经过泵站提升 10.7km 到 Nobidom 河的上游，流经 9.7km 进入 Yanase 河，每天进入 Nobidom 的再生水量为 27670m^3/d。整个工程总投资为 4.3×10^9 日元，运行成本（药剂费和用电费）为 12 日元/m^3。公众对再生水的水质评价很高。1985 ~ 1996 年污水回用为日本的 150 条河到补充了生态景观用水，改善了水体的生态功能[53]。

3. 韩国污水回用于农业灌溉

韩国国家污水总体规划中提出污水回用于农业项目的计划，从 2005 年到 2015 年污水的回用量从 6.9% 增加到 18%。回用计划中规定，回用的污水需要经过深度处理以达到农田灌溉的水质要求[54]。

位于太平洋西海岸的济州岛，年降雨较少，从 2010 年开始，回用 Seobu 污水处理厂的再生水灌溉农场的 250hm^2 菜地，主要种植萝卜、洋葱、大蒜、花椰菜和绿洋葱[55]。来自污水处理厂的回用水用泵提升到位于农灌区上游的水库，如图 6.13 所示，水库连接灌溉管网，污水处理厂的出水有时含盐量过高，为了保障供水水质，用反渗透膜进行了污水处理厂出水的深度处理。经过几年的运行，农民对于回用水的水质很满意。济州岛政府规划安装更多的灌溉设施，减少灌溉水短缺，改善沿海水质。处理后的回用污水可以安全地用于农业灌溉。虽然投资运行费比较贵，考虑到水资源短缺，仍然是持续有保障的水源。

(a) 污水回用储存水库

(b) 深度处理的反渗透设备

图 6.13　Seobu 污水处理厂

上述案例说明污水再生利用是缓解水资源短缺、改善地区水循环的有效措施，回用的目标很多，标准不一，应综合考虑投资费用、运行管理和健康安全，在农村地区以回用于农田灌溉和景观生态为主。

6.2.1　营丘镇区污水回用于景观生态案例研究

营丘镇地处风筝之都潍坊市南郊，位于“蓝宝石之乡”昌乐县东南部，地理坐标为 118°59′28.68″E，36°31′45.09″N。西与乔官镇相连，南接红河镇，北接潍坊城区，东南与安丘市相连，西北临五图街道办事处，处在潍坊、昌乐、安丘三县市的地理中心位置，距昌乐县城 32km，位于潍坊市半小时核心城市圈内，地理位置优越，如图 6.14 所示。

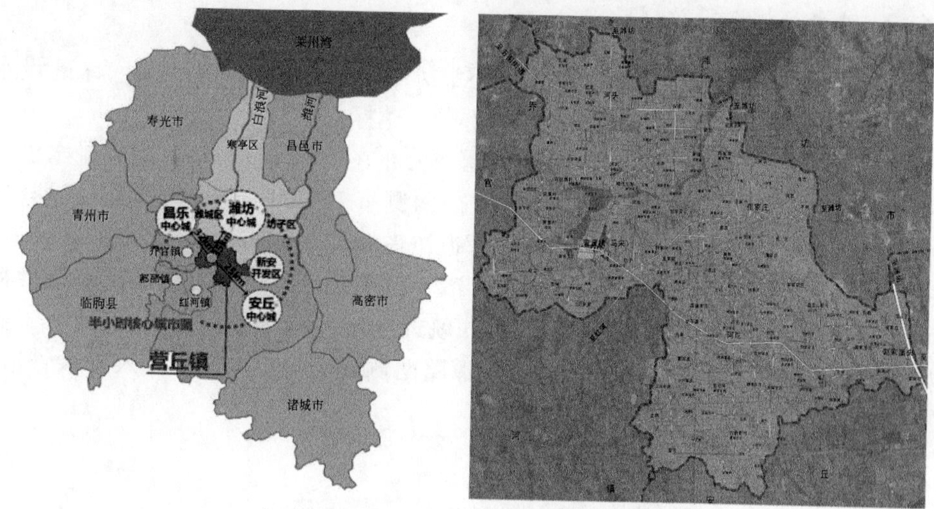

图6.14　营丘镇地理位置与镇域范围图

全镇辖13个社区、64个行政村、184个自然村，镇域占地面积约为218km²。2014年年底，镇域总人口约为9.4万人，镇区人口约为1.1万人，包括镇政府、企业、学校、居住区常住人口及流动人口。

1. 地形、地貌和水文特征

营丘镇位于鲁中垄断区边缘和沂沭强地震带上，整体地势南高北低，西高东低，多丘陵沟壑，属低山丘陵地貌类型，区内丘陵整体特征是坡度平缓，脉络明显。西部和东部局部为浅山丘陵区，北部和南部大部分地势较为平坦，为河谷平原。

营丘镇水资源丰富，境内有白浪河、金钗河两条重要河流。白浪河前身是潍坊老城的护城河，发源于昌乐县打鼓山，河水流向自南向北，流经潍坊市坊子区、潍城区、奎文区和寒亭区，最后经寒亭区央子镇流入渤海莱州湾，全长为127km，其中在营丘镇域内长为21.7km，境内白浪河流域地势平缓，流域面积为182.4km²，汇水面积为110.58km²，河道宽200m，每年汛末蓄水只有1520万m³，且中部和北部地下水资源较丰富，为农业灌溉、居民生活、工业发展提供了可靠的水资源条件。金钗河发源于镇域中西部，从镇域中部穿过，在营丘镇南汇入白浪河。

营丘镇内有中小型水库三座。其中，马宋水库位于镇域中部、镇区的西北部，是潍坊城区的后备水源，其库容为1033万m³，兴利库容为796万m³。目前库区几乎干涸，水资源匮乏，其他水库多数被农业用地侵占。

2. 给水和排水设施现状

镇区水源为地下水，打深水井为镇区供水，给水设施建设不完善，未建设水厂，供水管网配套不全，居民饮用水少部分不达标。

全镇为雨污合流体制，其中排水管道多分布在镇区北部，镇区南部排水以自然排放形式为主。其中沿胶王路、行政街两侧有 DN800 的排水管道；滨湖路、昌盛路、康乐街单侧有 DN600 的排水管道；古城街两侧有 DN600 的排水管道；昌马路及鸿福路单侧有 DN800 的雨水管道。镇区北部的雨水收集后排放至洪福河中，镇区南部雨水排放以地表径流形式就近排入沟渠。镇区的生活污水、工业废水无集中处理设施。污水大部分排入道路两侧的暗沟，少部分排入排水管道，再排入暗沟，如图 6. 15 所示。

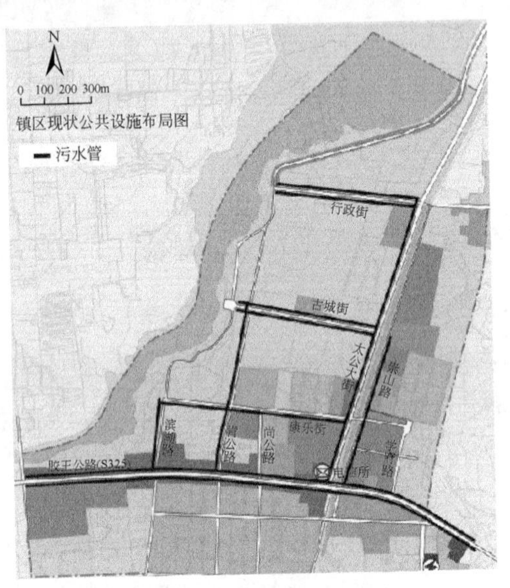

图 6. 15　排水管网现状图

3. 景观绿地现状与规划

营丘城镇格局基本沿胶王路呈东西向带状发展，镇区有三处较大的绿地，在白浪河东侧建设有湿地公园，占地面积约为 6. 5hm^2；在营丘中学西侧建有文化广场街头公园，占地约为 0. 8hm^2；在镇区东侧，现状胶王路南侧建有康乐广场街头绿地，占地约 0. 26hm^2。沿洪福河有少量的防护绿地。由于乡镇投入资金有限，白浪河湿地公园、文化广场、康乐广场管理不善，杂草丛生，绿化植物种类单一。

景观规划：根据营丘镇现状水、绿、城、田等景观元素的分布情况，通过景观核心、景观轴带、节点等规划要素构成“水网携绿野、蓝绿镶城景”的景观格局，形成“两带、双核、多节点”的景观结构。两带：沿白浪河、洪福河形成整个区域的绿化景观带，由滨河休闲商业、滨河绿化、滨水广场和水边林地组成。双核：白浪河东侧的湿地公园与镇区东侧的滨水公园。多节点：市民公园、社区公园及东部的城镇出入口，形成建筑、人文、绿化景观节点，展现营丘镇丰富的景观特色。

滨水岸线规划：岸线规划在满足防洪要求的基础上，可进一步统筹考虑生态保护、沿河生活、生产与城镇景观的要求。充分利用区内岸线丰富的优势，结合滨水区域功能和环境特色，形成公共游憩和自然生态两种类型的岸线。

雨水资源化利用：利用低影响开发技术，在镇域规划了多处雨水湿地和湿塘，湿地和湿塘分布如图6.16所示。

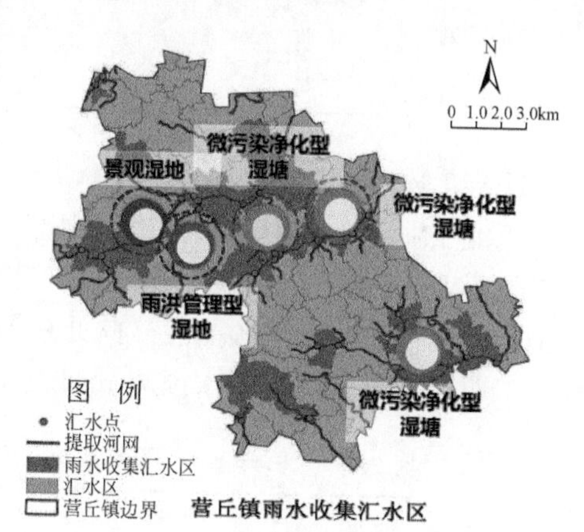

图6.16　湿地和湿塘分布

在营丘镇区的污水处理与回用规划过程中，结合镇区地形特点和城镇形态，运用GIS技术对研究区拟建污水处理厂选址布局进行合理规划，将低影响开发工程技术规划设计的景观湿地，以及景观绿地规划中的绿地系统，作为污水回用的主要用水对象。将污水回用工程与镇区景观生态相结合，处理后的镇区污水回用于镇区景观，用作景观生态用水，节约优质水，提高污水资源利用率，改善镇区环境，实现污水资源化利用。

4. 镇区污水量预测

根据营丘镇总体规划[56]，营丘镇区近期（2020年）、中期（2025年）、远期（2030年）人口规模分别为2万人、2.5万人、3万人，用水量分别为0.9万m^3/d、1.0万m^3/d、1.2万m^3/d。镇区给水水源为深井地下水，给水和排水市政公用设施的配套建设相对滞后，镇区污水来源于生活污水和工业废水，无集中的废水处理措施，按照污水分散处理、就地回用的原则，规划建设镇区污水处理厂，处理后的出水回用于镇区景观生态用水。

1）综合生活污水量预测

依照《城市排水工程规划规范》（GB 50318—2017）、《给水排水设计手册（第二版）》、《镇规划标准》（GB 50188—2007）、《昌乐县营丘镇总体规划》

(2014–2030 年), 确定镇区近期、中期、远期每人每日平均污水量定额分别为 120/L (人·d)、150/L (人·d)、150/L (人·d), 生活污水量总变化系数取 1.8。结合综合污水量计算公式, 得到镇区生活污水排放量 (平均日) 预测值, 如表 6.5 所示。

$$Q=q\times N\times K_z$$

式中, Q 为镇区生活污水排放量 (万 m^3/d); q 为每人每日平均污水量定额 [L (人·d)]; N 为人口规模; K_z 为生活污水量总变化系数。

表 6.5　近期、中期、远期生活污水排放量预测表

分期	污水量/(万 m^3/d)
近期	0.45
中期	0.68
远期	0.81

2) 工业污水量预测

工业企业主要集中分布在镇区中部、营丘大道以北, 少量分布在镇区西部, 以二类工业和三类工业为主。由于缺乏长期的对工业企业排水量的监测资料, 工业企业具有很大的不可预测性, 此处根据单位工业用地面积用水量指标来预测研究区工业用水量, 工业污水预测量如表 6.6 所示。

表 6.6　工业污水预测量

项目	近期	中期	远期
用水指标/[$m^3/(hm^2\cdot d)$]	50	40	40
规划面积 (hm^2)	30.55	33.67	42.03
工业用水量/(万 m^3/d)	0.16	0.14	0.17
折污系数	0.85	0.85	0.85
合计/(万 m^3/d)	0.14	0.12	0.15

3) 污水总量预测

污水总量包括生活污水量和工业污水量, 污水排放总量预测如表 6.7 所示。

表 6.7　污水排放总量预测　　(单位: 万 m^3/d)

项目	近期	中期	远期
生活污水量	0.45	0.68	0.81
工业污水量	0.14	0.12	0.15
污水总量	0.59	0.80	1.06

5. 污水处理厂规模

污水处理厂的规模由污水量和污水管网的收集率共同决定，收集率是决定污水处理厂规模的重要指标。依据营丘镇总体规划确定的近期、中期、远期污水收集率分别为0.7、0.8、1.0。

污水处理量=污水收集率×区域污水排放总量

规划的近期、中期、远期污水处理量如表6.8所示，考虑营丘镇区长远发展和财力资源限制等因素，规划设计该污水处理厂规模为1.1万m^3/d。

表6.8　污水处理量表　(单位：万m^3/d)

	近期	中期	远期
污水排放量	0.59	0.80	1.06
污水收集率	0.70	0.80	1.00
污水处理量	0.41	0.64	1.06

1）污水处理厂占地面积

城镇污水处理厂占地面积通常包括构筑物占地、办公用地、测验和其他辅助构筑物占地，从污水处理工程的长期发展角度来看，污水处理厂占地面积还应包括其扩建预留地[57,58]。研究发现，污水处理厂占地面积随其处理规模的增大而增大。《室外排水设计规范［2016年版］》（GB 50014—2006）[59]、《城市生活垃圾处理和给水与污水处理工程项目建设用地指标标准》（建标［2005］157号）[60]对污水处理厂进行了不同规模和处理程度用地指标划分，如表6.9所示。此外，城镇污水处理厂设计可行性研究报告报批时，还需要获得环境影响评价、规划、土地等部门的批复。通过表6.8可知，本次规划设计该污水处理厂规模约为1.1万m^3/d，结合《昌乐县营丘镇总体规划》（2014-2030年）和《城镇污水处理厂污染物排放标准》（GB 18918—2002），将该污水处理厂类型确定为深度处理污水处理厂。综合考虑二级处理厂和深度处理厂规划用地指标，保证所设计的污水处理厂占地面积满足其构建所需，采用内插法确定本研究区拟建污水处理厂占地面积为1.73hm^2。

表6.9　城市污水处理厂规划用地指标

建设规模/（万m^3/d）	规划用地指标/（$m^2 \cdot d/m^3$）	
	二级处理	深度处理
Ⅰ类（>50）	0.30~0.65	0.10~0.20
Ⅱ类（20~50）	0.65~0.80	0.16~0.30

续表

建设规模/(万 m^3/d)	规划用地指标/($m^2 \cdot d/m^3$)	
	二级处理	深度处理
Ⅲ类 (10～20)	0.80～1.00	0.25～0.30
Ⅳ类 (5～10)	1.00～1.20	0.30～0.50
Ⅴ类 (1～5)	1.20～1.50	0.50～0.65

2）污水处理厂选址

根据《室外排水设计规范》（GB 50014—2006）的相关规定，建设污水处理厂需全面考虑研究区域的地形特点、自然条件、建设计划等要素，符合城镇总体规划和排水工程总体规划的要求，并结合以下因素综合确定：位于研究区水体下游；有良好的建设地质条件，便于施工，降低工程投资；不应处于地震断层、泥石流或洪水淹没区；在夏季最大风频的下风向；管网实用性强，少搬迁；集约用地，尽量多选择边角地，少占用农用地；为减少对周边环境的影响，具有一定的卫生防护距离；考虑未来的发展，污水处理厂应具有扩建的可能性；便于污水、污泥处理后的排放和再利用，具有良好的排水条件；交通、运输、水电条件良好；位于研究区地形较低处，区内污水可通过重力流排入污水处理厂。

(1) 用地类型提取。

进行污水处理厂选址，首先需明确规划区土地利用现状，提取镇区土地利用类型，最终得到林地、居住区建筑用地、耕地、水体、绿地、道路和空地七种土地利用类型，如图 6.17 所示。规划区内适宜建设污水处理厂的土地利用类型包括林地、小面积耕地及镇区空地；靠近居住区、水域等易受污水处理厂影响的敏感区域不适宜建设污水处理厂。从图 6.17 可以看出，居住区和建筑用地集中分

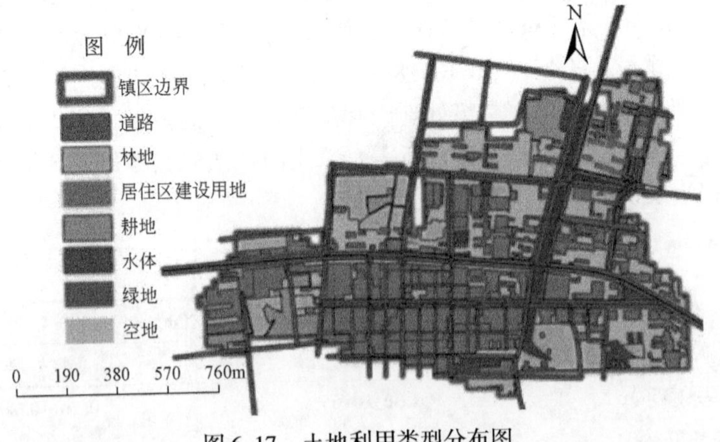

图 6.17　土地利用类型分布图

布在镇区以南，大部分空地、林地、小面积耕地主要分布在镇区北部和西北部。可以初步确定备选处理厂的位置在镇区西北部的空地，或者林地。

（2）利用生态分区确定适建区。

适建区指已经划定为城市建设发展用地的范围，需要合理确定其开发模式和开发强度。适建区是优先建设区域，可用于重大基础设施。依据资源、环境保护的价值、污染源防护的影响和自然灾害易发的风险等差异来划定适建区。为此，对镇区进行适建性分析，水域等敏感性高的区域生态环境相对脆弱，极易受到人为因素干扰，且破坏后在短时间内难以恢复，此类区域宜重点保护，严禁开发利用；对于园地、绿地等敏感程度较低或不敏感区域（空地），应根据需要进行适度开发利用。同时，借助镇域尺度分析镇区范围的敏感状况，可使镇区得出的结论更具大局观，且以镇区范围直接进行敏感度分析，又会因研究区域过小而导致评价指标难以确定，从而影响评价结果的准确性。通过参考王浩程等关于营丘镇生态敏感性的相关研究获知，在整个研究镇域内，选择高程、坡度、水域、用地类型、道路交通等五个敏感因子，基于层次分析法和 GIS 软件对该区域完成生态敏感性分区[61]。根据已完成的营丘镇生态敏感性分区提取镇区范围内的保护区、适建区和限建区。通过叠加镇区居住区、道路等图层，得到最终的镇区生态分区图，如图 6.18 所示。从图 6.18 可知限建区用地类型多为水域控制区，宜建设防护绿地，不宜建设污水处理厂；保护区用地类型多为河流和基本农田，根据《基本农田保护条例》，基本农田保护区依法划分后，应避免大型基础设施建设的干扰，也不适宜建设污水处理厂；适建区用地类型大多为空地、有林地和部分荒地，适宜建设污水处理厂。

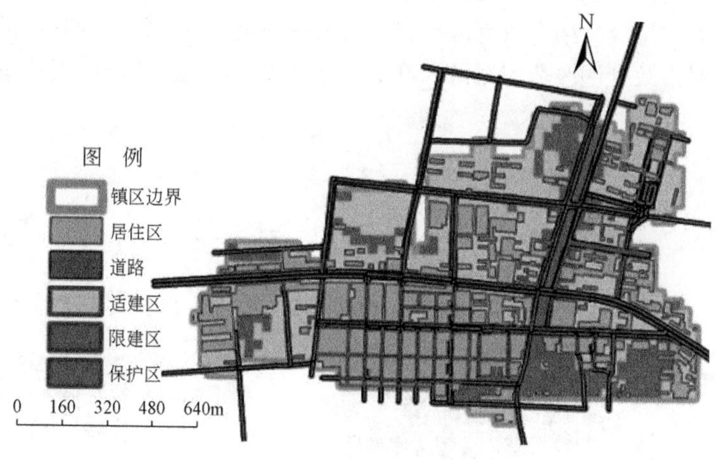

图 6.18　镇区生态分区图

(3) 利用GIS技术确定污水处理厂位置。

污水厂选址关系到整个污水系统构建的合理性[62]。污水处理厂选址一般参考《室外排水设计规范》(GB 50014—2006)中传统的选址原则。在具体工作中，还需要综合考虑项目所在地域的特征，如土地利用条件、地形高程特征、受纳水体性质，污水排放标准和污水建设运营成本等诸多方面因素。污水处理厂靠近服务区域，因此区域地貌特征是设施建设选址的一个重要参考要素。针对污水处理厂选址，为方便区域污水通过重力流进行收集，需考虑在地势低洼区域进行污水处理厂建设，此方式在减少泵站建设数量，降低工程造价方面有重要参考价值。该污水处理厂服务区域为镇区，处理后的回用水的使用对象是镇区景观绿化带。利用ArcGIS软件的数据管理工具，输入营丘镇区DEM数据，利用Raster Processing和Raster Properties工具，对数据进行空间处理和属性设置，得到镇区洼地12个。利用ArcGIS软件的空间分析功能，表面分析工具绘制镇区的等值线图，将二者叠加到镇区生态分区图上，得到图6.19。从图6.19可看出镇区地势整体上东高西低，南高北低。因此，鉴于充分利用当地自然地理条件，利用重力流进行污水的收集，减少污水回用于镇区景观的能耗的原则，选择在镇区西北方向作为建设污水处理厂的区位。

(4) 污水管网分布现状分析。

根据图6.19的镇区高程变化情况可知，本研究区地势相对平坦，若要进行污水处理厂选址，还需考虑镇区污水管网布置情况。乡镇财政资源有限，应尽可能利用镇区现状污水管网，收集污水至污水处理厂。结合《营丘镇乡镇大事记》《营丘镇志》等相关文本确定营丘镇区总体污水管网布局情况，如图6.20所示。污水主干管有两条，分别沿营丘街和康乐街布置，以收集镇区南北两侧的污水，最终向镇区西北方向排放。结合研究区现有的污水管网走向确定污水处理厂的位置，极大地节省了对市政管网改造或对污水管道重新铺设而产生的工程投资费用。

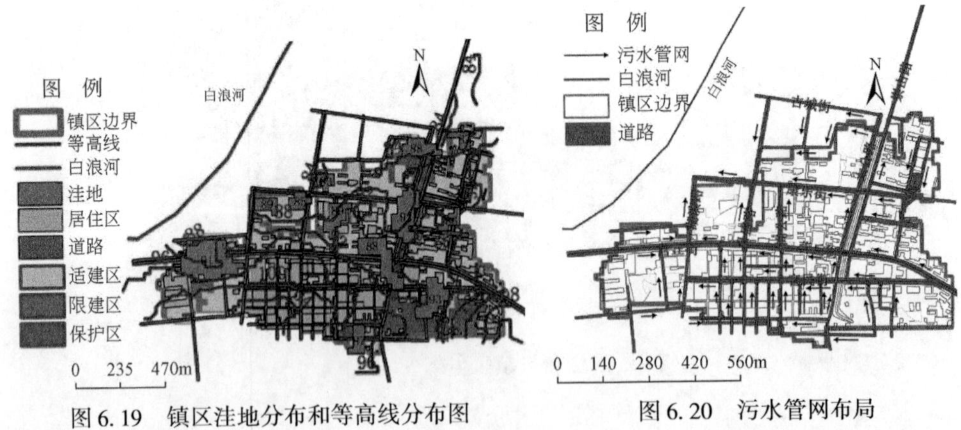

图6.19 镇区洼地分布和等高线分布图

图6.20 污水管网布局

（5）防护范围。

①水体防护范围的确定

污水处理厂建设需避开洪涝灾害区。营丘镇区靠近白浪河，河流作为重要的旅游景观带，要保证其不受污水处理厂气味的影响。影响污水处理厂臭气浓度的因素主要包括污水处理厂处理工艺和污水处理量，臭气扩散距离主要受区域风力和气候条件等因素影响，对于水体防护距离的确定需考虑的因素过多，难以确定。本研究采用的是污水处理厂至少距离河流150m的经验值，以此确定水体防护范围。

②居住区防护范围的确定

污水处理厂气味对居民和游客的生活、娱乐造成严重影响，且随着居民环保和维权意识的提高，已有大量因忽视环境污染问题而引发的民众纠纷案例，如因三亚新城进行污水处理厂建设时，将卫生防护距离设定为39.7m，造成了严重的恶臭扰民事件，引起周边居民集体上访，此工程虽动工但仍被依法叫停。

参考城市排水工程规划中的相关规定，为符合卫生防疫的要求，污水处理厂宜距离居住区300m以上。参考关于污水处理厂臭气浓度随扩散距离变化的研究发现，扩散距离越远，污水处理厂臭气浓度越小，扩散距离大于100米时，臭气对环境影响明显减弱，距离污水处理厂300m时基本无影响[63]，因此将300m作为居住区防护距离。

（6）污水处理厂位置的确定。

综合上述影响因素，利用ArcGIS分析工具中的Buffer功能，进行镇区周围水体和镇区内部居住区的缓冲区分析，筛选出符合污水处理厂建设要求的区域；然后运用GIS技术将镇区西北部交通便利且符合污水处理厂建设要求的区域与镇区洼地按位置距离进行选择；通过分析镇区污水管网布局情况，在镇区南北、东西方向均沿道路铺设排水管道，其中主干管主要沿营丘街、康乐街东西方向铺设，各自收集镇区南、北两侧污水，最终向镇区西北方向排放；结合图6.17可知，镇区空地、林地、耕地的主要分布区是镇区北部和西北部，此种用地类型生态敏感程度较低，适合作为污水处理厂的规划用地，按照总体规划，该区域也是适建区，因此该区域适宜建设污水处理厂；在拟定的备选1号地块和2号地块中选定，1号地块和2号地块的位置如图6.21所示。拟建污水处理厂2号地块相对1号地块而言，离路口较近，交通相对便利，靠近镇区污水汇集区域，方便污水收集；2号地块的选址污水处理厂距离白浪河稍远，对水体影响更小。相比1号地块，2号地块距离居住区稍近一些，两个地块均位于夏季主导风向的下风向，不会对居住区产生较大影响，因此从对水体及居住区综合影响分析，2号地块更适合作为污水处理厂选址；从生态适建性角度分析，1号地块所在的洼地占有大面积林地，该用地属于生态限建区，在此处建设污水处理厂需对林地进行大面积砍伐，对生态环境破坏较大，位置 2 所在的洼地面积为 0.82hm²，紧邻此洼地的用地类型为小面积耕地和有林地，均分布在镇区适建区，面积分别为 0.41hm²、1.31hm²，对比分析，在 2 号地块建设污水处理厂更符合生态优先原则；从环保和节省建设成本的角度分析，2 号地块可用土地资源较多，建设污水处理厂无需对区域大拆大建，此位置正处于镇区污水管网收集区域，在此位置建设污水处理厂，可充分利用镇区现有污水管网，在节约投资成本的同时，对于充分利用镇区基础设施现状具有重要意义；综上所述，从道路交通是否发达、污水收集是否方便、对水体及居住区的影响程度、适建区域是否有足够建设空间、环境保护和建设投资等方面综合考虑，2 号地块更适合建设污水处理厂。

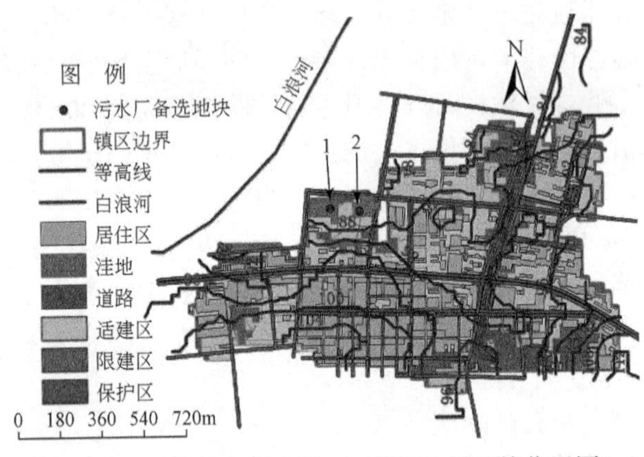

图 6.21　污水处理厂选址（1 号和 2 号地块位置图）

6.2.2　污水回用设计

1. 污水回用可行性分析

根据美国、日本和韩国的经验，在村镇地区，污水回用于河道景观和农田灌溉是主要的途径。污水回用可有效缓解缺水地区水资源短缺，经污水处理厂处理后的水质满足《城镇污水处理厂污染物排放标准》（GB 18918—2002）一级 A 标准，其主要污染物排放指标满足《城市污水再生利用 景观环境用水水质》（GB/T 18921—2019）[64]、《城市污水再生利用 城市杂用水水质》（GB/T 18920—2002）[65]、《城市污水再生利用 工业用水水质》（GB/T 19923—2005）[66]中的污水回用标准。处理后的污水可回用于厂区或城区的道路浇洒、景观、绿地等。出水水质指标与其他标准的对比情况如表 6.10 所示。规划拟将污水处理厂深度处理后的出水通过构建的绿色生态廊道，作为生态环境补水补充镇区景观水体，实现镇区污水资源化利用。

表6.10　污水处理厂出水水质指标与其他标准的对比表（pH除外）

（单位：mg/L）

标准	pH	COD	BOD_5	SS	NH_3-N	TP
污水处理厂污染物排放标准一级A标准	6.0～9.0	50	10	10	5	0.5
城市污水再生利用城市杂用水水质	6.0～9.0		10～20		10～20	
城市污水再生利用景观环境用水水质标准	6.5～9.0	50～60	10～20	10～2		1.0～2.0
生活杂用水水质标准	6.5～9.0	50	10	10	0～20	

2. 绿色生态廊道的构建

依据第1章和第2章的有关内容，绿色生态廊道一般可划分为道路生态廊道和水系生态廊道。水系生态廊道以河流为主，其他绿色廊道为辅，串联区域中的陆地和水系景观生态单元斑块。廊道除了包括河流本身，还包括河流两侧堤岸和水陆生物等。道路生态廊道以道路为主体，包括道路两侧的绿化带、沟渠等，是连接区域景观单元的绿色通道，也是人们体验周围生态环境的直接途径。其作用是将规划区域中各独立分散的景观生态单元斑块串联，进而形成绿色网络化的可持续景观体系，实现水生态系统的良性循环，具有净化水质、防洪、保持水土、调节气候和保护生物多样性等生态服务功能[67-69]。建立生态廊道不仅需要确定生态廊道在不同区段的功能和关键的生态过程，还要根据生态廊道所在不同位置的环境状况确定廊道宽度。

本规划依托洪福河，在河流两岸建立水系生态廊道。洪福河流经路段以村庄居住区为主，靠近镇区广场和公园，规划中河流两岸为观光型生态廊道，生态廊道的规划宽度见表6.11。

表6.11　植被宽度与生物多样性分析[70]

植被宽度/m	生物多样性分析
12	廊道宽度与物种多样性之间相关性接近于零
12	草本植物多样性平均为狭窄地带的两倍以上
15	有可能降低环境湿度、过滤污染物、控制河道浑浊
30	不但能有效地降低环境温度，还可以增加河流生物食物供应，有效地过滤污染物，并具有相对稳定的生境，林内含有较多边缘物种，但多样性仍很低
60	对于草本植物和鸟类来说，具有较高的多样性和更多的林内种，满足动植物迁徙和传播，以及生物多样性保护的功能
80	能较好地控制沉积物及土壤元素的流失
600	能创造自然化的、物种丰富的景观结构，含有大量林内种

廊道宽度宜大于 12m。为方便镇区污水回用于景观，依托污水处理厂所在位置，沿康乐街、营丘街东西走向的部分路段和太公路、崇山路、昌盛路南北走向的部分路段打造简易式道路生态廊道，并最终与洪福河所在的观光型生态廊道相连接，所建廊道宽度宜大于 30m。研究发现，30m 宽度的生态景观廊道基本满足无脊椎动物种群的生存需要，12m 宽度是草本植物多样性显著增加的阈值。对于镇区内靠近道路生态廊道的雨水花园、雨水湿地或湿塘等低影响开发设施，通过建立连接型生态廊道与道路生态廊道相连接，以此构成完整的生态结构网络体系，连接型生态廊道宽度宜根据所连接低影响开发措施的规模确定，绿色廊道布局如图 6.22 所示。

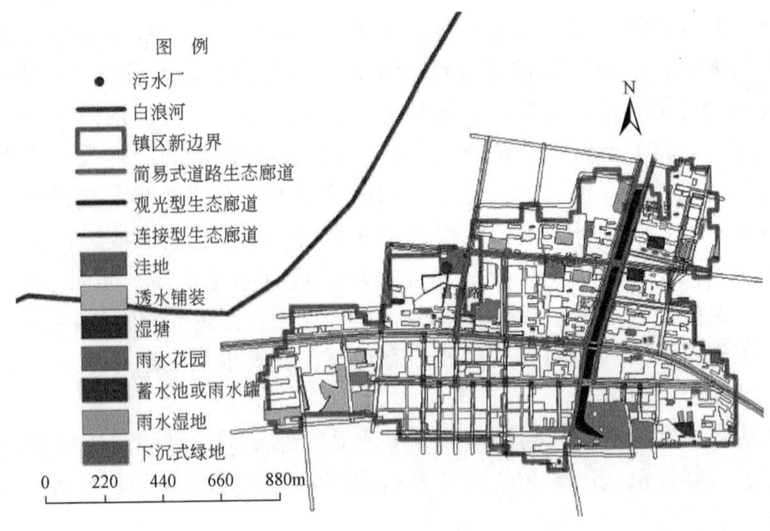

图 6.22　绿色廊道布局

6.2.3　污水回用系统布局

规划设计污水处理厂出水拟通过绿色廊道补充景观水体。镇区地势东高西低，南高北低，污水处理厂位于地势低洼区，若想达到污水回用的要求，首先要对出水进行水位提升，再利用重力流回用于景观。

运用 Arc GIS 软件对简易式道路生态廊道所在区域：康乐街-太公路（路径 1）、昌盛路-营丘街-太公路（路径 2）进行地形分析，其中路径 1、路径 2 布置路径点各 11 个，且路径 1 和路径 2 首个路径点为同一路径点，得到两条道路的地形剖面图如图 6.23 和图 6.24 所示，路径点在镇区的分布如图 6.25 所示。

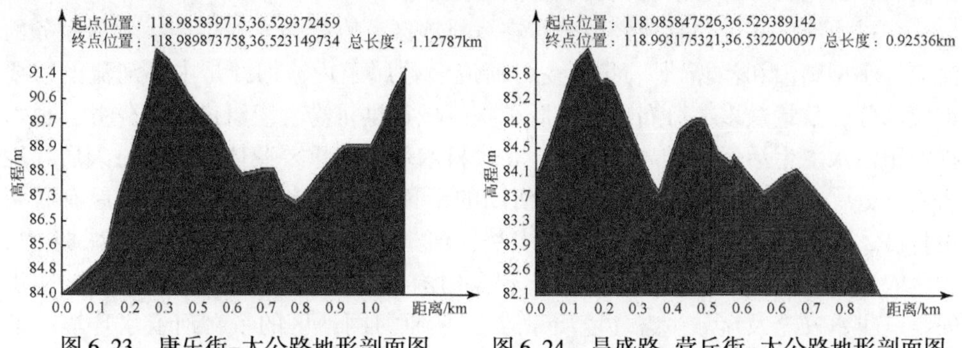

图 6.23　康乐街–太公路地形剖面图　　图 6.24　昌盛路–营丘街–太公路地形剖面图

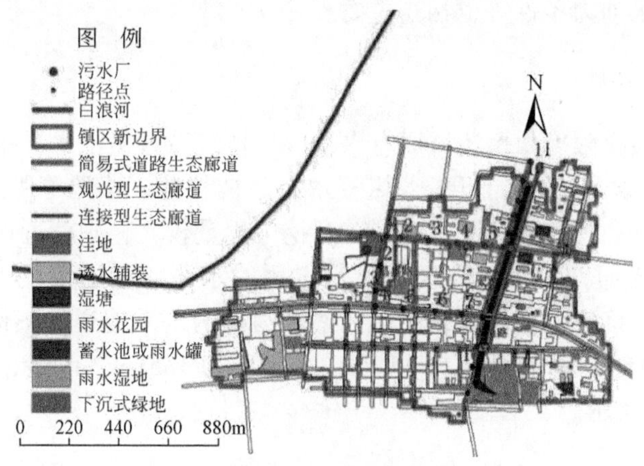

图 6.25　路径点在镇区的分布

由剖面图获知：康乐街–太公路路段高程变化幅度不大，路径点 1 高程为 84m，距离首个路径点 105m 时高程最大为 85.776m，高程差为 1.776m；昌盛路–营丘街–太公路路段地形大体由“低–高–低–高”变化，距离首个路径点 310m 时高程最大为 92.195m，高程差为 8.195m，距离首个路径点 770m，即路径点 7 的所在位置时，高程降到最低为 87.082m，与末尾路径点的高程差为 4.44m。因此，若想将污水处理厂出水利用重力流回用于景观水体，需在路径 2 上的路径点 1 和路径点 7 的所在位置分别安置扬程为 10m 和 5m 的提升泵。

6.3　保持与恢复水系连通，雨水资源化利用

水是生命之源，河流水系养育着丰富多样的生态系统。水系连通性可以促进水流和悬浮物的循环、输移和交换，循环流动的水体能增加其复氧能力，有利于保持生物多样性。水系连通可以恢复受损水体，构建动植物觅食栖息和生长繁殖

的场所，为生物多样性的提高提供必要的条件。

乡村河流广义上包括流经或分布在乡村地区，直接为乡村生产、生活服务的河流、小型湖泊和沟塘[71]。我国乡村河流多数属于内流河，是中小河流的重要组成部分，数量众多、分布广泛，既承担区域行洪排涝、灌溉供水等任务，也承担农田污水、生活污水排放等功能，是农村水环境的重要载体，与农村人居环境密不可分[72]。随着社会发展，人类活动的干预越来越多，河流之间的原有联系被打破，原本畅通的河道被分割成多块，河道连通性变差，泄水能力减弱[73]，加之农药的大量使用，水体富营养化现象时有发生[74]，严重威胁了当地的防洪安全、供水安全及流域生态环境质量[75]，平原河网地区的乡村河道水环境问题日趋严峻[76]。水生态系统的富营养化状态不仅取决于营养物质的负荷，水温、光照、盐度、水动力条件等也相当重要。

1. 恢复连通性

此过程应最大限度保留流域原有水系，保持流域自然汇水、排水功能。对于被堵塞的水系，对水系进行开挖，恢复水系。被林地、草地等用地占用的水系，若可以开挖，则通过开挖恢复水系；若开挖工程量较大，则就近连接沟渠，通过沟渠恢复水系连通性。对于已经被建筑占用的水系，利用建设用地修正 DEM，重新提取水系，确定水系恢复线路。如蔡家沟村的水系连通的案例，改造沟渠 3 处，总长度为 1568m，新建沟渠 14 处，总长度为 1551m。改造、新建的沟渠的位置如图 6. 26 所示。

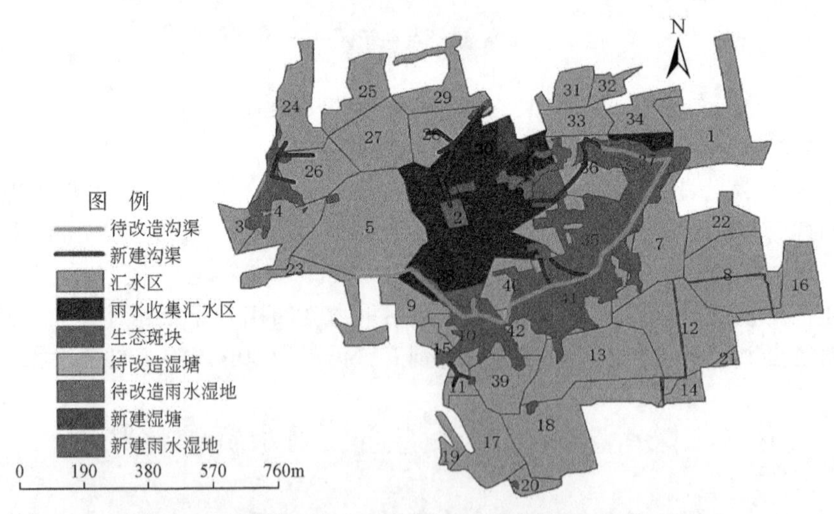

图 6. 26　改建、新建沟渠的位置与雨水湿地的布置图

2. 规划雨水湿地增强调蓄能力

在不同级别的河流水系源头与节点交汇处构建湿地体系能显著提高湿地的生态调蓄、自然净化能力。在汇水区水系与次小流域主水系交汇处构建湿地，以缓冲、滞蓄峰值流量，修复水生态与改善水环境；在次小流域水系与小流域主水系交汇处构建湿地，以预防极端状况下的雨洪灾害和提供栖息地。在现状洼地处构建湿地，增加雨水调蓄能力。如图 6.26 所示，在蔡家沟村也规划了雨水湿地用于收集调蓄雨水，实现雨水资源的可持续利用。

下面介绍营丘镇域水系连通与雨水资源化利用案例。

1. 汇水区划分

汇水区是指收集水资源的自然流域或人为集水的封闭区域，汇水区划分是进行规划过程中水文模型计算的重要环节。借助于 DEM 数据，运用 GIS 提取水文相关信息进行汇水区划分。运用 Arc GIS 软件中的水文分析模型处理营丘镇遥感影像图和 DEM 数据，经反复调试选择 1000 为阈值，共得到 100 个汇水区，如图 6.27 所示。

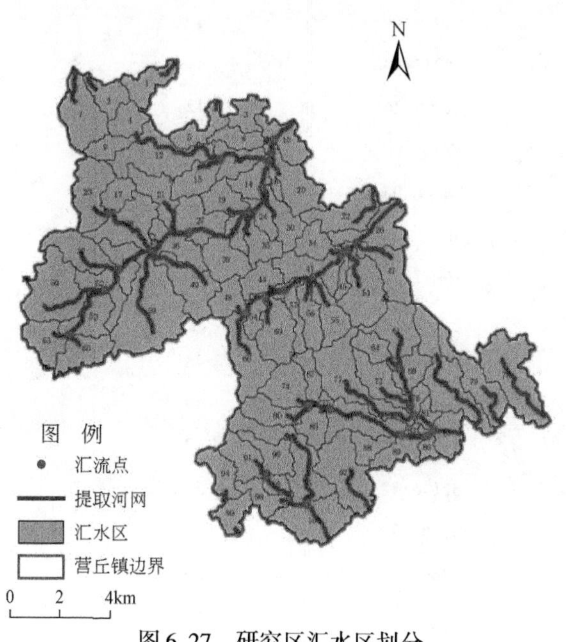

图 6.27　研究区汇水区划分

2. 汇水量计算

按照海绵城市的概念，选择营丘镇年径流总量控制率目标为 90%，则可收集利用的雨水量为 2200 万 m^3，设计降雨量参考潍坊市设计降雨量。潍坊市 90%

年径流总量控制率对应的设计降雨量为 38. 9mm。计算日降雨量为 38. 9mm。营丘镇各汇水区的汇水量见表 6. 12。

表 6. 12　设计日降雨量为 38. 9mm 情况下各汇水区的汇水量

汇水区编号	汇水量/m^3	汇水区编号	汇水量/m^3
1	21868. 04	30	20424. 84
2	17046. 35	31	29. 07
3	14744. 35	32	3037. 12
4	18669. 05	33	10374. 47
5	18047. 78	34	18577. 01
6	16031. 38	35	19186. 48
7	40186. 83	36	29371. 47
8	4247. 78	37	32089. 80
9	14784. 22	38	18. 56
10	32321. 42	39	26369. 54
11	9. 92	40	714. 53
12	54048. 49	41	31634. 77
13	21790. 26	42	25614. 41
14	17481. 18	43	0
15	23046. 05	44	20353. 64
16	8976. 27	45	9076. 69
17	16011. 70	46	4481. 53
18	98. 52	47	24609. 81
19	19394. 83	48	21170. 04
20	32498. 36	49	39342. 90
21	26111. 51	50	5808. 91
22	36146. 42	51	33396. 30
23	37769. 32	52	25419. 01
24	12893. 34	53	27844. 48
25	9. 76	54	12896. 59
26	34770. 71	55	24658. 46
27	31410. 92	56	21553. 31
28	39504. 43	57	17407. 98
29	2833. 38	58	9. 92

续表

汇水区编号	汇水量/m^3	汇水区编号	汇水量/m^3
59	83260.63	80	26474.51
60	36805.98	81	8915.65
61	29645.43	82	59072.63
62	12.41	83	4061.86
63	25517.77	84	36364.78
64	18262.62	85	18312.17
65	26062.51	86	9265.10
66	41835.67	87	20638.78
67	13862.33	88	16177.40
68	5.37	89	19471.08
69	21188.06	90	23605.21
70	6.61	91	25517.05
71	6.81	92	198.40
72	1387.31	93	9889.77
73	30048.73	94	25044.54
74	30198.94	95	60149.79
75	3180.54	96	1965.09
76	8604.97	97	57105.38
77	57241.42	98	19277.68
78	56207.74	99	16516.32
79	36457.90	100	43511.32

营丘镇100个汇水区的径流总量为2139558.47m^3，占营丘镇种植业用水总量的42.24%，各汇水区平均径流量为21395.5847m^3，径流深度为12.04mm，即日降雨量为38.9mm时，有12.04mm的降雨形成了径流。降雨径流量超过10000m^{3}的汇水区有72个，平均径流量为28509.81m^3。

降雨径流量最大的汇水区是59号汇水区，汇水量为83260.63m^3，该汇水区面积为686.53hm^2，在100个汇水区中面积最大；径流量最大的用地类型是耕地、建筑用地和林地，径流量占比分别为54.14%、24.51%和18.79%，径流深度为12.13mm。92号汇水区径流深度最大，达到了38.89mm，但径流量较低，仅为198.4m^3，不适宜建设雨水收集措施。建筑用地、混凝土或沥青道路用地和水体面积比例之和最大的汇水区是72号汇水区，所占比例达91.57%。72号汇水区降雨转化为径流量的比例最高，但72号汇水区径流量仅为1387.31m^3，径流量较低，也不宜建设雨水收集利用设施。

由此可见，汇水区是否适合建设雨水收集利用设施，应综合考虑多方面的因素，如汇水区径流量、径流系数较高的用地类型占汇水区面积比例、汇水区径流深度等。

3. 汇水区洼地分析

充分利用区域地形条件，对雨水收集利用措施进行布局。雨水收集利用措施分布在地势低洼区，可提高雨水收集利用措施的安全性并降低工程建造成本。利用 GIS 的空间分析功能分析得到各汇水区地势低洼区，如图 6.28 所示。在地势低洼区内选择雨水控制措施建设位置。各雨水收集措施的容量根据表 6.12 确定，超出容量的径流通过沟渠汇集到河流排走。

分析镇域共得到 243 个地势低洼区，面积在 $1hm^2$ 以上的地势低洼区有 153 个，分布在全部个汇水区中，$10hm^2$ 以上的地势低洼区有 50 个，有 23 个位于汇水区内部，另外 27 个处于汇水区交界处，由多个汇水区的地势低洼区连接而成。

将汇水区地势低洼区与现状沟渠叠加，结果如图 6.29 所示。统计地势低洼区与现状沟渠的连通情况，结果发现，镇域内有 105 个地势低洼区与沟渠相连，占镇域地势低洼区总数的 43.21%；面积大于 $1hm^2$ 的地势低洼区有 88 个与沟渠相连，占此类地势低洼区的 57.52%。

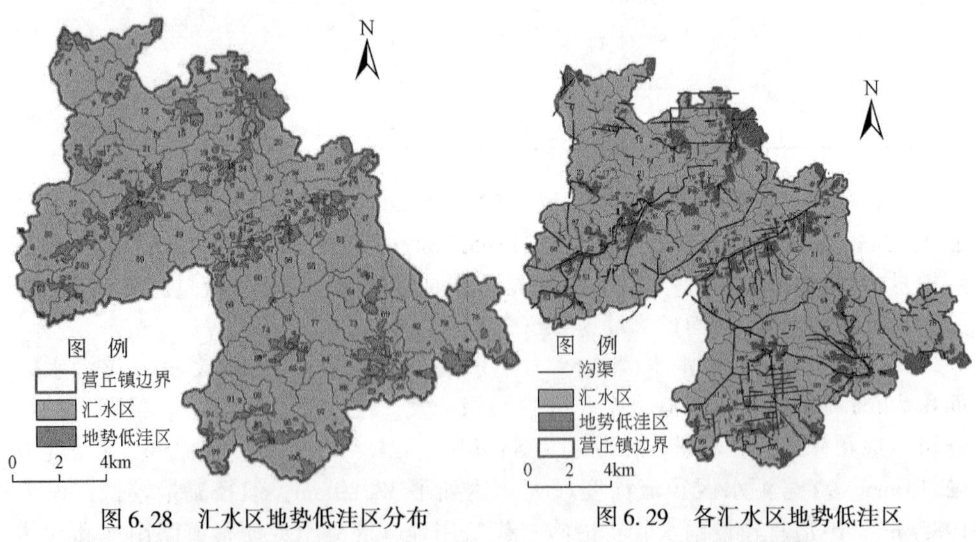

图 6.28　汇水区地势低洼区分布

图 6.29　各汇水区地势低洼区与沟渠连通情况

4. 地势低洼区分布与土地利用类型关系

在地势低洼区分布分析的基础上，雨水收集利用设施的布局应综合考虑土地利用类型。雨水收集利用措施收集的雨水主要作为景观用水和灌溉用水，因此将村庄建设用地、耕地与地势低洼区图层叠加，分析其相关性，如图6.30所示。

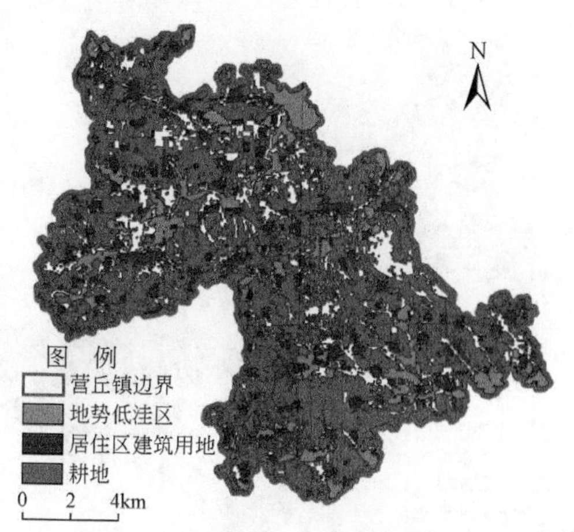

图6.30　地势低洼区与土地利用类型关系

建设用地在选址时一般避开了地势低洼区，因此地势低洼区与建筑用地交汇面积占地势低洼区面积的比例较小，仅为5.47%，另一方面，地势低洼区在村庄建设用地周围分布广泛，村庄建设用地周围100m和200m范围内地势低洼区面积占镇域地势低洼区总面积的比例分别为35.54%和62.73%；地势低洼区与耕地交汇面积占地势低洼区总面积比例为45.7%。

5. 雨水收集汇水区的选择

由于各汇水区面积、土地利用类型和地形等特征的不同，各汇水区降雨径流量和径流量分布有较大差异，汇水区径流收集的可行性和效益需要综合多方面因素考虑。雨水收集汇水区主要根据以下原则选择：

（1）汇水区降雨径流量。汇水区有足够的降雨径流量是雨水收集利用的基本条件。以1万m^3作为汇水区降雨径流量的统计阈值，统计结果为，100个汇水区中有72个汇水区降雨径流量在1万m^3以上。

（2）径流系数较大的用地类型占土地总面积的比例。径流系数较大的用地类型产生的降雨径流集中，便于收集，将农村建筑用地、道路用地和水体占比之和大于20%作为阈值，统计三种土地利用类型占比之和大于20%的汇水区，有64个汇水区满足条件。

（3）径流深度。影响降雨径流量的另一个重要因素是汇水区面积，若汇水区足够大，降雨形成的径流量也会满足汇水区降雨径流量的阈值要求，因此用径流深度作为约束条件，统计径流深度大于12mm的汇水区，有59个汇水区满足这一条件。

同时满足以上条件的汇水区具有降雨径流量大、径流便于收集的特点，统计发现，共有32个汇水区同时满足以上三个条件。结合土地利用类型，选择23个汇水区作为雨水收集汇水区，如图 6. 31 所示。

6. 雨水资源化利用方案及系统布局

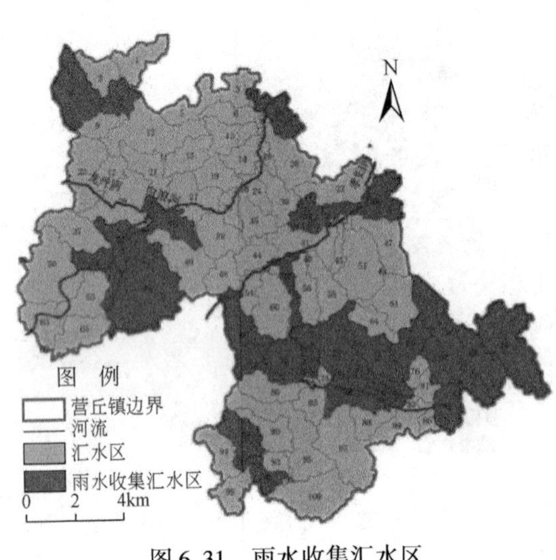

图 6. 31　雨水收集汇水区

营丘镇水域面积小，且水体连通性差，以致水体自身不稳定，对雨水的蓄积及利用能力有很大限制，地下水补给量远小于开采量，因此，为保证雨水资源化利用，需增建水库、池塘等水利工程。

雨水蓄积利用基础设施在营丘镇的布局，应以对径流总量、最大径流量及径流污染的控制为目标，通过对营丘镇的景观格局分析，结合《海绵城市建设技术指南》中各技术措施的特点及其适用范围，确定营丘镇雨水资源化利用方案如下：

镇区针对雨水采取的低影响开发措施主要是雨水湿地、湿塘、透水铺装、下沉式绿地、植草沟和简易生物滞留池。其中，湿塘、雨水湿地具有储存降雨的功能，有效削减镇区径流总量及最大径流量，减缓乡镇排水压力，同时提升景观效果，因此在镇区广场和公园设计雨水湿地、湿塘和下沉式绿地；植草沟和简易生物滞留池用于对道路雨水径流的蓄积、处理，最终汇入湿塘 ；停车场、居住区、广场路面进行透水铺装。

镇区之外的区域针对雨水采取的低影响开发措施主要是湿塘和雨水湿地，目的在于对雨水的积存，蓄积的雨水可以回用于农田灌溉，减小水资源浪费和防止乡镇发生洪涝灾害。辅助渗透技术包括植被缓冲带及植草沟，完成对雨水的预处理，同时，以植草沟作为连接湿塘、雨水湿地及湿塘、雨水湿地和河流的绿色通道。湿塘、雨水湿地的建设尽量在已有池塘的基础上，通过开挖、清淤的方式扩大池塘蓄水容积；汇水区的池塘容量不足时，在地势低洼区域建造雨水湿地和湿塘。科学规划现有沟渠，将它建成植草沟，连接湿塘和雨水湿地，完成对雨水的净化和运输。同时，湿塘和雨水湿地还应增设溢流装置，过量的雨水可沿沟渠排入河流。

以 2m 作为湿塘和雨水湿地的平均水深，计算降雨量为 38. 9mm 时储存各雨水收集汇水区径流所需的湿塘或雨水湿地的面积，结果如表 6. 13 所示。

表6.13　日降雨量38.9mm各雨水收集汇水区所需湿塘或雨水湿地面积

汇水区编号	面积/m^2	汇水区编号	面积/m^2
4	9334.53	69	10594.03
7	20093.42	73	15024.37
10	16160.71	74	15099.47
26	17385.36	77	28620.71
34	9288.51	78	28103.87
36	14685.74	79	18228.95
42	12807.21	82	29536.32
52	12709.51	84	18182.39
57	8703.99	87	10319.39
59	41630.32	91	12758.53
66	20917.84	98	9638.84
67	6931.17	总计	386755.18

湿塘和雨水湿地建设尽量利用现有池塘，因此需要分析各汇水区已有池塘面积是否满足雨水收集和储存的要求，各雨水收集汇水区现状池塘个数和面积如表6.14所示。

表6.14　各雨水收集汇水区现状池塘个数和面积

汇水区编号	池塘个数	池塘面积/m^2	汇水区编号	池塘个数	池塘面积/m^2
4	5	928.21	69	8	10185.07
7	5	8987.04	73	6	54631.37
10	3	3079.13	74	4	11149.37
26	7	20995.56	77	6	11684.95
34	2	2122.80	78	18	89137.86
36	12	28830.46	79	14	41440
42	18	41135.27	82	18	90419.11
52	19	28012.60	84	13	31231.27
57	2	9281.12	87	15	40158.90
59	6	25905.43	91	3	4031.94
66	6	8864.99	98	6	26296.46
67	2	746.98	总计	198	589255.89

雨水收集汇水区现有池塘的总面积为58.93hm^2，超过湿塘或雨水湿地建设所需的49.95hm^2，但雨水的收集利用是以汇水区为基本单元的，而部分汇水区

池塘面积之和小于雨水设施所需面积，另外某些汇水区池塘分散，单个池塘面积均较小，不满足雨水设施建设条件。

可改造为雨水设施的池塘按以下条件筛选：池塘面积大；靠近居住区建筑用地，便于收集建筑用地径流；周围有沟渠分布，便于连接；靠近洼地、靠近农业种植区。筛选结果如图 6.32 所示。

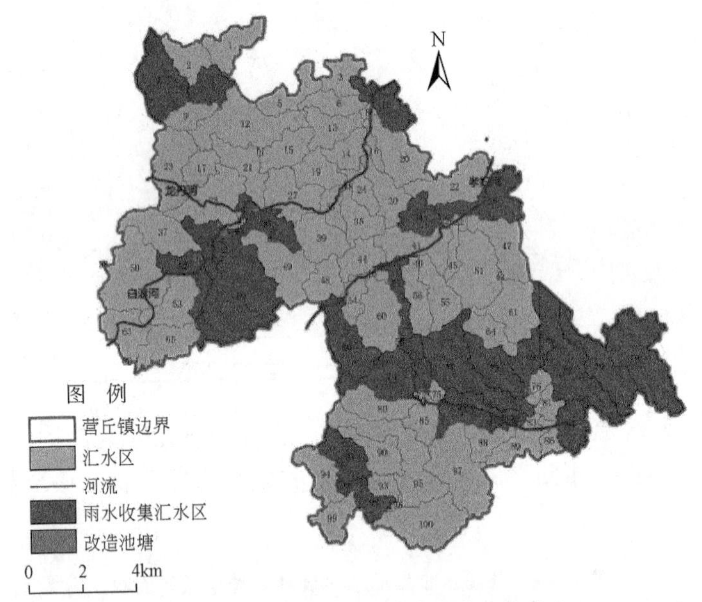

图 6.32　雨水收集汇水区待改造池塘分布

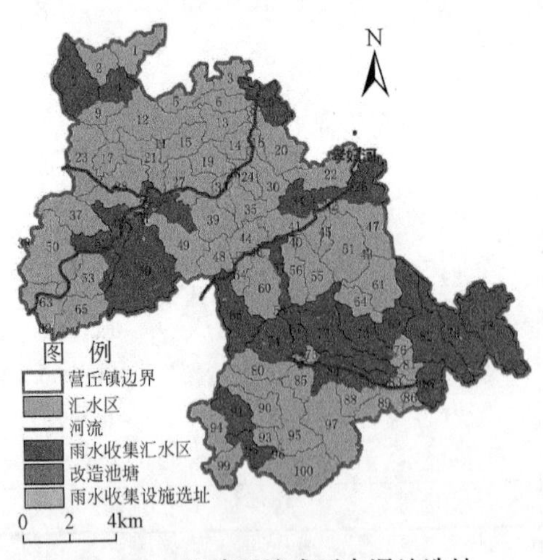

图 6.33　新建湿塘或雨水湿地选址

待改造池塘的总面积为 51.22hm^2，大于湿塘或雨水湿地建设所需面积，具体到各汇水区，部分汇水区待改造池塘面积小于雨水收集利用措施所需的建设面积，需要在这些汇水区新建湿塘或雨水湿地。

新建湿塘或雨水湿地选址根据以下条件：选址位于汇水区地势低洼区；与待改造池塘均匀分布在雨水收集汇水区中；周围有沟渠，便于连接；现状土地利用可用于湿塘或雨水湿地的建设。新建湿塘或雨水湿地选址如图 6.33 所示。

新建湿塘或雨水湿地面积为 9.36hm²，现状土地利用为耕地。需要新建雨水设施的汇水区有 4 号、7 号、10 号、34 号、36 号、52 号、57 号、59 号、66 号、74 号、78 号、79 号、82 号和 91 号汇水区。

改造和新建雨水收集利用设施的总面积为 60.58hm²，雨水设施平均深度为 2m，则雨水收集利用设施的容量为 121.16 万 m³，占营丘镇种植业用水定额的 24.92%。

现有池塘一般位于村庄周围，连通性较差，服务范围有限，降雨量较小时，雨水收集量较少，无法充分发挥储存降雨径流的作用；降雨量较大时，池塘不能及时排水，造成村庄排水不畅；另外，池塘不与河流、农业种植区相连，无法得到过境水的补充，也无法将收集到的雨水回用于农业生产，降低了区域储存水资源、调节水资源利用的能力。

通过适当改造现有沟渠和开挖沟渠，将雨水收集设施与农业种植区之间、雨水收集利用设施之间、雨水收集利用设施与河流之间连通。雨水收集利用设施设溢流装置，当降雨径流量超过雨水收集利用设施容量时，通过沟渠排入河流和农业种植区；降雨量较少的季节，河流通过沟渠向雨水收集利用设施补水。改造和新建沟渠如图 6.34 所示。

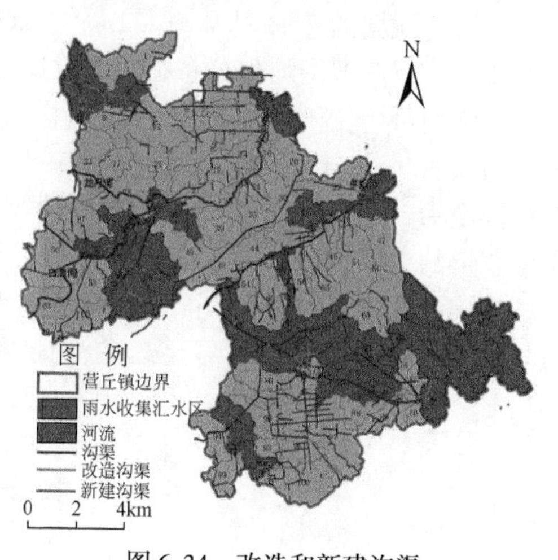

图 6.34　改造和新建沟渠

需要改造沟渠 90 处，总长度为 16.67 km；新建沟渠 142 处，总长度为 15.12km。雨水收集利用设施、现有沟渠、改造与新建沟渠共同构成了雨水收集利用系统。

7. 水系连通与雨水资源化利用效果

营丘镇年均降雨量为 625mm，汛期（6～9 月）平均降雨量为 440.12mm，占年均降雨量的 71.13%，期间降水集中，径流峰值最大，易发生洪涝灾害，可通过提高区域下渗、蓄积、截留雨水的能力，维持区域水环境的良性循环。

营丘镇年降雨资源量为 3581.19 万 m³，耕地、林地、居住区建设用地、非铺砌的土路用地降雨资源量分别为 1919.71 万 m³、388.58 万 m³、409.60 万 m³、349.80 万 m³，占降雨资源总量的 85.64%。

将营丘镇年径流总量控制率设定为 85%，则该镇每年收集回用的降雨资源量可达 1800 万 m^3，将径流总量控制率提高至 90%，则每年收集回用的降水资源量可达 2200 万 m^3，远大于农田灌溉用水总量 506.49 万 m^3。

设计降雨量参考潍坊市设计降雨量。90% 年径流总量控制率对应的设计降雨量为 38.9mm。此降雨量下，营丘镇 100 个汇水区的径流总量为 2139558.47m^3，占种植业用水总量的 42.24%，各汇水区平均径流量为 21395.5847m^3，径流深度为 12.04mm；降雨径流量超过 10000m^3 的汇水区有 72 个，平均径流量为 28509.81m^3。

根据汇水区降雨径流量、径流系数较大的用地类型占土地总面积比例和径流深度三个条件，结合土地利用形状，选择 23 个汇水区作为雨水收集利用汇水区。根据池塘面积大、靠近建筑用地、便于收集建筑用地径流、周围有沟渠分布、便于连接、靠近洼地和靠近农业种植区等条件筛选池塘用于改造成雨水收集利用设施，待改造池塘的总面积为 51.22hm^2；根据选址位于汇水区洼地、靠近农业种植区、与待改造池塘均匀分布在雨水收集汇水区中、周围有沟渠、便于连接和现状土地利用可用于雨水设施建设等条件，选择新建雨水收集利用系统建设位置，面积为 9.36hm^2；改造和新建雨水收集利用设施的总面积为 60.58hm^2，雨水设施平均深度为 2m，则雨水收集利用设施的容量为 121.16 万 m^3，占营丘镇农业灌溉用水总量的 24.92%。

连接雨水收集设施与农业区之间、雨水收集利用设施之间、雨水收集利用设施与河流之间的沟渠，共需要改造沟渠 90 处，总长度为 16.67 km；新建沟渠 142 处，总长度为 15.12 km。

6.4　本 章 小 结

我国 48% 村庄缺乏对灰水和黑水的收集、处理和排放设施。已建成的农村污水处理设施中，只有 3% 还在正常运行。多数村庄已建成的污水处理设施存在入户率较低，移交后管理和维护不善等问题，难以发挥作用[77]。寻求符合村镇特点的污水收集处理设施是确保投资建设的项目能够发挥作用；处理后的出水不再成为水环境的污染源，而能够成为可持续的水资源，用于土地处理、农田灌溉和景观生态，成为村镇水生态环境的组成部分，而不是负担；污水措施所采用的技术比较容易掌握，村镇居民或者当地管理人员比较容易管控，确保技术正常运行，运行费用和维护费用也在当地财政能够承受的范围内。

基于国际上的成功案例，污水分散处理是村镇污水处理的规划策略。本章以山东杜郎口镇为案例分析了分散处理规划技术方法。杜郎口镇有 3.3 万人，没有污水收集与处理设施。该镇有 51 个村，村庄分散，若采用集中的污水收集处理，收集系统投资大，推荐了分散的污水处理模式，采用中心村的小集中，符合规划对象的特点，而且结合景观进行了就地回用。进一步证明分散处理或者适度集中符合村镇的特点。

分散处理后的污水要成为缺水地区的资源，需要进行污水回用，这也是国际上的经验，无论是美国的补充地下水，用土地处理进行农田灌溉，还是日本的回用水补充河道景观生态用水，韩国的农业灌溉，都从不同的角度反映了村镇污水就地回用对于水资源的可持续利用的重要性。

本章选取了山东营丘镇为对象，运用 GIS 技术对镇区的污水回用进行了科学规划，这个规划的最大特点，是面向回用，从污水处理厂选址到管线的布设，都充分论证了回用的可行性，确保回用过程中的能耗最低，确保回用设施用得起。

雨水资源化利用是改善村镇水生态环境的重要措施，可以充分利用原有的地势低洼区和沟渠，选择地势低洼区，适当扩大现状地势低洼区的面积，利用人工开挖的措施增强地势低洼区之间的连通性，实现了雨水资源的有效利用，节省了大量农业灌溉用水。

参考文献

[1] 王习明，彭晓伟. 中国乡村发现. 2018. 1. 25.

[2] ANNUAL REPORT. Decentralized wastewater program. 2013.

[3] Chanan A，Simmons B. Dams to demand management：a journey through development of urban water supply. In：proceedings of river management symposium. Brisbane，Sept 2002.

[4] The World Commission on Dams. Dams and development：a new framework for decision making. London：Earthscan Publications Ltd，2000.

[5] Pinkham R. 21st century water systems：scenarios，visions，and drivers，proceedings of the workshop on sustainable urban water infrustructure：a vision of the future. USA Environment Protection Agency，2000.

[6] Mouritz M. Sustainable urban water systems：policy and professional praxis. Murdoch University，1996.

[7] Newman P. Sustainability and the urban water system，case study. Murdoch University：Institute for Sustainability and Technology Policy，2007.

[8] Thomas J，McLeod P. Australian research priorities in the urban water services and utilities area. Division of Water Resources No. 7 CSIRO，1992.

[9] Winneberger J. Manual of gray water treatment practice. Ann Arbor：Ann Arbor Science Publishers，1974.

[10] Niemczynowicz J. Water management and urban development：a call for realistic alternatives for the future. Impact Sci Soc，1992，42（2）：13-14.

[11] Chu C，Simpson R. Ecological public health：from vision to practice. Griffith University：A joint publication of Centre for Health Promotion，University of Toronto and Institute of Applied Environmental Research，1994.

[12] Anderson J. The potential for water recycling in Australia- expanding our horizons. Desalination, 1996, 106:151-156.

[13] Davis C. Fourth generation water systems, a paper for the local government and Shires Association of NSW. University of Technology Sydney, 2008.

[14] Hegger D. Greening sanitary systems: an end- user perspective. Wageningen University, 2007.

[15] CNES (Citizen Network on Essential Services). Approaches to sanitation services. Water Policy Series A. Water and Domestic Policy, Issues A5, 12, 2003.

[16] WHO (World Health Organization). Environmental health. Eastern Mediter- ranean Regional Center for Environmental Health Activities (CEHA), 2002.

[17] Hoover M. http://www. ces. ncsu. edu. Last accessed in May 2007, 1999.

[18] Paraskevas P A, Giokas D L, Lekkas T D. Wastewater management in coastal urban areas: the case of Greece. Water Science and Technology, 2002, 46 (8): 177-186.

[19] USEPA (United States Environmental Protection Agency). Handbook for managing onsite and clustered (Decentralized) wastewater treatment systems. EPA/832-B-05-001. Washington DC: Office of Water, 2005, 66.

[20] United State Environment Protection Agency (USEPA). Test method for evalvating solid waste. Washington DC, 2002.

[21] Humenik F J. Waste management and countryside engineering. ASAE paper, 1979: 79-2583.

[22] Segall B A. The impact of vacation home on national forest water resource. Ecohdrology st Hydrobidogy, 1976, 32: 19-27.

[23] Crites R, Tchobanoglous G. Small and decentralized wastewater management systems. International Edition. McGraw-Hill, 1998.

[24] USEPA (U. S. Environmental Protection Agency). Primer for municipal wastewater treatment systems. Washington DC: Office of Wastewater Management and Office of Water, 2004.

[25] Fane S. Planning for sustainable urban water: system approaches and distributed strategies. University of Technology Sydney: Institute for Sustainable Futures, 2005.

[26] Asano T. Water reuse: issues, technologies and applications. New York: Metcalf and Eddy Inc, McGraw-Hill, 2007.

[27] Gikas P, Tchobanoglous G. The role of satellite and decentralized strategies in water resources management. J Environ Manag, 2009, 95 (1): 144-152.

[28] Converse J and Tyler E. On- site wastewater treatment using Wisconsin Mounds on difficulty sites. Transactions of the ASAE, 1987, 30 (2): 362-368.

[29] Mancl K and Rector D. Reuse of reclaimed wastewater through irrigation for Ohio communities. Ohio State University Extension Bulletin, 1997, 860: 36.

[30] Mancl K. Septic tank-soil treatment systems. Ohio State University Exten sion Bulletin, 2009, 939: 20.

[31] Troyan J J and D P Norris. Cost- effectiveness analysis of alternatives for small wastewater treatment systems. Report prepared for the United States Environmental Protection Agency

Technology Transfer Municipal Design Seminar on Small Wastewater Treatment System, Seattle, Washington, 1977: 7-9.

[32] State Water Resource Control Board (SWRCB). Action plan for alternative wastewater management system investment and implementation in California Sacramento. California (March), 1978a.

[33] EPA. On-site wastewater treatment systems manual. 2004.

[34] Xu G D, Hu J Z, Huang Z H, et al. Study on rural sanitary sewage treatment in compound purifying tank. Advanced Materials Research, 2013, 726: 2599-2603.

[35] 许春莲，宋乾武，王文君，等. 日本净化槽技术管理体系经验及启示. 中国给水排水，2008，24（14）：1-4.

[36] 李少华，李晨希，董增川. 生态型水网理论体系及关键问题探讨. 水利水电技术，2006，(2)：64-67.

[37] 陈菁，马隰龙. 新型城镇化建设中基于低影响开发的水系规划. 人民黄河，2015，(8)：27-29.

[38] 张庆康，郝瑞霞，刘峰，等. 不同再生水处理工艺出水水质回用途径适应性分析. 环境工程学报，2013，7（1）：91-96.

[39] 申颖洁. 再生水补给型河湖水体净化技术分析与适宜性评价. 中国给水排水，2015，(2)：6-10

[40] 李燕群，何通国，刘刚，等. 城市再生水回用现状及利用前景. 资源开发与市场，2011，(12)：1096-1100.

[41] 张亮，黄擎. 污水回用研究进展. 化工进展，2009，28：43-46.

[42] 袁伟，郭宗楼，袁华. 污水灌溉的研究现状及利用前景分析. 中国农村水利水电，2005，(6)：19-21.

[43] Liberti L, Notarnicola M, Petruzzelli D. Advanced treatment for municipal wastewater reuse in agriculture. UV disinfection: parasite removal and by-product formation. Desalination, 2003, 152 (1): 315-324.

[44] Juanico M, Friedler E. Wastewater reuse for river recovery in semi-arid Israel. Water Science & Technology. 1999, 40 (s 4-5): 43-50.

[45] Rubio J, Carissimi E, Rosa J J, et al. Flotation in water and wastewater treatment and reuse: recent trends in Brazil. International Journal of Environment & Pollution, 2007, 30 (3): 197-212.

[46] Amahmid O, Bouhoum K. Assessment of the health hazards associated with wastewater reuse: transmission of geohelminthic infections (Marrakech, Morocco). International Journal of Environmental Health Research, 2005, 15 (2): 127-133.

[47] Hartley T. Public perception and participation in water reuse. Desalination, 2006, 187: 115-126.

[48] Parsons L, Sheikh B, Holden R, et al. Reclaimed water as an alternative water source for crop irrigation. Hort Sci, 2010, 45: 1626-1629.

[49] Florida Department of Environmental Protection (FDEP). Water Reuse Programm, 2013. reuse inventory, 2014. Available at: http://www.dep.state.fl.us/water/reuse/docs/inventory/2013_ reuse-report.pdf (Accessed September, 2014).

[50] Markus M, Deshmukh S. An innovative approach to water supply—the groundwater replenishment system. In: World Environmental and Water Resources Congress 2010: Challenges of Change, 2010, (16-20): 3624-3639.

[51] Constructed wetland for wastewater treatment and wildlife habitate. EPA832-R-005. 1993.

[52] 国土交通省土地・水資源局水資源部編. 平成 21 年版日本の水資源について. 日本東京：国土交通省，2009，125-126.

[53] 有动键一郎．日本下水道等再生水利用现状相关技术及措施．中日合作节水型社会建设示范项目节水技术培训教材．东京：科学出版社，2010，134-145.

[54] Ministry of Environment (MOE). National sewerage master plan. Ministry of Environment: Sejong, Korea, in Korean, 2007.

[55] Seong C H, Kang M S, Jang T I, et al. Feasibility study of wastewater reuse for the vegetable farming in Jejudo. Journal of the Korean Society of Agricultural Engineers, 2009, 51 (1): 27-32.

[56] 营丘镇总体规 . 2014.

[57] 李燕，覃雪明，秦德全．污水处理厂可研阶段选址研究．广西城镇建设，2012，(6)：89-93.

[58] 罗丁．北京乡镇污水处理厂项目设计的几点思考．市政技术，2016，(2)：111-113.

[59] 中华人民共和国国家标准．GB 50014——2006 室外排水设计规范（2016 年版）．北京：中国计划出版社，2016.

[60] 中华人民共和国建设部．城市生活垃圾处理和给水与污水处理工程项目建设用地指标．工程建设标准化，2005，(2)：7-13.

[61] 王浩程，王琳，卫宝立．基于 GIS 的特色小镇生态敏感性研究——以山东营丘镇为例．中国海洋大学学报（自然科学版），2019，49（8）：100-107.

[62] 崔建鑫，赵海霞．城镇污水处理设施空间优化配置研究．中国环境科学，2016，36（3）：943-952.

[63] 郭静，梁娟，匡颖，等．污水处理厂恶臭污染状况分析与评价．中国给水排水，2002，18（2）：41-42.

[64] GB/T 18921—2002. 城市污水再生利用 景观环境用水水质 . 2005.

[65] GB/T 18920—2002. 城市污水再生利用 城市杂用水水质 . 2002.

[66] GB/T 19923—2005. 城市污水再生利用 工业用水水质 . 2005.

[67] 陈梦馨，欧阳纯烈，韩周林，等．基于景观格局的绵阳市水系生态廊道建构．绵阳师范学院学报，2017，(2)：111-116.

[68] 朱强，俞孔坚，李迪华．景观规划中的生态廊道宽度．生态学报，2005，(9)：2406-2412.

[69] 李福英，汪泽军，平凡，等．河南省河渠廊道绿化现状．河南林业科技，2010，(3)：

59-61.
[70] 姚小琴，窦华港．天津河道廊道的生态修复．城市规划，2009，33（9B）：69.
[71] 左晓霞．浅析农村河道综合整治规划思路与治理措施．湖南水利水电，2014，（3）：72-75.
[72] 黄为．中小河流河道治理探析．东北水利水电，2016，（5）：64-65.
[73] 田传冲，陈星，湛忠宇，等．水量水质系统控制的流域水系连通方案．水资源保护，2016，（2）：30-34.
[74] 黄浩静．杭嘉湖平原河网区乡镇河道水生态修复示范工程研究．杭州：浙江农林大学，2017.
[75] 程国旗．沁河流域生态环境问题分析及修复建议．山西水利，2016，（7）：10-11.
[76] 郭新蕾．河网的一维水动力及水质分析研究．武汉：武汉大学，2005.
[77] Zhao H. Decentralized approaches to rural wastewater treatment in China．Ministry of Housing and Urban-Rural Development，Department of Rural Development，2010.

第7章　完善法规和管理

2008年修订的《中华人民共和国水污染防治法》实施以来，以及2017年实施的修正，我国对集中排放的点源（城镇污水和工业废水）实施许可证制度和达标排放。面源污染和城市雨水径流污染只在《城镇雨水调蓄工程技术规范》（GB 51174—2017）和《城镇内涝防治技术规范》（GB 51222—2017）中提出污染控制调蓄措施，合流制的污水处理厂暴雨时的强排和分流制雨水的直排，都没有明确的排放标准，成为城市水环境污染的重要来源，是城市水环境没有得到根本改善的主要原因。其原因还包括农业面源污染源头分散、多样，污染排放的地理边界和发生位置难以识别和确定，随机性强、成因复杂，污染物潜伏周期长等。从1999年开始，国家环境保护总局陆续颁布了《秸秆禁烧和综合利用管理办法》、《畜禽养殖业污染物排放标准》（GB 18596—2001）等涉及农业源污染防治的规章，但由于立法位阶低，此类规范对防控农业面源污染的效果不理想。应针对雨水和农业面源污染制定面源污染排放标准和地方防治条例。应科学核算环境容量，制定符合经济社会发展的农村污水排放标准。

水环境容量是指水体在设计水文条件和规定的环境目标下所能容纳污染物的最大量，水环境容量是水污染物实施总量控制的依据，是水环境管理的基础。由于山东省重点河流的水环境容量的不确定，重点污染物总量控制措施只能是某地区削减百分比这样模糊的指标，与水系的环境容量没有相关性，治污效果不明显。为了实现削减的总目标，提高污水排放标准成为污水管理的主要手段。我国污水处理厂普遍采用《城镇污水处理厂污染物排放标准》（GB 18918—2002）中的一级A标准。严于美国的二级排放标准，欧盟的二级排放标准，乃至日本的排放标准，而环境问题并没有同步改善。全国采用统一的标准，每座污水处理厂运行情况和污染物种类、受纳水体的水环境容量均不相同，按统一规定执行最严格的标准，建设和处理成本增加，造成经济社会负担。应该科学核算受纳水体的环境容量，按照日最大负荷分配排污负荷，包括雨水径流污染负荷。对污水处理厂进行成本效益分析，选择满足环境容量经济适用的工艺，实现环境经济同步发展。

污水回用是农村地区解决水环境问题的有效措施。现行的《地表水环境质量标准》（GB 3838—2002）对于一般水体只规定了24项指标。这些指标反映的是水质的最低要求。24项指标之外的项目标准由地方政府规定。没有地方标准，就是24项指标之外的水质没有要求，导致地方对有毒有害物质的管控没有依据。

应该在省级层面出台相应条例或者对已有地方条例进行修订，细化地表水环境标准，增加有毒有害物质，为执法和规范管理提供依据，也为大面积推进污水回用提供法规基础。

建立健全监督机制，确保法规和技术的实施。我国现行的《水环境监测规范》（SL 219—2013）主要还是以人工监测为主的技术规范，没有全流域布设自动采样点的技术规程。应编制出台省级水系水环境监测技术规范，使监测点位的设置符合水环境质量管理的要求，保证监测数据的长期完整有效，为科学计算水环境容量建立数据基础。

现行的《中华人民共和国水污染防治法》，对于公民个人或者单位进行监督，只规定有权对污染、损害水环境的行为进行检举，个人或者单位无权对环境行政管理部门怠于履行或不履行其管理职责的行为提起环境行政公益诉讼。过于宽松的监督不利于监督的效果，起不到监督的作用。建议出台地方条例，授权个人或者单位提起环境行政公益诉讼的权利。

7.1　村镇污水排放标准

农村水污染，污染源头多样，因为村落具有分散性，所以农村水污染也呈现分散性。量小面广，很多自然村污水排放以生活污水为主，执行城市污水的排放标准，不符合农村水质特点，采用简易排放技术，也无法达到国家的一级 A，甚至一级 B 的排放标准。国外的经验证明，加强法制建设、建立完善的法律法规体系，是解决好农村水环境污染问题的关键[1]。农村水污染污染防治法律制度是环境保护法律体系中不可缺少的组成部分，农村水污染防治法律制度是农村水污染防治方面立法制度与司法制度的总称，是指在运用相关法律规范调整农村水污染防治过程中产生的各种社会关系时形成的各种制度，由农村水污染防治及管理方面的专门性法律规范和其他有关的法律规范及政策构成[2]。1991 年，欧洲颁布了农村生活污水处理标准。美国、西班牙颁布了农村污水处理技术的工艺选择、设计指导性纲领。西班牙政府规定人口少于 2000 的村镇必须在 2005 年底前建立污水处理系统，还建立了负责农村污水处理技术推广使用的专门机构。挪威政府通过颁布法律，对污水就地处理进行管理，并对具体指标的处理与排放做出了详细规定。

《清洁水法》是美国最重要的联邦水污染防治法律。国家污染物排放清除系统（the national pollutant discharge elimination system，NPDES）许可证制度是美国水污染防治法律的基础和核心。该制度主要体现在《清洁水法》第 6 章第 402 条。该条规定：任何人在未获得 NPDES 许可证的情况下，从一个点源排放任何污染物进入美国的水域都是违法的[3]。NPDES 通过许可证的各项具体规定来实现水污染防治的各项具体要求（如污染物分类、技术排放标准的分类、水质标准的分类、排污设施的管理）的落实[4,5]。从美国的《清洁水法》中可以读懂其中涉及的排放标准是细化的，有污染分类，有技术对应的标准分类，还有水质分类，没有一刀切，统一采用相同的一个标准。我们国家只有排放标准，没有技术分类标准，更没有污染物分类标准。

水质参数是标准中的一个重要组成部分，不同的排放要求采用不同的参数和取值。村镇污水的性质主要与下列因素有关：人们的生活习惯、气候条件及生活污水与工业污水所占的比例。村镇生活污水中各成分的变化不是太大。

1. 污水的微生物指标

污水中的致病微生物是污水排放的主要问题之一，污水中的致病微生物主要有三种：细菌、寄生虫（原生动物和肠内寄生虫）和病毒。这些微生物的尺寸关系如图 7.1 所示。在制订标准的同时，还须认识到致病微生物是有生命的，它们能够在适宜的条件下繁殖，因此，仅仅依赖于给定的参数值来去除这些微生物不足以满足环境要求，还要通过其他的措施来切断其传播途径和再生的可能，才能更有效地保证其安全性。

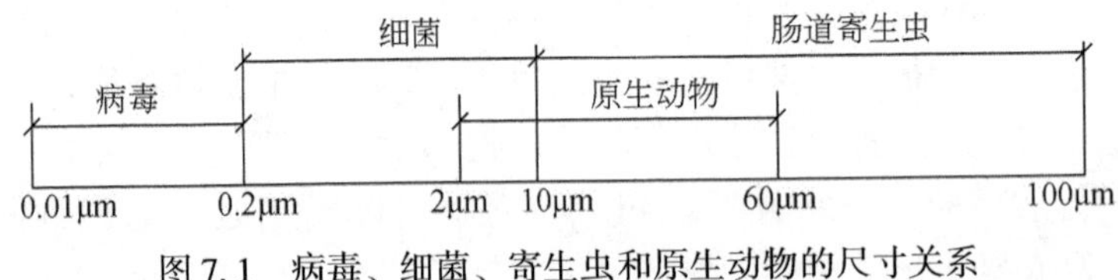

图 7.1　病毒、细菌、寄生虫和原生动物的尺寸关系

1）细菌

污水中的致病菌是造成危害的一个主要部分，如沙门氏菌、志贺氏菌、霍乱弧菌等。其感染途径主要是通过食用被致病菌污染的食物和吸入含有致病菌的气溶胶。由于污水中的细菌总数很大，但是致病菌数量较少，并且其检测又存在一定的困难，因此必须选定合适的指示菌。通常选用大肠杆菌作为粪便污染的指示菌，原因主要在于[6]：

（1）大肠杆菌是人体内固有的肠道寄生菌类，数量大。

（2）检测方法简单（多管发酵法、滤膜法）。

（3）大肠杆菌的生理习性和肠道致病菌类似，在外界的生存时间也基本一致。

大肠杆菌的指示参数通常是总大肠杆菌和粪便大肠杆菌，两者的定义如下：在 37℃的培养条件下能够生长，使乳糖发酵和产酸产气的，称为总大肠杆菌（total *coliform*），其中包括一些在自然环境中生存的大肠杆菌细菌。若把温度升高到44.5℃，在此温度下仍然能生长，并使乳糖发酵和产酸产气的称为粪便大肠菌群（*fecal coliform*），表示它们主要来自粪便，是粪便污染的特定的指示菌。表7.1列出了原生活污水中总大肠杆菌、粪便大肠杆菌和一些致病菌的数量，可以看出总大肠杆菌的数量比粪便大肠杆菌数量高几个数量级，并且粪便大肠杆菌能够比总大肠杆菌更敏感地反映可能存在的致病菌，因此粪便大肠杆菌能够更加确切地表示水体所受粪便污染的程度[7]。

表7.1 原污水中的几种微生物数量比较

微生物	数量/(个/100mL)
总大肠杆菌（total *coliforms*）	$10^7 \sim 10^{10}$
粪便大肠杆菌（*fecal coliforms*）	$10^4 \sim 10^9$
沙门氏菌	$10^2 \sim 10^4$
志贺氏菌	$1 \sim 10^3$

由于污水进入水环境，如河道、塘坝等，不可避免地与日常生活联系在一起，并且大多数致病微生物的危害能够很快表现出来。因此大肠杆菌的指示参数尤其重要，所有以回用为目的的标准的制定必须首先考虑它。

细菌的尺寸很小，可以穿透常规的二级处，要通过消毒工艺，如加氯来完成灭菌。大肠杆菌本身并不能够预测水中致病菌病毒、原生动物或者寄生虫的存在及其数量情况，针对不同的条件还需要制定具体的要求。

2）原生动物和寄生虫

世界上水传播疾病的爆发一般与饮用水和娱乐水中的原生动物有关，这些原生动物有兰氏贾第鞭毛虫和隐孢子虫。感染途径主要是吸入贾第虫孢子或隐孢子虫卵，它们存在于绝大部分污水中，常规的加氯消毒很难去除，但可以通过紫外消毒来灭活[8]，对人类有严重的危害性。

危害人类健康的寄生虫主要是线形动物。在世界范围内，蛔虫的危害最大。蛔虫一般寄生在被感染的人肠道内，其受精卵随寄主的粪便排出，卵的抵抗力很强，即使在干燥、严寒和腐烂的环境中，也都能够继续发育，在土壤中最长可活5~6年。似蚓蛔虫是我国最常见的人体寄生虫，其虫卵生存率高，对环境的抵抗力强，所以散布的范围很广，一般5~10岁的儿童感染率最高。造成儿童营养不良，发育受阻，严重的会导致胆道蛔虫症和肠阻塞等。我国首次人体寄生虫分布调查表明：全国平均人体寄生虫感染率高达62.63%，即全国有7亿人感染寄生虫，其中蛔虫的感染人数为5.31亿，所以在某些标准中必须对蛔虫给予限制。蛔虫的传播途径主要是食用受寄生虫卵污染的食品或吸入含有寄生虫卵的气溶胶。一般用蛔虫卵的个数来表示受寄生虫污染的程度。

3）病毒

病毒是专性细胞内寄生虫，仅在活的寄主细胞内增殖。病毒由一个核酸外面包着蛋白质外壳组成，有100种不同的肠道病毒能够引起人类感染或者疾病，如肠道病毒、轮状病毒等。只有在受到感染人群的粪便污染水体中才会有病毒存在。病毒在污水中的数量要比肠道中的数量少，存活时间更长。病毒的感染主要是通过食物链和吸入气溶胶。

病毒的测量需要专用的实验设备，操作精度要求很高，检验方法非常困难、昂贵，一般条件下难以完成。

通常绝大多数的病毒颗粒都附着在固体物质上，污水处理过程中病毒的去除与悬浮固体的去除是一致的，因此，水中悬浮固体量是检测病毒的一个间接参数指标。

对病毒的规定一般都是通过对处理技术的要求来实现。美国加利福尼亚州的实验证明，完整的三级处理（二级出水之后，混凝、澄清、过滤、消毒）能够有效地去除病毒；超滤、纳滤和反渗透等膜分离技术也能高效地去除病毒，其代表性的对数去除率为6～10。

2. 污水的化学指标

1）无机物指标

pH：pH是控制水体酸碱性的一般化学指标，以$-\lg(H^+)$计。它体现了水体的酸碱性，是天然水体化学和生物系统的一个重要因素。H^+不能直接产生有害影响，但它的改变可能会影响周围环境，强化其他物质的毒理性。例如，灌溉用水中，pH一般不会对土壤造成影响，但是在酸性条件下，铁、锰或铝等金属离子会溶解，从而直接危害作物。一般要求pH的范围为6.5～8.5，在具体的回用情况下，可能会有所变化。

氮和磷：氮和磷是营养盐指标，是植物生长的重要元素。主要来源于人类的排泄物，以及某些工业废水。在不同的回用目的下，其作用差别很大。当氮和磷排入水体时，会造成水体富营养化。在农业灌溉中，氮和磷是作物必需的生长元素，用于农田灌溉时没有必要去除氮和磷。对污水中氮和磷的有效利用可以降低对无机肥料的依赖性，减少无机肥料对土壤的破坏，保持土壤的可持续利用[9]。过量施用氮肥可能会对某些作物产生一些负面的影响，如生长期过长、易倒伏、果实不够成熟、种子不饱满、植物晚熟、味道减退（水果或蔬菜）、糖分减少（甜菜等）和淀粉减少（土豆）等。污水中的氮浓度低于5mg/L时，不会出现问题，在5～30mg/L时会出现问题，超过30mg/L会出现严重问题。另外，过多的氮肥有可能会渗入到地下含水层中，间接进入饮用水系统中。污水中的含氮化合物有四种：有机氮、氨氮、亚硝酸盐氮与硝酸盐氮。水中含氮化合物的存在形式不同，表示水体受到污染的时间长短不一。水体的有机氮含量高说明近期受到污染，亚硝酸盐和硝酸盐含量高说明污染物已经分解，正趋向自净。

氮的指标也有不同的表示方法，四种含氮化合物统称为总氮（TN）；凯氏氮（KN）是有机氮和氨氮之和；非离子氨是分子态的氨，直接对水生生物造成毒害作用；氨氮是非离子氨和离子态氨之和，在以后的过程中有转化为硝酸盐和亚硝酸盐的可能，是一个很重要的指标；硝酸盐氮主要是毒理学指标，其可能造成的健康危害有正铁血红症（特别是对婴儿），亚硝胺可以引发致癌风险。

氮的去除一般采用生物的硝化和反硝化来完成，物理化学方法有折点加氯、气体吹脱等。磷的去除可以采用生物聚磷菌的作用来完成，也可以采用化学沉淀的方法，如铝盐、铁盐和石灰沉淀法。

氯化物：氯化物在饮用水中是一项主要的感官指标；在农业灌溉中，氯离子不能被土壤吸附，也不会被土壤拦截，会畅通无阻地被植物吸收，进入叶子中，造成叶子边缘呈灼烧状和组织的破坏。

氯离子的来源主要是生活污水和一些工业污水。当使用氯气消毒时，也可能会增加氯的含量，一些研究表明，氯气能够与水中的一些有机物产生“三致”物质，在进行地下水回灌时，这方面的潜在影响引起了广泛关注。

常规处理不能去除水中的氯离子，只能通过一些特殊的处理技术，如膜法来实现。

钠离子：钠离子在水体中一般不会产生危害。在农业灌溉中过多的钠离子会对土壤结构造成很大的危害。钠离子的破坏性主要是置换出土壤中的钙离子和镁离子，分散土壤，导致水和空气在土壤中的渗透率降低。干旱时，分散的土壤会板结，减少了水的渗透性，产生浸水性问题，难以耕种、妨碍发芽，降低土壤中的氧气含量可能引起部分厌氧，使土壤变质。

钠离子易溶解，通常作为载体在生产和生活中广泛使用，大量的离子也通过各种途径进入水体中。

表示灌溉水中钠的最可靠的指数是钠离子吸附比（SAR），可以通过式（7.1）确定：

$$\mathrm{SAR}=\frac{\mathrm{Na}}{\sqrt{\frac{\mathrm{Ca}_x+\mathrm{Mg}}{2}}} \tag{7.1}$$

式中，Na 为灌溉水中的 Na^+ 含量（meq/L）；Ca_x 为灌溉水中的 Ca^{2+} 动态含量，它是根据灌溉水中的盐分（EC_w）、HCO_3^-/Ca^{2+} 比率（HCO_3^- 和 Ca^{2+} 的单位均为 meq/L）和在土壤表层几毫米处估计的 CO_2 的分压值（$P_{CO_2}=0.0007$）进行修正后的值（meq/L）。

其中离子浓度以 meq/L 表示，式（7.1）只考虑了一种暂时的情况，并没有注意到由于CO_2产生的碳酸可能会使岩石中的Ca^{2+}和Mg^{2+}溶解，这样土壤中的Ca^{2+}和Mg^{2+}的浓度会随时间而改变，通常采用修正的公式来表示这种变化，被称为修正的钠离子吸附比（adj. SAR），如式（7.2）所示：

$$\text{adj. SAR}=\frac{\text{Na}}{\sqrt{\frac{\text{Ca}_x+\text{Mg}}{2}}} \tag{7.2}$$

式中，Na 为灌溉水中的Na^+含量（meq/L）；Ca_x为灌溉水中的Ca^{2+}动态含量，它是根据灌溉水中的盐分（EC_w）、HCO_3^-/Ca^{2+}比率（HCO_3^-和Ca^{2+}的单位均为 meq/L）和在土壤表层几毫米处估计的CO_2的分压值（$P_{CO_2}=0.0007$）进行修正后的值（meq/L）。

式（7.2）所要测定的参数很多，且都处于不断变化中，还没有广泛应用。

硼：硼的影响主要体现在灌溉用水中，硼是植物所需的主要微量元素之一，但是浓度过高也会引起一些问题，主要的症状是老叶子发黄，出现斑点，叶子顶尖和边缘发干，或者植物内部组织变色等。不同植物对硼的耐受程度不同。果树、作物和蔬菜受硼影响的程度依次增加。硼的来源主要是洗涤剂和工业废水。

重金属：重金属是指原子序数为 21～83 的金属或相对密度大于 4 的金属。重金属的来源主要是工业废水。一般的重金属离子，在微量时，对动植物及人类的影响不明显，当浓度超过一定的值后，会产生毒害作用。

重金属的污染途径主要是食物链。经过常规处理之后，污水中的重金属浓度一般很低，大多数都富集在污泥中，因此，关于重金属的规定主要是针对污泥作为有机肥料施用于农田的规定。

2）有机物指标

有机污染物的种类繁多，现有的技术难以完全区分。有机物的共同特征就是可被氧化。因此一般用氧化过程中所消耗的氧量作为测定有机物的总量的综合指标。

生物化学需氧量（BOD）：BOD 是表示能够被生物降解的有机物的量，被作为常规的指标进行测定。可生物降解的有机物降解，可分为两个阶段，如图 7.2 所示。

该过程可以分为两个阶段：第一阶段为碳氧化阶段，在异养菌的作用下，含碳有机物被氧化（或称为碳化）为CO_2和H_2O；第二阶段是硝化阶段。20 天之后生化过程速度趋向于平缓，但是时间太长，没有实用价值。5 天的生化需氧量约占总碳氧化需氧量的 70%～80%。所以通常用BOD_5来表示。该指标只能反映可生物降解的有机物，而不能反映那些难生物降解的有机物。该指标也作为一项常规指标被广泛应用。

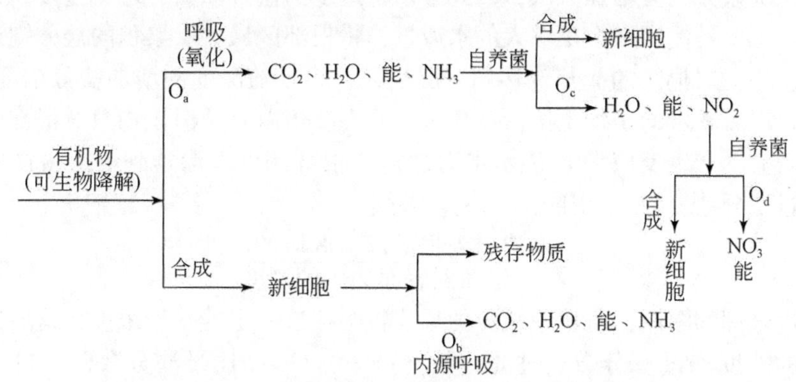

图7.2　可生物降解的有机物降解的两个阶段

O_a 为含氮有机物被氧化（或氨化）为 NH_3 所消耗的氧量；O_b 为内源呼吸过程所消耗的氧量；O_c 为 NH_3 被氧化为 NO^{2-} 和 H_2O 所消耗的氧量；O_d 为 NO^{2-} 被氧化为 NO^{3-} 所消耗的氧量

化学需氧量（COD）：COD是用强氧化剂（我国法定用重铬酸钾），在酸性条件下，将有机物氧化成 CO_2 与 H_2O 所消耗的氧量，用 COD_{Cr} 表示，一般简写为COD。其中含有很多不能生物降解的有机物。

用 BOD_5/COD 作为判别该污水是否适于采用生物处理的依据。当比值大于0.3时，适于采用生物处理。

总有机碳（TOC）：总有机碳（total organic carbon）是国内外广泛使用，反映污水被有机物污染程度的综合指标。TOC所显示的数值是污水中有机物的总含碳量。测定原理：先将水样酸化，通过压缩空气吹脱水中的无机碳酸盐，排除干扰，然后向氧含量已知的氧气流中注入一定数量的水样，并将其送入以铂钢为触媒的燃烧管中，在900℃高温下燃烧，在燃烧过程中产生的 CO_2 量，用红外气提分析仪器测定，并用自动记录仪记录，折算出其中的含碳量，就是TOC的值。在地下水回灌时，通常采用该指标反映污水中有机物含量。其他含量少又难以测量的有害物质，通过用TOC进行总体控制。

3）污水的物理指标

盐分：表示盐分的参数一般用电导率 EC_w 和总溶解固体TDS表示。盐分主要是一些溶解性物质，成分复杂，来源也很广泛。盐分主要的危害是能够影响土壤的渗透潜能，特定的离子毒性导致土壤物理条件的降低，盐分过高就会在作物根部地带聚集，使土壤成分结构发生变化，造成土壤板结，降低作物产量。当灌溉水中盐分过多时，与植物根茎内部相比具有较高的渗透压，植物中的水分在压力的作用下，会渗透出来，造成植物相对缺水，此时即使灌溉的水量很多，植物也不能有效利用，会出现叶子萎蔫、干枯等缺水现象。作物为了满足自身的蒸发蒸腾（ET）需求从灌溉土壤中吸收水分，造成剩余的盐分在土壤水分中浓缩。

每灌溉一次盐分就会增加一次，因此必须将过多的盐分除去，避免过多积累、伤害作物。主要是使用一个足够大的水通量，将根部区域上层累积的盐分输送到下层根区，将上层根区的盐分转移到下层根区，导致随深度的增加盐分浓度增高，与使用普通灌溉水的平均土壤盐度相比，要高三倍以上，但作物只对根部区域的平均土壤盐度产生反应[10]，表示水通过这个根部深度，渗透到下层根区的指标被称为过滤分数（LF），用式（7.3）表示：

$$\mathrm{LF}=\frac{\text{水渗透到根部以下区域的深度}}{\text{施加到表面的水的深度}} \tag{7.3}$$

经过合理的灌溉，土壤中盐分的累积将会接近一定的平衡浓度，这取决于灌溉水中的盐度和过滤分数。过滤分数（LF=0.5）高比过滤分数低（LF=0.1）产生的盐分累积要小，如果灌溉水中的盐分（EC_w）和过滤分数（LF）是已知的，那么就可以估计出渗透出下层根部的排放水中的盐分和根部区域中盐分的平均值。下层根部的排放水的盐度可以用以下式（7.4）计算：

$$EC_{dw}=\frac{EC_w}{LF} \tag{7.4}$$

式中，EC_{dw}为渗透出下层根部排放水的电导率，与土壤中盐分 EC_{sw} 相等；EC_w为灌溉水的盐分；LF 为过滤分数。

通常同时使用钠离子吸附比（SAR）和灌溉水中的盐分（EC_w）来估计可能会产生的渗透性问题，如图 7.3 所示。

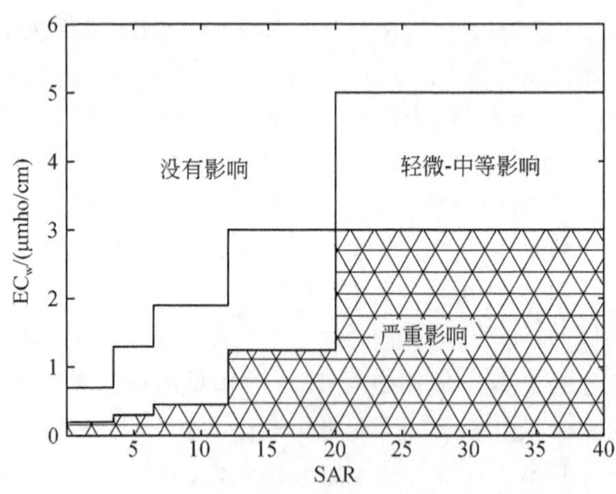

图 7.3　灌溉水的电导率 EC_w和土壤中的 SAR 对土壤渗透性的影响

当 SAR 浓度小于 5 且 EC_w的值大于 1 时，用再生水灌溉产生的渗透问题最小。当 SAR 大于 20 且 EC_w的值小于 3 时，如果不采取预防措施，就会产生严重的渗透问题[9]。在地下水回灌时，TDS的过量也会增加地下水的含盐量，破坏地下水平衡，影响后续的饮用水处理过程。

常规的处理工艺，不能有效去除盐分，一些新的处理技术，如膜技术能有效去除，但是处理费用非常昂贵，在农业灌溉中不适宜采用。采用灵活的灌溉方法，如采用和淡水混合灌溉，或者轮灌，也是可行的措施。

总悬浮固体（TSS）和浊度（单位为NTU）：污水中的悬浮物质的表示有两种方法，即总悬浮物质（TSS）和浊度。浊度在水体中是表观参数。污水中的颗粒物质可能会成为微生物的“避难所”，从而避开了加氯消毒，因此会造成消毒剂的浪费；当使用紫外线消毒时，悬浮颗粒也可能会阻止了光的透过，也降低了消毒效率。当浊度超过5NTU时问题会更加严重[11]。美国佐治亚州要求在消毒之前，水的浊度不能超过3NTU[12]。

本章从污水的成分角度总结了标准中涉及的一些参数。介绍了一些常用指标，详细叙述了国际上已经开始研究使用，我国还没有规定的不常用参数指标，如修正的钠离子吸附比（adj. SAR），着重描述了影响土壤结构的各个参数和其相互作用关系。这为我国农村标准的制定提供了一些参考，尤其是针对我国村镇污水经常直接或者间接进入灌溉用水的情况。

7.2 我国污水回用灌溉标准

7.2.1 我国污水灌溉标准的发展

1972年前，我国没有用于灌溉的再生水标准，我国农田灌溉的标准就是针对污水灌溉造成的危害提出的。1972年召开的“城市污水灌溉农田经验交流座谈会”总结了污水灌溉的优点和造成的危害，提出了城市污水灌溉农田的水质标准（参考标准），标准中仅有15项指标[13]，其中包括基本参数温度、pH、悬浮物和其他一些化学物质（5项重金属，有害的有机物和无机物等），主要是针对污水灌溉地区造成的对农作物的危害；对土壤的危害提出了含盐量和总溶解性固体两个指标。

1979年的“农田灌溉用水标准（TJ 24—79）”将指标增加到22项，删除了基本指标中的悬浮物指标和总溶解性固体指标；增加铜、锌、硒和氟化物，以及苯、三氯乙醛和丙烯醛三种有机物。对其他化学物质的取值几乎都进行了调整，提出了更加严格的指标值。但没有给出微生物指标。

1985年的农田灌溉水质标准（GB 5084—85）的指标只是增加了硼和大肠杆菌指标，并根据当工业废水或者城市污水作为农业用水的水源时，所采用的是长期灌溉还是清污轮溉分成了两类，并相应调整了各项指标。标准增加了大肠杆菌指标，这主要是考虑对人类健康的危害，很具有针对意义。

1992 年修订的《农田灌溉水质标准》（GB 5084—1992）中将指标增加到 29 项。基本指标中增加了悬浮物、五日生化需氧量、化学需氧量指标；还增加了表示营养物质的凯氏氮指标；增加了阴离子表面活性剂指标；微生物指标中增加了蛔虫卵的规定。该标准的一个主要特点是将灌溉作物分为水作、旱作和蔬菜三类。旱作的生长周期一般较长，并且土壤具有巨大容量和降解稀释能力，可以接受某种污染物较高的负荷。水作主要是指水稻，其在我国的种植面积很大，水田主要是利用其中的小生境来降解有机物，对污染物的耐冲击能力不如旱作。蔬菜的生长周期最短，与人类日常生活联系最密切，所以要求标准最高。

2005 年修订的《农田灌溉水质标准》（GB 5084—2005），分为基本控制项指标 16 项和选择性控制指标 11 项，分类与 1992 年的版本基本一致，1992 年的标准没有分为基本控制项和选择性控制项，而是统称为农田灌溉水质标准；2005 年的标准相比于 1992 年有机物基本控制指标全面加严，其中蔬菜的化学需氧量，从 1992 年的 80mg/L，分为加工类为 40mg/L，生食类蔬菜、瓜类和草本水果为 15mg/L；五日生化需氧量从 1992 年的 150mg/L，分为加工类为 100mg/L，生食类蔬菜、瓜类和草本水果为 60mg/L；蛔虫卵的个数也区分为 2 个/L，和生食的 1 个/L，总体加严。

2007 年颁布了《城市污水再生利用 农田灌溉用水水质》（GB 20922—2007），分为基本控制项目及水质指标最大限值 19 项与选择性控制项 9 项，总体 28 项，保持了与《农田灌溉水质标准》的总体一致性，有机浓度的控制较《农田灌溉水质标准》宽松，去掉了水温，所以是 28 项。其他取值和指标都与《农田灌溉水质标准》一致，增加了作物分类——纤维作物，取值与旱地作物一致，只是水田，比较农灌加严，也没有操作意义，应该按照农灌的标准执行。由于再生水用于农田灌溉要执行行业标准，而且在《城市污水再生利用农田灌溉用水水质》（GB 20922—2007）中也仅仅减少了一项，对于总体没有太多影响。后面的讨论仍然以《农田灌溉水质标准》为基准。

表 7.2 比较了上述几个农田灌溉标准。从整个发展过程可以看出，人们从最初主要强调重金属与一些有毒有害的有机物和无机物的参数，转移到强调一些常规的参数和微生物参数。其原因主要在于：用含有工业污水的城市污水灌溉农业已经成为历史，国家开始采取措施控制工业污水中的有害物质排放到下水道中。同时，要求污水处理厂达到二级排放标准，一方面，出水中重金属和一些有害物质的数量将会降低；另一方面，绝大多数的重金属都在二级处理的过程中在污泥中累积下来，因此对重金属限制的重点开始转移到污泥的土地利用中。无论如何，以上的标准都是普通的农田灌溉标准，迄今为止，我国还没有专门针对再生水回用于灌溉的标准，其最主要的特点是微生物风险，因此迫切需要对这方面进行深入细致的研究。

表 7.2　我国灌溉标准发展比较

项目[h]	1972 年参考标准	1979 年 TJ 24—79	1985 年的 GB 5084—85		1992 年的 GB 5084—1992			2005 年的 GB 5084—2005		
			一类[a]	二类[b]	水作[c]	旱作[d]	蔬菜[e]	水作[c]	旱作[d]	蔬菜[f]
pH	5.5~8.5	5.5~5.8	5.5~8.5	5.5~8.5	5.5~8.5			5.5~8.5		
温度/℃	≤35	≤35	≤35	≤35	≤35			≤35		
悬浮物	300				150	200	100	80	100	60[f],15[g]
含盐量	800~1000	2000（非盐碱地）	1000（非盐碱地） 2000（盐碱地）	1500（非盐碱地）	1000（非盐碱土地），2000（盐碱土地），有条件的地区可以适当放宽					
氯化物/（mg/L）	300	盐碱地≤2000	200	200~300	250			350（选择性控制）		
总溶解性固体	1500	—	—	—	—			—		
油类	20~30	10	0.5（轻度污染区） 10.0（一般地区）	10.0	5	10	1	5 （选择性控制）	10	1
硫化物	5	1	1		1			1		
挥发性酚	5	1	1.0（土层<1m） 3.00	1.0（土层<1m） 3.0	1			1（选择性控制）		
氰化物	0.1	0.5	0.5（土层<1m 地区） 1.00（一般地区）	0.5（土层<1m 地区） 1.0（一般地区）	0.5			0.5（选择性控制）		
砷	0.2	0.05	0.05（水田） 0.1（旱田）	0.1（水田） 0.5（旱田）	0.05	0.1	0.05	0.05	0.1	0.05
铅	0.1	0.1	0.5	1.0	0.1			0.2		
六价铬	0.1（总）	0.1	0.1	0.5	0.1			0.1		
汞	0.005	0.001	0.001		0.001			0.001		

续表

项目[h]	1972 年参考标准	1979 年 TJ 24—79	1985 年的 GB 5084—85		1992 年的 GB 5084—1992			2005 年的 GB 5084—2005		
			一类[a]	二类[b]	水作[c]	旱作[d]	蔬菜[e]	水作[c]	旱作[d]	蔬菜[f]
镉	0.1	0.005	0.002(轻度污染) 0.005	0.003(轻度污染) 0.010 0.050(绿化区)	0.005			0.01		
铜		1.0	1.0	1.0(pH<6.5) 3.0(pH<6.5)	1			0.5 (选择性控制)	1(选择性控制)	
锌		3	2.0	3.0(pH<6.5) 5.0(pH<6.5)	2			2(选择性控制)		
硒		0.01	0.02		0.02			0.02(选择性控制)		
氟		3	2.0(高氟区) 3.0(一般地区)	3.0(高氟区) 4.0(一般地区)	2.0(高氟区) 3.0(一般地区)			2.0(高氟区) 3.0(一般地区) (选择性控制)		
苯		2.5	2.5(土层<1m 地区) 5.0		2.5			2.5(选择性控制)		
三氯乙醛		0.5	0.5(小麦) 1.00(水稻、玉米、大豆)		1	0.5	0.5	1 (选择性控制)	0.5	0.5
丙烯醛		0.5	0.5		0.5			0.5(选择性控制)		
硼			1.0(对硼敏感作物,如西红柿、马铃薯、笋瓜、韭菜、洋葱、黄瓜、梅豆、柑橘等)		1.0(对硼敏感作物,如马铃薯、笋瓜、韭菜、洋葱、柑橘等)			1.0(对硼敏感作物,如马铃薯、笋瓜、韭菜、洋葱、柑橘等)		
			2.0(对硼耐受性较强的作物,如小麦、玉米、青椒、小白菜、葱等)		2.0(对硼耐受性较强的作物,如小麦、玉米、青椒、小白菜、葱等)			2.0(对硼耐受性较强的作物,如小麦、玉米、青椒、小白菜、葱等)		

续表

项目[h]	1972年参考标准	1979年TJ 24—79	1985年的 GB 5084—85		1992年的 GB 5084—1992			2005年的 GB 5084—2005		
			一类[a]	二类[b]	水作[c]	旱作[d]	蔬菜[e]	水作[c]	旱作[d]	蔬菜[f]
硼			3.0（对硼耐受性强的作物，如水稻、萝卜、油菜、甘蓝等）		3.0（对硼耐受性强的作物，如水稻、萝卜、油菜、甘蓝等）			3.0（对硼耐受性强的作物，如水稻、萝卜、油菜、甘蓝等）		
粪便大肠菌群/(个/L)			10000（生吃瓜果前一星期）		10000			4000	4000	2000[c],1000[g]
五日生化需氧量					80	150	80	60	100	40[c].15[g]
化学需氧量					200	300	150	150	200	100[c],60[g]
阴离子表面活性剂(LAS)					5	8	5	5	8	5
凯氏氮					12	30	30	—		
蛔虫卵数/(个/L)					2			2		2[c],1[g]
参数项数	15	20	22	29	28					

a 指工业废水或者城市污水作为农业用水的主要水源，并长期利用的灌区。灌溉量：水田为800方/(亩·年)，旱田为300方/(亩·年)。

b 是指工业废水和城市污水作为农业用水的补充水源，而实行清污混灌轮灌的灌区，其用量不超过一类的一半。

c 水作，如水稻，灌水量为800m^3/(亩·年)。

d 旱作，如小麦、玉米、棉花等。灌溉水量300m^3/(亩·年)。

e 蔬菜，如大白菜、韭菜、洋葱、卷心菜等，蔬菜品种不同，灌水量差异很大，一般为200～500m^3/(亩·茬)。

f 蔬菜，加工，烹调，去皮。

g 蔬菜，生食蔬菜、瓜果和草木水果。

h 单位除特别标注外，其余均为mg/L。

7.2.2 农业灌溉的标准模式

国际上的再生水灌溉标准规定存在一定的规律性，虽然每个国家和地区有自己独立的标准，但是标准取值存在一定数量级的变化，这种变化能够反映出隐含在这些静态标准中的动态变化。将这种变化以五级分级的方式提取出来，结果如表 7.3 所示。这个分级中既包含了再生水回用的参数和其取值，也包含了作物的分类。

将灌溉用水进行分级后，各种存在的问题就可以通过该标准来解决，用户可以根据自己的经济要求和发展阶段选用适宜的标准分级，而其他的用途也可以从这里找到参考依据。

表 7.3 再生水回用于灌溉的分级标准

分级	Ⅰ	Ⅱ	Ⅲ	Ⅳ	Ⅴ
标准要求/(个/100mL)	FC<2.2	FC<23	FC<200	FC<1000	FC<10000
参考	加利福尼亚州再生水回用于农业规章 A 类标准要求	加利福尼亚州再生水回用于农业规章 B 类标准要求	US. EPA、佛罗里达和亚利桑那州的 A 类标准要求，以及沙特的 B 类标准要求	WHO 再生水农业回用指南、法国和西西里岛的 A 类标准要求，以及塞浦路斯的 D 类	我国农田灌溉水质标准，建议参考修订的 WHO 再生水农业回用指南

7.3 污水回用标准的模式探讨

通过对上述几种再生回用标准的具体分析，可以看出这种完全分类的模式中包含着一种呈数量级变化的分级模式，见表 7.3。依据回用目的分类，粪便大肠杆菌参数一直是贯穿其中的一个主要参数。另外分级的标准也有其存在的背景：

(1) 现在国际上正趋向于制定统一的规章来共同管理污水回用实践。美国 1992 年制定的加利福尼亚州再生水回用于农业规章就是一个针对国家标准分散的情况，针对那些没有制定标准，或者标准正在修订的地区提出的，属于全国范围内通用的标准[11]。地中海地区也提出要制定一个通用的再生水回用的标准的来统一管理这种分散的状况[14]。

(2) 需要制定一个动态的、可以根据不同的阶段经济实力进行调整的污水回用标准。一个国家或者地区内部的经济发展也不均衡，动态的标准可以保证不同的地区都能够满足要求。

(3) 污水回用于农业的标准是现在比较完善的标准，世界上很多国家都有各自不同的标准，总结发现了农业回用标准中隐含着不同数量级粪便大肠杆菌数的分级，这为制定分级标准提供了依据。

（4）水资源的紧缺决定了再生水的市场化是一个必然的趋势。目前自来水的价格相对较低，与再生水存在价格竞争关系。可以提高水价，形成竞争的优势，创造外部条件；也可以从再生水回用的自身模式进行改革，选择符合村镇地区发展需求的标准模式。

（5）澳大利亚南部五星级分级标准提供了案例，可以进行借鉴[16]。

通过上面的分析，作者认为我国可以制定一个从低质量、高风险到高质量、低风险逐渐过渡的再生水分级的指南，在不同的地区和不同的历史时期，可以根据当地的经济发展状况和特定条件选用适合于自己的标准级别。用水单位根据需求选择自己的用水标准，而再生水厂主要根据用户的具体的要求，配合当时的经济情况选择适合自己的处理工艺来生产符合地方用户需求的再生水。这样从管理方面和实施方面都能够有效配合，并且标准把用户和再生水厂直接联系在一起，提高再生水的实效性。

7.3.1　分级依据的选择

要想制定污水回用标准，选择标准分级的依据是关键。水循环要求采取有效的措施保障公众卫生和水生态环境，这些措施在技术上和经济上必须是可行的。卫生风险包括微生物风险和化学风险。如果有效地控制工业废水的排放，对于非饮用使用的再生水，微生物风险是最主要的控制指标；从水循环的角度分析，无论回用的目的是什么，其再生水的来源都是污水处理厂的出水。无论在哪个地区，处于哪个发展阶段，综合污水的成分差别是不大的。另外，再生水回用最关键是保证使用的安全，粪便大肠杆菌是主要的参数。微生物标准的制定有三种方法，其中微生物风险评估法制定标准是一种高科技含量、低风险、高费用的方法，用感染风险的末端控制法制定的标准则是一种低科技含量、高风险、低费用的方法。这种取值上的差距也决定了微生物参数的变化性。

澳大利亚联邦政府和各地方联合制定了澳大利亚水质管理策略。该策略是按粪便大肠杆菌平均数量［以所形成的群落单位（CFU）测量］表达水质微生物质量，推荐使用了四级再生水[15,16]。

（1）高度接触：FC<10 个/100mL；

（2）中级接触：FC<100 个/100mL；

（3）低级接触：FC<1000 个/100mL；

（4）限制接触：FC<10000 个/100mL。

澳大利亚水质管理策略为一些州根据当地条件改变标准留出了余地。例如，1993 年，新南威尔（New South Wale）地区制定了第五级再生水，即城市和居民区可放开接受的循环水，其水质类似于美国加利福尼亚州的三级过滤和消毒的水。

新南威尔城市和居民区：FC<1 个/100mL。

从以上指标可以看出，澳大利亚水质管理策略给地方政府留有余地，可以根据当地的实际情况进行调整，有一定的灵活性。

仅对大肠杆菌参数进行限制，并不能保证使用的安全，在使用过程中，还要考虑其他的水质指标，而各种水质指标的选择又很复杂。考虑到各种指标的达标，必须采用不同的处理工艺来实现，因此可以通过对处理工艺进行限制，保证分级的实施。

7.3.2 普通标准体系和分级体系的比较

图 7.4 和图 7.5 以农田灌溉水质标准、地下水回灌标准和景观娱乐用水标准三个方面为例，分析由一般标准模式过渡到分级实施标准模式的过程。

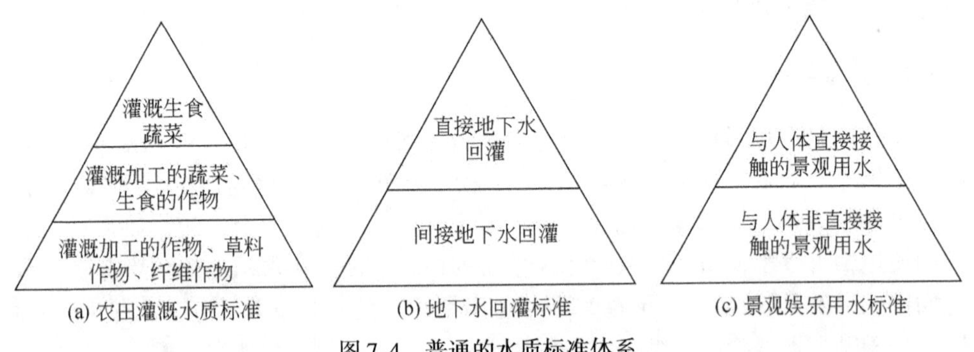

图 7.4 普通的水质标准体系

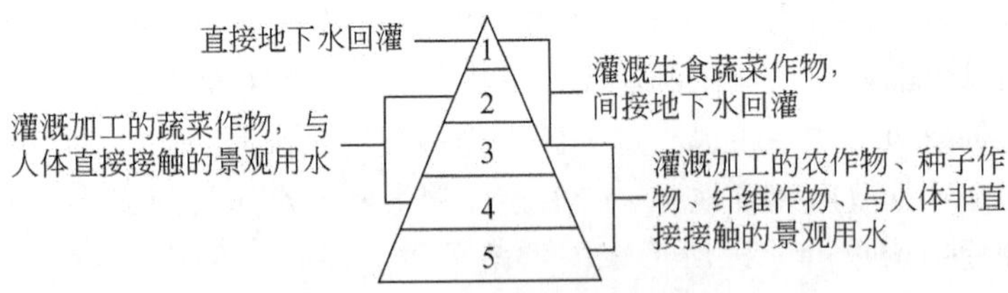

图 7.5 分级的水质标准体系

图 7.4 是普通的水质标准体系，根据不同的回用用途，进行水质标准分类，用途增加，分类标准就要增加，就好像虽然有了农业灌溉标准，还是需要再生水回用于农业的标准，而这两个标准除了水温，其他指标都趋于一致。

我国地域辽阔，不同地区发展水平不一致，需要采用不同的标准，在整个国家统一管理上，就会存在困难，常依据某种用途在某一特定历史时期制定相对应的标准，因此标准非常分散，并且是暂时性的，经济发展要求安全性高的标准时，还要重新制定标准。污水处理厂也是根据某种目的中的某个分类选择自己的处理工艺，因此生产的水的使用范围也受到限制。

图 7.5 则将各种回用用途标准进行统一。形成阶梯等级标准；采取逐步发展的方式，不同的历史时期和地区可以选用合适梯级的标准。污水处理厂也可以依据当地的实际情况，生产某级的水。和以前不同的是，这个级别的水的应用范围可能会很广泛，适用于所有的用户，而不是某一用途的用户。并且通过现有标准和工艺，可以很容易地预测出发展的方向，为未来处理工艺升级留出余地。

7.3.3　分级体系

参照现有的国际上的规章和指南，将各项标准按照与人类接触程度的大小分成五级，并提出相应的处理要求[15,17]，如表 7.4 所示。

表 7.4　水质分级标准

分级	基本水质要求	处理要求
Ⅰ	FC<2.2 个/100mL	多级屏障处理，有效去除微生物和化学物质，例如： 完全的二级处理+絮凝+沉淀+过滤+消毒 二级处理+组合膜过滤+消毒 二级处理+石灰澄清+再碳酸化+活性炭吸附（反渗透）+消毒
Ⅱ	FC<23 个/100mL	完全的二级处理+过滤+消毒
Ⅲ	FC<200 个/100mL	完全的二级处理+消毒
Ⅳ	FC<1000 个/100mL	二级处理+消毒 一级处理+氧化塘系统 强化一级处理+过滤+消毒
Ⅴ	FC<10000 个/100mL	二级处理+熟化塘 氧化塘系统

再生水处理分级后，将分级和各种回用用途综合列在表 7.5。对于某种回用用途的某个分类，可以使用几个分级，存在的上限和下限值。参照这个列表就可以明确采取哪个级别的标准和未来可能采用哪个级别的标准。

表 7.5　各种回用目的所对应当再生水分级

回用用途	Ⅰ	Ⅱ	Ⅲ	Ⅳ	Ⅴ
农业					
生食蔬菜作物	●	●	●	●	
加工蔬菜作物、食用的农作物		●	●	●	

续表

回用用途	Ⅰ	Ⅱ	Ⅲ	Ⅳ	Ⅴ
加工农作物、种子作物、纤维作物			●	●	●
娱乐用水					
与人体直接接触		●	●		
不与人体直接接触			●	●	●
居民用水					
公众经常接触的地方	●	●	●		
公众不经常去的地方		●	●	●	●
冲洗厕所、洗车、喷洒道路		●	●	●	
铺路、土壤夯实、混凝土搅拌、控制灰尘			●	●	
补充河道					
补充供水水源	●	●			
补充与人类非接触的普通河道		●	●	●	

●表示可以使用。

上述分级标准只是以粪便大肠杆菌作为分类依据，以污水处理工艺来保证实施的。这种方法的可行性还有待通过实践来验证和不断改进。另外这里是假定在工业污水被有效控制的条件下的，但实际上工业污水会不可避免地进入系统，需要对这些参数进行限制，提出工艺上实现措施。总之，分级实施新的标准模式，可以节省很多时间和费用。这有些像饮用水，很少会因为用户的差别而定义不同目的的饮用水。

7.4 应用现代信息技术提高管控水平

7.4.1 地理信息系统（GIS）

GIS 是一个集获取、储存、编辑、处理、分析及展示地理数据等功能于一体的空间信息系统。作为基于计算机的工具，GIS 不仅能够对空间类信息进行分析和处理，将地图这种独特可视化的效果展示、地理数据分析功能和强大的数据库操作（如查询和统计分析等）整合在一起也是 GIS 的一大特色。

将 GIS 应用到流域智慧管控系统中，可以对工程、设备分布进行可视化展示，对采集的数据进行处理、挖掘、模拟分析，可视化展示分析结果，并对统计分析结果进行查询。

GIS 技术能够应用于科学调查、资源管理、财产管理、发展规划、绘图和路线规划。例如，一个 GIS 能使应急计划在流域污染的背景下较易地计算出应急反应时间，利用 GIS 来发现那些需要保护的流域。

1. GIS 在水资源管理与利用中的应用

基于 GIS 技术设计的水资源信息管理类系统发挥了从时间、空间上了解水资源的现状与变化的功能，通过模拟可视化直观地表示水资源状况，有助于让研究人员和决策人员了解水资源的变化规律，通过信息处理和分析，提供管理的基础信息与手段，完善水资源信息的管理与更新，实现数据共享。

水资源量化模拟：以水资源可持续利用量化模型为核心，在 GIS 的支持下开发出城市水资源管理系统。该系统利用集成技术将多个应用软件的功能模块有机地组合在一起，实现对城市水资源可持续利用的量化模拟、优化计算和科学管理。地表水与地下水模拟包括对地表水体（如湖泊、河流等）降水-径流关系的描述。降水-径流模拟需要众多参数来描述局部的地形地貌、土壤类型和土地利用等。GIS 的数据编辑和处理功能可有效快捷地处理流域的特征参数。其强大的图形处理能力可以将流域内所有的特征用图形充分地显示出来。GIS 在地下水模拟分析中的用途主要是模型输入数据的准备、地下水模型的有限元格网设计、模拟结果的可视化分析及最终结果的输出。

水资源信息管理与可视化展示：计算机发展和 GIS 技术的进步带来了科学决策和管理信息的新方法，而基于 GIS 的信息管理技术是当前最先进的科学管理方法之一。在水资源规划管理方面，具有强大图形显示功能和带有时间维的三维 GIS 有利于水文、水资源工作者研究流域或区域的水文空间分布，有助于了解降水、地下水、土壤水等在时间和空间上的变化情况及规律。GIS 以管理大量的空间属性见长，它可以作为空间属性数据的有效管理工具。应用 GIS 可以管理、分析、处理大容量的空间属性数据，特别是水资源各要素中，解决了水文地质长期以来存在的数据量和信息量不足的问题。

非点源污染模拟：非点源污染研究需要综合和显示各种空间信息，需要在 GIS 的支持下进行。非点源模型与 GIS 融合能大大简化模拟工作。由 GIS 建立的数据库可自动制作模型输入参数，处理时空系列数据、表格和文本信息。利用 GIS 对空间数据的处理能力及模型的模拟能力，可研究不同土地利用方式对流域水文和水质的影响，为制订满足水环境保护要求的土地利用规划提供依据。对于非点源污染模拟而言，分布过程模型和 GIS 集成应用可支持和加强所选定流域空间分布式处理的能力，提高对空间变化的认识，减少因空间数据均化而引起的不确定性。

2. GIS 在水利防汛方面的应用

洪涝灾害风险分析：GIS 在水利防汛方面的应用首先是洪涝灾害风险分析，即对洪水发生概率、强度及其可能造成的损失的分析。采用 GIS 技术，将 DEM 数据与江河流域的雨情、水情和社会经济数据库相结合，通过科学的对比分析，模拟洪水的演变规律，快速评估洪水的风险大小，预测洪水的发展趋势、可能造成的经济损失，并根据预测和分析结果采取救灾措施。

灾情评估与可视化展示：GIS 技术在灾情评估中的应用主要体现在空间查询、分析、可视化模拟。具体包括：对地理、社会和经济等方面的基础数据的处理；对空间和属性数据进行查询、检索、统计及显示等操作；提供洪水演进模拟平台；对灾情数据进行有效获取和研究分析，评估灾情严重程度，以及会对各行业造成的损失；完成对灾情的可视化表达。

防汛指挥和防汛决策：GIS 在防汛指挥和防汛决策上的应用主要体现在将江河湖泊分布、工业设施、城镇、交通、水利设施分布、水文信息等数据叠加到 GIS 平台上，利用各类计算模型提供分析结果，有关部门以此为依据设置拦洪设施点位，选择分洪、泄洪措施。同时，利用 GIS 空间分析及预测能力还可以模拟蓄洪区人员、物资的撤退、转移，选择最佳撤退路线。

3. GIS 技术在水利工程管理方面的应用

施工过程中，将施工进展通过 GIS 以图像的方式动态展示，为水利施工过程提供便利的分析工具。把工程施工各个时刻的图像存于 GIS 数据库中，并建立与其相的对属性数据的关联，当图像快速连续变换时，整个施工过程的工程面貌便动态显现出来，这是目前我国水利施工中水利水电工程施工总布置可视化演示系统采用的方法。

在水利工程设计中，可利用 GIS 将地形信息、地质资料和水文资料相结合，通过其强大的分析功能，确定最合适的工程施工地点。GIS 系统还可以通过离散分布的平面点来模拟连续分布的地形，在此基础上进行坡度坡向分析、断面图分析等，可有效提高水利工程信息管理的科学性。

7.4.2 物联网技术

作为互联网的延伸，物联网容纳了互联网及互联网上所有现有的资源，包括互联网上所有的应用技术，然而物联网中所有的元素都是个性化和私人化的。

物联网技术应用到智慧管控系统当中，能够充分有效地将传感器、遥感控制器、机器、人员和物品等利用局部的网络或互联网等通信技术通过新的方式联系在一起，从而实现信息化、远程管理控制及智能化的网络。

物联网技术主要由三部分构成：感知互动层、网络传输层和应用服务层。物联网通过射频识别（radio frequency identification，RFID）、二维码、近场通信（near field communication，NFC）等技术对系统中的静态物体，如工程、设备进行精确标识。同时对动态属性的物体，如水位监测器、流量监测器、气象监测设备、水质监测仪等，由传感器实时传感技术进行探测，结合传感技术将模拟信号转换成数字信号统一传输至中央数据库，将决策信息转换成指令传输到各工程、设备控制器，实现智能控制。

1. 物联网在水资源与水环境管理中的应用

物联网技术具有智能计量功能，可避免水资源浪费问题。在实际应用中，可通过智能水表、无线技术、传感器实现水库与取水单位的双向信息传递，准确测定水资源消耗量，一旦水量超出标准范围就会发出警示，提醒工作人员及时处理。

物联网在水利信息化中的应用还体现在水质监测上，在水域入口处安装了大量的智能监控设备，帮助工作人员掌握水污染的真实情况，有助于水资源的保护，为水资源的开发与管理提供翔实的数据。水利工作人员利用物联网技术可以优化水环境检测功能，全天时监控重要水域。物联网技术的运用，可以有效监测水文情况，发现问题，避免企业向河流、湖泊中排放污水。

2. 物联网在抗旱防汛决策管理中的应用

物联网技术在抗旱防汛决策管理中应用广泛，显著提升了决策水平。工作人员利用该技术建立了水雨情、灾情及工情信息采集系统，将信息收集、网络传输、数据库统计等多项功能集于一体。物联网技术可以预警旱灾与水灾，主要以计算机技术、监测技术与多媒体手段等为依托，在科学分析该地往年相关信息的基础上，综合考虑方方面面的因素，建立数字一体化的虚拟平台，提高预警的科学性、及时性与准确性。举例来说，防洪预警主要利用前端水雨情采集系统和预警信息发布系统共同完成工作，运用了物联网中的M2M（machine to machine）通信技术，能够实时采集当地的水雨情信息，协助工作人员制定合理有效的防洪方案。

3. 物联网在防旱防风防汛决策管理方面的应用

物联网技术应用于防旱防风防汛预警，主要以计算机网络、监测技术、信息处理及多媒体技术为支撑，在深入研究防汛抗旱监控特点的基础上，使流域内及相关地区的水情、工情、旱情、雨情、灾情等要素构成一体化数字集成平台、虚拟环境，可以做到在可视化条件下为预警提供决策支持，以增强决策的预见性和科学性。

在防洪预警预报中，主要包括两个系统：前端水雨情采集系统和预警信息发布系统。前端水雨情采集系统主要应用基于物联网M2M通信技术的无线RTU

(远程终端控制系统) 实时采集现场水雨情信息，这些信息包括单位时间内的降雨强度和降雨量，河流水速，水库放闸水速、水量，以及河流水库的水位等各种水文数据。然后通过 GPRS/CDMA 网络将这些信息传输到预警主控中心，以便为主控中心提供原始的水文数据。预警信息发布系统的设备主要包括喇叭、LED 显示屏及无线预警广播等。无线预警广播设备接收预警信息有三种通信方式：一是通过 GPRS/CDMA 网络保持与控制中心的连接，以实时侦听控制中心发出的预警通告；二是通过语音通道为紧急灾害情况提供直接的语音通告；三是通过短信通道控制中心及移动电话的终端，向预警广播设备及时发布预警信息。对于没有 GSM/GPRS/CDMA 网络的区域，预警信息则可以通过调频网络传到预警现场。

7.4.3 大数据技术

大数据的存储与管理是使用数据存储器将获取到的数据储存起来，建立相对应的大型数据库，同时对数据进行统一化的管理及调用。这样能让复杂结构化、半结构化和非结构化的大数据管理及处理技术性问题得以解决；同时也能让大数据的可储存、可显示、可处理、可靠性及有效传递等几个关键性问题得到解决。其中包括了大数据的储存技术、分布式的处理，以及管理非关系型的大数据技术、整合异构数据的技术、数据组织技术、大数据精准建模技术、大数据索引技术、大数据传递转移、备份、复制技术等。

利用大数据技术将感知层获取的数据存储、管理起来，以备随时调用，并为数据的处理、分析提供支持。

7.4.4 通信技术 (5G)

5G 是最新一代移动通信技术，其性能目标是高数据速率、减少延迟、节省能源、降低成本、提高系统容量和大规模设备连接。5G 支持大量数字化和个性化服务。5G 提供了一个更快、更可靠的网络，有利于智慧管控系统的落地。

借助 5G 技术实现降雨等气象数据，水文、水流量等监测数据的快速传输，为模型提供实时数据。快速发布预警信息，实现预警信息的可视化查询，为政府、市民对洪涝灾害采取应急措施提供支撑。

5G 技术在水利水文应用中可覆盖水库大坝安全、水资源调配、水环境治理、城市水务、应急指挥和水利工程运行调度管理等场景，借助 5G 传输速度快、延时低、连接密度大等特点，可在物联网、虚拟现实/增强现实 (virtual reality/augment reality，VR/AR)、无人机等方面为未来更加先进的水利信息化建设做好支撑工作。

通过 4G/5G 移动通信网络承载，实现基于 MEC 的边缘计算，实现对分布在各水域的摄像头所采集的视频进行本地分流处理，提供河道漂浮物监测、水位读数、非法采砂监控等多种典型的行业应用场景服务，大幅降低对运营商移动核心网、移动回传网和骨干承载网传输资源的占用，并有效满足了部分水利业务对超低时延的需求。

实现信息实时回传+VR全面直观感受，在无人机河道巡河方面，5G大带宽+低时延的特性能够进一步保障信息的实时回传。无人机在空中巡检发现可疑问题后，可采用水下无人机进行定点排查、应急处理等工作，实现自动巡航、可疑物发现探查、实时视频传送等功能。监控人员则能通过VR眼镜观看监控画面，全面直观地感受江河湖海、水利设施的真实情况。

参考文献

[1] WHO. WHO Guidelines for Drinking-Water Quality. 2nd ed. Geneva：WHO，2004.

[2] 韩德培．环境保护法教程．3版．北京：法律出版社，1998，46-98.

[3] 徐祥民．美国水污染防治法核心．科技与法律，2004，1：101-102.

[4] 王曦．美国环境法．武汉：武汉大学出版社，1992，307-347.

[5] R. W. 芬德利，D. A. 法贝尔．美国环境法简论．程正康，等译．北京：中国环境科学出版社，1986，30-108.

[6] 任南琪，马放，杨基先，等．水污染控制微生物学．哈尔滨：黑龙江科学技术出版社，1993.

[7] Hespanhol I. Guidelines and integrated measures for public health protection in agricultural reuse systems. J Water SRT - Aqua，1990，39（4）：237-249.

[8] Liberti L，Notarnicola M. Advanced treatment and disinfection for municipal wastewater reuse in agriculture. Water Science and Technology，1999，40：235-245.

[9] Esrey S，Gough J，Rapaport D，et al. Ecological Sanitation. Stockholm：SIDA，1998.

[10] Pettygrove G S，Asano T. Irrigation with reclaimed municipal wastewater- a guidance manual. Chelsea，Michigan：Lews Publisher. Inc，1995.

[11] Haas C N. Effect of effluent disinfection on risks of viral disease transmission via recreational water exposure. Journal WPCF，1983，55（8）：1111-1116.

[12] Guidelines for Water Reclamation and Urban Water Reuse. State of Georgia Department of Natural Resources Environmental Protection Division Water Protection Branch Atlanta，Georgia 30334，February 20，2002.

[13] 污水灌溉资料汇编．北京：农业出版社，1973.

[14] Marais G V R. Faecal bacterial kinetics in wastewater stabilization pinds. Journal of the Environmental Engineering Divion，American Society of Civil Engineers，1994，100：119-139.

[15] Simpson J M. Star system terminology for recycled water. personal communication，1998.

[16] South Australian Reclaimed Water Guideline. Environment Protection Agency Government of South Australia，Department of Human Services.

[17] 洪嘉年．给水排水常用规范详解手册．北京：中国建筑工业出版社，1994.